COURS

DE

TOPOGRAPHIE ET DE GÉODÉSIE.

IMPRIMERIE DE COSSE ET G.-LAGUIONIE,
Rue Christine, n° 2.

COURS

DE

TOPOGRAPHIE ET DE GÉODÉSIE

FAIT A L'ÉCOLE D'APPLICATION

du Corps royal d'État-Major,

PAR

J.-F. SALNEUVE,

CHEVALIER DE LA LÉGION-D'HONNEUR ET DE ST-FERDINAND D'ESPAGNE (2e CLASSE),
CAPITAINE D'ÉTAT-MAJOR,
ET ANCIEN ÉLÈVE DE L'ÉCOLE POLYTECHNIQUE.

PARIS,

IMPRIMERIE ET LIBRAIRIE MILITAIRE DE GAULTIER-LAGUIONIE,

(MAISON ANSELIN),

Rue et passage Dauphine, n° 36.

1841

PRÉFACE.

Appelé à faire le cours de topographie et de géodésie, à l'école d'application du corps royal d'état-major, en remplacement du capitaine Lecamus, victime de la maladie qui, en 1832, a si cruellement frappé la population de Paris, j'avais senti la nécessité de communiquer à MM. les élèves, la rédaction de la plupart de mes leçons, pour les aider à rectifier les notes qu'ils prennent d'une manière plus ou moins parfaite.

En 1836, la commission d'état-major, par l'un des articles du nouveau règlement de l'école, prescrivit aux professeurs d'écrire leurs cours, qui devaient être ensuite soumis à son jugement. Après avoir entendu le rapport favorable que lui firent ceux de ses membres qui en avaient été chargés, la commission s'exprima dans les termes les plus flatteurs à mon égard, et manifesta le désir que cet ouvrage fût immédiatement livré à l'impression, comme manquant jusqu'à ce jour, et pouvant être de la plus grande utilité aux jeunes officiers et à un grand nombre d'agents des différents services publics. Elle termina son rapport en invitant le Ministre de la guerre à coopérer par un efficace appui à la publication du cours de topographie, tant *en l'engageant à y souscrire pour un grand nombre d'exemplaires, qu'en le priant de le*

recommander vivement aux ministres de l'intérieur, des finances et
des travaux publics pour l'utilité dont il peut être aux divers em-
ployés qui ressortissent de ces départements.

Tels sont les motifs qui justifieront, je l'espère, ma détermination, et sans lesquels j'aurais fait preuve d'une présomption bien
déplacée en écrivant sur certaines matières qui ont été traitées
avec tant de supériorité par **M. le colonel Puissant**, dont je
m'honorerai toujours d'avoir été jadis l'élève.

Si, généralement j'ai cherché à exposer brièvement et sans le
secours d'aucune formule, la construction et l'usage des instruments ; j'ai, d'un autre côté, cru devoir, en certaines circonstances et au risque d'être parfois prolixe, entrer dans de minutieux détails de calculs, et rappeler quelques théorèmes de
géométrie que tout le monde a sus, mais que quelques personnes
peuvent avoir oubliés.

J'ai divisé ces éléments en cinq livres.

Le premier, renfermant la trigonométrie rectiligne, la théorie
et la construction des tables de logarithmes, ne fait pas partie de
l'enseignement de l'Ecole ; mais ce qu'il contient, étant d'un
usage très fréquent, j'ai jugé convenable de le placer en tête de
l'ouvrage, pour que dans l'occasion, on puisse facilement y recourir.

Le deuxième contient la trigonométrie sphérique et les dé-
monstrations de quelques formules algébriques, nécessaires à
l'intelligence de ce qui suit, et qui ne sont pas enseignées à l'E-
cole militaire de Saint-Cyr.

Dans le troisième, je traite de tout ce qui a rapport à la topographie.

Le quatrième est consacré aux principes d'optique qu'il faut
connaître pour comprendre la construction des lunettes qui entrent dans la composition des instruments de topographie et de
géodésie ; et pouvoir, au besoin, les rétablir dans leur état normal, lorsque quelque main inhabile ou indiscrète les aura dé-

rangées. Pour ne rien introduire d'étranger au cours, pour ne pas paraître vouloir faire de ce quatrième livre un cours complet d'optique, peut-être aurais-je dû m'en tenir à la description des lunettes ; mais les principes que, pour leur intelligence, j'ai dû préalablement établir, suffisant pour faire entendre la construction des autres principaux instruments d'optique, j'en ai donné une explication succincte, et en cela, je n'ai fait que suivre le programme adopté par l'école d'état-major.

Le cinquième enfin embrasse les principales opérations de la géodésie et une recherche élémentaire de la formule qui, sur des observations barométriques, détermine les différences de niveau.

Dans ce dernier livre, j'ai dû placer quelques éléments de géométrie analytique, pour pouvoir ensuite traiter la théorie des latitudes. Les équations de l'ellipse et d'une normale à cette courbe étaient seules nécessaires ; mais pouvais-je parler de l'une des sections coniques, et taire ce qui concerne les deux autres ? Le conseil d'instruction de l'École ne l'a pas pensé : et pour me conformer à son opinion, qui d'ailleurs était la mienne, j'ai donné les équations de la parabole et de l'hyperbole.

Il eût été plus convenable de placer ces notions d'analyse appliquée à la fin du deuxième livre, à la suite de quelques autres théories détachées, au lieu de les intercaler dans les leçons de géodésie ; mais des motifs de convenance dans la distribution des études de l'École ayant fait adopter cette marche, je l'ai laissée subsister dans ma rédaction.

Depuis que j'ai pris la détermination de publier ce cours, j'ai cru devoir ajouter au cinquième livre un chapitre sur les projections. Je ne suis pas chargé d'enseigner à l'École d'application cette théorie qui fait partie du cours d'astronomie et de géographie, professé d'une manière si distinguée par le chef d'escadron d'état-major Levillain ; mais j'ai pensé qu'il serait utile de réunir dans un même ouvrage tout ce qui peut servir à un officier chargé parfois de dresser la carte de quelque contrée lointaine.

Si quelques-uns de mes camarades, dont je réclame d'avance l'indulgence, peuvent reconnaître l'utilité de cet essai : si les chefs qui m'ont honoré de leur confiance, en me chargeant de professer la topographie et la géodésie à l'Ecole d'application d'état-major, y voient une nouvelle preuve de mon zèle, je me trouverai suffisamment récompensé des soins et du temps qu'il m'a coûtés.

SALNEUVE.

TABLE DES MATIÈRES.

LIVRE PREMIER.

TRIGONOMÉTRIE RECTILIGNE ET CONSTRUCTION DES TABLES DE LOGARITHMES.

CHAPITRE Ier.

CHAPITRE IX.

LIVRE II.

TRIGONOMÉTRIE SPHÉRIQUE. — BINÔME DE NEWTON — DÉVELOPPEMENT DES SINUS ET COSINUS EN SÉRIES.

CHAPITRE Iᵉʳ.

CHAPITRE II.

CHAPITRE III.

Pages.

CHAPITRE III.

DIFFÉRENTS MODES DE LEVER. — INSTRUMENS PROPRES A MESURER LES ANGLES. . id.

CHAPITRE VII.

CHAPITRE VIII.

CHAPITRE IX.

CHAPITRE X.

CHAPITRE XI.

CHAPITRE XII.

CHAPITRE XIII.

CHAPITRE V.

INSTRUMENTS EMPLOYÉS POUR MIEUX DISTINGUER LES OBJETS TRÈS PETITS OU TRÈS
ÉLOIGNÉS. 235

CHAPITRE VI.

INSTRUMENTS QUI FOURNISSENT LE MOYEN DE TRACER SUR LE PAPIER LES CONTOURS
ET LES DÉTAILS DE L'IMAGE QU'ILS PRODUISENT 249

CHAPITRE VII.

ABERRATION DE RÉFRANGIBILITÉ. ACHROMATISME 251

LIVRE V.

GÉODÉSIE.

CHAPITRE Ier.

CHAPITRE III.

MESURES DES ANGLES ET DES INSTRUMENTS QUI Y SONT CONSACRÉS. 272

CHAPITRE IV.

CALCULS RELATIFS A LA RÉSOLUTION DES TRIANGLES 288

CHAPITRE V.

CALCUL DES COORDONNÉES DES POINTS. 305

CHAPITRE VI.

CHAPITRE VII.

CHAPITRE VIII.

CHAPITRE IX.

CHAPITRE X.

CHAPITRE XI.

FIN DE LA TABLE.

ERRATA.

Pages.	Lignes.	Au lieu de :	Lisez :
2	4 (en remontant)	$\dfrac{R^4}{\sin.^2}=R^2+\dfrac{R^3\cos.^2}{\sin.^2}$	$\dfrac{R^4}{\sin.^2}=R^2+\dfrac{R^3\cos.^2}{\sin.^2}$
6	4 (en remontant)	$A>100_g$	$A+B>100_g$
10	5	$\cos.^2 B-\sin.^2 A$	$\cos.^2 B-\cos.^2 A$
18	12	$\tan. 3A=\dfrac{1-\tan.^2 A+\tan. A}{1-\dfrac{2.\tan. A}{1-\tan. A}\tan. A}=\dfrac{3.\tan. A}{1-3.\tan. A}$	$\tan. 3A=\dfrac{3.\tan. A-\tan.^3 A}{1-3.\tan.^2 A}$
19	8	$(\sin.\tfrac{1}{3}A+\cos.\tfrac{1}{3}A)^2$	$(\sin.\tfrac{1}{2}A+\cos.\tfrac{1}{2}A)^2$
52	24	δ connues	connues
63	10	plus grande aussi d'une unité	indiquée par cet exposant
143	6 (en remontant)	§ 333	§ 338.
144	5 (idem)	limbe DE	limbe. DE
144	4 (idem)	fait § 149	fait mention au n° 149
148	4	dans de certaines	dans certaines
227	8	(9)	(6)
229	22	$\dfrac{f}{s}=\dfrac{F}{s-f}$	$\dfrac{f}{s}=\dfrac{F}{s-f}$
229	24	n° 261	n° 251
272	14	563	463
279	dernière ligne	porta	porte
404	4 (en remontant)	véritable	variable

COURS

DE

TOPOGRAPHIE ET DE GÉODÉSIE.

LIVRE PREMIER.

TRIGONOMÉTRIE RECTILIGNE.

CHAPITRE PREMIER.

DÉFINITION, PROPRIÉTÉS ET RELATIONS DES LIGNES TRIGONO-MÉTRIQUES.

1. Les lignes trigonométriques des arcs qui mesurent les angles jouissent de certaines propriétés qui les font employer avec avantage dans la résolution des triangles. Elles se combinent de manière à donner naissance à des formules dont quelques-unes se présentent fréquemment en trigonométrie sphérique et en géodésie.

2. Soit un arc AB, *fig.* 1. Nous rappelons seulement que la perpendiculaire BD, abaissée de l'une des extrémités de l'arc sur le rayon AC qui passe par l'autre extrémité, se nomme le *sinus*; que la portion CD de ce rayon est le *cosinus*; AE, la *tangente*; CE, la *sécante*; FG, la *cotangente*; et CG, la *cosécante*.

3. La comparaison des trois triangles rectangles semblables

BCD , ECA , FCG , *fig.* 1, fournit, en désignant par R le rayon de la circonférence, les relations suivantes :

(1) tang. $= \dfrac{\text{R. sin.}}{\text{cosin.}}$ (2) cotang. $= \dfrac{\text{R. cosin.}}{\text{sin.}}$ (3) sécante $= \dfrac{\text{R}^2}{\text{cosin.}}$

(4) cosécante $= \dfrac{\text{R}^2}{\text{sin.}}$ cotangente $= \dfrac{\text{R}^2}{\text{tang.}}$ (5) $\text{R}^2 = \overline{\text{sin.}}^2 + \overline{\text{cosin.}}^2$

Il n'y a pas à tenir compte de l'avant-dernière, qui n'indique rien qui ne soit fourni par les précédentes, puisqu'on la déduirait de (1) et (2).

Le rayon est une quantité constante dans toutes ces formules. On a ainsi 5 équations entre 7 variables qui sont l'arc et ses 6 lignes trigonométriques. Connaissant donc 2 d'entre elles, on pourra trouver les 5 autres. Lorsque l'on veut connaître un arc, si c'est au moyen de la valeur absolue de l'une de ses lignes trigonométriques, le problème est indéterminé. Il y a doute encore quand on en connaît le signe ; mais si l'on connaît deux lignes et le signe de l'une, ou une seule ligne avec son signe et en même temps celui d'une seconde, le problème est résolu. Cela résulte évidemment de la formule (5).

Au premier abord, on pourrait croire que les équations

$$\overline{\text{sécante}}^2 = \text{R}^2 + \overline{\text{tangente}}^2, \qquad \overline{\text{cosécante}}^2 = \text{R}^2 + \overline{\text{cotangente}}^2,$$

déduites des deux triangles ACE, FCG, doivent égaler le nombre des équations à celui des inconnues ; mais il est à remarquer qu'elles n'établissent aucune relation nouvelle entre les lignes trigonométriques, et qu'elles rentrent dans l'une des équations précédentes : En effet $\overline{\text{sec.}}^2 = \text{R}^2 + \overline{\text{tang.}}^2$ peut s'écrire sous la forme $\dfrac{\text{R}^4}{\overline{\text{cosin.}}^2} = \text{R}^2 + \dfrac{\text{R}^2 \overline{\text{sin.}}^2}{\overline{\text{cosin.}}^2}$ multipliant par $\overline{\text{cosin.}}^2$ et divisant par R^2, elle devient $\text{R}^2 = \overline{\text{sin.}}^2 + \overline{\text{cosin.}}^2$, c'est-à-dire la formule (5). De même $\overline{\text{coséc.}}^2 = \text{R}^2 + \overline{\text{cotang.}}^2$ devient $\dfrac{\text{R}^4}{\overline{\text{sin.}}^2} \text{R}^2 + \dfrac{\text{R}^2 \overline{\text{cos.}}^2}{\overline{\text{sin.}}^2}$ et enfin $\text{R}^2 = \overline{\text{sin.}}^2 + \overline{\text{cosin.}}^2$.

4. Des limites de grandeur des sinus et cosinus, et de la règle des signes adoptée pour eux, on conclut au moyen de (1), (2), (3),

(4) les signes et dimensions des autres lignes trigonométriques cor-respondant à toutes les valeurs que peut prendre un arc.

Les sinus sont positifs de 0ᵍ à 200ᵍ et négatifs de 200ᵍ à 400ᵍ.

Les cosinus positifs de 0ᵍ à 100ᵍ, sont négatifs de 100ᵍ à 300ᵍ, puis positifs de 300ᵍ à 400ᵍ.

Au moyen de (1) et (2), on voit que

Tangente et cotangente $\begin{cases} >0 \text{ de } 0ᵍ \text{ à } 100ᵍ \text{ et de } 200ᵍ \text{ à } 300ᵍ. \\ <0 \text{ de } 100ᵍ \text{ à } 200ᵍ \text{ et de } 300ᵍ \text{ à } 400ᵍ. \end{cases}$

Les formules (3) et (4) indiquent que la sécante est toujours du même signe que le cosinus, tandis que la cosécante prend celui du sinus.

5. Le sinus et le cosinus ne peuvent varier en longueur que de zéro au rayon : il en résulte qu'en désignant l'arc par A, on a

A=0ᵍ.	A<100.	A=100.	A<200.	A=200.	A<300.	A=300.	A<400.
sin.=0.	sin.<R.	sin.=R.	sin >0.	sin.=0.	sin.<0.	sin.=—R	sin.<0.
cosin.=R	cosin.<R	cos.=0.	cosin.<0	cos.=—R	cosin.<0	cosin.=0.	cos.>0.
tang.=0.	tang.>0.	tang.=∞.	tang.<0.	tang.=0.	tang.>0.	tang.=∞.	tang.<0.
cot.=∞.	cot.>0.	cot.=0.	cot.<0.	cot.=∞.	cot.>0.	cotang.=0.	cot.<0.
séc.=R.	séc.>0.	séc.=∞.	séc.<0.	séc.=—R	séc.<0.	séc.=∞.	séc.>0.
coséc.=∞	coséc.>0.	coséc.=0	coséc.>0	coséc.=∞	coséc.<0	coséc.=—R	coséc.<0

6. Les tables de logarithmes du sinus, cosinus, etc., n'ayant été calculées que jusqu'à 100ᵍ, il est nécessaire de voir quelles relations existent entre les lignes trigonométriques des arcs plus petits que 100ᵍ. et de ceux qui sont compris entre 100 et 400ᵍ.

L'inspection seule d'une figure apprend que, pris d'une ma-nière absolue, les sinus et cosinus de 100, 200, 300 grades plus un arc A sont égaux, soit au sinus, soit au cosinus de A, et qu'en tenant compte de la règle des signes indiquée plus haut,

sin. 100ᵍ+A = +cos. A.	sin. 200+A = — sin. A.	sin. 300+A = — cos. A.
cosin. 100+A = — sin. A.	cosin. 200+A = — cos. A.	cosin. 300+A = sin. A.

On trouve ensuite facilement en combinant ces valeurs avec les équat. (1) (2) (3) (4),

tang. $(100+A)=-$cotang. A.	tang. $(200+A)=+$ tang. A.	tang. $(300+A)=-$ cot. A.
cotang.$(100+A)=-$ tang. A.	cotang.$(200+A)=+$cot. A.	cotang.$(300+A)=-$tang. A
séc. $(100+A)=-$coséc. A.	séc. $(200+A)=-$séc. A.	séc. $(300+A)=-$coséc. A.
coséc. $(100+A)=$ séc. A.	coséc.$(200+A)=-$coséc. A.	coséc.$(300+A)=-$séc. A.

7. Les sinus de deux arcs égaux et de signes contraires, sont aussi égaux et de signes contraires ; c'est-à-dire que

$$\sin. (-A) = -\sin. A.$$

Les cosinus, dans ce même cas, sont égaux et de même signe ; ainsi $\cos in. (-A) = + \cos. A.$ Substituant ces valeurs de sinus et cosinus d'arc négatif dans (1), (2), (3), (4), on obtient

$$\tan g. (-A) = -\tan g. A ; \cot. (-A) = -\cot. A ; séc. (-A) = + séc. A ; \cos éc. (-A) = -\cos éc. A.$$

8. Il est facile de voir qu'en ajoutant un certain nombre de circonférences à un arc, ou en les retranchant, les lignes trigonométriques restent les mêmes.

9. Il convient de placer encore ici, avant de passer outre, deux formules qui donnent le sinus et le cosinus en fonction de la tangente ou de la cotangente.

En combinant $\cos éc. = \dfrac{R^2}{\sin.}$ et $\overline{\cos éc.}^2 = R^2 + \overline{\cot ang.}^2$ on a

$$\sin. = \sqrt{\frac{R^2}{R^2 + \overline{\cot.}^2}} = \sqrt{\frac{R^2}{R^2 + \dfrac{R^4}{\tan g.^2}}} \quad \text{d'où sinus} = \sqrt{\frac{R.\tan g.}{R^2 + \overline{\tan g.}^2}}$$

De même,

$$séc. = \frac{R^2}{\cos in.} \text{ et } \overline{séc.}^2 = R^2 + \overline{\tan g.}^2 \text{ combinés ensemble conduisent à}$$

$$\cos in. = \sqrt{\frac{R^2}{R^2 + \overline{\tan g.}^2}}$$

Si l'on avait voulu que cette valeur de cosinus fût exprimée en fonction de la cotangente, on aurait remplacé $\overline{\tan g.}^2$ par $\dfrac{R^4}{\overline{\cot ang.}^2}$;

ce qui eût produit $\cos in. = \sqrt{\dfrac{R^2}{R^2 + \dfrac{R^4}{\cot.^2}}} = \sqrt{\dfrac{R.\cot ang.}{R^2 + \overline{\cot ang.}^2}}$

CHAPITRE II.

RELATIONS ENTRE LES SINUS ET COSINUS DE DEUX ARCS, ET CEUX DE LEUR SOMME OU DE LEUR DIFFÉRENCE.

10. Soient deux arcs A et B représentés, *fig.* 2, par DE, EF : portons EG = EF, de sorte que DF = A + B, DG = A — B : menons les lignes EH = sin. A, FI = sin. (A + B), GN = sin. (A — B).

GF = GK + FK = 2. sin. B, KO perpendiculaire à CD et enfin KL, GH parallèles à cette même ligne.

Cherchons d'abord le sinus de la somme

$$\text{sin. } (A + B) = FI' = FL + II..$$

LI est égal à KO comme parallèles comprises entre parallèles : les triangles ECH, KCO semblables fournissent la proportion EC : EH :: CK : KO

d'où $$KO = \frac{EH. CK}{EC} = \frac{\text{sin. A} \times \text{cosin. B}}{R}.$$

On trouve encore en comparant les triangles FKL, ECH, semblables comme ayant les côtés respectivement perpendiculaires, EC : CH :: FK : FL

$$FL = \frac{CH \times FK}{EC} = \frac{\text{sin. B} \times \text{cosin. A}}{R}$$

d'où enfin

$$KO + FL = IL + FL = \text{sin } (A + B) = \frac{\text{sin. A. cosin. B} + \text{sin. B. cosin. A}}{R}$$

Le sinus de la différence ou GN est égal à KO — KM, et parce que KM = FL, il résulte que

$$\text{sin } (A - B) = \frac{\text{sin. A} \times \text{cosin. B} - \text{sin. B} \times \text{cosin. A}}{R}$$

Cette formule peut d'ailleurs se déduire de la précédente, sans le secours de la figure et au moyen de la règle des signes, puisqu'en y changeant l'arc $+$ B en $-$ B, il faut substituer $-$ sin. B à $+$ sin. B.

Le cosinus de la somme des deux arcs est

$$CI = CO - IO = CO - KL.$$

Des triangles semblables qui nous ont servi plus haut, nous tirons

$$CE : CH :: CK : CO = \frac{CH \times CK}{CE} = \frac{\cos. A \times \cos. B}{R},$$

$$CE : EA :: FK : KL = \frac{EH \times FR}{CE} = \frac{\sin. A \times \sin. B}{R}$$

d'où $\cos. (A+B) = \dfrac{\cos. A \times \cos. B - \sin. A \times \sin. B}{R}$

Il n'y aurait que le signe du second terme à changer pour que le second membre fût l'expression de la différence, puisque

$$\cos. (A-B) = CN = CO + NO = CO + CL.$$

11. Les quatre formules fondamentales de trigonométrie

$$\sin. (A \pm B) = \frac{\sin. A \times \cos. B \pm \sin. B . \cos. A}{R} \quad (6) \text{ et } (7)$$

$$\cos. (A \pm B) = \frac{\cos. A \times \cos. B \mp \sin. A \times \sin. B}{R} \quad (8) \text{ et } (9),$$

viennent d'être démontrées pour les cas où A$+$B $<100^g$ et A$>$ B. Il faut les généraliser et faire voir qu'elles ont encore lieu quand A et B sont quelconques,

1° Si B $>$ A, on aura sin. $(A - B) = -$ sin. $(B-A)$, ou

$$\sin. (A-B) = - \frac{\sin. B . \cos. A - \sin. A \times \cos. B}{R} = \frac{\sin. A \times \cos. B - \sin. B \times \cos. A}{R}$$

Quant au cosinus, il est évidemment le même, puisque, § 7, les cosinus d'arcs égaux et de signes contraires sont égaux et de même signe.

2° Il peut arriver que $50^g < A < 100^g$, B $< 50^g$ et $A > 100^g$.

Désignons par α la différence de A à 100^g ou son complément, nous aurons sin. A $=$ cos. α et cosin. A $=$ sin. α.

sin. $(A + B) =$ sin. $(100^g - \alpha + B) =$ sin. $(100 + (B - \alpha)) =$ cosin. $(B - \alpha)$.

B et α étant chacun plus petit que 50ᵍ, le développement de cosin. (B — α) nous est connu : il vient donc

$$\sin. (A + B) = \frac{\cos. B \times \cos. \alpha + \sin. B \times \sin. \alpha}{R} =$$

$$\frac{\sin. A \times \cos. B + \sin. B \times \cos. A}{R}$$

Nous aurons de même

$$\cos. (A + B) = \cos. (100ᵍ - \alpha + B) = \cos. (100 + (B - \alpha)) = - \sin. (B - \alpha)$$

donc $\cos. (A + B) = - \dfrac{\sin. B \times \cos. \alpha - \sin. \alpha \cos. B}{R} =$

$$\frac{\cos. A \times \cos. B - \sin. A \times \sin. B}{R}$$

3° Supposons que A et B soient l'un et l'autre plus grands que 50ᵍ et plus petits que 100ᵍ. Faisant B $= 100 - \beta$, nous aurons :

$$\sin. A = \cos. \alpha \; ; \; \cos. A = \sin. \alpha \; ; \; \sin. B = \cos. \beta \; ; \; \cos. B = \sin. \beta.$$

$$\sin. (A + B) = \sin. (200 - (\alpha + \beta)) = \sin. (\alpha + \beta) =$$

$$\frac{\sin. \alpha \times \cos. \beta + \sin. \beta \times \cos. \alpha}{R}$$

ce qui revient à $\sin. (A + B) = \dfrac{\sin. B \times \cos. A + \sin. A \times \cos. B}{R}$

$$\cos. (A + B) = \cos. (200 - (\alpha + \beta)) = - \cos. (\alpha + \beta) =$$

$$- \frac{\cos. \alpha \times \cos. \beta - \sin. \alpha \times \sin. \beta}{R}$$

et finalement $\cos. (A + B) = \dfrac{\cos. A \times \cos. B - \sin. A \times \sin. B}{R}$.

Plus A et B augmentent, plus α et β diminuent, et la formule est encore vraie, lorsque A et B atteignent 100ᵍ chacun. Parvenus à cette limite, les cosinus de α et β égalent le rayon et les sinus sont nuls ; ce qui réduit les formules à

$$\sin. 200ᵍ = 0 \qquad \cos. 200 = \frac{- R^2}{R} = - R$$

4° Il nous reste à faire voir que les formules conviennent encore, quelles que soient les valeurs de A et B.

Ces arcs peuvent être égaux à un certain nombre de quadrans plus un arc plus petit que 100ᵍ. On peut avoir $A = m^q + \alpha$, $B = n^q + \beta$: m et n affecteront l'une des formes suivantes :

$$m = \begin{cases} 4\,r\,^q \\ (4\,r + 1)^q \\ (4\,r + 2)^q \\ (4\,r + 3)^q \end{cases} \qquad n = \begin{cases} 4\,s\,^q \\ (4\,s + 1)^q \\ (4\,s + 2)^q \\ (4\,s + 3)^q \end{cases}$$

d'où $\quad A = \left. \begin{cases} 4\,r^q \\ (4\,r + 1)^q \\ (4\,r + 2)^q \\ (4\,r + 3)^q \end{cases} \right\} + \alpha \quad B = \left. \begin{cases} 4\,s\,^q \\ (4\,s + 1)^q \\ (4\,s + 2)^q \\ (4\,s + 3)^q \end{cases} \right\} + \beta.$

Il est inutile de s'occuper de la combinaison $A = 4\,r^q + \alpha$, $B = 4\,s^q + \beta$, puisque les lignes trigonométriques restent les mêmes ; quant aux arcs, on ajoute un certain nombre de circonférences entières.

Si $A = (4\,r + 1)^q + \alpha$ et $B = (4\,s + 1)^q + \beta$, il résulte que

$$\sin. A = \sin. (1^q + \alpha) = \cos. \alpha \; ; \; \cos. A = \cos. (1^q + \alpha) = -\sin. \alpha \,;$$

$$\sin. B = \cos. \beta \text{ et } \cos. B = -\sin. \beta$$

$$\sin. (A + B) = \sin. (200^g + (\alpha + \beta)) = -\sin. (\alpha + \beta) =$$

$$-\frac{\sin. \alpha \times \cos. \beta + \sin. \beta \times \cos. \alpha}{R}$$

$$\sin. (A + B) = -\frac{-\cos. A \times \sin. B - \cos. B \times \sin. A}{R} =$$

$$\frac{\sin. A \times \cos. B + \sin. B \times \cos. A}{R}$$

de même $\quad \cos. (A + B) = \cos. (200 + (\alpha + \beta)) = -\cos. (\alpha + \beta)$

$$-\frac{\cos. \alpha \times \cos. \beta - \sin. \alpha \times \sin. \beta}{R} = -\frac{\sin. A \sin. B - \cos. A \cos. B}{R}$$

et enfin $\quad \cos. (A + B) = \frac{\cos. A \times \cos. B - \sin. A \times \sin. B}{R}$

En combinant de la même manière les autres valeurs que peuvent prendre A et B, on arriverait toujours aux formules générales.

CHAPITRE III.

TRANSFORMATIONS DIVERSES DE CES FORMULES.

12. Nous allons les combiner par voie d'addition, soustraction, multiplication et division. D'abord, en les ajoutant et retranchant successivement, on obtient

$$\sin. (A + B) + \sin. (A - B) = 2. \sin. A \times \cos. B \qquad (10)$$

$$\sin. (A + B) - \sin. (A - B) = 2. \sin. B \times \cos. A \qquad (11)$$

$$\cos. (A + B) + \cos. (A - B) = 2. \cos. A \times \cos. B \qquad (12)$$

$$\cos. (A - B) - \cos. (A + B) = 2. \sin. A \times \sin. B \qquad (13)$$

On n'effectue pas les autres combinaisons que fourniraient encore les quatre formules générales, parce qu'elles n'offriraient que des expressions composées de deux termes, et qu'il n'y aurait aucun parti à en tirer comme on le fait de (10), (11), (12), (13).

Faisant $A + B = p, A - B = q$: d'où $A = \frac{1}{2} (p + q), B = \frac{1}{2} (p - q)$

$$\sin. p + \sin. q = 2. \sin. \tfrac{1}{2} (p + q) \cos. \tfrac{1}{2} (p - q) \qquad (14)$$

$$\sin. p - \sin. q = 2. \sin. \tfrac{1}{2} (p - q) \cos. \tfrac{1}{2} (p + q) \qquad (15)$$

$$\cos. p + \cos. q = 2. \cos. \tfrac{1}{2} (p + q) \cos. \tfrac{1}{2} (p - q) \qquad (16)$$

$$\cos. q - \cos. p = 2. \sin. \tfrac{1}{2} (p + q) \sin. \tfrac{1}{2} (p - q) \qquad (17)$$

Ces quatre dernières s'emploient souvent pour remplacer des sommes ou différences de sinus ou cosinus par des expressions composées de facteurs seulement et faciliter ainsi les calculs par l'emploi des logarithmes.

13. Multiplions (6) par (7) et (8) par (9), en nous rappelant que

$$R^2 = \overline{\sin.}^2 + \overline{\cos.}^2 \qquad\qquad \sin. (A + B) \sin. (A - B) =$$

$$\frac{\overline{\sin.}^2 A \overline{\cos.}^2 B - \sin^2 B \times \cos.2 A}{R^2} = \frac{\sin.2 A (R^2 - \overline{\sin.}^2) B - \sin.2 B (R^2 - \sin.2 A)}{R^2}$$

$$= \overline{\sin.}^2 A - \overline{\sin.}^2 B \quad ou \quad \sin. (A + B) \sin. (A - B) =$$

$$\frac{\overline{\cos.}^2 B (R^2 - \overline{\cos.}^2 A) - \cos.2 A (R^2 - \overline{\cos.}^2 B)}{R^2} = \overline{\cos.}^2 B - \overline{\cos.}^2 A$$

$$\cos. (A + B) \cos. (A - B) = \frac{\overline{\cos.}^2 A \times \overline{\cos.}2 B - \overline{\sin.}^2 A \times \overline{\sin.}^2 B}{R^2} =$$

$$\frac{(R^2 - \overline{\sin.}^2 A)(R^2 - \overline{\sin.}^2 B) - \sin.^2 A \times \overline{\sin.}^2 B}{R^2}$$

$$= R^2 - (\overline{\sin.}^2 A + \overline{\sin.}^2 B) = \overline{\cos.}^2 A - \overline{\sin.}^2 B = \overline{\cos.}^2 B - \overline{\sin.}^2 A$$

En résumé

$$\sin. (A + B) \sin. (A - B) = \overline{\sin.}^2 A - \overline{\sin.}^2 B = \overline{\cos.}^2 B - \overline{\sin.}^2 A \qquad (18)$$

$$\cos. (A + B) \cos. (A - B) = \overline{\cos.}^2 A - \overline{\sin.}^2 B = \overline{\cos.}^2 B - \overline{\sin.}^2 A \qquad (19)$$

Ces formules peuvent servir à remplacer des différences de sinus et cosinus carrés par des produits. Les autres combinaisons
analogues que l'on pourrait déduire de (6), (7), (8), (9) ne donneraient pas naissance à des expressions assez simples pour qu'on
en pût faire usage.

14. Si l'on divise (6) par (7), puis le numérateur et le dénominateur par cos. A × cos. B ou sin. A × sin. B, il vient

$$\frac{\sin. (A + B)}{\sin. (A - B)} = \frac{\sin. A \times \cos. B + \sin. B \times \cos. A}{\sin. A \times \cos. B - \sin. B \times \cos. A} = \frac{\tan g. A + \tan g. B}{\tan g. A - \tan g. B} =$$

$$\frac{\cot a n g. B + \cot a n g. A}{\cot a n g. B - \cot. A} \cdot \quad \ldots \ldots \ldots (20)$$

(8) par (9) $\quad \dfrac{\cos. (A + B)}{\cos. (A - B)} = \dfrac{\cos. A \times \cos. B - \sin. A \sin. B}{\cos. A \times \cos. B + \sin. A \times \sin. B} =$

$$\frac{1 - \tan g. A \times \tan g. B}{1 + \tan g. A \times \tan g. B} = \frac{\cot. A \times \cot. B - 1}{\cot. A \times \cot. B + 1} \cdot \quad \ldots \quad (21)$$

(6) par (8) $\quad \tan g. (A + B) = \dfrac{\sin. A \times \cos. B + \sin. B \times \cos. A}{\cos. A \times \cos. B - \sin. A \times \sin. B} =$

$$\frac{\tan g. A + \tan g. B}{1 - \tan g. A \times \tan g. B} = \frac{\cot. B + \cot. A}{\cot. A \times \cot. B - 1} \cdot \quad \ldots \quad (22)$$

(7) par (9) $\quad \tan g. (A - B) = \dfrac{\sin. A \times \cos. B - \sin. B \times \cos. A}{\cos. A. \cos. B + \sin. A \times \sin. B} =$

$$\frac{\tan g. A - \tan g. B}{1 + \tan g. A \times \tan g. B} = \frac{\cot. B - \cot. A}{\cot. A \times \cot. B + 1} \cdot \quad \ldots \quad (23)$$

(6) par (9)
$$\frac{\sin.(A+B)}{\cos.(A-B)} = \frac{\tan g.A+\tan g.B}{1+\tan g.A.\tan g.B} =$$

$$\frac{\cot.B+\cot.A}{\cot.B \times \cot.A+1}. \quad \cdots \cdots \quad (24)$$

(7) par (8)
$$\frac{\sin.(A-B)}{\cos.(A+B)} = \frac{\tan g.A-\tan g.B}{1-\tan g.A \times \tan g.B} =$$

$$\frac{\cot.B-\cot.A}{\cot.B \times \cot.A-1}. \quad \cdots \cdots \quad (25)$$

15. Si l'on divise les formules (14), (15), (16) et (17) les unes par les autres, on trouve :

$$\frac{\sin.p+\sin.q}{\sin.p-\sin.q} = \frac{\sin.\frac{1}{2}(p+q)\cos.\frac{1}{2}(p-q)}{\cos.\frac{1}{2}(p+q)\sin.\frac{1}{2}(p-q)} = \frac{\tan g.\frac{1}{2}(p+q)}{\tan g.\frac{1}{2}(p-q)}. \quad \cdot \quad (26)$$

$$\frac{\sin.p+\sin.q}{\cos.p+\cos.q} = \frac{\sin.\frac{1}{2}(p+q)\cos.\frac{1}{2}(p-q)}{\cos.\frac{1}{2}(p+q)\cos.\frac{1}{2}(p-q)} = \frac{\tan g.\frac{1}{2}(p+q)}{R}. \quad \cdot \quad (27)$$

$$\frac{\sin.p+\sin.q}{\cos.p-\cos.q} = \frac{-\sin.\frac{1}{2}(p+q)\cos.\frac{1}{2}(p-q)}{\sin.\frac{1}{2}(p+q)\sin.\frac{1}{2}(p-q)} = -\frac{\cot.\frac{1}{2}(p-q)}{R}. \quad (28)$$

$$\frac{\sin.p-\sin.q}{\cos.p+\cos.q} = \frac{\sin.\frac{1}{2}(p-q)\cos.\frac{1}{2}(p+q)}{\cos.\frac{1}{2}(p+q)\cos.\frac{1}{2}(p-q)} = \frac{\tan g.\frac{1}{2}(p-q)}{R}. \quad \cdot \quad (29)$$

$$\frac{\sin.p-\sin.q}{\cos.p-\cos.q} = -\frac{\sin.\frac{1}{2}(p-q)\cos.\frac{1}{2}(p+q)}{\sin.\frac{1}{2}(p+q)\sin.\frac{1}{2}(p-q)} = -\frac{\cot.\frac{1}{2}(p+q)}{R}. \quad \cdot \quad (30)$$

$$\frac{\cos.p+\cos.q}{\cos.p-\cos.q} = -\frac{\cos.\frac{1}{2}(p+q)\cos.\frac{1}{2}(p-q)}{\sin.\frac{1}{2}(p+q)\sin.\frac{1}{2}(p-q)} = -\frac{\cot.\frac{1}{2}(p+q)}{\tan g.\frac{1}{2}(p-q)}. \quad \cdot \quad (31)$$

Ces différentes formules peuvent se démontrer directement et synthétiquement.

Soient MP = A, MN = A, *fig. 2 bis* : prenons MQ = MP = A; il en résulte, en traçant l'horizontale NO, que sin. A + sin. B = SQ et sin. A — sin. B = SP. Joignons les points P et Q à O, et nous formerons ainsi NOQ = $\frac{1}{2}$ (A + B), NOP = $\frac{1}{2}$ (A—B) ; car ces angles ont leurs sommets sur la circonférence et embrassent entre leurs côtés les arcs A + B, A — B. Cela posé, du point O comme centre, et avec le même rayon R qui a servi à décrire PNMQ, décrivons un arc de cercle, puis traçons la tangente au point T : Elle rencontrera les deux cordes OP, OQ en deux points U et V tels qu'évidemment l'on aura :

$$TU = \tan g. \tfrac{1}{2} (A + B) \quad TV = \tan g. \tfrac{1}{2} (A — B)$$

Mais dans les triangles semblables OPQ, OVU, la droite ON partage les deux côtés parallèles PQ, UV en parties proportionnelles.

donc $\dfrac{QS}{PS} = \dfrac{UT}{VT}$ c'est-à-dire $\dfrac{\sin. A + \sin. B}{\sin. A - \sin. B} = \dfrac{\text{tang.} \frac{1}{2} (A + B)}{\text{tang.} \frac{1}{2} (A - B)}$. (26)

La même figure 2 *bis* servira encore à trouver la formule (27); car les triangles semblables OTU, OSQ donneront entre leurs côtés la relation

TU : OT :: SQ : SO, c'est-à-dire tang. $\frac{1}{2}$ (A + B) : R :: sin. A + sin. B : SO.

Pour voir ce que représente ce 4ᵉ terme, menons du centre, CJ, perpendiculaire à NO, nous aurons JO = NJ = cos. B et

SJ = cos. A.

donc enfin $\dfrac{\sin. A + \sin. B}{\cos. A + \cos. B} = \dfrac{\text{tang.} \frac{1}{2} (A + B)}{R}$. . . . . (27)

Au moyen de considérations analogues, on retrouverait également les quatre formules suivantes (28), (29), (30), (31).

16. Jusqu'à présent, nous avons laissé le rayon en évidence, en le supposant quelconque. Généralement pour plus de simplicité on le fait égal à l'unité. Prenons deux arcs concentriques et de même amplitude AD, $\alpha \delta$, *fig*. 3 : les triangles semblables CDE, C$\delta\varepsilon$, nous donneront :

$$\frac{\sin. AD}{AC} = \frac{\sin. \alpha\delta}{\alpha C}$$

et si nous supposons $\alpha C = 1$, AC étant quelconque, nous aurons

sin. $\alpha\delta = \dfrac{\sin. AD}{AC}$: ce qui indique que dans les formules où le rayon

a été supposé égal à l'unité, les lignes trigonométriques qui y entrent, représentent le rapport qui existe entre les sinus, cosinus, etc., relatifs à un certain rayon et ce même rayon.

CHAPITRE IV.

RELATIONS ENTRE LES SINUS ET COSINUS DES ARCS SIMPLES ET MULTIPLES.

17. Reprenons les formules fondamentales (6) et (8) : elles deviennent en y faisant $A = B$ et le rayon égal à l'unité.

$$\sin 2A = 2\sin A \times \cos A \ldots \ldots \ldots (32)$$
$$\cos 2A = \cos^2 A - \sin^2 A \ldots \ldots \ldots (33)$$

Pour trouver ces relations géométriquement, prenons un arc $MR = 2A$, *fig. 2 ter* ; MN sera son sinus. En joignant M à l'extrémité Q du diamètre qui passe par R, nous formerons l'angle MQR $= A$, car il est moitié de MCR. Du point Q comme centre et d'un rayon CQ, décrivons l'arc CO, puis abaissons OP qui sera le sinus de A. Les triangls semblables MNQ, OPQ donnent

$$MN : OP :: MQ : OQ$$

ou

$$\sin 2A = \frac{\sin A \times MQ}{R}$$

Il reste à faire voir que $MQ = 2 . PQ = 2 . \cos A$. Pour cela, traçons la corde MR : elle termine un triangle MQR semblable à OPQ, car tous deux sont rectangles et ont un angle commun en Q : donc on peut écrire la proportion MQ : PQ :: RQ : OQ : d'ailleurs, RQ est double de OQ $= CQ$, puisque le premier est diamètre d'un cercle dont CQ est le rayon ; donc

$$MQ = 2 . PQ = 2 . \cos A$$

donc enfin

$$\sin 2A = \frac{2 . \sin A \times \cos A}{R}$$

ou plus simplement $\sin 2A = 2\sin A \times \cos A$.

S'agit-il de la formule (33) ; on remarque que dans le triangle rectangle RMC, RM est moyen proportionnel entre RN et RQ (LEGENDRE, *livre* III, *proposition* XXIII).

Mais $\overline{RM}^2 = RN \times RQ$ n'est autre chose que

$$4\sin^2 A = 2(1 - \cos 2A)$$

et enfin $\cos 2A = 1 - 2\overline{\sin}^2 A = \overline{\cos}^2 A - \overline{\sin}^2 A = 2\overline{\cos}^2 A - 1$ (33)

18. Si l'on veut avoir les sinus et cosinus de 3 A, on fait $B = 2A$ dans (6) et (8) et l'on substitue les valeurs fournies par (32) et (33).

$$\sin. 3A = \sin. A \times \cos. 2A + \sin. 2A \times \cos. A = \sin. A \times \overline{\cos.}^2 A - \sin.^3 A$$

$$+ 2 \sin. A \overline{\cos.}^2 A = 3 \sin. A (1 - \sin.^2 A) - \sin.^3 A = 3 \sin. A - 4 \sin.^3 A. \quad (34)$$

$$\cos. 3A = \cos. A \cos. 2A - \sin. A \sin. 2A = \cos. A (2 \overline{\cos.}^2 A - 1) - 2 \overline{\sin.}^2 A$$

$$\times \cos. A = 2 \cos.^3 A - \cos. A - 2 \cos. A (1 - \overline{\cos.}^2 A) = 4 \cos.^3 A - 3 \cos. A. \quad (35)$$

On peut encore et plus simplement peut-être, arriver au même résultat par la méthode suivante. Dans la formule (10) on remplace A par 2 A et B par A : il vient alors

$$\sin. (2A + A) + \sin. (2A - A) = 2 \sin. 2A \cos. A$$

$$\sin. 3A = 2 \sin. 2A \cos. A - \sin. A = 4 \sin. A \overline{\cos.}^2 A - \sin. A =$$

$$4 \sin. A (1 - \sin.^2 A) - \sin. A = 3. \sin. A - 4 \sin.^3 A. \quad . \quad . \quad (34)$$

De même nous aurons en vertu de (12)

$$\cos. (2A + A) + \cos. A = 2 \cos. 2A \cos. A,$$

ou $\cos. 3A = 2 (2 \overline{\cos.}^2 A - 1) \cos. A - \cos. A = 4 \overline{\cos.}^3 A - 3 \cos. A. \quad . \quad (35)$

19 Pour 4 A, on peut remplacer A et B chacun par 2 A dans les formules (32) et (33) ou seulement B par 3 A dans (6) et (8), et l'on arrive à

$$\sin. 4A = 2 \sin. 2A \times \cos. 2A = 4 \sin. A \cos. A (\overline{\cos.}^2 A - \overline{\sin.}^2 A) =$$

$$4 \sin. A \overline{\cos.}^3 A - 4 \cos. A \overline{\sin.}^3 A. \quad . \quad . \quad . \quad . \quad . \quad (36)$$

En éliminant successivement les valeurs de $\overline{\cos.}^2 A$, ou $\overline{\sin.}^2 A$ dans celle de cos. 2 A, on trouverait encore pour la valeur de sin. 4 A

$$\sin. 4A = 4 \sin. A \times \cos. A - 8 \overline{\sin.}^3 A \cos. A = 8 \overline{\cos.}^3 A \sin. A - 4 \cos. A \sin. A.$$

quant au cosinus, nous aurons $\cos. 4A = \cos. A \cos. 3A - \sin. A \sin. 3A.$

et $\cos. 4A = 4 \overline{\cos.}^4 A - 3 (\overline{\cos.}^2 A - 3 \overline{\sin.}^2 A + 4 \overline{\sin.}^4 A =$

$$4 (\overline{\cos.}^4 A + \overline{\sin.}^4 A.) - 3 (\overline{\cos.}^2 A + \overline{\sin.}^2 A)$$

Nous savons que $\overline{\sin.}^2 A = 1 - \overline{\cos.}^2 A$

et par suite $\quad \overline{\sin.}{}^4 A = 1 + \overline{\cos.}{}^4 A - 2 \overline{\cos.}{}^2 A.$

d'où $\cos. 4A = 4 (1 + 2 \overline{\cos.}{}^4 A - 2 \overline{\cos.}{}^2 A) - 3 = 8 \overline{\cos.}{}^4 A - 8 \overline{\cos.}{}^2 A + 1.$ (37)

On trouve les mêmes valeurs de cos. 4 A et sin. 4 A au moyen de (10) et (12) dans lesquelles on substitue 2 A à A et à B.

En effet, il vient $\quad \sin. 4A + \sin. 0 = 2 \sin. 2A \cos. 2A$

$= 4 \sin. A \cos. A (\overline{\cos.}{}^2 A - \overline{\sin.}{}^2 A) = 4 \sin. A \overline{\cos.}{}^3 A - 4 \cos. A \overline{\sin.}{}^3 A$

et $\cos. 4A + \cos. 0 = 2 \overline{\cos.}{}^2 2A = 2 (\overline{\cos.}{}^2 A - \overline{\sin.}{}^2 A)^2 = 2 \overline{\cos.}{}^4 A + 2 \overline{\sin.}{}^4 A$

$- 4 \overline{\sin.}{}^2 A \overline{\cos.}{}^2 A = 2. \overline{\cos.}{}^4 A + 2 (1 - 2 \overline{\cos.}{}^2 A + \overline{\cos.}{}^4 A) - 4 \overline{\sin.}{}^2 A \overline{\cos.}{}^2 A$

ou $\quad \cos. 4A = 4 \overline{\cos.}{}^4 A - 4 \overline{\cos.}{}^2 A - 4 (1 - \overline{\cos.}{}^2 A) \overline{\cos.}{}^2 A + 1$

$= 8 \overline{\cos.}{}^4 A - 8 \overline{\cos.}{}^2 A + 1.$

20. Cherchons le sinus et le cosinus d'un arc quintuple d'un autre, en fonction du sinus et du cosinus de ce dernier. Pour le sinus, prenons la formule (10) dans laquelle nous remplaçons A et B par 3A et 2A ; cela nous donne :

$$\sin. 5 A + \sin. A = 2 \sin. 3A \cos. 2A$$

$\sin. 5A = 2 (3 \sin. A - 4 \overline{\sin.}{} A) (\overline{\cos.}{}^2 A - \sin^2 A) - \sin A = 2 (3 \sin. A - 4 \sin. 3 A)$

$$(1 - 2 \sin.^2 A) - \sin. A.$$

$\sin. 5 A = 6 \sin. A - 8 \overline{\sin.}{}^3 A - 12 \overline{\sin.}{}^3 A + 16 \overline{\sin.}{}^5 A - \sin. A = 16 \overline{\sin.}{}^5 A - 20$

$$\overline{\sin.}{}^3 A + 5 \sin. A. \quad \ldots \ldots \ldots \ldots (38)$$

Quant au cosinus, nous trouverons de la même manière

$\cos. 5A = 2 \cos. 3A \cos. 2A - \cos. A = 2 (4 \overline{\cos.}{}^3 A - 3 \cos. A) (\overline{\cos.}{}^2 A - \overline{\sin.}{}^2 A)$

$$- \cos. A.$$

$\cos. 5 A = 2 (4 \overline{\cos.}{}^3 A - 3 \cos. A) (2 \overline{\cos.}{}^2 A - 1) - \cos. A = 16 \overline{\cos.}{}^5 A - 8 \overline{\cos.}{}^3 A$

$$- 12 \overline{\cos.}{}^3 A + 5 \cos. A$$

et enfin $\quad \cos. 5 A = 16 \overline{\cos.}{}^5 A - 20 \overline{\cos.}{}^3 A + 5 \cos. A. \ldots \ldots (93)$

On peut aussi trouver les lignes trigonométriques des arcs multiples quelconques en fonction de celles de l'arc simple , au moyen de la formule de Moivre , démontrée plus loin § 68. On en déduit :

$$\sin. mA = m \sin. A \cos. A^{\overline{m-1}} - \frac{m(m-1)(m-2)}{2.3} \sin.^{\overline{3}} A \cos.^{\overline{m-3}} A +$$

$$\frac{m(m-1)(m-2)(m-3)(m-4)}{2.3.4.5} \sin.^{\overline{5}} A \cos.^{\overline{m-5}} A -$$

$$\frac{m(m-1)(m-2)(m-3)(m-4)(m-5)(m-6)}{2.3.4.5.6.7} \sin.^{\overline{7}} A \cos.^{\overline{m-7}} A + \text{etc.}$$

$$\cos. mA = \cos.^{\overline{m}} A - \frac{m(m-1)}{2} \sin.^{\overline{2}} A \cos.^{\overline{m-2}} A + \frac{m(m-1)(m-2)(m-3)}{2.3.4}$$

$$\sin.^{\overline{4}} A \cos.^{\overline{m-4}} A - \frac{m(m-1)(m-2)(m-3)(m-4)(m-5)}{2.3.4.5.6} \sin.^{\overline{6}} A \cos.^{\overline{m-6}} A + \text{etc.}$$

En y faisant successivement $m = 2, 3, 4, 5, 6, 7$, etc., on voit que tous les termes à partir du 2e, 3e, 4e, etc , dans le développement du sinus et du 3e, 4e, 5e, etc., dans celui du cosinus , disparaîtront comme renfermant un facteur nul. Il en résultera donc

$$\sin. 2A = 2 \sin. A \cos. A$$

$$\cos. 2A = \cos.^{\overline{3}} A - \sin.^{\overline{2}} A.$$

$$\sin. 3A = 3 \sin. A \cos.^{\overline{2}} A - \sin.^{\overline{2}} A = 3 \sin. A - 4 \sin.^{\overline{3}} A.$$

$$\cos. 3A = \cos.^{\overline{3}} A - 3 \sin.^{\overline{2}} A \cos. A = 4 \cos.^{\overline{3}} A - 3 \cos. A.$$

$$\sin. 4A = 4 \sin. A \cos.^{\overline{3}} A - 4 \sin.^{\overline{3}} A \cos. A.$$

$$\cos. 4A = \cos.^{\overline{4}} A - 6 \sin.^{\overline{2}} A \cos.^{\overline{2}} A + \sin.^{\overline{4}} A = 8 \cos.^{\overline{4}} A - 8 \cos.^{\overline{2}} A + 1.$$

$$\sin. 5A = 5 \sin. A \cos.^{\overline{4}} A - 10 \sin.^{\overline{3}} A \cos.^{\overline{2}} A + \sin.^{\overline{5}} A = 16 \sin.^{\overline{5}} A - 20 \sin.^{\overline{3}} A + 5 \sin. A.$$

$$\cos. 5A = \cos.^{\overline{5}} A - 10 \sin.^{\overline{2}} A \cos.^{\overline{3}} A + 5 \sin.^{\overline{4}} A \cos. A = 16 \cos.^{\overline{5}} A - 20 \cos.^{\overline{3}} A + 5 \cos. A.$$

$$\sin. 6A = 6 \sin. A \cos.^{\overline{5}} A - 20 \sin.^{\overline{3}} A \cos.^{\overline{3}} A + 6 \sin.^{\overline{5}} A \cos. A.$$

$$\cos. 6A = 31 \cos.^{\overline{6}} A - 45 \cos.^{\overline{4}} A + 15 \cos.^{\overline{2}} A.$$

$$\sin. 7A = 7 \sin. A \cos.^{\overline{6}} A - 35 \sin.^{\overline{3}} A \cos.^{\overline{4}} A + 21 \sin.^{\overline{5}} A \cos.^{\overline{2}} A - \sin.^{\overline{7}} A =$$

$$7 \sin. A - 56 \sin.^{\overline{3}} A + 112 \sin.^{\overline{5}} A - 64 \sin.^{\overline{7}} A.$$

$$\cos. 7A = 64 \cos.^{\overline{7}} A - 112 \cos.^{\overline{5}} A + 56 \cos.^{\overline{3}} A - 7 \cos. A.$$

Il existe une analogie frappante entre les sinus et cosinus d'un même multiple impair ; mais on ne peut obtenir un résultat semblable pour ceux des multiples pairs, parce que dans les développements des sinus, on ne peut faire disparaître les différentes puissances impaires du cosinus de l'arc simple, ou du moins, on obtiendrait un développement en série qui ne satisferait point au but que l'on se propose : en effet, on pourrait bien remplacer

$\overline{\cos.}^3 A$ par $(1-\overline{\sin.}^2 A)^{\frac{3}{2}}$, mais en développant, on trouverait :

$$\overline{\cos.}^3 A = 1 - \tfrac{3}{2}\overline{\sin.}^2 A + \tfrac{3}{8}\overline{\sin.}^4 A - \tfrac{3}{38}\overline{\sin.}^6 A + \tfrac{3}{128}\overline{\sin.}^8 A - \text{etc.}$$

et des séries convergentes analogues pour $\overline{\cos.}^5 A$, $\overline{\cos.}^7 A$, etc.

CHAPITRE V.

RELATIONS ENTRE LES TANGENTES DES SOMMES OU DIFFÉRENCE D'ARCS ET CELLES DES ARCS : ENTRE LES TANGENTES D'ARCS MULTIPLES ET CELLE DE L'ARC SIMPLE.

21. Les formules (22) et (23) établissent les relations qui existent entre les tangentes des somme ou différence d'arcs et celles de ces arcs : quant à celle d'un arc double, on l'obtiendra en faisant $A = B$ dans (22), car il en résulte

$$\text{tang. } 2A = \frac{2 \text{ tang. } A}{1 - \text{tang.}^2 A} \quad \dots \dots \dots \dots \dots (40)$$

S'il s'agit de la cotangente, nous trouvons, en raison de ce que

$$\text{cotang.} = \frac{1}{\text{tang.}}$$

$$\text{cotang. } 2A = \frac{1 - \overline{\text{tang.}}^2 A}{2 \text{ tang. } A} = \frac{1}{2 \text{ tang. } A} - \tfrac{1}{2} \text{ tang. } A =$$

$$\tfrac{1}{2}\left(\frac{1}{\text{tang. } A} - \text{tang. } A\right) \dots \dots \dots \dots \dots (41)$$

ou encore $\text{cotang. } A - \text{tang. } A = 2 \text{ cotang. } 2A \dots \dots \dots (41)$

22. On serait arrivé à la même formule en remarquant que

$$\text{cotang. } A - \text{tang. } A = \frac{\cos. A}{\sin. A} - \frac{\sin. A}{\cos. A} = \frac{\overline{\cos.}^2 A - \overline{\sin.}^2 A}{\sin. A \cos. A} =$$

$$\frac{2 \cos. 2 A}{\sin. 2 A} = 2 \text{ cotang. } 2 A.$$

Si l'on voulait trouver l'équivalent de la somme d'une tangente et de la cotangente correspondante, au lieu de la différence fournie par (41), on aurait :

$$\text{cotang. } A + \text{tang. } A = \frac{\cos. A}{\sin. A} + \frac{\sin. A}{\cos. A} = \frac{\overline{\cos.}^2 A + \overline{\sin.}^2 A}{\sin. A \cos. A} =$$

$$\frac{2}{2 \sin. A \cos. A} = \frac{2}{\sin. 2 A} = 2 \text{ coséc. } 2 A \ldots \ldots (42)$$

23. La tangente de 3 A s'obtient en remplaçant B par 2 A dans (22), car alors il vient :

$$\text{tang. } (A + 2 A) = \frac{\text{tang. } 2 A + \text{tang. } A}{1 - \text{tang. } 2A \text{ tang. } A}$$

$$\text{tang. } 3 A = \frac{\dfrac{2 \text{ tang. } A}{1 - \text{tang.}^2 A} + \text{tang. } A}{1 - \dfrac{2 \text{ tang. } A}{1 - \text{tang.}^2 A} \cdot \text{tang. } A} = \frac{3 \text{ tang. } A}{1 - 3 \text{ tang.}^3 A} \ldots \ldots (43)$$

CHAPITRE VI.

RELATIONS ENTRE LES LIGNES TRIGONOMÉTRIQUES DE DEUX ARCS DONT L'UN EST LA MOITIÉ DE L'AUTRE.

24. Les formules (32) et (33) deviennent, lorsqu'on y substitue A à 2 A

$$\sin. A = 2 \sin. \tfrac{1}{2} A \cos. \tfrac{1}{2} A \ldots \ldots \ldots \ldots \ldots \ldots (44)$$

$$\cos. A = \overline{\cos.}^2 \tfrac{1}{2} A - \overline{\sin.}^2 \tfrac{1}{2} A = 1 - 2 \overline{\sin.}^2 \tfrac{1}{2} A = 2 \overline{\cos.}^2 \tfrac{1}{2} A - 1 \ldots (45)$$

de la dernière on tire

$$2 \overline{\sin.}^2 \tfrac{1}{2} A = 1 - \cos. A \quad \text{ou} \quad \sin. \tfrac{1}{2} A = \pm \sqrt{\frac{1 - \cos. A}{2}} \ldots \ldots (46)$$

$$2\overline{\cos.}^2 \tfrac{1}{2}A = 1 + \cos. A \quad \text{ou} \quad \cos. \tfrac{1}{2}A = \pm \sqrt{\frac{1+\cos. A}{2}} \cdot \dots \cdot (47)$$

En les divisant l'une par l'autre, on trouve :

$$\text{tang.} \tfrac{1}{2}A = \pm \sqrt{\frac{1-\cos. A}{1+\cos. A}} \cdot \cdot (48) \quad \text{cotang.} \tfrac{1}{2}A = \pm \sqrt{\frac{1+\cos. A}{1-\cos. A}} \cdot \cdot (49)$$

On peut aussi trouver les sinus et cosinus de $\frac{A}{2}$ en fonction du sinus de A : pour cela, on combine les formules

$$\overline{\sin.}^2 \tfrac{1}{2}A + \overline{\cos.}^2 \tfrac{1}{2}A = 1, \quad 2 \sin. \tfrac{1}{2}A \cos. \tfrac{1}{2}A = \sin. A.$$

En les ajoutant et les retranchant successivement, on trouve

$$(\sin. \tfrac{1}{2}A + \cos. \tfrac{1}{2}A)^2 = 1 + \sin A, \quad (\sin. \tfrac{1}{2}A - \cos. \tfrac{1}{2}A)^2 = 1 - \sin. A$$

$$\text{ou} \quad \sin. \tfrac{1}{2}A + \cos. \tfrac{1}{2}A = \pm \sqrt{1 + \sin. A} \quad \sin. \tfrac{1}{2}A - \cos. \tfrac{1}{2}A = \pm \sqrt{1 - \sin. A}$$

$$\sin. \tfrac{1}{2}A = \pm \tfrac{1}{2}\sqrt{1 + \sin. A} \pm \tfrac{1}{2}\sqrt{1 - \sin. A} \cdot \dots \cdot (50)$$

$$\cos. \tfrac{1}{2}A = \pm \tfrac{1}{2}\sqrt{1 + \sin. A} \mp \tfrac{1}{2}\sqrt{1 - \sin. A} \cdot \dots \cdot (51)$$

Ces deux formules multipliées l'une par l'autre reproduisent (44) comme cela doit être. En effet, le produit des deux seconds membres qui sont la somme et la différence de deux radicaux, est la différence des quantités qui en sont affectées. On a donc :

$$4 \sin. \tfrac{1}{2}A \cos. \tfrac{1}{2}A = 1 + \sin. A - (1 - \sin. A) = 2 \sin. A$$

ou enfin $\quad \sin. A = 2 \sin. \tfrac{1}{2}A \cos. \tfrac{1}{2}A.$

25. Aux expressions de cosinus A fournies par (45), on peut encore en joindre deux autres déduites de (48) et (49) et qui, comme elles, sont fonction de l'angle moitié. En effet, en chassant les dénominateurs, il vient

$$(1 + \cos. A) \overline{\text{tang.}}^2 \tfrac{1}{2}A = 1 - \cos. A$$

$$\cos. A (1 + \overline{\text{tang.}}^2 \tfrac{1}{2}A) = 1 - \overline{\text{tang.}}^2 \tfrac{1}{2}A,$$

et enfin $\qquad \cos. A = \dfrac{1 - \overline{\text{tang.}}^2 \tfrac{1}{2}A}{1 + \overline{\text{tang.}}^2 \tfrac{1}{2}A} \cdot \dots \cdot (50)$

de même $\qquad$ $(1 - \cos. A)\, \overline{\text{cotang.}}^2 \tfrac{1}{2} A = 1 + \cos. A$

$$\cos. A\, (1 + \overline{\text{cotang.}}^2 \tfrac{1}{2} A) = - (1 - \overline{\text{cot.}}^2 \tfrac{1}{2} A)$$

et par suite $\qquad$ $\cos. A = \dfrac{\overline{\text{cotang.}}^2 \tfrac{1}{2} A - 1}{\overline{\text{cotang.}}^2 \tfrac{1}{2} A + 1}$ . . . . (51)

26. Nous donnons ici encore, et pour la dernière fois, une dé-monstration synthétique de quelques-unes des formules ci-dessus, et c'est de (46) et (47) qu'il s'agit.

Soit *agb*, fig. 2, l'arc que nous désignons par A et $bg = \tfrac{1}{2} A$; le rayon *ca* étant égal à l'unité. Dans le triangle rectangle *abd*, on a

$$\overline{ab}^2 = \overline{bd}^2 + \overline{ad}^2 = \overline{\sin.}^2 A + (1 - \cos. A)^2 = \overline{\sin.}^2 A + \overline{\cos.}^2 A +$$
$$1 - 2 \cos. A = (1 - \cos. A)$$

d'ailleurs la droite $ab = 2 \sin. \tfrac{1}{2} A$, donc :

$$\overline{ab}^2 \text{ ou } 4\, \overline{\sin.}^2 \tfrac{1}{2} A = 2 (1 - \cos. A)$$

et en divisant de part et d'autre par 2, $2.\, \overline{\sin.}^2 \tfrac{1}{2} A = 1 - \cos. A$ . . (46)

Pour obtenir (47) on remplace $\overline{\sin.}^2 \tfrac{1}{2} A$ par $1 - \overline{\cos.}^2 \tfrac{1}{2} A$,

ce qui donne $\qquad$ $2 - 2\, \overline{\cos.}^2 \tfrac{1}{2} A = 1 - \cos. A$,

ou enfin $\qquad$ $2\, \overline{\cos.}^2 \tfrac{1}{2} A = 1 + \cos. A$ . . . . (47)

27. Ces formules servent principalement à transformer des expressions en d'autres plus favorables à la suite des calculs : ce-pendant, pour donner une idée de l'emploi que l'on en pourrait faire, supposons que l'on veuille en tirer parti pour trouver les valeurs du sinus et du cosinus de 50ᵍ, on y fera $A = 100^g$, d'où

$$\sin. A = 1, \cos. A = o.$$

Alors $\qquad$ $\sin. 50^g, = \sqrt{\tfrac{1}{2}}$ et $\cosin. 50^g = \sqrt{\tfrac{1}{2}}$

Pour obtenir les sinus et cosinus de 25ᵍ nous supposerons $A = 50^g$ et les formules deviendront

$$\sin. 25^g = \sqrt{\tfrac{1}{2} - \tfrac{1}{2}\sqrt{\tfrac{1}{2}}}\; ; \quad \cos. 25^g = \sqrt{\tfrac{1}{2} + \tfrac{1}{2}\sqrt{\tfrac{1}{2}}}$$

En opérant par logarithmes

$$\log. \sin. 25^g = \tfrac{1}{2} \log. \left(\tfrac{1}{2} - \tfrac{1}{2}\sqrt{\tfrac{1}{2}}\right) = \tfrac{1}{2}\left(\log. \left(1 - \sqrt{\tfrac{1}{2}}\right)\right) - \log. 2)$$

de même
$$\log. \cos. 25^g = \tfrac{1}{2}\left(\log. \left(1 - \sqrt{\tfrac{1}{2}}\right) - \log. 2\right).$$

CHAPITRE VII.

RÉSOLUTION DES TRIANGLES (RECTANGLES ET OBLIQUANGLES).

28. Dans un triangle rectangle on a, en prenant $C\alpha = 1$, *fig.* 3, $\delta\varepsilon = \sin. C$, $c\varepsilon = \cos. C$, $\alpha\beta = \tan. C$, et à cause de la similitude des triangles $a : c : b :: 1 : \sin. C : \cos. C$, d'où $\dfrac{\sin. C}{\cos. C} = \dfrac{c}{b}$, $\dfrac{\sin. C}{1} = \dfrac{c}{a}$, $\dfrac{\cos. C}{1} = \dfrac{b}{a}$ c'est-à-dire $c = b \tan. C$, $c = a \sin. C$, $b = a \cos. C$ et par suite $b = c \cot. C$; $a = c \csc. C$; $a = b \sec. C$.

29. Si dans un triangle quelconque ABC, *fig.* 4, on abaisse la perpendiculaire BD, il sera décomposé en deux triangles rectangles qui donneront $BD = a \sin. C = c \sin. A$.

d'où $\qquad\qquad a : c :: \sin. A : \sin. C \dots\dots\dots (52)$

Cette propriété dont jouissent les sinus d'être proportionnels aux côtés opposés, peut encore se démontrer directement.

Soit ABC, *fig.* 5, un triangle auquel on circonscrit un cercle dont le centre est en O, point de rencontre des perpendiculaires élevées sur le milieu des côtés. De ce point comme centre et d'un rayon égal à l'unité, on décrit une nouvelle circonférence dans laquelle on inscrit un triangle A'B'C' semblable à ABC : on a alors la proportion

$$BC : AC : AB :: B'C' : A'C' : A'B' :: \tfrac{1}{2}B'C' : \tfrac{1}{2}A'C' : \tfrac{1}{2}A'B'$$

mais $\qquad \tfrac{1}{2}B'C' = \sin. \tfrac{1}{2}B'OC' = \sin. A' = \sin. A :$

de même $\qquad \tfrac{1}{2}A'C' = \sin. B$ et $\tfrac{1}{2}A'B' = \sin. C$

donc enfin $\qquad BC : AC : AB :: \sin. A : \sin. B : \sin. C \dots\dots (52)$

Nous avons posé $\frac{1}{2}$ B'OC' $=$ A' ; en effet, ces deux angles embrassent le même arc de cercle entre leurs côtés et le premier a son sommet au centre, tandis que celui de l'autre est situé sur la circonférence.

30. Si dans le triangle ABC, *fig. 4*, on désigne par h la hauteur et par x la portion AD de b, on a

$$a^2 = (b-x)^2 + h^2 = b^2 + x^2 + h^2 - 2bx \qquad \text{et puisque} \quad x^2 = c^2 - h^2$$
$$a^2 = b^2 + c^2 - 2bx$$

Mais le triangle rectangle ABD fournit $x = c \cos. \mathrm{A}$

donc enfin $a^2 = b^2 + c^2 - 2bc \cos. \mathrm{A}$ ou $\cos. \mathrm{A} = \dfrac{b^2 + c^2 - a^2}{2\,bc}$. . (53)

Si l'angle A était obtus, la formule resterait la même. La perpendiculaire tombant dans ce cas en dehors, on aurait :

$$a^2 = (b + x)^2 + h^2 = b^2 + x^2 + h^2 + 2bx = b^2 + c^2 + 2bx.$$

Dans ABD, $x = c \cos. (200-\mathrm{A}) = - c \cos. \mathrm{A}$ et par conséquent

$$a^2 = b^2 + c^2 - 2bc \cos. \mathrm{A}.$$

31. En combinant ensemble

$$\overline{\sin.}^2 \mathrm{A} = 1 - \overline{\cos.}^2 \mathrm{A} \quad \text{et} \quad \cos. \mathrm{A} = \frac{b^2 + c^2 - a^2}{2\,bc}, \quad \text{on trouve}$$

$$\overline{\sin.}^2 \mathrm{A} = \frac{4\,b^2c^2 - (b^2 + c^2 - a^2)^2}{4\,b^2\,c^2} = \frac{(2bc + b^2 + c^2 - a^2)(2\,bc - b^2 - c^2 + a^2)}{4\,b^2\,c^2}$$

$$= \frac{((b+c)^2 - a^2)(a^2 - (b-c)^2)}{4\,b^2 c^2} = \frac{(a + b + c)(b + c - a)(a + b - c)(a + c - b)}{4\,b^2\,c^2}$$

Si l'on représente le périmètre $a + b + c$ du triangle par $2\,p$,

$$\sin. \mathrm{A} = \pm \frac{1}{2\,b\,c} \sqrt{2\,p\,(2\,p - 2a)(2\,p - 2b)(2\,p - 2c)} =$$

$$\pm \frac{2}{b\,c} \sqrt{p\,(p - a)(p - b)(p - r)}. \ldots \ldots \ldots (54)$$

Cette formule peut servir à démontrer que les sinus des angles sont proportionnels aux côtés opposés, car en divisant les deux membres par a, le coefficient du radical devient $\frac{2}{a\,b\,c}$, et le second membre devient symétrique par rapport à a, b, c.

Il est encore d'autres formules au moyen desquelles on arrive à trouver un angle en fonction des 3 côtés.

Prenons la formule (46) et comme ci-dessus, introduisons la valeur de cos. A, il vient

$$2\sin.^2\tfrac{1}{2}A = 1 - \cos. A = 1 - \frac{b^2+c^2-a^2}{2\,bc} = \frac{2\,bc-b^2-c^2+a^2}{2\,b\,c} =$$

$$\frac{a^2-(b-c)^2}{2\,b\,c} = \frac{(a+b-c)(a+c-b)}{2\,b\,c}$$

Divisant par 2, extrayant la racine carrée et faisant $a+b+c=p$.

$$\sin.\tfrac{1}{2}A = \pm\tfrac{1}{2}\sqrt{\frac{(2\,p-2\,c)(2\,p-2\,b)}{bc}} = \pm\sqrt{\frac{(p-b)(p-c)}{bc}}. \quad . \quad (55)$$

De même, au moyen de (47)

$$\cos.\tfrac{1}{2}A = \pm\tfrac{1}{2}\sqrt{\frac{2\,p\,(2\,p-2\,a)}{b\,c}} = \pm\sqrt{\frac{p\,(p-a)}{b\,c}}. \quad (56)$$

Le produit de (55) et (56) multiplié par 2 reproduit (54) comme cela doit être en vertu de (30).

Si au contraire on les divise l'une par l'autre on trouve

$$\tang.\tfrac{1}{2}A = \pm\sqrt{\frac{(p-b)(p-c)}{p\,(p-a)}}. \quad \ldots \ldots \quad (57)$$

32. Il pourrait arriver que la combinaison des quatre éléments a,b,c et A n'eût pas pour but de déterminer l'angle, mais l'un des côtés. Supposons que l'on veuille trouver a, on substitue à cosin. A, son équivalent

$$1-2\sin.^2\tfrac{1}{2}a \qquad \text{dans} \qquad a^2 = b^2+c^2-2bc\cos. A$$

ce qui donne $a^2 = b^2+c^2-2bc+4bc\sin.^2\tfrac{1}{2}A = (b-c)^2+4bc\sin.^2\tfrac{1}{2}A =$

$$(b-c)^2\left\{1+\frac{4\,bc\sin.^2\tfrac{1}{2}A}{(b-c)^2}\right\}. \quad \ldots \ldots \ldots \quad (58)$$

$\frac{4\,bc\sin.^2\tfrac{1}{2}A}{(b-c)^2}$ est essentiellement positif, puisque b et c sont des quantités positives, et que les autres facteurs sont des **carrés** : on peut alors l'assimiler au carré d'une tangente et écrire

$$\text{tang. } \varphi = \frac{2 \sin. \frac{1}{2} A}{b-c} \sqrt{b.c} \, .$$

Cette formule donnera φ en fonction de quantités connues; puis substituant dans l'expression de a on aura :

$$a = (b-c) \sqrt{1 + \text{tang.}^2 \, \varphi} = (b-c) \text{ séc. } \varphi.$$

On peut encore résoudre ainsi qu'il suit :

On sait que

$$\cos. A = \overline{\cos.}^2 \tfrac{1}{2} A - \overline{\sin.}^2 \tfrac{1}{2} A \quad \text{et} \quad 1 = \overline{\cos.}^2 \tfrac{1}{2} A + \overline{\sin.}^2 \tfrac{1}{2} A.$$

Dans $a^2 = b^2 + c^2 - 2 bc \cos. A$, on peut multiplier $b^2 + c^2$ par l'équivalent de l'unité et remplacer $\cos. A$ par la valeur indiquée ci-dessus. Il en résulte

$$a^2 = (b^2 + c^2)(\overline{\cos.}^2 \tfrac{1}{2} A + \overline{\sin.}^2 \tfrac{1}{2} A) - 2 bc \, (\overline{\cos.}^2 \tfrac{1}{2} A - \overline{\sin.}^2 \tfrac{1}{2} A) =$$

$$(b-c)^2 \overline{\cos.}^2 \tfrac{1}{2} A + (b+c)^2 \overline{\sin.}^2 \tfrac{1}{2} A = (b-c)^2 \overline{\cos.}^2 \tfrac{1}{2} A \left\{ 1 + \left(\frac{b+c}{b-c}\right)^2 \overline{\text{tang.}}^2 \tfrac{1}{2} A \right\} \quad (59)$$

Si l'on fait

$$\frac{b+c}{b-c} \text{ tang. } \tfrac{1}{2} A = \text{tang. } \varphi, \qquad \text{on a}, \qquad a = (b-c) \cos. \tfrac{1}{2} A \text{ séc. } \varphi,$$

et le problème est résolu.

Enfin si l'on voulait b en fonction de a, c et A (la marche est la même si c est l'inconnue), on trouverait de suite c par la proportion des sinus : B, en retranchant A + C de 200^g et enfin b en faisant usage encore de la proportion des sinus.

33. S'il s'agit de résoudre un triangle dans lequel on connaît deux côtés et l'angle compris, en désignant les données par a, b, c, on trouve au moyen de la proportion

$$\sin. A : \sin. B :: a : b, \quad \frac{\sin. A + \sin. B}{\sin. A - \sin. B} = \frac{a+b}{a-b},$$

ou en vertu de (24)

$$\tan. \tfrac{1}{2}(A-B) = \tan. \tfrac{1}{2}(A+B)\, \frac{a-b}{a+b}\,;$$

mais $\qquad A + B = 200^g - C,\qquad$ et $\qquad \tan. \tfrac{1}{2}(A+B) = \cot. \tfrac{1}{2} C$

donc enfin $\qquad \tan. \tfrac{1}{2}(A-B) = \cot. \tfrac{1}{2} C\, \dfrac{a-b}{a+b}.$ . . . . (60)

34. Pour résumer ce qui est relatif à la résolution des triangles, nous dirons qu'un triangle se compose de 3 côtés et 3 angles : qu'on peut le résoudre, lorsque l'on connaît 3 éléments, pourvu qu'il se trouve au moins un côté parmi eux. Examinons donc quelles sont les combinaisons 4 à 4 que l'on peut former avec les angles et les côtés.

1° Deux angles et les deux côtés opposés

$$A, B, a, b......A, C, a, c.....B, C, b, c.$$

La proportion (52) résout ces diffrents cas. Le 3ᵉ angle s'obtient en retranchant de 200ᵍ la somme des deux que l'on connaît : puis enfin, c'est encore (52) qui fournit le 3ᵉ côté.

2° Connaissant 2 côtés et l'angle compris, résoudre le triangle, les données sont

$$a, b, C......b, c, A......(a, c, B).$$

Dans l'une quelconque de ces 3 combinaisons, la formule (60) donne le moyen de trouver la demi–différence des deux angles inconnus : d'ailleurs on connaît leur demi-somme qui égale 100ᵍ moins la moitié de l'angle donné ; donc on connaît les 3 angles. La proportion (52) donne ensuite le 3ᵉ côté.

3° Connaissant 2 angles et le côté compris. Cette circonstance est presque inutilement relatée, puisque la connaissance de deux angles entraîne de suite celle du 3ᵉ, et qu'alors au moyen de (52) on trouve les deux côtés.

4° Les 3 côtés étant donnés, il s'agit de déterminer les angles.

On peut pour cela employer l'une des formules (54), (55), (56) ou (57).

35. Cherchons l'expression de la surface d'un triangle en fonction des 3 côtés.

On sait que dans tout triangle ABC, *fig.* 4, en désignant par S la surface, on a

$$S = \tfrac{1}{2} bh; \quad \text{mais} \quad h = c \sin. A; \quad \text{donc} \quad S = \tfrac{1}{2} b c \sin. A,$$

3

et en vertu de (54)

$$S = \sqrt{p\,(p-a)(p-b)(p-c)}. \quad \ldots \ldots \ldots (61)$$

On arrive au même résultat par la méthode suivante dans laquelle on ne suppose pas connue (56). Puisque déjà $S = \frac{1}{2}\,bh$, il reste à trouver h en fonction des côtés.

De $\qquad a^2 = b^2 + c^2 - 2\,b\,c\,\cos.\,A$ et $x = c\cos.\,A,$

il s'ensuit que $\qquad\qquad x = \dfrac{b^2 + c^2 - a^2}{2b}$

d'ailleurs $\qquad h^2 = c^2 - x^2 = (c+x)(c-x) :$

y introduisant la valeur de x et réduisant de suite au même dénominateur

$$h^2 = \frac{(2\,bc + b^2 + c^2 - a^2)(2\,bc - b^2 - c^2 + a^2)}{4\,b^2} =$$

$$\frac{1}{4\,b^2}\,\left\{ (b+c+a)(b+c-a)\,(a+c-b)(a+b-c) \right\}$$

représentant comme plus haut le demi-périmètre par p

$$h = \frac{2}{b}\,\sqrt{p\,(p-a)(p-b)(p-c)}$$

et enfin, en substituant dans l'expression de S,

$$S = \sqrt{p\,(p-a)(p-b)(p-c)}$$

CHAPITRE VIII.

CONSTRUCTION DES TABLES DE SINUS, COSINUS, ETC.

36. On cherche une formule qui donne le sinus d'un arc quelconque en fonction des sinus d'arcs moindres.

On sait que

$\sin.\,(y+x) + \sin.\,(y-x) = 2\sin.\,y\cos.\,x :$ en faisant $y = (m+1)\,x$

il vient $\qquad \sin.\,(m+2)\,x + \sin.\,m\,x = 2\cos.\,x\sin.\,(m+1)\,x$

ou $\qquad \sin.\,(m+2)\,x = 2\cos.\,x\sin.\,(m+1)\,x - \sin.\,m\,x. \ldots (62)$

On donne ensuite à m toutes les valeurs possibles, et l'on obtient ainsi les sinus des arcs de toutes grandeurs : En effet , si l'on fait

$m = 0$ on a   sin. $2x = 2$ cos. x sin. x formule déjà connue.

$m = 1$ sin. $3x = 2$ cos. x sin. $2x$ — sin. x.

$m = 2$ sin. $4x = 2$ cos. x sin. $3x$ — sin. $2x$.

$m = 3$ sin. $5x = 2$ cos. x sin. $4x$ — sin. $3x$.... etc.

On trouverait de même les valeurs des cosinus au moyen de

$$\cos. (y + x) + \cos. (y - x) = 2 \cos. y \cos. x.$$

Mais connaissant les sinus on trouve les cosinus et les autres lignes trigonométriques au moyen de (1), (2), (3), (4), (5) qui les lient entre elles.

D'après cela , on voit qu'il est nécessaire de connaître d'abord la longueur d'un premier sinus. On sait que $\pi = 3{,}1415926535$, etc., représente la demi-circonférence qui a l'unité pour rayon.

Il en résulte que $100_s = 1{,}5707963$, etc.

                     $1_s = 0{,}015707963$

                     $1'' = 0{,}00000157$

Nous allons faire voir que le sinus est toujours plus petit que l'arc et plus grand que l'arc diminué du quart de son cube, c'est-à-dire $A > \sin. A > A - \frac{A^3}{4}$. Il résultera de là , que le sinus de $1''$ ne différant de l'arc correspondant qu'au delà de la 15e décimale, on aura une exactitude bien suffisante en prenant l'un pour l'autre.

Connaissant alors les sinus et cosinus de $1''$, on trouvera ceux de $2''$, etc.

37. Il reste donc à prouver ce que nous avons avancé ; et d'abord démontrons que l'arc est plus grand que le sinus et plus petit que la tangente. En effet , le triangle ATO, *fig.* 21, est plus grand que le secteur correspondant BTO ; celui-ci est à son tour plus grand que le triangle BTO.

Ainsi $\frac{1}{2}$ AT $\times$ TO $> \frac{1}{2}$ BT $\times$ TO $> \frac{1}{2}$ BS $\times$ TO   ou   AT $>$ BT $>$ SB

ou enfin   tang. $>$ arc $>$ sinus.

Cela posé , écrivons l'inégalité tang. $\frac{A}{2} > \frac{A}{2}$; multiplions de part et d'autre par cos. $\frac{1}{2}$A, il vient

$$\sin. \tfrac{1}{2} A \cos. \tfrac{1}{2} A > \frac{A}{2} \cos. \frac{2A}{2}.$$

Multiplions par 2 :

$$2 \sin. \tfrac{1}{2} A \cos. \tfrac{1}{2} A \quad \text{ou} \quad \sin. A > A\,(\cos.^2 \tfrac{1}{2} A)$$

ou encore $$\sin. A > A\,(1 - \overline{\sin.}^2 \tfrac{1}{2} A)$$

le sinus étant plus petit que l'arc, on aura à plus forte raison

$$\sin. A > A(1 \;\; \tfrac{A^2}{4}) \;\; \text{ou} \;\; \sin. A > A - \frac{A^3}{4} \;\; \text{et finalement} \;\; A > \sin. A > A - \frac{A^3}{4}.$$

Au surplus, comme les logarithmes abrègent beaucoup les calculs, on a construit directement par des méthodes dont nous allons donner quelques notions dans le chapitre suivant, des tables de logarithmes pour les nombres et pour les lignes trigonométriques.

CHAPITRE IX.

THÉORIE DES LOGARITHMES.—CONSTRUCTION DES TABLES DE LOGARITHMES DES NOMBRES NATURELS ET DES LIGNES TRIGONOMÉTRIQUES.

38. Le logarithme d'un nombre est l'exposant de la puissance à laquelle il faut en élever un autre pour obtenir ce nombre. Ainsi dans $y = a^x$, x est le logarithme de y. Le logarithme vulgaire est celui dont la base est 10. 2 est le logarithme vulgaire de 100, puisque $100 = \overline{10}^2$.

La base a peut être un nombre quelconque, autre toutefois que l'unité, puisque *un* élevé à telle puissance qu'on voudra, donne constamment l'unité.

Le logarithme de la base est toujours l'unité ; car, pour que $a^x = a$, il faut $x = 1$.

Le logarithme de l'unité est zéro dans tout système, et en effet :

$$\frac{a^x}{a^y} = a^{x-y} \;;\; \frac{a^x}{a^x} = a^{x-x} = a^0 \;;\; \text{mais} \; \frac{a^x}{a^x} = 1, \; \text{donc} \; a^0 = 1$$

Soit $y = a^x$ ou $x = l.y$. Si $a > 1$, x croissant depuis zéro jusqu'à l'infini positif, le nombre y croîtra de zéro à l'infini positif : si x décroît de zéro à $- \infty$, y décroît depuis l'unité jusqu'à zéro :

car soit $x = - x'$ $(x' > 0)$ on a $y = a^x = a^{-x'} = \dfrac{1}{a^{x'}}$ et x devenant $- \infty$, x' devient $+ \infty$ de sorte que y se réduit à zéro. C'est dans ce sens que l'on dit que le logarithme de zéro est l'infini négatif.

La somme des logarithmes de deux nombres est égale au logarithme du produit de ces deux nombres. En effet, prenons

$p = a^{l p}$ et $q = a^{l.q}$, nous aurons,

$p \times q = a^{lp} \times a^{lq} = a^{lp+lq}$, mais $p \times q = a^{lpq}$ donc $lp + lq = lp \times q$.

Nous voyons de même que $\dfrac{p}{q} = \dfrac{a^{lp}}{a^{lq}} = a^{lp-lq}$ et parce que $\dfrac{p}{q} = a^{l\frac{p}{q}}$,

il résulte que $\qquad l\dfrac{p}{q} = lp - lq$.

Nous pouvons conclure que $\qquad lp^2 = 2\,lp, \; lp^3 = 3\,lp$, etc.

en effet $\overline{lp}^2 = lp \times lp = lp + lp = 2lp : lp^3 = l(p \times p \times p) = lp + lp + lp = 3.lp$, etc.

De même $l\sqrt{q} = \frac{1}{2}\,lq$; car $lp = l(\sqrt{p} \times \sqrt{p}) = 2\,l\sqrt{p}$ et $l\sqrt{p} = \frac{1}{2}\,lp$.

L'avantage des logarithmes vulgaires dont la base est **10** est que, connaissant le logarithme d'un nombre, on a celui d'un nombre **100, 1000**, etc., fois plus grand en ajoutant 1, 2 unités, etc., au logarithme donné, et que de même, si l'on retranche 1, 2, etc., de ce logarithme, le résultat correspond à un nombre **10, 100**, etc., fois plus petit.

39. Pour arriver à la construction des tables, on cherche d'abord à développer y ou a^x en série et pour cela on remplace a par $1 + (a-1)$, on a alors, en se servant du développement du binôme de Newton (livre 2, chapitre IV, §§ 65, 66, 67).

$$(1) \quad a^x = (1 + (a-1))^x = 1 + x(a-1) + \frac{x\,(x-1)}{2}\,(a-1)^2 +$$

$$\frac{x\,(x-1)\,(x-2)}{2.3}\,(a-1)^3 +, \text{ etc.}$$

On voit qu'en ordonnant par rapport aux puissances de x, le développement sera de la forme

$$(2) \qquad a^x = 1 + Ax + Bx^2 + Cx^3 + Dx^4 +, \text{etc.}$$

Il faut déterminer les coefficients A,B,C,D, etc. Pour cela. mettons x en facteur commun à tous les termes qui suivent l'unité dans le second membre de (1) et nous aurons

$$a^x = 1 + x \left\{ (a-1) + \frac{x-1}{2}(a-1)^2 + \frac{(x-1)(x-2)}{2.3}(a-1)^3 +, \text{etc.} \right\}$$

Si nous faisons $x = o$ dans les crochets, il y restera évidemment les quantités qui doivent, dans le développement, former le coefficient de la première puissance de x

donc $\qquad A = (a-1) - \frac{1}{2}(a-1)^2 + \frac{1}{3}(a-1)^3 - \frac{1}{4}(a-1)^4 +, \text{etc.}$ $\qquad\qquad$ (3)

Pour trouver B, C, etc., remarquons que pour élever $y = a^x$ à une puissance m, il faut multiplier l'exposant x par m, c'est-à-dire que $y^m = a^{mx}$. On pourrait donc, d'une part, remplacer dans la série x par mx, et de l'autre l'élever à la même puissance par les procédés ordinaires; égaler les deux résultats, puis entre eux, les coefficients des mêmes puissances de x (§ 70). Nous allons suivre cette marche, et comme le fait a lieu quel que soit m, prenons le cas le plus simple, celui où $m = 2$. Il viendra d'abord en remplaçant x par $2x$, dans (2),

$$a^{2x} = 1 + 2Ax + 4Bx^2 + 8Cx^3 + 16 Dx^4 +, \text{etc.}$$

puis $\qquad\qquad a^x = 1 + Ax + Bx^2 + Cx^3 + Dx^4 +, \text{etc.}$

multiplié par $\qquad a^x = 1 + Ax + Bx^2 + Cx^3 + Dx^4 +, \text{etc.}$

$1 + A$	$x + B$	$x^2 + C$	$x^3 + D$	$x^4 +$, etc.
$+ A$	$+ A^2$	$+ AB$	$+ AC$	
	$+ B$	$+ AB$	$+ B^2$	
		$+ C$	$+ AC$	
			$+ D$	

c'est-à-dire

$$a^{2x} = 1 + 2Ax + (A^2 + 2B)x^2 + 2(AB + C)x^3 + (2AC + B^2 + 2D)x^4 +, \text{etc.}$$

De là, en comparant les deux valeurs a^{2x}, et égalent les coefficients des mêmes puissances de x,

$$4\,B = A^2 + 2\,B \qquad\qquad \text{d'où}\qquad B = \frac{A^2}{2}$$

$$8C = 2\,(AB + C) \quad C = \frac{AB}{3} \qquad\qquad \text{et}\qquad C = \frac{A^3}{2.3}$$

$$16.\ D = 2AC + B^2 + 2D\ ;\ 14\,D = 2AC + B^2 = \frac{A^4}{3} + \frac{A^4}{4} = \frac{7\,A^4}{3.4}$$

et enfin $$\qquad\qquad D = \frac{A^4}{2.3.4} \text{ etc.}$$

substituant il vient

$$y = a^x = 1 + Ax + \frac{A^2}{2}\,x^2 + \frac{A^3}{2.3}\,x^3 + \frac{A^4}{2.3.4}\,x^4 +, \text{ etc.} \ldots\ (4)$$

Dans le cas particulier où l'on fait $Ax = 1$ ou $x = \frac{1}{A}$ la formule se transforme en

$$a^{\frac{1}{A}} = 2 + \frac{1}{2} + \frac{1}{2.3} + \frac{1}{2.3.4} +, \text{ etc.} = 2{,}7182818, \text{etc.}$$

Cette expression est incommensurable ; c'est-à-dire que plus grande que 2 et plus petite que 3, elle ne peut être représentée par aucune fraction composée d'un nombre fini de chiffres. En désignant ce nombre par e, on a

$$y = a^{\frac{1}{A}} = e, \qquad \text{ou} \qquad a = e^A.$$

L'exposant A est le logarithme de la base a d'un système, pris dans celui dont la base serait e. On le nomme le module et souvent on le désigne par M.

Lorsque $A = 1$, alors $a = e$ et la formule qui établit une relation entre un nombre et son logarithme devient la plus simple possible. Elle se réduit en effet à

$$y = a^x = e^x = 1 + x + \frac{1}{2}\,x^2 + \frac{1}{2.3}\,x^3 + \frac{1}{2.3.4}\,x^4 +, \text{ etc.}$$

On a donc pour cette raison, calculé d'abord dans la base e, une table de logarithmes connus sous les noms de *naturels, hyperboliques* ou *népériens*, puis on a passé de ceux-ci aux logarithmes vulgaires, par un procédé fort simple qui repose sur ce qui suit :

Soit $y = a^{ly}$: prenons les logarithmes des deux membres dans un autre système. En les indiquant par le symbole L, nous aurons

$$Ly = ly \, \text{L} \, a \quad \text{d'où} \quad ly = \frac{Ly}{La}$$

Donc pour passer du logarithme d'un nombre pris dans un système, à celui de ce même nombre dans un second système, il faut diviser le premier logarithme par celui de la base nouvelle. Si nous faisons $y = e$, nous aurons $l.\,e = \dfrac{\text{L.}\,e}{\text{L.}\,a}$, mais si les logarithmes indiqués par L sont les naturels dont la base est e, alors $Le = 1$ et $l.e = \dfrac{1}{\text{L.}\,a.}$. Nous pouvons écrire qu'en général

$$l.y = \frac{Ly}{La} = le. \; Ly = \text{M.} \, Ly.$$

Si donc on connaît le logarithme naturel ou hyperbolique d'un nombre y, il faut, pour avoir son logarithme vulgaire, diviser par le logarithme naturel de la base 10, ou si on le connaît, multiplier par le logarithme vulgaire de e.

Cela posé, réunissons les équations

$$a^x = 1 + Ax + \frac{1}{2} A^2 \, x^5 + \frac{1}{2.3} A^5 \, x^3 +, \text{etc.}$$

$$a = e^A, \quad e = 2{,}7182818, \text{etc.} \quad \text{et} \quad (3) \; A = l.a =$$

$$(a - 1) - \frac{1}{2} (a - 1)^2 + \frac{1}{3} (a-1)^3 -, \text{etc.}$$

A est, comme nous venons de le voir, le logarithme hyperbolique de la base a, et sa valeur dépend évidemment de celle de a. Supposons qu'il s'agisse de déterminer A au moyen de (3) : il y a deux cas à considérer. $a - 1$ peut être plus grand ou plus petit que l'unité.

Si $a - 1 > 1$, la série est divergente, puisque les termes vont en augmentant, avec les exposants de $a-1$: on ne pourra donc l'employer sans une modification préalable.

Si $a - 1 < 1$, les termes sont fractionnaires et diminuent sans cesse. Dans ce cas, on dit que la série est convergente.

Considérons le premier cas, et remarquons que de $a = e^A$, on déduit $\dfrac{1}{a} = e^{-A}$. On peut donc, sans apporter de perturbation dans la formule (3) y remplacer a par $\frac{1}{a}$ et A par — A, ce qui la transforme en

$$- A = \left(\frac{1}{a} - 1 \right) - \tfrac{1}{2} \left(\frac{1}{a} - 1 \right)^2 + \tfrac{1}{3} \left(\frac{1}{a} - 1 \right)^3 - \text{etc.}$$

ou en changeant les signes

$$A = \frac{a-1}{a} - \tfrac{1}{2} \left(\frac{a-1}{a} \right)^2 + \tfrac{1}{3} \left(\frac{a-1}{a} \right)^3 - \text{etc.}$$

$\frac{a-1}{a}$ étant une fraction, la série est devenue convergente.

Cette dernière formule peut servir à déterminer le module d'un système dont on se donne la base.

Si dans (3) nous faisons

$$a - 1 = z, \qquad \text{d'où} \qquad a = 1 + z$$

elle prend cette nouvelle forme

$$A = l.a = l\,(1 + z) = z - \tfrac{1}{2} z^2 + \tfrac{1}{3} z^3 - \tfrac{1}{4} z^4 = \text{etc.} \ \ldots \ldots (5)$$

Si l'on y faisait ensuite $a - 1 = -z$, ou $a = 1 - z$ elle donnerait

$$l\,(1-z) = -z - \tfrac{1}{2} z^2 - \tfrac{1}{3} z^3 - \tfrac{1}{4} z^4 - \text{etc.} \ \ldots \ldots \ldots (6)$$

et en retranchant la seconde de la première, on aurait

$$\log. \,(1 + z) - l\,(1 - z) = l\,\frac{1 + z}{1 - z} = 2\,(z + \tfrac{1}{3} z^3 + \tfrac{1}{5} z^5 + \text{etc.}$$

Dans $\frac{1+z}{1-z}$ le numérateur est plus grand que le dénominateur, et on peut ainsi assimiler ce nombre fractionnaire à $\frac{n+t}{n}$ d'où

$$n + nz = n + t - nz - nt \quad \text{et} \quad z = \frac{t}{2\,n + t}.$$

Subtituons cette valeur de z dans la dernière formule trouvée et nous aurons

$$(7) \; l\,(n + t) = ln + 2 \left\{ \frac{t}{2\,n + t} + \tfrac{1}{3} \left(\frac{t}{2\,n + t} \right)^3 + \tfrac{1}{5} \left(\frac{t}{2\,n + t} \right)^5 + \text{etc.} \right\}$$

Cette série, étant convergente, peut servir à la détermination des logarithmes hyperboliques des nombres. Ensuite de quoi, il ne reste plus qu'à les multiplier par le module de la base du système pour lequel on veut construire une table de logarithme.

L'équation (4) indique que le développement d'un nombre y est de la forme

$$y = 1 + A\ ly + \tfrac{1}{2} A^2\ \overline{\log.}^2 y + \text{etc.}$$

et l'équation (3) sert à déterminer les coefficients A, A^2, etc., en fonction de la base a. S'il s'agit de calculer les tables ordinaires pour lesquelles $a = 10$, on fait d'abord dans (7) $n = 1$, $t = 1$, et l'on a

$$l.\ 2 = 2\ (\tfrac{1}{3} + \tfrac{1}{3}(\tfrac{1}{3})^3 + \tfrac{1}{5}(\tfrac{1}{3})^5 + \text{etc.}) = 0,693147, \text{etc.}$$

Pour avoir celui de 3, on pose $n = 2$ et $t = 1$

$$l.\ 3 = l.\ 2 = 2\ (\tfrac{1}{5} + \tfrac{1}{3}(\tfrac{1}{5})^3 + \tfrac{1}{5}(\tfrac{1}{5})^5 + \text{etc.})$$

ou $n = 1$, $t = 2$, ce qui donne

$$l.\ 3 = 2\ (\tfrac{1}{7} + \tfrac{1}{3}(\tfrac{1}{7})^3 + \tfrac{1}{5}(\tfrac{1}{7})^5 + \text{etc.})$$

et par l'une ou l'autre supposition, on arrive à

$$l.\ 3 = 0,0986123, \text{etc.}$$

Pour le logarithme de 4, on multiplie par 2 celui de 2. Celui de 5 s'obtient de la même manière que celui de 3; puis celui de 10 en multipliant ce dernier par 2. On trouve ainsi,

$$l.\ 10 = 2.\ 3025851.$$

Connaissant le logarithme de 10, on a facilement

$$M = Le = \frac{1}{l.\ a} = 0,4342944819, \text{etc.}$$

C'est alors que pour avoir le logarithme d'un nombre quelconque, de 16, par exemple, on divise son logarithme naturel, qui est 2,772589, par celui de 10 = 2,3025851 ou qu'on le multiplie par 0,43429, etc., et l'on trouve

$$\log.\ (\text{tabulaire})\ 16 = 1,2041200.$$

40. Nous ne pourrons indiquer ici que très sommairement la marche que l'on emploierait pour construire des tables de logarithmes des lignes trigonométriques.

Nous avons besoin de supposer connues les formules suivantes, demontrées aux § 68, 69 et 70, livre II.

$$\sin. x = x - \frac{x^3}{2.3} + \frac{x^5}{2.3.4.5} - \text{etc.}$$

$$\cosin. x = 1 - \frac{x^2}{2} + \frac{x^4}{2.3.4} - \frac{x^6}{2.3.4.5.6} + \text{etc.}$$

Remplaçons x par l'un de ses multiples, que nous pouvons représenter par nx, il viendra

$$\sin. nx = nx - \frac{n^3 x^3}{2.3} + \frac{n^5 x^5}{2.3.4.5} - \text{etc.}$$

$$\cos. nx = 1 - \frac{n^2 x^2}{2} + \frac{n^4 x^4}{2.3.4} - \text{etc.}$$

Dans cette dernière, faisons cos. $nx = 1 - z$, nous aurons, en nous servant de la formule (5) du paragraphe précédent

$$\log. \cos. nx = - \text{M} \left(z + \tfrac{1}{2} z^2 + \tfrac{1}{3} z^3 + \text{etc.} \right)$$

M est, comme nous l'avons vu, le nombre par lequel il faut multiplier un logarithme naturel pour le convertir en logarithme vulgaire.

Prenons la valeur de

$$z = 1 - \cos. nx = \frac{n^2 x^2}{2} - \frac{n^4 x^4}{2.3.4} + \frac{n^6 x^6}{2.3.4.5.6} - \text{etc.}$$

et substituons-la dans celle de log. cos. nx, qui devient ainsi

$$\log. \cos. nx = - \text{M} \left\{ \frac{n^2 x^2}{2} - \frac{n^4 x^4}{2.3.4} + \frac{n^6 x^6}{2.3.4.5.6} + \right.$$

$$\left. + \tfrac{1}{2} \left(\frac{n^4 x^4}{4} - \frac{n^6 x^6}{2.3.4} + \text{etc.} \right) + \tfrac{1}{3} \left(\frac{n^6 x^6}{8} - \text{etc.} \right) \right\}$$

ou en réduisant

$$\log. \cos. nx = - \text{M} \frac{x^2}{2} n^2 - \text{M} \frac{x^4}{3.4} n^4 - \text{M} \frac{x^6}{3.3.5} n^6 - \text{etc.}$$

On sait que sécante $\times$ cosinus $= 1$, et qu'ainsi

$$\log. \text{séc.} = \log. 1 - \log. \cos. = 0 - \log. \cosin.$$

Si donc on change tous les signes dans l'expression du logarithme du cosinus, on aura

$$\log \text{séc.} nx = \text{M} \frac{x^2}{2} n^2 + \text{M} \frac{x^4}{3.4} n^4 + \text{M} \frac{x^6}{3.3.5} n^6 + \text{etc.}$$

S'il s'agissait de mettre ces formules en pratique, de trouver, par exemple, les logarithmes des cosinus, on remarquerait qu'en supposant $x = 1''$, sa valeur comparée à celle du rayon pris pour unité, est la très petite fraction 0,00000157, et qu'ainsi, les puissances 2e, 4e, 6e, etc., des multiples nx décroissant avec une rapidité extrême, on aura une valeur très rapprochée de log. cos. en s'en tenant aux premiers termes de la série. Il y aura néanmoins une limite passé laquelle il faudra négliger d'autant moins de termes que n augmentera davantage. Dans ce cas, il y a des modifications à introduire, qui sont trop longues et d'un ordre trop élevé pour trouver place ici.

Dans la valeur de log. cos. nx, on cherche les termes séparément et par logarithmes : puis, pour abréger, on calcule les facteurs constants $\frac{Mx^2}{2}$, $\frac{Mx^4}{3.4}$, $\frac{Mx^6}{3^2.5}$, etc., aux logarithmes desquels on ajoute le double, le triple, etc., du logarithme de n.

On trouverait, par une marche analogue, le développement du log. de sinus, et par suite celui de cosécante : puis en retranchant le log. cosinus de log. sinus, on aurait log. tangente. Enfin, puisque tang. $= \frac{1}{\text{cotang.}}$, le développement de log. cot. sera égal au signe près à celui de tangente.

On ne calcule les logarithmes de ces lignes que jusqu'à 50^g, parce que celles des arcs compris entre 50^g et 100^g sont liées aux premières par la relation des arcs complémentaires.

LIVRE II.

TRIGONOMÉTRIE SPHÉRIQUE.

CHAPITRE PREMIER.

BUT DE LA TRIGONOMÉTRIE SPHÉRIQUE, NOTIONS PRÉLIMINAIRES :
PYRAMIDE SUPPLÉMENTAIRE : PROPRIÉTÉS D'UN TRIANGLE : CAS
D'ÉGALITÉ : ÉGALITÉ DE SURFACE DES TRIANGLES SYMÉTRIQUES :
SURFACE D'UN FUSEAU : SURFACE D'UN TRIANGLE EN FONCTION
DE SES TROIS ANGLES.

41. La trigonométrie rectiligne a fait connaître ce que l'on entend
par sinus, cosinus, tangente, etc., des angles ou des arcs de
cercles qui les mesurent ; quelles sont les lois qui lient ces lignes
entre elles ; les signes qu'elles prennent suivant l'amplitude des
arcs auxquels elles appartiennent ; les relations qui, dans un triangle, existent entre les lignes trigonométriques des angles et les
côtés ; de là, la résolution des triangles rectangles ou obliquangles, l'expression de leur surface, etc.

Le but de la trigonométrie sphérique est analogue. Elle s'occupe des triangles formés par des arcs de grands cercles, sur la
surface de la sphère.

Les formules qu'elle enseigne sont d'un fréquent usage en géodésie et en astronomie.

42. Un triangle sphérique est une portion de la surface de la
sphère comprise entre trois arcs de grands cercles. Pour trouver
les relations qui existent entre ses angles et ses côtés, on considère
la pyramide dont le centre de la sphère est le sommet et qui a
pour arêtes, les rayons aboutissant aux sommets du triangle. Ses
angles plans sont égaux aux côtés du triangle, c'est-à-dire mesurés par eux, et les angles dièdres sont précisément les mêmes
que ceux du triangle : en effet, au sommet A, *fig.* 6, menons les
tangentes Aα, Aβ, l'angle qu'elles forment entre elles est évidemment égal à l'angle A du triangle et comme elles sont perpendicu-

laires au rayon AO commune intersection des deux plans AOB, AOC, elles mesurent également l'angle qu'ils font entre eux.

43. Si par les sommets A, B, C, on mène 3 plans tangents à la sphère, ils forment une nouvelle pyramide que l'on nomme supplémentaire, parce que ses angles plans sont suppléments des angles dièdres de la première et réciproquement. Rendons d'abord évidente l'existence de cette pyramide, c'est-à-dire faisons voir que les intersections de ces 3 plans deux à deux, se rencontrent en un seul et même point. Les deux plans tangents menés en A et C dont l'intersection est S'B' (*fig.* 7) coupent la face ASC suivant les droites AB', CB' et AB'C mesure l'angle de ces deux plans. Soit de même S'C' l'intersection des deux plans tangents qui passent par A et B, il est évident d'abord que B'S' et C'S' se rencontreront, puisque ce sont des droites contenues dans un même plan B'AC'. Il reste à faire voir que la 3ᵉ intersection A'S' qui forme la 3ᵉ arête de la pyramide supplémentaire, passe au même point S' : en effet, elle doit rencontrer les droites B'S' et C'S' et si ce n'était pas en un même point S', elle aurait deux points communs avec le plan B'AC', et y serait par conséquent contenue, ce qui n'est pas.

Nous avons dit que B' mesure l'angle des deux plans tangents en A et C : il en est de même pour A' et C' : d'ailleurs, en considérant le quadrilatère A'CBS dans lequel les angles C et B sont droits, on voit que A' = 200 — S ; donc les angles dièdres de la pyramide supplémentaire sont suppléments des angles plans de la pyramide directe, où, ce qui revient au même, des côtés du triangle.

Le quadrilatère S'A'CB' dans lequel S' est un des angles plans de la pyramide supplémentaire, et C un angle dièdre de l'autre, donne encore S' = 200ᵍ — C parce que B' + A' = 200ᵍ.

On pourra donc écrire, en appelant A,B,C,*a*,*b*,*c* les éléments de l'une et A',B',C',*a'*,*b'*,*c'* ceux de l'autre.

$$a = 200g - A', \ b = 200g - B', \ c = 200g - C', \ a' = 200 - A, b' = 200 - B, \ c' = 200 - C.$$

44. Dans tout triangle sphérique, un côté est toujours plus petit que la somme des deux autres. Si $a + b = c$, la courbure étant la même pour tous les arcs de grands cercles, il y aura superposition : ainsi le triangle se réduira à une ligne. En effet, par deux points de la sphère, on ne peut faire passer qu'un seul arc de grand cercle déterminé par le plan passant par ces deux points et par le centre. Le triangle serait plus impossible encore si $a + b < c$.

45. Pour faire voir que la somme des 3 côtés est moindre qu'une circonférence, soit ABC le triangle et ABD, ACD, les deux demi-circonférences dont les côtés b et c font partie. Nous venons de voir que toujours $a < BD + CD$: ajoutant de part et d'autre $b + c$, il vient $a + b + c < b + c + BD + CD$. Le second membre de l'inégalité vaut une circonférence, donc $a + b + c < 400^g$.

Il est évident que $b + CD = 200^g$ et $c + BD = 200^g$, car les points A et D appartiennent à l'intersection des deux plans, et cette intersection est un diamètre qui partage en deux parties égales les circonférences auxquelles il appartient.

46. La somme des 3 angles est toujours plus grande que 200^g et plus petite que 600^g : en effet, au moyen de la pyramide supplémentaire, l'inégalité ci-dessus se transforme en celle-ci

$$200 - A' + 200 - C' + 200 - B' < 400$$

$$600^g - (A' + B' + C') < 400 \qquad \text{et enfin} \qquad A' + B' + C' > 200.$$

Ce qui est démontré pour l'une des pyramides l'est également pour l'autre. Comme il est évident que chaque angle est plus petit que 200^g, il s'ensuit que la somme des 3 est moindre que 600^g.

47. Examinons actuellement les différents cas d'égalité des triangles. De même que les rectilignes, les triangles sphériques sont égaux entre eux, étant tracés sur une même sphère ou sur des sphères de rayons égaux, lorsqu'ils ont :

1° Les côtés homologues adjacents à 2 angles égaux, égaux ;

2° Un angle égal compris entre des côtés égaux ;

3° Les 3 côtés égaux ;

4° Mais de plus, ils le sont encore, quand ils ont les trois angles respectivement égaux chacun à chacun, en supposant toujours qu'ils sont tracés sur des sphères de mêmes dimensions, sinon ils seraient seulement semblables.

1° $A = D$, $C = F$, $b = e$. Les côtés b, e (fig. 9) étant égaux en longueur et de même courbure, peuvent se superposer de manière que leurs extrémités coïncident ; de plus, f s'appliquera sur c puisque $A = D$; d se placera de même sur a, parce que $C = F$: ils se couperont donc en un même point et par suite tous les côtés et les angles seront égaux.

2° A = D, $b = e$, $c = f$. L'angle D étant égal à l'angle A , les côtés adjacents pourront se superposer et leurs extrémités coïncideront. parce qu'ils sont de même longueur. E tombera donc en B et F en C. Les côtés a et d qui joignent ces points se confondront donc, et dans ce cas encore, l'égalité des triangles est évidente.

3° Démontrons que les triangles sont égaux lorsque les 3 côtés le sont, c'est-à-dire qu'alors les angles le sont aussi; et pour cela envisageons les pyramides qui ont les triangles pour bases et leurs sommets au centre des sphères.

Des points A et D (*fig.* 10) abaissons deux perpendiculaires sur les faces opposées et par ces lignes faisons passer des plans perpendiculaires aux deux arêtes qui aboutissent aux deux autres angles des triangles. Ils couperont les faces des pyramides suivant des lignes dont l'inclinaison entre elles mesurera les angles dièdres. Le problème est ainsi ramené à démontrer que

$$\text{AGM} = \text{DIN} \quad \text{et} \quad \text{AHM} = \text{DKN}.$$

Les points A et D étant deux sommets homologues des triangles, AP = DO comme rayons de deux sphères égales. Les angles plans APG, DOI sont égaux puisqu'ils sont mesurés par des côtés de triangles donnés égaux : donc les triangles rectangles AGP, DOI sont égaux et fournissent AG = DI, GP = OI.

On trouverait de même, au moyen des triangles APH, DCK, que AB = DK, PH = OK.

Les quadrilatères PGMH, OINK seront égaux par la raison qu'ils ont les angles en P et en O égaux compris entre côtés égaux, et les angles G,H,L,K droits : nous aurons donc GM = IN, MH = NK. Si maintenant nous considérons les triangles AGM, DIN, nous voyons qu'ils sont rectangles en M et N puisque AM et DN normales aux deux faces opposées à D et A sont perpendiculaires à toutes les droites passant par leurs pieds dans ces plans: ces triangles ont en outre les côtés AG = ID, GM = IN, donc ils sont égaux, donc AGM = DIN : donc enfin les angles dièdres des pyramides ou les angles correspondants des triangles sphériques sont égaux aussi.

4° De là, et au moyen de la pyramide supplémentaire, on tire cette conséquence, que deux triangles sphériques sont égaux lorsque leurs angles le sont. Supposons en effet que l'on ait

$$A = D, B = E, C = F.$$

Substituons les valeurs de ces angles déduites des relations des pyramides directe ou supplémentaire : il viendra

$$200 - a' = 200 - d', \ 200 - b' = 200 - e', \ 200 - c' = 200 - f'$$

et par suite $a' = d', \ b' = e', \ c' = f'$: donc les côtés des triangles qui servent de bases aux pyramides supplémentaires sont égaux, quand les angles des triangles donnés le sont. Par suite, les angles A', B', C' sont égaux à D', E', F' et enfin, en substituant à ces angles leurs équivalents

$$200 - a = 200 - d, \text{ etc.} \quad \text{ou plus simplement} \quad a = d, \ b = e, \ c = f.$$

48. Deux triangles symétriques sont égaux en surface. On dit que des triangles sont symétriques lorsqu'ils ont leurs côtés égaux, mais placé les uns par rapport aux autres, de telle sorte qu'ils ne peuvent pas se superposer. D'abord la démonstration précédente pouvant s'appliquer également à la circonstance particulière que nous considérons, il en résulte que ces triangles ont aussi les angles égaux. Cette conséquence se tirerait encore de ce qui suit : Pour mettre en évidence l'égalité de leurs surfaces, faisons passer un petit cercle par les 3 points A,B,C de l'un (*fig.* 11) et opérons de même par rapport au second triangle A'B'C'. Si, par les centres de ces petits cercles, on élève des perpendiculaires à leurs plans, elles perceront les sphères en des points P,P' qui seront les pôles de ces petits cercles et conséquemment à égale distance des sommets de triangles. Imaginons les arcs de grands cercles PA,PB,PC d'une part, et P'A',P'B',P'C' de l'autre, tous égaux entre eux. Ils divisent les triangles donnés, chacun en 3 triangles partiels, qui sont égaux et superposables : en effet, les triangles ABP, B'A'P' sont égaux comme ayant les 3 côtés égaux chacun à chacun : ils sont isocèles, donc les angles BAP,ABP,B'A'P',A'B'P' sont égaux. Dès lors nous pouvons placer ces deux triangles l'un sur l'autre ; l'angle A'B'P' couvrant BAP. De la même manière, les triangles APC,A'P'C : donc enfin deux triangles symétriques sont égaux en surface. Ajoutons que les deux angles en lesquels ont été décomposés chacun de ceux des triangles proposés, étant égaux, les angles homologues A et A', B et B', C et C' le sont aussi.

49. Un fuseau sphérique se compose de la portion de la sphère comprise entre les plans de deux grands cercles. Considérons le fuseau PMNQ (*fig.* 12) l'arc PQ mesure l'angle des deux demi-grands cercles qui embrassent le fuseau. Cet arc PQ peut être commensurable ou non avec la circonférence. Voyons d'abord ce

qui se passe dans le premier cas. Supposons que l'on ait $PQ : \frac{1}{2}$ circ. $PL :: m : n$. Divisons la demi-circonférence en n parties, dont m seront comprises dans PQ, et imaginons des arcs de grands cercles passant par tous les points de division et dont l'intersection commune serait le diamètre MN : la demi-sphère se trouvera ainsi décomposée en n fuseaux égaux entre eux.

Puisque $\frac{1}{2}S = nf$ et $F = mf$, on pourra écrire $F : \frac{1}{2}S :: mf : nf$, en désignant par S et F, les surfaces de la sphère et du fuseau. Supprimons f facteur commun du second rapport et nous aurons

$$F : \tfrac{1}{2}S :: m : n :: PQ : \tfrac{1}{2} \text{ circ.}$$

Substituons à $\frac{1}{2}S$ et $\frac{1}{2}C$, leurs valeurs en fonction du rayon r.

(1) $F : 2\pi r^2 :: PQ : \pi r$ d'où $F = 2.r.PQ$.

ce qui exprime que la surface d'un fuseau sphérique est égale au double de l'angle qui le mesure, multiplié par le rayon de la sphère.

Supposons actuellement, pour généraliser cette expression, que le rapport de la circonférence à l'arc soit incommensurable, et faisons voir que la surface du fuseau est exprimée de la même manière. S'il n'en était pas ainsi, la proportion (1) devrait être modifiée : le 3ᵉ terme serait plus grand ou plus petit et supposons qu'elle devienne $F : 2\pi r^2 :: PR : \pi r$.

On pourra toujours diviser la demi-circonférence en parties assez petites pour que l'une d'elles S, tombe entre Q et R. Dans ce cas on aurait, d'après ce que nous venons de voir plus haut, $F' : 2\pi r^2 :: PS : \pi r$.

Or, ces deux proportions ne peuvent subsister ensemble, puisque le premier antécédent de celle-ci étant plus grand que le premier de l'autre, le second antécédent est au contraire plus petit. De même, on démontrerait que le troisième terme ne peut être plus petit que PQ ; donc la proposition est démontrée dans tous les cas.

50. Quelquefois on dit que la surface d'un fuseau est égale au double de l'arc qui le mesure ; mais alors on sous-entend le rayon que l'on suppose égal à l'unité ; car pour que la formule soit homogène et n'amène pas à un résultat absurde, il faut que le second membre soit du deuxième degré, puisque le premier qui représente une surface est aussi du deuxième degré.

Le plus généralement un arc est donné en parties de la circonférence, en grades, minutes et secondes. L'expression de la surface ne peut contenir un tel facteur : il y a donc, dans ce cas, une modification à apporter. On peut multiplier les deux termes d'un rapport par tel facteur commun que l'on veut, sans l'altérer. Si donc le rapport abstrait $\frac{A}{R}$ de l'arc au rayon est multiplié par la longueur de l'arc d'une seconde, par le mètre ou par toute autre quantité prise pour unité de mesure, il en résultera que $\frac{A''}{R''} = \frac{A^m}{R^m}$. De là, $A'' = A^m \frac{r''}{r^m}$ et $A^m = \frac{A''r^m}{r''}$. On emploiera la première ou la seconde suivant que l'on voudra transformer en un arc gradué, son équivalent connu en mesure linéaire, ou remplacer un arc gradué par une ligne de même développement. C'est la seconde qu'il faut employer dans l'expression de la surface du fuseau. On pourra facilement obtenir r'' en remarquant que la demi-circonférence dont la longueur en fonction du rayon est représentée par πr, contient $2000000''$ et qu'ainsi

$$\pi r : 2000000'' :: r : r'' = \frac{2000000}{3,141565} \text{ etc.}$$

On peut encore trouver ce que représente $\frac{r}{r''}$ en remarquant que r'' étant un nombre abstrait qui exprime combien de fois l'arc de la longueur d'une seconde est contenue dans le rayon, on a

$$r = r'' \text{ arc. } 1'' \quad \text{ou} \quad \frac{r}{r''} = \text{arc. } 1''.$$

D'ailleurs, nous savons que l'arc d'une seconde est très sensiblement égal à son sinus, donc, puisque les tables nous donnent les logarithmes des sinus et non ceux des arcs, on peut écrire

$$\frac{r}{r''} = \sin. 1'' \quad \text{ou} \quad \frac{r''}{r} = \frac{1}{\sin.''}.$$

Tels sont, en définitive, les facteurs qu'il faudra employer, quand on voudra faire l'une des deux transformations signalées plus haut.

51. Pour trouver l'expression de la surface du triangle ABC (*fig.* 13), remarquons que celle de l'hémisphère est égale à celles des trois fuseaux mesurés par les trois côtés AB, AC, BC, moins deux fois la surface du triangle. Le premier fuseau est BCC'A dont l'amplitude est BA. Le second, qui comprend aussi le triangle ABC, est ABB'C mesuré par le côté AC : Enfin le troisième est CAA,B' dans lequel le triangle A'C'B' = ACB parce qu'ils ont les côtés égaux chacun à chacun et qu'ils sont symétriques.

Désignant par F,F',F ', les 3 fuseaux, nous aurons

$$\tfrac{1}{2} S = F + F' + F'' - 2\,T = 2\,r\,(A + B + C) - 2\,T$$

et enfin $\quad T = r\,(A + B + C) - \pi\,r^2 = r\,(A + B + C - \tfrac{1}{4}\,\text{circ.})$

Pour abréger, on dit en supposant le rayon égal à l'unité, que la surface du triangle est exprimée par l'excès de la somme de ses trois angles sur deux droits. Si l'on voulait calculer la surface d'un triangle au moyen de la formule ci-dessus, il faudrait commencer par réduire les arcs A,B,C en longueurs, d'après ce que nous avons indiqué plus haut. Il viendrait alors $T = \sin. 1''\,(A'' + B'' + C'') - \pi\,r^1$ formule homogène, puisque le second terme du second membre contenant le carré de r multiplié par π qui ne représente qu'un rapport est de la deuxième puissance, comme le premier terme, aussi bien que le premier membre qui représente une surface.

Répétons ici, et pour la dernière fois, que lorsqu'on arrive à une formule en apparence absurde, cette prétendue absurdité, si l'on a opéré juste, tient à ce que l'on a considéré quelque ligne comme l'unité; et dans les opérations trigonométriques, c'est toujours le rayon. Si, par exemple, on obtient une équation de la forme

$$S = A + BC + DEF.$$

S, représentant une surface et A,B,C , etc., des lignes, il faut la rendre homogène en transformant chacun des termes du second membre en expression de seconde puissance, ce qui donne

$$S = A\,r + BC + \frac{DEF}{r}.$$

CHAPITRE II.

RÉSOLUTION DES TRIANGLES SPHÉRIQUES.

52. Nous avons vu que trois des six éléments d'un triangle sphérique étant connus, on pouvait déterminer les trois autres. Cherchons donc les formules qui, établissant des relations entre quatre éléments d'un triangle, permettent de déterminer l'un d'eux en fonction des autres. Il faut trouver les relations essentiellement distinctes qui existent entre les six éléments combinés quatre à

quatre. Ces combinaisons qui sont au nombre de 15, se réduisent à 4 cas différents. (Nous verrons plus tard, à l'occasion du binôme de Newton que le nombre de produits de m, quantités prises quatre à quatre, est égal à $\frac{m(m-1)(m-2)(m-3)}{2.3.4}$. Ici $m = 6$, ce qui donne $\frac{360}{24} = 15$)

1° Deux angles et les deux côtés opposés

A. B. a. b... A. C. a. c... B. C. b. c

2° Trois côtés et un angle

a. b. c. A.... a. b. c. B.... a. b. c. C.

3 Trois angles et un côté

A. B. C. a.... A. B. C. b.... A. B. C. c.

4° Deux angles et deux côtés

A. B. a. c.... A. B. b. c.... A. C. a. b.
A. C. c. b... B. C. a. b.... B. C. a. c.

53. Pour trouver la formule qui lie entre eux deux angles et les côtés opposés, nous allons employer la pyramide directe et supposer ses trois faces rabattues sur le plan de l'une d'elles KOK' (*fig.* 14). Mettons en évidence tous les éléments développés dans ce plan. Considérons un point de l'arête dans l'espace, dont la projection sera M. La distance de ce point que nous supposons l'un des sommets du triangle, au centre O de la sphère, sera R ou l'unité. Par la perpendiculaire abaissée de ce sommet et aboutissant en M, imaginons deux plans respectivement perpendiculaires aux arêtes OK et OK . Les traces MKG, MK'G' seront en même temps les rabattements des intersections des faces de la pyramide par ces plans ; si actuellement nous opérons un nouveau rabattement, celui des deux plans autour de leurs traces MG et MG', le sommet opposé à la face KOK viendra en C et en C' : les droites CK, C'K seront égales à GK, G'K et les angles A et B seront la mesure des deux angles dièdres ou des angles correspondants du triangle : CM sera de même longueur que C'M, puisque tous deux représentent la perpendiculaire abaissée d'abord sur la face KOK . Dans les triangles CMK, C'MK', on a

$$CM = CK \sin. A \quad \text{et} \quad C'M = C'K' \sin. B.$$

Mais

$$CK = GK = GO \sin. b = R \sin. b, \qquad C'K' = G'K' = G'O \sin. a = R \sin. a$$

donc enfin

$$R \sin. A \sin. b = R \sin. B \sin. a$$

ou simplement $\sin. A \sin. b = \sin. B \sin. a$ (1)

ce qui nous apprend que dans un triangle sphérique, les sinus des angles sont proportionnels aux sinus des côtés opposés. Cette relation analogue à celle qui existe dans un triangle rectiligne, est toute préparée pour l'emploi des logarithmes.

54. 2º Pour trouver la relation entre trois côtés et un angle, nous nous servirons de la même figure, en y ajoutant les deux droites ML, KT parallèles à OK, MK'. Nous allons, pour simplifier et comme nous ferons à l'avenir, supposer que OG' et OG' rayons de la sphère sur laquelle est tracé le triangle, sont égaux à l'unité. Nous avons, dans la démonstration précédente, négligé cette convention pour faire voir que la formule a lieu, quel que soit le rayon. Dans ce cas, $OK = \cos. a$.

Décomposant cette ligne en ses deux parties OT et TK', nous trouverons dans le triangle OTK rectangle en T, que $OT = OK$ $\cos. c$, mais $OK = \cos. b$, donc $OT = \cos. b \cos. c$. Ensuite, puisque $TK = LM$ comme parallèles comprises entre parallèles, nous pouvons écrire, en remarquant encore que les angles MKL KOT, sont égaux, comme compris entre des lignes respectivement perpendiculaires

$TK' = KM \sin. c$;   mais $KM = KC \cos. A = GK \cos. A = \sin. b \cos. A$.

donc $TK' = \sin. b \sin. c \cos. A$

et enfin $\cos. a = \cos. b \cos. c + \sin. b \sin. c \cos. A$ (2)

55. 3 Cette formule donnera de suite la relation entre trois angles et un côté au moyen de la pyramide supplémentaire : car en substituant à A, a, b, c leurs valeurs, il viendra

$$\cos. (200 - A') = \cos. (200 - B') \cos. (200 - C') + \sin.$$
$$(200 - B') \sin. (200 - C') \cos. (200 - a')$$

Les cosinus des angles supplémentaires sont égaux et de signes contraires, tandis que les sinus égaux aussi, sont de même signe ; donc en supprimant les accents,

$$- \cos. A' = \cos. B' \cos. C' - \sin. B' \sin. C' \cos. a'. \quad \ldots \quad (3)$$

56. 4º Il reste à résoudre le 4ᵉ cas ; dans lequel il faut combiner deux angles et deux côtés, l'un opposé, l'autre adjacent : A, B, a, c, par exemple.

Cela peut se déduire de la formule (2) dans laquelle il faut introduire B et éliminer b. Substituons-y donc la valeur de cos. b, qui est

$$\cos. b = \cos. a \cos. c + \sin. a \sin. c \cos. B.$$

et celle de $\quad \sin. b = \sin. a \dfrac{\sin. B}{\sin. A}$, il viendra successivement

$$\cos. a = \cos. a \overline{\cos. }^2 c + \sin. a \sin. c \cos. c \cos. B + \sin. b \sin. c \cos. A.$$

$$\cos. a (1 - \cos.^2 c) \quad \text{ou}$$
$$\cos. a \sin.^2 c = \sin. a \sin. c \cos. c \cos. B + \sin. b \sin. c \cos. A.$$

divivisant tout par sin. c

$$\cos. a \sin. c = \sin. a \cos. c \cos. B + \sin. b \cos. A.$$

ou $\quad \cos. a \sin. c = \sin. a \cos. c \cos. B + \sin. a \dfrac{\sin. B}{\sin. A} \cos. A$

ou enfin en divisant tout par sin. a,

$$\text{cotang. } a \sin. c = \cos. c \cos. B + \sin. B \text{ cotang. A.}$$

Telles sont les quatre formules générales propres à la résolution des triangles sphériques. La première seule n'a pas à subir de transformation pour être résolue par logarithmes. Les autres doivent, dans la pratique, être modifiées ou remplacées par de nouvelles, suivant les circonstances particulières qui se présentent.

57. Modifions les formules générales pour le cas où le triangle à résoudre est rectangle.

Puisque la somme des trois angles d'un triangle sphérique est comprise entre 200ᵍ et 600ᵍ, il s'ensuit qu'un triangle peut avoir un, deux et même trois angles droits ; mais nous n'aurons à nous occuper que du premier cas. En effet, s'il est bi-rectangle, les côtés opposés aux angles droits sont égaux entre eux et au quart de la circonférence : sa surface est la moitié de celle du fuseau dont l'angle dièdre est mesuré par le troisième côté, puisque

$$R = r (A + B + C) - \pi r^2 \text{ se modifie en } S = r (A + \tfrac{1}{2} \pi r + \tfrac{1}{2} \pi r) - \pi r^2 = A r$$

Si parmi les éléments connus d'un tel triangle, il n'entre pas l'angle A ou le côté a qui en est la mesure, le problème est indéterminé, c'est-à-dire qu'une foule de solutions satisferont à la condition des deux angles droits auxquels sont opposés deux quarts de circonférence.

Si le triangle est tri-rectangle, les trois côtés sont égaux au quart de la circonférence. Quant à sa surface elle devient

$$S = r\,(\tfrac{1}{2}\,\pi\,r + \tfrac{1}{2}\,\pi\,r + \tfrac{1}{2}\,\pi\,r) - \pi\,r^2 \quad \text{ou} \quad S = \tfrac{1}{2}\,\pi\,r^2;$$

mais $4\,\pi\,r^2$ exprime la surface de la sphère entière, donc celle du triangle en est le huitième.

En supposant $A = 100^g$ on a sin. $A = 1$, cos. $A = 0$
La première formule devient

$$\text{sin. } a \text{ sin. } B = \text{sin. } b \quad \text{ou} \quad \text{sin. } a = \frac{\text{sin. } b}{\text{sin. } B}$$

c'est-à-dire que le sinus de l'hypothénuse est égal au rapport de ceux de l'un des côtés de l'angle droit et de l'angle opposé.

La deuxième se réduit à $\quad\quad$ cos. $a = $ cos. b cos. c.

Elle indique que le cosinus de l'hypothénuse égale le produit de ceux des deux autres côtés.

La troisième devient $\quad\quad$ cos. $a = $ cotang. B cotang. C.

La quatrième enfin $\quad\quad$ cotang. $a = $ cosin. B cotang. c.

Ces quatre formules ne sont pas les seules que l'on puisse déduire des quatre ou du moins des troisième et quatrième. Il est indifférent que, dans la première, ce soit A ou B qui vaille 100^g, puisqu'elle est symétrique par rapport à ces deux angles. La seconde ne renfermant que A, n'éprouvera aucune modification dans l'hypothèse de B ou C droits.

Supposons actuellement $B = 100^g$, l'équation (3) deviendra

cos. $A = $ sin. C cos. $a \quad$ et l'équation (4) $\quad$ cotang. a sin. $c = $ cotang. A.

Pour les pouvoir comprendre dans les mêmes notations que les précédentes où a représente l'hypothénuse et A l'angle droit, changeons dans les deux dernières A en B, a en b, et écrivons

cos. $B = $ sin. C cos. $b \quad$ et $\quad$ cotang. b sin. $c = $ cotang. B.

Il est inutile de supposer $C = 100^g$, puisque la troisième équation fondamentale est symétrique par rapport à B et C, et que C n'entre pas dans la quatrième.

Rapprochant ces formules, nous avons donc pour la résolution des triangles rectangles :

1 sin. $a \times$ sin. $B = $ sin. b.	4 cotang. $a = $ cos. B $\times$ cotang. c.
2 cos. $a = $ cos. $b \times$ cos. c.	5 cos. $B = $ sin. $C \times$ cos. b.
3 cos. $a = $ cot. B $\times$ cot. C	6 cotang. b sin. $c = $ cotang. B.

Nous remarquons que, composées de facteurs seulement, elles sont favorables à l'emploi des logarithmes. C'est par ce motif que nous nous en servirons bientôt pour trouver de nouvelles formules relatives à la résolution des triangles obliquangles.

————

CHAPITRE III.

RECHERCHE DES FORMULES PROPRES A LA RÉSOLUTION DES TRIANGLES A L'AIDE DES LOGARITHMES.

58. Les formules générales réduisent à quatre cas distincts les quinze combinaisons que produisent quatre à quatre les six éléments d'un triangle. Ici nous devons les passer toutes en revue :

1° La formule (1) résout indistinctement le problème, quelle que soit l'inconnue a, b, A ou B.

2° Le second cas (a,b,c et A) donne naissance à quatre problèmes : l'angle en fonction des trois côtés ; le côté opposé à l'angle en fonction de cet angle et des deux autres côtés ; enfin l'un ou l'autre de ces deux côtés en fonction des trois autres quantités.

Résolvons le premier et pour cela reprenons la formule (2) de laquelle nous tirons

$$\cos. A = \frac{\cos. a - \cos. b \times \cos. c}{\sin. b \times \sin. c} \qquad (7)$$

Il s'agit de réduire le numérateur du second membre à n'être composé que de facteurs. L'artifice de calcul que l'on emploie consiste à ajouter l'unité aux deux membres de l'équation, ce qui donne, en réduisant au même dénominateur

$$1 + \cos. A = \frac{\sin. b \sin. c + \cos. a - \cos. b \cos. c}{\sin. b \sin. c} = \frac{\cos. a - \cos. (b + c)}{\sin. b \sin. c}$$

la trigonométrie rectiligne nous a donné

$$1 + \cos. A = 2 \cos.^2 \tfrac{1}{2} A \quad \text{et} \quad \cos. q - \cos. p = 2 \sin. \tfrac{1}{2} (p + q) \sin. \tfrac{1}{2} (p - q)$$

donc en comparant q à a et p à $b + c$

$$\cos.^2 \tfrac{1}{2} A = \frac{\sin. \tfrac{1}{2} (a + b + c) \sin. \tfrac{1}{2} (b + c - a)}{\sin. b \sin. c}$$

6

Cette formule résout le problème. On trouve de même en retranchant de l'unité les deux membres de (7)

$$1 - \cos. A = 2 \sin.^2 \tfrac{1}{2} A = \frac{\cos. (b - c) - \cos. a}{\sin. b \, \sin. c} =$$

$$\frac{2 \sin. \tfrac{1}{2} (a + b - c) \sin. \tfrac{1}{2} (a + c - b)}{\sin. b \times \sin. c}$$

En divisant $\sin.^2 \tfrac{1}{2} A$ par $\cos.^2 \tfrac{1}{2} A$ et extrayant la racine carrée, on trouve

$$\text{tang.} \tfrac{1}{2} A = \sqrt{\frac{\sin. \tfrac{1}{2} (a + b - c) \sin. \tfrac{1}{2} (a + c - b)}{\sin. \tfrac{1}{2} (a + b + c) \sin. \tfrac{1}{2} (b + c - a)}}$$

Il semblerait qu'il y a surabondance dans la recherche de trois formules qui amènent à un même résultat la détermination de A, si l'on ne remarquait qu'il faut passer par les deux premières pour arriver à la troisième, et que celle-ci est préférable aux deux autres, parce qu'elle convient, quelle que soit l'amplitude de l'angle. Si l'on se reporte à la marche que suivent les sinus et cosinus des arcs, on observe que ces derniers étant très petits, les sinus varient rapidement tandis que les cosinus successifs sont sensiblement les mêmes : c'est le contraire pour les arcs voisins de 100ᵍ. Dans le premier cas, on ne saurait employer les cosinus dont la différence n'est sensible à la septième décimale du logarithme que pour une variation assez notable de l'arc. Dans le second cas, c'est l'emploi du sinus qu'il faut rejeter, tandis que les tangentes croissant de plus en plus rapidement de 0 à 100ᵍ conviennent toujours.

On pourrait encore alléguer comme motif de la préférence accordée à la formule qui détermine un angle par sa tangente, que les logarithmes des quatre sinus qui entrent sous le radical serviront également si l'on veut, à trouver chacun des trois angles du triangle, en permutant ensemble trois d'entre eux, c'est-à-dire en les faisant passer alternativement au numérateur et au dénominateur.

59. Malgré la préférence que nous accordons à la formule qui détermine un angle par sa tangente, il nous paraît convenable, pour compléter le sujet qui nous occupe en ce moment d'indiquer la formule qui donnerait l'angle A lui-même par son sinus.

Pour y arriver, nous trouvons successivement

$$\overline{\sin.}^2 A = 1 - \overline{\cos.}^2 A = 1 - \left(\frac{\cos. a - \cos. b \times \cos. c}{\sin. b \times \sin. c} \right)^2 =$$

$$\left(1 - \frac{\cos. a - \cos. b \times \cos. c}{\sin. b \times \sin. c}\right)\left(1 + \frac{\cos. a - \cos. b \times \cos. c}{\sin. b \times \sin. c}\right)$$

$$\overline{\sin.}^2 A = \frac{(\sin. b \times \sin. c + \cos. b \times \cos. c - \cos. a)(\sin. b \times \sin. c - \cos. b \times \cos. c + \cos. a)}{\overline{\sin.}^2 b \times \overline{\sin.}^2 c}$$

$$= \frac{(\cos. (b-c) - \cos. a)(\cos. a - \cos. (b+c))}{\overline{\sin.}^2 b \times \overline{\sin.}^2 c} =$$

$$\frac{4 \sin. \frac{1}{2}(a + b - c) \sin. \frac{1}{2}(a + c - b) \sin. \frac{1}{2}(b + c - a) \sin. \frac{1}{2}(a + b + c)}{\overline{\sin.}^2 b \times \overline{\sin.}^2 c}$$

et enfin $\qquad \sin. A = \dfrac{2}{\sin. b \times \sin. c} \times$

$$\sqrt{\sin. \tfrac{1}{2}(a + b - c) \sin. \tfrac{1}{2}(a + c - b) \sin. \tfrac{1}{2}(b + c - a) \sin. \tfrac{1}{2}(a + b + c)}$$

Cette formule aurait pu également se trouver en fonction des valeurs de $\sin. \frac{1}{2} A$ et $\cosin. \frac{1}{2} A$, et d'après ce que l'on sait que

$$\sin. A = 2 \sin. \tfrac{1}{2} A \cosin. \tfrac{1}{2} A.$$

Si l'on divisait de part et d'autre par $\sin. a$, le second membre devenant symétrique par rapport à a, b, c, il en résulterait que le rapport entre les sinus d'un angle et du côté opposé étant constant, on aurait $\dfrac{\sin. A}{\sin. a} = \dfrac{\sin. B}{\sin. b} = \dfrac{\sin. C}{\sin. c}$ ce qui a été précédemment démontré.

60. Passons à la détermination de a en fonction de b, c et A, et pour cela, imaginons par le sommet B (*fig.* 15) un arc BD perpendiculaire au côté b : désignons-le par x et par y la partie AD de b. Le triangle proposé se trouve ainsi partagé en deux autres rectangles qui vont nous permettre l'emploi des formules qui leur sont relatives. La formule 2 nous donne ici

$$\cos. a = \cos. x \cos. (b - y) \quad \text{et} \quad \cos. c = \cos. x \times \cos. y$$

tirant la valeur de $\cos. x$ de la seconde pour la substituer dans la première, celle-ci se change en

$$\cos. a = \cos. c \, \frac{\cos. (b - y)}{\cos. y}$$

Pour déterminer y, nous avons en vertu de la formule 4

$$\cotang. c = \cotang. y \cos. A \quad \text{ou} \quad \tang. y = \tang. c \cosin. A$$

c et A faisant partie des données du problème, y se trouve déterminé par sa tangente et peut être introduit dans l'autre équation, qui donne ainsi a en fonction de b,c et A.

L'ensemble de ces deux équations fournira de même b en fonction de a,c,A, puisque la seconde donnant toujours y, la première peut s'écrire sous la forme

$$\cos. (b - y) = \frac{\cos. a \cos. y}{\cos. c}$$

Enfin on pourra encore les employer pour obtenir c, en permutant b et c.

61. Vient ensuite la combinaison de a,b,A et C qui donne aussi naissance à quatre problèmes différents

A	en fonction de	a,b,C		b	. . . .	a,A,C
C	. . . .	a,b,A		a	. . . .	b,A,C

La formule $\underline{6}$ des triangles rectangles donne dans BDA (*fig.* 15)

$$\text{cotang. A} = \text{cotang. } x \sin. y \quad \text{et dans BDC, cotang. C} = \text{cotang. } x \sin.(b - y)$$

La valeur de cotang. x tirée de cette dernière et introduite dans la précédente la ramène à

$$\text{cotang. A} = \text{cotang. C} \frac{\sin. y}{\sin. (b - y)}$$

Nous avons d'ailleurs dans BDC, en vertu de l'équation $\underline{4}$

$$\text{cotang. } a = \cos. c \text{ cotang. } (b - y)$$

De celle-ci on tire $b - y$ et conséquemment y, on a donc ainsi A.

Ces deux équations servent également à trouver b, connaissant a,A,C, car de la seconde on tire $b - y$ en fonction de quantités Γ connues : on substitue cette valeur dans la première et l'on trouve b, puisque l'on a y et $b - y$.

Pour les troisième et quatrième combinaisons, abaissons de l'angle C la perpendiculaire CD$'$ ou x' sur le côté c, et désignons par y' l'angle BCD$'$. Nous aurons, en vertu de $\underline{4}$ dans BCD$'$,

$$\text{cotang. } a = \text{cotang. } x' \cos. y' \quad \text{et dans ACD}' \quad \text{cotang. } b = \text{cotang. } x' \cos. (c + y')$$

d'où
$$\text{cotang. } a = \text{cotang. } b \frac{\cos. y'}{\cos. (C + y')}$$

Le triangle ACD$'$ fournit encore en vertu de $\underline{3}$,,

$$\cos. b = \text{cotang. A cotang. } (C + y')$$

Si c'est a que l'on cherche, on tire de cette formule $C + y'$ et puisque C est une des données du problème, on connaît y', puis on substitue y' et $C + y$ dans la première formule. Si enfin C est l'inconnue, la seconde donne $C + y'$ que l'on substitue dans la première. Celle-ci résolue par rapport à y' permet d'en retrancher la valeur de $C + y'$ d'où C.

62. Il ne nous reste enfin, pour avoir passé tout en revue, qu'à nous occuper des quatre combinaisons d'un côté a et des trois angles A,B,C. Nous allons pour cela reprendre les formules qui lient entre eux trois côtés et un angle et les transformer au moyen de la pyramide supplémentaire. Ces formules qui lui sont applicables, aussi bien qu'à la pyramide directe, sont dans ce cas :

$$\cos. a' = \cos. c' \; \frac{\cos. (b' - y)}{\cos. y} - \cot. c' \; \tang. y = \cos. A')$$

$$\tang. \tfrac{1}{2} A' = \sqrt{\frac{\sin. \tfrac{1}{2}(a' + b' - c')\sin. \tfrac{1}{2}(a' + c' - b')}{\sin. \tfrac{1}{2}(a' + b' + c')\sin. \tfrac{1}{2}(b' + c' - a')}}$$

Nous savons que

$$A' = 200 - a ; \; a' = 200 - A ; \; b' = 200 - B ; \; c' = 200 - C,$$

il s'ensuit que

$$\tang. \tfrac{1}{2} A' = \tang. \tfrac{1}{2}(200 - a) = \tang. \left(100 - \frac{a}{2}\right) = \cotang. \tfrac{1}{2} a$$

$$\sin. \tfrac{1}{2}(a' + b' - c') = \sin. \tfrac{1}{2}(200 - (A + B - C)) =$$

$$\sin. \left(100 - \frac{A + B - C}{2}\right) = \cosin. \tfrac{1}{2}(A + B - C)$$

De même
$$\sin. \tfrac{1}{2}(a' + c' - b') = \cos. \tfrac{1}{2}(A + C - B)$$

$$\sin. \tfrac{1}{2}(b' + c' - a') = \cos. \tfrac{1}{2}(B + C - A)$$

et $\sin. \tfrac{1}{2}(a' + b' + c') = \sin. \left(300 - \frac{A + B + C}{2}\right) = + \cos. \tfrac{1}{2}(A + B + C)$

Ici nous devons faire une observation relative au signe $+$ que nous plaçons devant $\cos. \tfrac{1}{2}(A + B + C)$. Les sinus des angles qui dépassent 200^g sont négatifs ; mais $A + B + C > 200$ d'où il résulte que $300 - \tfrac{1}{2}(A + B + C) < 200^g$ et qu'ainsi le sinus doit être positif.

Effectuons actuellement les subtitutions et il viendra

$$\cotang. \tfrac{1}{2} a = \sqrt{\frac{\cos. \tfrac{1}{2}(A + B - C)\cos. \tfrac{1}{2}(A + C - B)}{\cos. \tfrac{1}{2}(A + B + C)\cos. \tfrac{1}{2}(B + C - A)}}$$

Quant aux deux autres formules, elles deviennent

$$\cos. (200 - A) = \cos. (200 - C) \, \frac{\cos. (200 - B - y)}{\cos. y}$$

et $$\cot. (200 - C) = \cot. y \cos. (200 - a)$$

63. Il existe encore quatre formules remarquables par leur élégance et leur symétrie, qui sont aussi employées dans certaines circonstances que nous allons énoncer. Ce sont les analogies de Neper. Elles servent : 1° Dans les cas où connaissant deux côtés *a b* et l'angle compris C, on veut déterminer A et B. 2° Lorsque l'on connaît A,B,c et que l'on cherche *a* et *b*.

Dans le premier cas, pour trouver les trois éléments inconnus du triangle, on chercherait d'abord A au moyen de deux formules de la première combinaison de la troisième série : puis au moyen de A,*a*,*b*, on trouverait B; et enfin *c* en fonction de C.A,*a*, par la proportion des quatre sinus. Les formules dont nous allons nous occuper déterminent à la fois A et B par leur demi-somme et leur demi-différence. Reprenons

$$(2) \cos. a = \cos. b \times \cos. c + \sin. b \times \sin. c \times \cos. A$$

et ses homologues

$$\cos. b = \cos. a \times \cos. c + \sin. a \times \sin. c \times \cos. B$$
$$\cos. c = \cos. a \times \cos. b + \sin. a \times \sin. b \times \cos. C$$

On trouve successivement, en substituant dans la première la valeur de cos. *c* fournie par la troisième et effectuant les réductions

$$\cos. a = \cos. a \times \overline{\cos.}^2 b + \sin. a \times \cos. b \times \sin. b \cos. C + \sin. b \sin. c \cos. A$$

$$\cos. a \, (1 - \overline{\cos.}^2 b) = \cos. a \sin.^2 b = \sin. a \cos. b \sin. b \cos. C +$$
$$\sin. b \sin. c \cos. A$$

$$(\alpha). \ . \ . \ . \quad \cos. A \sin. c = \cos. a \sin. b - \sin. a \cos. b \cos. C$$

En combinant la seconde et la troisième, on trouve de même

$$(\beta). \ . \ . \ . \quad \cos. B \sin. c = \cos. b \sin. a - \cos. b \sin. a \cos. C$$

et en ajoutant

$$(\alpha) \text{ et } (\beta). \quad \sin. c \, (\cos. A + \cos. B) = \cos. a \sin. b + \sin. a \cos. b -$$
$$\cos. C \, (\cos. a \sin. b + \cos. b \sin. a)$$

ce qui revient à

(γ) . . . . $\sin. c\,(\cos. A + \cos. B) = (1 - \cos. C)\,\sin.\,(a + b)$

De $\quad \sin. c\,\sin. A = \sin. a\,\sin. C,\quad$ et $\quad \sin. c\,\sin. B = \sin. b\,\sin. C$

on tire en les ajoutant et les retranchant

$$\sin. c\,(\sin. A + \sin. B) = \sin. C\,(\sin. a + \sin. b). \ .\ .\ .\ . \ (\delta)$$

$$\sin. c\,(\sin. A - \sin. B) = \sin. C\,(\sin. a - \sin. c). \ .\ .\ .\ . \ (\varepsilon)$$

Divisons (δ) par (γ) puis (ε) par (γ) et nous aurons

$$\frac{\sin. A + \sin. B}{\cos. A + \cos. B} = \frac{\sin. C\,(\sin. a + \sin. b)}{(1 - \cos. C)(\sin.(a+b))}$$

$$\frac{\sin. A - \sin. B}{\cos. A + \cos. B} = \frac{\sin. C\,(\sin. a - \sin. b)}{(1 - \cos. C)\,\sin.\,(a + b)}$$

Les formules (16) et (18) de la trigonométrie rectiligne transforment les premiers membres de ces deux équations en $\tan. \frac{1}{2}(A+B)$ et $\tan. \frac{1}{2}(A - B)$. D'autre part, nous pouvons, pour simplifier les seconds membres, remarquer que

$$\sin. C = 2\sin. \tfrac{1}{2} C \cos. \tfrac{1}{2} C \quad \text{et} \quad 1 - \cos. C = 2\sin.^2 \tfrac{1}{2} C,$$

ce qui donne, en remplaçant en même temps, les sommes ou différence de sinus de a et b qui entrent aux numérateurs

$$\tan. \tfrac{1}{2}(A + B) = \frac{2\sin. \tfrac{1}{2} C \cos. \tfrac{1}{2} C \times 2\sin. \tfrac{1}{2}(a + b) \cos. \tfrac{1}{2}(a - b)}{2\sin.^2 \tfrac{1}{2} C \times \sin.\,(a + b)}$$

$$\tan. \tfrac{1}{2}(A - B) = \frac{2\sin. \tfrac{1}{2} C \cos. \tfrac{1}{2} C \times 2\sin. \tfrac{1}{2}(a - b) \cos. \tfrac{1}{2}(a + b)}{2\sin.^2 \tfrac{1}{2} C \times \sin.\,(a + b)}$$

Mais $\sin.\,(a + b)$ peut aussi être remplacé par

$$2\sin. \tfrac{1}{2}(a + b) \cos. \tfrac{1}{2}(a + b)$$

donc en faisant cette substitution et toutes les réductions

$$\tan. \tfrac{1}{2}(A + B) = \cot. \tfrac{1}{2} C\, \frac{\cos. \tfrac{1}{2}(a - b)}{\cos. \tfrac{1}{2}(a + b)}$$

$$\tan. \tfrac{1}{2}(A - B) = \cot. \tfrac{1}{2} C\, \frac{\sin. \tfrac{1}{2}(a - b)}{\sin. \tfrac{1}{2}(a + b)}$$

L'emploi de la pyramide supplémentaire donne les deux autres formules analogues

$$\text{tang. } \tfrac{1}{2}(A + B) = \text{tang. } \tfrac{1}{2}(400 - (a' + b')) = \text{tang. }(200 -$$
$$\tfrac{1}{2}(a' + b')) = -\text{ tang. } \tfrac{1}{2}(a' + b')$$

$$\text{cotang. } \tfrac{1}{2}C = \text{cot. } \tfrac{1}{2}(200 - c') = \text{cot. }(100 - \tfrac{1}{2}c') = \text{tang. } \tfrac{1}{2}c'$$

$$\cos. \tfrac{1}{2}(a - b) = \cos. \tfrac{1}{2}(B' - A') = \cos. \tfrac{1}{2}(-(A' - B')) = \cos. \tfrac{1}{2}(A' - B')$$

$$\cos. \tfrac{1}{2}(a + b) = \cos. (200 - \tfrac{1}{2}(A' + B')) = -\cos. \tfrac{1}{2}(A' + B')$$

Substituant dans la formule tang. $\tfrac{1}{2}(A + B) =$ etc., et supprimant les accents

$$\text{tang. } \tfrac{1}{2}(a + b) = \text{tang. } \tfrac{1}{2}c \; \frac{\cos. \tfrac{1}{2}(A - B)}{\cos. \tfrac{1}{2}(A + B)}$$

On trouverait de même

$$\text{tang. } \tfrac{1}{2}(a - b) = \text{tang. } \tfrac{1}{2}c \; \frac{\sin. \tfrac{1}{2}(A - B)}{\sin. \tfrac{1}{2}(A + B)}$$

Telles sont les quatres formules connues sous le nom d'analogies de Neper.

64. TABLEAU DES FORMULES PROPRES A LA RÉSOLUTION DES TRIANGLES SPHÉRIQUES.

Formules générales.

A. B. a. b (1). . . . . $\sin. A \sin. b = \sin. B \sin. a.$

a. b. c. A   (2). . . . . $\cos. a = \cos. b \times \cos. c + \sin. b \times \sin. c \times \cos. A.$

A. B. C. a (3). . $-\cos. A = \cos. B \times \cos. C - \sin. B \times \sin. C \times \cos. a.$

A. B. a. c (4). . . . . $\cot. a \sin. c = \cos. c \times \cos. B + \sin. B \times \cot. A.$

Formules relatives aux triangles rectangles.

<u>1</u> $\sin. a \times \sin. B = \sin. b$ <u>4</u> $\cot. a = \cos. B \times \cot. c$

<u>2</u> $\cos. a = \cos. b \times \cos. c$ <u>5</u> $\cos. B = \sin. C \times \cos. b$

<u>3</u> $\cos. a = \cot. B \times \cot. C$ <u>6</u> $\cot. b \times \sin. c = \cot. B$

Formules qui résolvent tous les cas que présentent les triangles sphériques.

$$a, b, A, B \begin{cases} a \ldots b . A. B \\ b \ldots a . A. B \\ A \ldots a . b. B \\ B \ldots a . b. A \end{cases} \sin. A \times \sin. b = \sin. B \sin. a.$$

$$a, b, c, A \begin{cases} a \ldots b . c . A \\ b \ldots a . c . A \\ c \ldots a . b. A \\ A \ldots a . b. c \end{cases}$$
$$\cos. a = \cos. c \; \frac{\cos. (b - y)}{\cos. y} \qquad \text{cotang.} c = \text{cotang.} y \cos. A.$$

$$\text{tang. } \tfrac{1}{2}A = \sqrt{\frac{\sin. \tfrac{1}{2}(a + b - c) \sin. \tfrac{1}{2}(a + c - b)}{\sin. \tfrac{1}{2}(a + b + c) \sin. \tfrac{1}{2}(b + c - a)}}$$

$$a, b, A, C \begin{cases} A....a.b.C \\ b....a.A.C \\ a....b.A.C \\ C....a.b.A \end{cases}$$

$\text{tang. A} = \text{tang. C} \dfrac{\sin.(b-y)}{\sin. y}$ $\quad \text{tang.}(b-y) = \text{tang.}a \times \cos.C$

$\text{tang. A} = \text{tang. } b \times \dfrac{\cos. (C + y')}{\cos. y'}$

$\text{tang. } (C + y') = \text{tang. A} \cos. b.$

$$a, A, B, C \begin{cases} A....a.B.C \\ B...a.A.C \\ C...a.A.B \\ a....A.B.C \end{cases}$$

$-\cos. A = \cos. C \dfrac{\cos. (B + y)}{\cos. y}$

$\text{cotang. C} = \text{cotang. } y \cos. a$

$\text{cotang. } \frac{1}{2} a = \sqrt{\dfrac{\cos.\frac{1}{2}(A+B-C)\cos.\frac{1}{2}(A+C-B)}{\cos.\frac{1}{2}(A+B+C)\cos.\frac{1}{2}(B+C-A)}}$

Analogies de Neper.

$$A \text{ et } B....a.b.C \begin{cases} \text{tang. } \frac{1}{2}(A + B) = \text{cotang. } \frac{1}{2} C \dfrac{\cos. \frac{1}{2}(a - b)}{\cos. \frac{1}{2}(a + b)} \\[2mm] \text{tang. } \frac{1}{2}(A - B) = \text{cotang. } \frac{1}{2} C \dfrac{\sin. \frac{1}{2}(a - b)}{\sin. \frac{1}{2}(a + b)} \end{cases}$$

$$a \text{ et } b....c.A.B \begin{cases} \text{tang. } \frac{1}{2}(a + b) = \text{tang. } \frac{1}{2} c \dfrac{\cos. \frac{1}{2}(A - B)}{\cos. \frac{1}{2}(A + B)} \\[2mm] \text{tang. } \frac{1}{2}(a - b) = \text{tang. } \frac{1}{2} c \dfrac{\sin. \frac{1}{2}(A - B)}{\sin. \frac{1}{2}(A + B)} \end{cases}$$

CHAPITRE IV.

DÉMONSTRATIONS DE DEUX FORMULES NÉCESSAIRES A L'INTELLIGENCE DU COURS DE GÉODÉSIE.

65. *Binôme de Newton.* Les quantités binômes sont les plus simples après les monômes : cependant si l'on voulait former leurs diverses puissances par des multiplications successives, on ne parviendrait qu'à des résultats particuliers pour chaque puissance. et l'on ne saisirait pas facilement la loi des coefficients numériques de ces résultats. En réfléchissant aux procédés de la multiplication, on reconnaîtra que les coefficients numériques naissent des réductions qu'entraîne l'égalité des facteurs, et qu'en empêchant ces réductions d'avoir lieu, on rendra la composition des produits plus évidente.

Pour obtenir ce résultat, il suffit de donner d'abord à tous les binômes, des seconds termes différents : Prenons $x + a$. $x + b$, $x + c$, $x + d$, etc. et opérons les multiplications successives.

$$
\begin{array}{l}
(x + a) \\
(x + b) \\
\hline
x^2 + a \Big| x + ab \\
\quad\ + b \Big|
\end{array}
$$

$$
\begin{array}{l}
(x + c) \\
\hline
x^3 + a \Big| x^2 + ab \Big| x + abc \\
\quad\ + b \Big|\quad + ac \Big| \\
\quad\ + c \Big|\quad + bc \Big|
\end{array}
$$

$$
\begin{array}{l}
(x + d) \\
\hline
x^4 + a \Big| x^3 + ab \Big| x^2 + abc \Big| x + abcd \\
\quad\ + b \Big|\quad + ac \Big|\quad + abd \Big| \\
\quad\ + c \Big|\quad + bc \Big|\quad + acd \Big| \\
\quad\ + d \Big|\quad + ad \Big|\quad + bcd \Big| \\
\quad\quad\quad\ + bd \Big| \\
\quad\quad\quad\ + cd \Big|
\end{array}
$$

$$
\begin{array}{l}
(x + e) \\
\hline
x^5 + a \big| x^4 + ab \big| x^3 + abc \big| x^2 + abcd\ x + abcde \\
\quad\ + b \big|\quad + ac \big|\quad + abd \big|\quad + abce \\
\quad\ + c \big|\quad + bc \big|\quad + acd \big|\quad + abde \\
\quad\ + d \big|\quad + ad \big|\quad + bcd \big|\quad + acde \\
\quad\ + e \big|\quad + bd \big|\quad + abe \big|\quad + bcde \\
\quad\quad\quad\ + cd \big|\quad + bce \big| \\
\quad\quad\quad\ + ae \big|\quad + ace \big| \\
\quad\quad\quad\ + be \big|\quad + ade \big| \\
\quad\quad\quad\ + ce \big|\quad + bde \big| \\
\quad\quad\quad\ + de \big|\quad + cde \big|
\end{array}
$$

En s'arrêtant ici , on peut déjà remarquer que

1° Le nombre des termes du produit est plus grand d'une unité que celui des facteurs.

2° L'exposant de x va en diminuant successivement d'une unité depuis le nombre des facteurs jusqu'à zéro.

3° Les coefficients de x dans chaque terme suivent une marche inverse, c'est-à-dire que les produits qui les composent augmentent depuis la puissance zéro dans le premier terme, de manière que tous sont de même puissance.

4° Les coefficients des termes également distants des extrêmes, sont composés d'un même nombre de termes.

5° Enfin, le coefficient du premier terme est l'unité : celui du second, la somme de tous les seconds termes des binômes ; celui du troisième, la somme de leurs différents produits, deux à deux ; celui du quatrième, la somme de leurs produits trois à trois, etc., et enfin le dernier terme du développement est le produit de tous.

La forme de ce développement obtenu ici par voie de multiplication jusqu'à la cinquième puissance de x est la même pour un degré quelconque ; on pourrait le déduire par analogie de ce qui précède, mais il est très simple de démontrer qu'ayant lieu pour un nombre m de facteurs, il est vrai encore pour $m + 1$.

Pour abréger, écrivons le développement sous la forme

$$x^m + Ax^{m-1} + Bx^{m-2} + Cx^{m-3} + \ldots\ldots + Xx + Y$$

et multiplions-le par $x + l$, nous aurons

$$x^{m+1} + \begin{matrix} A \\ + l \end{matrix} \bigg| x^m + \begin{matrix} B \\ + Al \end{matrix} \bigg| x^{m-1} + \begin{matrix} C \\ + Bl \end{matrix} \bigg| x^{m-2} + \ldots\ldots + \begin{matrix} X \\ + Vl \end{matrix} \bigg| x^2 + \begin{matrix} Y \\ + Xl \end{matrix} \bigg| x + Vl.$$

1° Si A est la somme de m lettres, $A + l$ représente évidemment celle de $m + 1$, et par conséquent la forme assignée au coefficient du second terme est vérifiée.

2° Si B indique la somme des produits deux à deux de m seconds termes a, b, c, etc., $B + lA$ exprime aussi celle des produits deux à deux des $m + 1$ termes.

3° Il en est de même pour tous les autres coefficients des diverses puissances de x, et enfin lY est le produit de tous les seconds termes de $m + 1$ facteurs.

En généralisant, on peut dire que le coefficient N d'un terme dont le rang est $n + 1$, est le produit des seconds termes n à n. Pour passer actuellement au développement de la puissance d'un binôme, il suffit de faire $a = b = c = d =$ etc. et les résultats obtenus plus haut par la multiplication de $2, 3, 4, 5$ binômes entre eux, se transformeront en puissances $2^e, 3^e, 4^e$, etc. de $x + a$ et seront

$$(x + a)^2 = x^2 + 2ax + a^2$$

$$(x + a)^3 = x^3 + 3ax^2 + 3a^2x + a^3$$

$$(x + a)^4 = x^4 + 4ax^3 + 6a^2x^2 + 4a^3x + a^4$$

$$(x + a)^5 = x^5 + 5ax^4 + 10a^2x^3 + 10a^3x^2 + 5a^4x + a^5.$$

66. Les coefficients numériques représentent le nombre de produits différents deux à deux, trois à trois, etc., que l'on peut faire avec un nombre de lettres marqué par la puissance du binôme, avec m lettres, si l'exposant de la puissance est m. Pour trouver ces coefficients, indépendamment des multiplications partielles que nous avons effectuées, prenons une des m lettres pour la placer à côté des $m - 1$ autres ; elle aura fourni $m - 1$ produits de deux lettres : on peut en faire autant pour chacune, et l'on aura ainsi $m(m - 1)$ produits ou plutôt arrangements de deux lettres. Pour

avoir le nombre des arrangements trois à trois, on prend un de ceux de deux lettres, puis on le porte à côté des $m - 2$ restantes ; le nombre des arrangements trois à trois est donc $m(m-1)(m-2)$. Pour savoir combien m lettres en peuvent fournir p à p, on prend chacun des arrangements $p - 1$ à $p - 1$ et on l'écrit à côté de chacune des $(m - p + 1)$ autres lettres. D'après ce que nous venons de voir, le nombre des arrangements $p - 1$ à $p - 1$ est exprimé par $m(m-1)(m-2)\ldots(m-p+2)$ Donc celui des arrangements p à p est

$$m(m-1)(m-2)\ldots\ldots(m-p+2)(m-p+1)$$

Mais il s'agissait d'avoir le nombre des produits différents ; il faut donc diviser par le nombre d'arrangements que l'on peut faire avec p lettres combinées toutes ensemble, car le produit est toujours le même, quel que soit l'ordre des facteurs.

Pour le trouver, il suffit de faire $p = m$ dans l'expression générale trouvée plus haut, ce qui donne

$$p(p-1)(p-2)\ldots(p-p+2)(p-p+1)$$

où, ce qui revient au même

$$1 \times 2 \times 3 \ldots\ldots(p-2)(p-1)\,p.$$

Le nombre des produits différents que l'on peut obtenir avec m lettres est donc

$$\frac{m(m-1)(m-2)\ldots\ldots(m-p+2)(m-p+1)}{1.2.3\ldots\ldots\ldots(p-2)(p-1)\,p}$$

Rien de plus facile que d'écrire actuellement le développement d'une puissance m d'un binôme en donnant successivement à p différentes valeurs dans le coefficient du terme général.

Pour avoir le coefficient du troisième terme, faisons $p = 2$, il

vient $\dfrac{m(m-1)}{1.2}$.

Pour le quatrième terme

$$p = 3 \quad \text{d'où} \quad \frac{m(m-1)(m-2)}{1.2.3} \text{ etc.}$$

Donc

$$(x+a)^m = x^m + m.a.x^{m-1} + m\frac{m-1}{2}a^2x^{m-2} + m\frac{(m-1)(m-2)}{2.3}a^3x^{m-3} + \text{etc. (1)}$$

Pour en retenir plus facilement la forme ; il est bon d'observer que le coefficient d'un terme quelconque se compose du coefficient du terme précédent multiplié par l'exposant de x dans ce terme, et divisé par le chiffre qui indique son rang dans la série. Ainsi, en se rappelant seulement que le développement $(x + a)^m$ commence par x^m, tout le reste s'en déduit.

67. La marche que nous venons de suivre fait assez voir que la démonstration ne se rapporte encore qu'au cas où l'exposant est entier et positif. Il s'agit actuellement de généraliser et de faire voir que l'exposant étant fractionnaire ou négatif, le développement affecte toujours la même forme. En divisant par x^m les deux membres de la formule (1), elle devient

$$\left(1 + \frac{a}{x}\right)^m = 1 + m\,\frac{a}{x} + m\,\frac{m-1}{2}\,\frac{a^2}{x^2} + m\,\frac{(m-1)(m-2)}{2.3}\,\frac{a^3}{x^3} + \text{etc.}$$

et en représentant $\frac{a}{x}$ par z

$$(1 + z)^m = 1 + mz + m\,\frac{m-1}{2}\,z^2 + m\,\frac{(m-1)(m-2)}{2.3}\,z^3 + \text{etc.} \quad . \ (2)$$

Si nous vérifions la formule (2) pour tous les cas, (1) le sera aussi.

Dans la série qui forme le second membre de (2), z ne change pas, c'est m que nous rendons variable, nous pouvons donc dire quelle est fonction de m, et écrire

$$f(m) = 1 + mz + \frac{m(m-1)}{2}\,z^2 + \text{etc.}$$

Quand m est entier et positif, nous savons déjà de quelle forme est cette fonction ; c'est $f(m) = (1 + z)^m$. Observons actuellement que quels que soient m et n, le produit de $f(m)$ par $f(n)$ sera toujours $f(m + n)$. Effectuant, on trouve en effet.

$$(3). \quad \ldots \ldots \ldots \quad f(m) = 1 + mz + m\,\frac{m-1}{2}\,z^2 + \ldots \ldots \ldots + z^m$$

$$(4). \quad \ldots \ldots \ldots \quad f(n) = 1 + nz + n\,\frac{n-1}{2}\,z^2 + \ldots \ldots \ldots + z^n$$

$$f(m)\,f(n) = 1 + \left.\begin{array}{c} m \\ + n \end{array}\right|\, z + \left.\begin{array}{c} m\,\frac{m-1}{2} \\ + n\,\frac{n-1}{2} \\ + mn \end{array}\right|\, z^2 + \ldots \ldots \ldots + z^{m+n}$$

Le coefficient du troisième terme peut s'écrire sous la forme

$$\frac{m(m-1)+2mn+n(n-1)}{2} = \frac{m(m+n-1)+n(m+n-1)}{2} =$$

$$\frac{(m+n)(m+n-1)}{2}$$

donc $f(m)f(n) = 1 + (m+n)z + \frac{(m+n)(m+n-1)}{2}z^2 + \dots z^{m+n}$

Et l'on voit que le second membre se peut déduire de (3) en changeant m en $m+n$. Donc enfin $f(m)f(n) = f(m+n)$. Si l'on remplace n par $n+p$, on aura de même $f(m)f(n)f(p) = f(m+n+p)$ et ainsi de suite. Supposons que l'on répète cette opération pour un nombre a de fonctions semblables, et que de plus $m = n = p =$ etc., on aura $(f(m))^a = f(ma)$.

a est essentiellement entier et positif, mais m est toujours quelconque : on peut faire $m = \frac{b}{a}$, il viendra alors $\left(f\left(\frac{b}{a}\right)\right) = f(b) = (1+z)^b$: car b est entier et positif. Extrayant la racine a des deux membres, $f\left(\frac{b}{a}\right) = (1+z)^{\frac{b}{a}}$.

Nous avons d'ailleurs posé comme point de départ

$$f(m) \quad \text{ou} \quad f\left(\frac{b}{a}\right) = 1 + \frac{b}{a}z + \frac{\frac{b}{a}\left(\frac{b}{a}-1\right)}{2}z^2 + \text{etc.}$$

Donc enfin

$$(1+z)^{\frac{b}{a}} = 1 + \frac{b}{a}z + \frac{\frac{b}{a}\left(\frac{b}{a}-1\right)}{2}z^2 + \text{etc.}$$

Supposons maintenant que m soit négatif et égal à $-n$; on aura

$f(m+n) = f(m)f(n)$ transformé en $f(-n)f(n) = f(n-n) = f(0)$

or de la formule

$f(m') = 1 + m'z + \dots + z^{m'}$,   on tire $f(m') = 1$ en faisant $m' = 0$.

donc

$$f(-n)f(n) = 1 \quad \text{ou} \quad f(-n) = \frac{1}{f(n)} = \frac{1}{(1+z)^n} = (1+z)^{-n}$$

Il n'est peut-être pas inutile de signaler ici une contradiction apparente, dans ce que nous venons de dire que $f(0) = 1$: en effet, si c'est dans la formule (3) que l'on fait $m = 0$, tous les termes hors le premier et le dernier deviennent nuls, et celui-ci ne contenant que la puissance zéro d'une quantité z serait égal à l'unité, d'où il résulterait que $f(0) = 1 + 1 = 2$; mais pour détruire cette fausse conséquence, reprenons la formule (2) qui suppose que l'exposant n'est ni fractionnaire ni négatif, et examinons la composition du second membre. Il contient un nombre de termes plus grand d'une unité que l'exposant, et le dernier terme contient z à une puissance plus grande aussi d'une unité : l'exposant est zéro dans le cas particulier dont nous nous occupons : donc le nombre des termes se réduit au premier. Il est d'ailleurs égal à l'unité, ou en d'autres termes à z élevé à la puissance zéro ; donc enfin le développement se réduit à l'unité et $f(0)$ à 1.

68. Nous aurons souvent besoin du développement en séries du sinus et du cosinus en fonction de l'arc. Pour en trouver la forme, il est nécessaire de faire voir d'abord que

$$(\cos. A + \sqrt{-1} \sin. A)^m = \cos. mA + \sqrt{-1} \sin. mA.$$

Pour cela effectuons le produit de

$$\cos. A + \sqrt{-1} \sin. A$$

par $\cos. B + \sqrt{-1} \sin. B$

$$\cos. A \cos. B + \sqrt{-1} (\sin. A \cos. B + \sin. B \cos. A) - \sin. A \sin. B =$$
$$\cos. (A + B) + \sqrt{-1} (\sin. (A + B))$$

Si $A = B$, alors

$$(\cos. A + \sqrt{-1} \sin. A)^2 = \cos. 2A + \sqrt{-1} \sin. 2A.$$

Il est facile de voir que cette propriété continue à se vérifier pour les autres puissances. En effet, faisons $2A = P$ et multiplions

$$\cos. P + \sqrt{-1} \sin. P \quad \text{par} \quad \cos. C + \sqrt{-1} \sin. C.$$

Il viendra, comme plus haut

$$\cos. (P + C) + \sqrt{-1} \sin. (P + C)$$

puis en faisant $A = C$ et rétablissant $2A$ au lieu de P

$$(\cos. A + \sqrt{-1} \sin. A)^3 = \cos. 3A + \sqrt{-1} \sin. 3A.$$

Démontré pour le carré et le cube, on peut, en généralisant, écrire

$$(\cos. A + \sqrt{-1} \sin. A)^m = \cos. mA + \sqrt{-1} \sin. mA.$$

Telle est la formule de Moivre, de laquelle nous allons déduire les séries que nous nous sommes proposé de trouver. Si nous développons la puissance m du premier membre suivant la formule du binôme de Newton, il s'ensuivra que

$$\cos. mA = \sqrt{-1} \sin. mA = \cos.{}^m A + m \sqrt{-1} \sin. A \cos.{}^{m-1} A -$$

$$\frac{m(m-1)}{2} \sin.^2 A \cos.{}^{m-2} A - \frac{m(m-1)(m-2)}{2.3} \sqrt{-1} \sin.^3 A \cos.{}^{m-3} A +$$

$$+ \frac{m(m-1)(m-2)(m-3)}{1.2.3.4} \sin.^4 A \cos.{}^{m-4} A + \text{etc.}$$

Toute équation telle que celle-ci, renfermant des quantités réelles et des quantités imaginaires, ne peut exister qu'autant que les quantités réelles sont égales entre elles, et qu'il en est de même des quantités imaginaires.

Ainsi, pour que $m + n \sqrt{-1} = p + q \sqrt{-1}$ soit vrai, il faut que $m = p$ et $n = q$ puisque l'on en tire $m - p = (q - n) \sqrt{-1}$ ou en élevant au carré $(m - p)^2 = -(q - n)^2$. Des carrés sont toujours positifs: cette équation dernière renfermera donc une absurdité toutes les fois que l'on n'aura pas $m = p$, $n = q$.

D'après ce principe, cos. mA doit égaler tous les termes réels du second membre, et sin. m A tous ceux qui sont affectés du signe $\sqrt{-1}$. Cela nous donne donc

$$\cos. mA = \cos.{}^m A - \frac{m(m-1)}{2} \sin.^2 A \cos.{}^{m-2} A +$$

$$\frac{m(m-1)(m-2)(m-3)}{1.2.3.4} \sin.^4 A \cos.{}^{m-4} A - \text{etc.}$$

$$\sin. mA = m \sin. A \cos.{}^{m-1} A - \frac{m(m-1)(m-2)}{1.2.3} \sin.^3 A \cos.{}^{m-3} A +$$

$$\frac{m(m-1)(m-2)(m-3)(m-4)}{1.2.3.4.5} \sin.^5 A \cos.{}^{m-5} A - \text{etc.}$$

Nous pouvons ici remplacer sin. A par son équivalent cos. A. tang. A. La raison qui nous conduit à cette transformation, est que la somme des exposants du sinus et du cosinus étant la même pour tous les termes, tous ensuite contiendront cos.^{m}A qui pourra être mis en facteur commun.

$$\cos. mA = \cos.^m A \left(1 - \frac{m(m-1)}{2} \tan g.^2 A + \frac{m(m-1)(m-2)(m-3)}{1.2.3.4} \tan g.^4 A \right.$$

$$\left. - \frac{m(m-1)(m-2)(m-3)(m-4)(m-5)}{1.2.3.4.5.6} \tan g.^6 A + \text{etc.} \right)$$

$$\sin. mA = \cos.^m A \left(m \tan g. A - \frac{m(m-1)(m-2)}{1.2.3} \tan g.^3 A + \right.$$

$$\left. \frac{m(m-1)(m-2)(m-3)(m-4)}{1.2.3.4.5} \tan g.^5 A - \text{etc.} \right)$$

Or, n'ayant pas jusqu'ici assigné de valeur particulière à A, nous pouvons faire $mA = x$ ou $m = \frac{x}{A}$: substituant dans les formules, elles deviennent

$$\cos. x = \cos.^{\frac{x}{A}} A \left(1 - \frac{\frac{x}{A}\left(\frac{x}{A}-1\right)}{2} \tan g.^2 A + \right.$$

$$\left. \frac{\frac{x}{A}\left(\frac{x}{A}-1\right)\left(\frac{x}{A}-2\right)\left(\frac{x}{A}-3\right)}{1.2.3.4} \tan g.^4 A - \text{etc.} \right)$$

$$\sin. x = \cos.^{\frac{x}{A}} A \left(\frac{x}{A} \tan g. A - \frac{\frac{x}{A}\left(\frac{x}{A}-1\right)\left(\frac{x}{A}-2\right)}{1.2.3} \tan g.^3 A + \right.$$

$$\left. \frac{\frac{x}{A}\left(\frac{x}{A}-1\right)\left(\frac{x}{A}-2\right)\left(\frac{x}{A}-3\right)\left(\frac{x}{A}-4\right)}{1.2.3.4.5} \tan g.^5 A - \text{etc.} \right)$$

Réduisons les facteurs des coefficients de tous les termes au même dénominateur et nous aurons

$$\cos. x = \cos.^{\frac{x}{A}} A \left(1 - \frac{x(x-A)}{2} \frac{\tan g.^2 A}{A^2} + \right.$$

$$\left. \frac{x(x-A)(x-2A)(x-3A)}{2.3.4} \frac{\tan g.^4 A}{A^4} - \text{etc.} \right)$$

$$\sin. x = \cos.^{\frac{x}{A}} A \left(x \frac{\tan g. A}{A} - \frac{x(x-A)(x-2A)}{2.3} \frac{\tan g.^3 A}{A^3} + \right.$$

$$\left. \frac{x(x-A)(x-2A)(x-3A)(x-4A)}{2.3.4.5} \frac{\tan g.^5 A}{A^5} - \text{etc.} \right)$$

Ces deux formules doivent avoir lieu quel que soit A ; nous pouvons ainsi lui donner une valeur particulière , sans ôter à x sa généralité : supposons donc $A = 0$ et voyons ce que devient le rapport de la tangente à l'arc.

On a vu , dans la trigonométrie rectiligne (37) que $\frac{\text{tang.}}{\text{arc}} > 1$ et $\frac{\text{sin.}}{\text{arc}} < 1$ Cette dernière inégalité peut , en remplaçant sinus par son équivalent cosinus $\times$ tangente, se mettre sous la forme arc $>$ cosinus $\times$ tangente ou $\frac{\text{tang.}}{\text{arc}} < \frac{1}{\text{cosinus}}$. Cela a lieu quelle que soit la valeur de l'arc : au moment où l'arc devient nul, le cosinus est égal à l'unité ; les deux limites se confondent , et pour que ce que nous venons de trouver ait encore lieu , il faut que $\frac{\text{tang. } 0_g}{\text{arc } 0_g} = 1$.

Cela posé, les formules qui développent sinus et cosinus deviennent

$$\text{sin. } x = x - \frac{x^3}{2.3} + \frac{x^5}{2.3.4.5} - \text{ etc.}$$

et

$$\text{cosinus} = 1 - \frac{x^2}{2} + \frac{x^4}{2.3.4} - \frac{x^6}{2.3.4.5.6} + \text{ etc.}$$

69. Nous plaçons ici une démonstration des mêmes formules par le calcul différentiel, afin que l'on puisse comparer les méthodes.

Remarquons que le développement d'un sinus ne peut·contenir de terme indépendant de l'arc, puisque celui-ci étant nul, son sinus l'est aussi , et qu'il entre un terme qui est l'unité dans le développement du cosinus par la raison que l'arc étant égal à zéro , le cosinus est l'unité. Nous pourrons donc écrire

(1) $$\text{sin. } x = A x^a + B x^b + C x^c + \text{etc.},$$

(2) $$\text{cosinus } x = 1 + A' x^{a'} + B' x^{b'} + C' x^{c'} + \text{etc.}$$

différenciant ces deux équations, il vient

$$\text{cos. } x \, dx = a A x^{a-1} \, dx + b B x^{b-1} \, dx + c C x^{c-1} \, dx + \text{etc.}$$

$$-\text{sin. } x \, dx = a' A' x^{a'-1} \, dx + b' B' x^{b'-1} \, dx + c' C' x^{c'-1} \, dx + \text{etc.}$$

et en divisant de part et d'autre par dx

$$(3) \qquad \cos. x = aAx^{a-1} + bBx^{b-1} + cCx^{c-1} + \text{etc.}$$

$$(4) \qquad - \sin. x = a'A'x^{a'-1} + b'B'x^{b'-1} + c'C'x^{c'-1} + \text{etc.}$$

Nous pouvons égaler les valeurs de x fournies par (1) et (4) de même que celles de cosinus déduites de (2) et (3), ce qui donne

$$Ax^a + Bx^b + Cx^c + \text{etc.} = -a'A'x^{a'-1} - b'B'x^{b'-1} - c'C'x^{c'-1} - \text{etc.}$$

$$1 + A'x^{a'} + B'x^{b'} + C'x^{c'} + \text{etc.} = aAx^{a-1} + bBx^{b-1} + cCx^{c-1} + \text{etc.}$$

Pour satisfaire à la condition d'égalité qu'indiquent ces équations, il faut exprimer que les coefficients et exposants de x dans les termes de même rang sont égaux entre eux. Il faut donc, en nous occupant d'abord des exposants, que

$$a = a' - 1, \; b = b' - 1, \; c = c' - 1, \; a - 1 = 0, \; b - 1 = a'; \; c - 1 = b',$$

d'où $\qquad a = 1, \; b = 3, \; c = 5, \; a' = 2, \; b' = 4, \; c' = 6, \text{ etc.}$

Égalons actuellement les coefficients, nous aurons successivement

$$A = -a'A', \; B = -b'B', \; C = -c'C', \text{ etc.}, \; 1 = aA, \; A' = bB, \; B' = cC, \; C' = dD, \text{ etc.},$$

d'où il suit que

$$A = 1; \; A' = -\frac{A}{2} = -\frac{1}{2}; \; B = \frac{A'}{b} = -\frac{1}{2.3}; \; B' = -\frac{B}{b'} = +\frac{1}{2.3.4};$$

$$C = \frac{B'}{c} = +\frac{1}{2.3.4.5}; \; C' = -\frac{C}{c'} = -\frac{1}{2.3.4.5.6}$$

et enfin en substituant dans (1) et (2)

$$\sin. x = x - \frac{x^3}{2.3} + \frac{x^5}{2.3.4.5} - \text{etc.}$$

$$\cosin. x = 1 - \frac{x^2}{2} + \frac{x^4}{2.3.4} - \frac{x^6}{2.3.4.5.6} + \text{etc.}$$

70. Après avoir indiqué la méthode précédente, pour donner une idée des ressources qu'offre le calcul différentiel, nous donnons encore une démonstration par celle des coefficients indéterminés, comme exemple d'un procédé usité en beaucoup de circonstances, et que nous avons déjà employé dans la construction des tables de logarithmes.

Pour développer sinus x, observons d'abord comme plus haut, qu'il ne doit pas y avoir dans la série de terme indépendant de l'arc, puisque le sinus devient nul en même temps que l'arc. Dans le cosinus au contraire, le premier terme est l'unité, puisque $x = 0$ donne cosin. $= 1$. De plus, le développement du sinus ne doit contenir que des puissances impaires de x, et celui du cosinus que des puissances paires, par la raison que pour des arcs égaux et de signes contraires, les sinus sont aussi égaux et de signes contraires et les cosinus égaux et de même signe.

Les développements seront donc de la forme

(1) sin. $x = Ax + Cx^3 + Ex^5 + $ etc.   (2) cos. $x = 1 + Bx^2 + Dx^4 + $ etc.

Ils formeraieut réunis, la série complète

$$1 + Ax + Bx^2 + Cx^3 + Dx^4 + Ex^5 + \text{etc.}$$

En cherchant les valeurs des coefficients A,B,C, etc., leurs signes seront en même temps déterminés, et nous serons assurés que toutes les puissances de x entreront dans les deux développements, si nous ne trouvons aucun de ces coefficients égal à zéro.

Prenons les deux formules

$$\text{sin. } (x + h) = \text{sin. } x \text{ cos. } h + \text{sin. } h \text{ cosin. } x.$$
$$\text{cos. } (x + h) = \text{cos. } x \text{ cos. } h - \text{sin. } x \text{ sin. } h$$

et substituons les valeurs de sin. x et cos. x fournies par les formules (1) et (2), ainsi que celles de sin. h et cos. h, que donnent les mêmes formules en y mettant h au lieu de x : il vient alors

(3) sin. $(x + h) = (Ax + Cx^3 + Ex^5 + \text{etc.})(1 + Bh^2 + Dh^4 + \text{etc.}) +$
$$(Ah + Ch^3 + Eh^5 + \text{etc.})(1 + Bx^2 + Dx^4 + \text{etc.})$$

(4) cos. $(x + h) = (1 + Bx^2 + Dx^4 + \text{etc.})(1 + Bh^2 + Dh^4 + \text{etc.}) -$
$$(Ax + Cx^3 + Ex^5 + \text{etc.})(Ah + Ch^3 + Eh^5 + \text{etc.})$$

Si dans (1) et (2) on remplace x par $x + h$, on trouve

(5)   sin. $(x + h) = A (x + h) + C (x + h)^3 + E (x + h)^5 + $ etc.

(6) cos. $(x + h) = 1 + B(x + h)^2 + D (x + h)^4 + F (x + h)^6 + $ etc.

Les équations (3) et (5) fournissent deux expressions différentes de la même quantité sin. $(x + h)$: nous pouvons donc égaler entre eux les seconds membres et en faire autant de (4) et (6) : il vient alors en développant les différentes puissances du binôme $x + h$ et ordonnant par rapport à h

$$
\begin{array}{l}
\left.\begin{array}{l}
\mathrm{A}x + \quad\mathrm{A} \\
+\, \mathrm{C}x^3 + 3\mathrm{C}x^2 \\
+\, \mathrm{E}x^5 + 5\mathrm{E}x^4 \\
+\, \text{etc.} + \text{etc.}
\end{array}\right|\, h + \text{etc.} \;\dots\; = \;\dots
\left.\begin{array}{l}
\mathrm{A}x + \quad\mathrm{A} \\
+\, \mathrm{C}x^3 + \mathrm{AB}x^2 \\
+\, \mathrm{E}x^5 + \mathrm{AD}x^4 \\
+\, \text{etc.} + \text{etc.}
\end{array}\right|\, h + \text{etc.}
\end{array}
$$

$$
\begin{array}{l}
\left.\begin{array}{l}
1 \quad + 2\mathrm{B}x \\
+\, \mathrm{B}x^2 + 4\mathrm{D}x^3 \\
+\, \mathrm{D}x^4 + 6\mathrm{F}x^4 \\
+\, \text{etc.} + \text{etc.}
\end{array}\right|\, h + \text{etc.} \;\dots\; = \;\dots
\left.\begin{array}{l}
1 \quad - \mathrm{A}^2 x \\
+\, \mathrm{B}x^2 - \mathrm{AC}x^3 \\
+\, \mathrm{D}x^4 - \mathrm{AE}x^5 \\
+\, \text{etc.} - \text{etc.}
\end{array}\right|\, h + \text{etc.}
\end{array}
$$

Lorsque deux polynômes contiennent les mêmes puissances d'une quantité, il est nécessaire que les coefficients correspondants soient égaux entre eux : en effet, prenons une équation de la forme

$$ \mathrm{A}' + \mathrm{B}'y + \mathrm{C}'y^2 + \text{etc.} = \mathrm{A}'' + \mathrm{B}''y + \mathrm{C}''y^2 + \text{etc.} $$

dans laquelle y seul est variable : quand $y = 0$, on a $\mathrm{A}' = \mathrm{A}''$. Retranchons ces deux quantités égales des deux membres et divisons le tout par y, il en résulte

$$ \mathrm{B}' + \mathrm{C}'y + \text{etc.} = \mathrm{B}'' + \mathrm{C}''y + \text{etc.} $$

ce qui exige encore que $\mathrm{B}' = \mathrm{B}''$. Il en est de même pour C' et C'', ainsi que pour tous les coefficients qui suivent. Il en résulte donc, en égalant les coefficients de la première puissance de h, que

$$ \mathrm{A} + 3\mathrm{C}x^2 + 5\mathrm{E}x^4 + \text{etc.} = \mathrm{A} + \mathrm{AB}x^2 + \mathrm{AD}x^4 + \text{etc.} $$

et $\quad 2\mathrm{B}x + 4\mathrm{D}x^3 + 6\mathrm{F}x^5 + \text{etc.} = -(\mathrm{A}^2 x + \mathrm{AC}x^3 + \mathrm{AE}x^5 + \text{etc.})$

et, par la même raison

$$ 2\mathrm{B} = -\mathrm{A}^2 \,;\; 3\mathrm{C} = \mathrm{AB} \,;\; 4\mathrm{D} = -\mathrm{AC} \,;\; 5\mathrm{E} = \mathrm{AD} \text{ etc.} $$

d'où enfin

$$ \mathrm{B} = \frac{-\mathrm{A}^2}{2} \,;\; \mathrm{C} = \frac{\mathrm{AB}}{3} = \frac{-\mathrm{A}^3}{2.3} \,;\; \mathrm{D} = \frac{-\mathrm{AC}}{4} = \frac{+\mathrm{A}^4}{2.3.4} \,;\; \mathrm{E} = \frac{\mathrm{AD}}{5} = \frac{+\mathrm{A}^5}{2.3.4.5} \,;\; \text{etc.} $$

Substituons ces expressions dans les séries qui représentent sin. x et cos. x.

$$ \sin. x = \mathrm{A}x - \frac{\mathrm{A}^3}{2.3} x^3 + \frac{\mathrm{A}^5}{2.3.4.5} x^5 - \text{etc.} $$

$$ \cos. x = 1 - \frac{\mathrm{A}^2}{2} x^2 + \frac{\mathrm{A}^4}{2.3.4} x^4 - \text{etc.} $$

Pour déterminer A, divisons les deux membres de la première formule par x, ce qui donnera

$$ \frac{\sin. x}{x} = \mathrm{A} - \frac{\mathrm{A}^3}{2.3} x^2 + \text{etc.} $$

et comme elle doit être vraie quelle que soit la valeur de x, elle doit être satisfaite encore lorsque $x = 0$, et dans ce cas, elle se ré-duit à $\frac{\sin. 0}{0} = A$. Nous avons trouvé à la fin du paragraphe 68 que $\frac{\sin. 0}{0} = 1$, donc $A = 1$ et les formules se réduisent à

$$\sin. x = x - \frac{x^3}{2.3} + \frac{x^5}{2.3.4.5} - \frac{x^7}{2.3.4.5.6.7} + \text{etc.}$$

$$\cos. x = 1 - \frac{x^2}{2} + \frac{x^4}{2.3.4} - \frac{x^6}{2.3.4.5.6} + \text{etc.}$$

LIVRE III.

TOPOGRAPHIE.

CHAPITRE PREMIER.

NOTIONS GÉNÉRALES.

71. La topographie étant la description d'une portion de la surface de la terre, doit se composer de problèmes graphiques dont la géométrie descriptive donne la solution au moyen de deux projections. C'est ainsi, à quelques modifications près, que l'on procède en topographie. On sait qu'en général, pour décrire un corps, on projette ses différents points et arêtes sur un plan vertical et sur un plan horizontal : puis qu'ensuite, si l'on veut reproduire ce corps ou en construire un semblable, on emploie les ordonnées déterminées par ces projections, ou des lignes qui leur sont proportionnelles. Telle est la méthode usitée pour la construction des plans en relief. Sur le polygone formé par la projection horizontale et à chacun de ses points principaux, on élève des verticales égales en hauteur aux distances respectives des projections verticales de ces points à la ligne de terre, et l'on réunit ensuite tous les sommets de ces ordonnées par une matière solide. Nous n'entendons parler ici que des reliefs d'une petite étendue, tels que ceux en plâtre qui sont employés pour modèles. Ceux en grand, qui autrefois étaient construits en carton, le sont aujourd'hui en bois. Les procédés très ingénieux que l'on emploie, sont des opérations pratiques étrangères à notre sujet.

Quand on ne construit pas de relief, quand on s'en tient aux plans, on veut qu'ils parlent clairement aux yeux, pour que ceux-ci puissent instantanément saisir l'ensemble du terrain et de toutes ses formes. Les deux projections dans ce cas, ne conviennent pas. Pour parer à cet inconvénient, on est conduit à supprimer la projection verticale, en indiquant par des chiffres inscrits sur le plan, les hauteurs relatives des points principaux. Ce moyen, déjà préférable aux deux projections, ne répond pas encore d'une manière assez satisfaisante au but que l'on veut atteindre, puisque la réunion de ces cotes ne ferait pas saisir au premier coup d'œil les accidents divers du terrain. Le seul moyen est d'imaginer tracé sur la terre un système de lignes dont les inflexions projetées horizontalement, indiquent celles du sol.

Toute surface peut être engendrée de plusieurs manières : ainsi, un cône peut l'être par une génératrice passant par le sommet et s'appuyant constamment sur la courbe qui lui sert de base, ou par cette courbe s'élevant et décroissant sans cesse, jusqu'à ce qu'arrivée au sommet, elle se réduise à un point. Dans cette dernière hypothèse, on peut n'avoir égard qu'à celles de ces courbes qui sont à égales distances, et qui peuvent être considérées comme des sections du cône par des plans équidistants. Une demi-sphère sera engendrée par un quart de cercle s'appuyant sur une circonférence, et passant par son pôle, ou par cette circonférence s'élevant parallèlement à elle-même et décroissant de rayon jusqu'à ce que réduite à un point, elle se confonde avec ce pôle. De là naît l'idée des deux moyens adoptés pour rendre les formes du terrain, et dont l'un emploie les lignes de plus grande pente et l'autre les courbes horizontales. Parmi tous les systèmes que l'on pourrait imaginer, ces deux offrent une assez grande simplicité.

72. La ligne de plus grande pente est caractérisée par les propriétés suivantes :

1° De toutes les lignes partant du même point et tracées sur le terrain, c'est elle qui fait le plus grand angle avec l'horizon. Ceci résulte de sa définition.

2° Elle est perpendiculaire aux intersections de la surface par les plans horizontaux passant par ses extrémités.

3° Sa projection est perpendiculaire à celles des intersections et par conséquent est la plus courte distance entre ces lignes.

Pour le démontrer, soit AB, *fig.* 17. Une ligne de plus grande pente terminée aux courbes que produisent les sections faites par deux plans horizontaux : P est la projection de A sur le plan inférieur et PB celle de AB. Prenons sur la tangente à l'élément de la courbe passant par B, deux points M et N voisins et également distants de B ; puis joignons M et N avec P. En comparant les triangles AMP, ANP à APB, on voit qu'ils sont tous trois rectangles en P, et ont un côté commun AP. Les deux premiers donnent tang. AMP $= \frac{AP}{MP}$, tang. ANP $= \frac{AP}{NP}$: le troisième fournit tang. ABP $= \frac{AP}{PB}$. Les numérateurs étant les mêmes, il faut, puisque l'angle ABP est plus grand que les autres , que le dénominateur PB soit plus petit que les dénominateurs MP, NP , et qu'ainsi PB étant la plus courte distance du point P à la ligne MN, lui soit perpendiculaire. De là résulte que les triangles rectangles MPB, NPB sont égaux ; car PB est commun et MB, NB sont égaux par construction : donc MP = NP. De même les triangles rectangles AMP, ANP sont égaux, et par suite leurs hypoténuses AM et AN sont égales. Ces lignes sont des obliques également écartées de AB qui par suite est perpendiculaire à MN ; donc enfin , les différentes propriétés énoncées se trouvent démontrées. Si l'on employait des lignes de plus grande pente continues depuis le sommet jusqu'en bas, elles seraient le plus généralement des courbes à double courbure , tandis que les sections horizontales sont des courbes planes. De plus, si l'on était parvenu à déterminer sur le terrain un assez grand nombre de ces lignes de plus grande pente ou normales, on ne serait encore pas dispensé de tracer des courbes horizontales, quand on voudrait avoir les côtés de certains points déterminés. Il faudrait d'abord qu'une de ces lignes de plus grande pente AB, A'B'. *fig.* 18, fut cotée dans toute sa longueur, et si M est le point dont on voudrait connaître la hauteur au-dessus du plan de repère , il serait nécessaire de faire passer par ce point une courbe horizontale ME jusqu'à la ligne A'B', et CD serait la cote de M.

73. Le système des courbes n'offre pas le même inconvénient : tous les points appartenant à chacune d'elles auront même cote , et si l'on adopte un écartement constant entre tous les plans coupants, les courbes n'auront pas besoin d'être cotées. De plus, leur rapprochement ou écartement en projection, annoncera que la pente est plus ou moins rapide. Supposons qu'un plan vertical coupe cet ensemble de courbes, on construira facilement le profil résultant de cette intersection, en marquant au-dessus de la ligne de terre MN, *fig.* 19, les traces de tous les plans horizontaux équidistants, et y projetant les points des courbes correspondantes. Le profil du terrain sera la ligne qui unira ces points. Si l'équidistance est assez petite pour que l'on puisse considérer les éléments du profil comme des lignes droites , on aura une suite de petits triangles rectangles dans lesquels les côtés verticaux de l'angle droit seront tous égaux, les hypoténuses représenteront les lignes du terrain, les côtés horizontaux en seront les projections, et dans lesquels la pente du terrain étant proportionnelle au rapport des deux côtés de l'angle droit, sera en raison inverse de la base, puisque la hauteur est constante.

Si l'on a besoin de connaître la cote d'un point M, *fig.* 20, placé entre deux courbes auxquelles appartiennent A et B, on l'obtiendra au moyen des deux triangles semblables ABC, AMN. La quantité MN ainsi obtenue sera ajoutée à la courbe du point A ou de la courbe inférieure.

Plus tard (chapitre II, § 195), en nous occupant de la manière de figurer le terrain, nous verrons comment on a combiné ces deux systèmes : ce que nous venons d'exposer suffit en ce moment pour donner une première idée de ces méthodes.

74. Le problème de la topographie se compose, comme nous venons de le voir, de deux parties distinctes : 1° la projection de tous les points de la surface constitue ce que l'on nomme *la levée du plan*. 2° La connaissance des ordonnées de tous ces points. C'est ce qui se désigne sous le nom de *figure du terrain*.

Le plan de repère que l'on choisit pour y établir la projection orthogonale est le plan tangent à la surface de la sphère au point milieu de la portion que l'on veut décrire. Il faut entendre par surface de la terre celle des eaux de la mer prise entre leurs plus grande et plus petite élévations.

Nous avons dit que nous projetions tous les points de la surface à représenter sur le plan horizontal : ainsi BTB', *fig.* 21, étant cette surface, elle se projettera en ATA', et la calotte sphérique sera représentée sur le plan de projection par la surface du cercle dont AT = AT' est le rayon ; c'est-à-dire que la projection altèrera les dimensions de la surface projetée. C'est d'ailleurs ce qui arrive toujours lorsque la projection et la surface ne sont pas parallèles.

75. D'un autre côté, la surface de la sphère n'étant pas développable, ne pourra jamais être représentée sur un plan d'une manière exacte. Il faut donc voir jusqu'à quel point, dans la pratique, on peut prendre la projection pour la surface projetée : ce qui fixera la limite des levées topographiques. En d'autres termes, ce que nous cherchons, c'est dans quelles limites, le plan tangent en un point du globe peut, sans erreur sensible, être considéré comme se confondant avec la surface. Soit O le centre du globe, T le point de tangence : la différence entre TA et SB, ou entre la tangente et le sinus, sera plus grande que celle qui existe entre l'arc et la tangente. Si nous supposons l'arc BTB' égal à 1ᵍ, le logarithme de la tangente de sa moitié BT ou 0ᵍ,50' sera 7,8950988 et celui du sinus correspondant, 7.8950854. Les deux nombres auxquels appartiennent ces logarithmes, sont 0,00785414 et

0,00785390 dont la différence est 24 cent millionièmes du rayon pris pour unité. Pour ramener cette différence au rayon du globe, qui a six millions de mètres environ, il faut multiplier 24 par $\frac{6}{100}$, ce qui donne $\frac{144}{100} = 1^m,44$. La différence entre la double tangente AA' et le double sinus sera ainsi $2^m,88$, et par conséquent celle de l'arc à la tangente sera, plus petite que ce nombre. Il s'ensuit qu'en prenant le cercle dont AT est le rayon, pour la projection de la calotte sphérique dont la corde est BB' et qui a 1^g ou 10 myriamètres de diamètre, on ne commet pas une erreur de 3^m sur la dimension totale. Cette quantité est bien au-dessous des erreurs inévitables dans les opérations de la levée d'un terrain d'une aussi vaste étendue. L'arc BTB' étant de 1^g ou 100000 mètres représente en effet 20 lieues moyennes et la surface correspondante est de 314.

76. La projection que nous nous proposons de construire sera une figure semblable à celle qui serait projetée sur le plan tangent à la surface de la sphère. Elle sera le résultat de la rencontre de tous les rayons qui aboutissent aux points remarquables du terrain, par un plan aa' parallèle à AA', ou tangent à une sphère concentrique à la terre. Le rapport entre OT et Ot qui sera aussi celui des côtés homologues sur le globe et sur la projection aa' sera l'échelle du plan. Il est évident que l'on pourra obtenir une infinité de projections semblables, mais différentes de dimensions, en faisant varier la longueur de Ot.

Si l'on mesure un côté du terrain, et son homologue sur le papier, avec la même unité de mesure, on trouve deux nombres dont le rapport fournit une fraction qui indique l'échelle du plan. Toutes les fois qu'il est possible de la réduire à n'avoir que l'unité pour numérateur, on le fait pour la simplifier. Si par exemple $\frac{1}{100}$ est cette fraction réduite, on en conclura qu'un côté du plan est la centième partie de son homologue sur le terrain, et l'on dira que le plan est au centième ou à l'échelle de $\frac{1}{100}$. La surface du plan sera 10000 fois moindre que celle qu'elle représente.

77. Par extension, on a donné le nom d'échelles aux figures géométriques qui font connaître les longueurs des lignes du terrain au moyen de leurs homologues sur le plan ou réciproquement. Il ne sera peut-être pas inutile de donner les moyens de construire l'échelle graphique d'une carte, quel que soit le rapport que l'on assigne entre la levée et le terrain, et quelle que soit aussi l'unité de mesure employée.

Nous prendrons de suite un exemple numérique pour que la méthode paraisse plus claire. Supposons que l'unité de mesure soit le mètre, et que l'échelle proposée soit $\frac{1}{2000}$. Il serait trop inexact de chercher la longueur du mètre sur la carte, et de la porter 10 fois, 100 fois, etc., de suite, pour avoir les dizaines, centaines, etc., de mètres.

Cherchons donc directement les longueurs qui représentent ces groupes. Du rapport $\frac{1}{2000}$ nous concluons que 1^m sur le papier équivaut à 2000^m sur le terrain, et qu'ainsi, $0^m,001$ vaut 2^m; $0^m,005$ vaut 10^m et $0^m,05$ vaut 100 mètres.

Telles sont donc les dimensions des dizaines et centaines de mètres.

Traçons onze lignes parallèles, horizontales et équidistantes (leur écartement est arbitraire pourvu qu'il soit uniforme). Portons 10 fois, $0^m,005$ de A en E, *fig.* 22, puis 0,05 autant de fois vers B que nous voulons que l'échelle contienne de centaines. Elevons par les points A,E,B, et toutes les centaines, des perpendiculaires jusqu'à la rencontre de CD : unissons enfin par des transversales, les dizaines de la ligne supérieure à celles de la ligne inférieure, les 1er, 2e, 3e, etc., 9e du haut, avec les 2e, 3e.....10e du bas. L'échelle alors est terminée. Les transversales complètent une suite de triangles rectangles semblables, dans lesquels les côtés homologues horizontaux représentent 1,2,3, etc., mètres, comme il est facile de s'en assurer au moyen d'une proportion. On pourra donc évaluer une longueur prise sur la carte avec le compas ; car supposons qu'elle excède un peu la centaine de mètres ; on posera l'une des pointes du compas sur la verticale 100, puis on la fera glisser dessus jusqu'à ce que l'autre tombe sur une division exacte en h, par exemple : alors on aura $hk = 100^m + 20 + 5 = 125^m$.

On peut réduire facilement toutes les échelles anciennes à la forme d'une fraction ayant l'unité pour numérateur. Celle de Cassini est de 1 ligne pour 100 toises : en réduisant 100 t. on trouve 86400 lignes, et l'on peut l'écrire sous la forme $\frac{1}{86400}$.

S'il s'agissait de 6 lignes pour 100 toises, ce serait $\frac{6}{86400}$ ou $\frac{1}{14400}$.

Si l'échelle était de 1 pouce pour 100 toises, on écrirait $\frac{1}{7200}$.

78. La différence d'échelles des plans les a fait classer en topographie, corographie et géographie.

Les cartes topographiques construites à de grandes échelles donnent beaucoup de détails. Les cartes géographiques sont celles qui indiquent seulement les points principaux de la surface du globe. Les cartes corographiques forment l'intermédiaire entre les deux genres précédents.

Une ancienne locution les classe encore en cartes à grand point et à petit point, suivant qu'elles renferment beaucoup ou peu de détails.

A cette classification, il faut ajouter les cartes hydrographiques ou marines qui représentent des portions de la mer et des côtes avec des sondes indiquant la profondeur des eaux.

79. Les échelles décimales sont les seules usitées maintenant. On peut, sans prétendre le faire d'une manière absolue, les ranger ainsi qu'il suit :

$\frac{1}{2000}$ ou $\frac{1}{2500}$ pour les levées de places fortes, villes, routes, canaux, fortifications de campagne, et en général pour tous les plans spéciaux.

$\frac{1}{5000}$ principalement pour réduire et réunir les matériaux levés à la précédente échelle, ou pour tracer des projets.

$\frac{1}{10000}$ pour les levées de la topographie complète d'un pays de médiocre étendue, des campements, des marches des armées, et pour servir de base aux reliefs construits pour l'étude du terrain.

$\frac{1}{20000}$ pour les levées de très grande surface, les reconnaissances, levées de champ de bataille et pour les réductions de la précédente.

$\frac{1}{40000}$. Cette échelle est employée dans les travaux de la nouvelle carte de la France, pour y ajouter, aux réductions du cadastre, les détails modifiés ou omis et pour y figurer le relief du terrain.

$\frac{1}{80000}$. Celle-ci est adoptée pour la gravure de la carte de France.

Le 200000e, le 500000e, le millionième et le deux millionième sont affectés aux cartes corographiques et géographiques.

CHAPITRE II.

CANEVAS TOPOGRAPHIQUE.

80. Reprenons la construction de la projection horizontale de tous les points du terrain. On peut les imaginer liés entre eux par des droites, de manière à former une suite de triangles, et l'on conçoit que l'un de ces triangles étant donné, on pourra construire les autres de proche en proche.

Cette division complète du terrain en triangles, nécessitant une trop grande quantité d'angles, et des côtés trop petits parfois, la détermination de ces éléments deviendrait très pénible et souvent impraticable. On se contente d'en concevoir un certain nombre dont la forme et les dimensions soient favorables à leur calcul et à leur tracé, et aux côtés desquels viennent se rattacher par des ordonnées perpendiculaires à ces côtés, tous les points de détail qui n'ont pas servi de sommets. Ces triangles formés par des lignes fictives, composent un canevas dont l'exécution doit être la première opération d'une levée topographique, et qui est achevé lorsqu'on a multiplié les côtés de manière à y rattacher tous les détails sans erreur sensible au compas, ce qui dépend de l'échelle.

81. Le côté duquel on part, et que l'on nomme la *base* doit être pris d'une longueur convenable relativement à la grandeur des triangles que l'on veut construire et doit être mesuré avec soin. On choisit pour cela, sur un terrain uni, une ligne des extrémités de laquelle on découvre un grand nombre de points. On la mesure avec une chaîne tendue horizontalement, ou mieux avec des règles placées bout à bout, établies horizontalement à l'aide d'un niveau d'eau et à perpendicule, et dont on connaît exactement la longueur. Si l'on n'a pas de niveau, ou que l'inclinaison du terrain l'exige, on mesure la base inclinée et l'on calcule de combien elle diffère de sa projection.

Si AB, *fig.* 23, représente la base mesurée et AC sa projection, avec laquelle elle fait un angle α, on a AC $=$ AB cos. α ou AB—AC $=$ AB (1 — cos. α) $=$ 2AB sin$^2 \frac{1}{2} \alpha$ (§ 24). (Voir *au livre V, où l'on traite de la mesure des bases géodésiques, les avantages attachés à cette dernière transformation.*)

82. La base étant mesurée, on procède à l'observation des angles; mais on voit ici que la forme des triangles n'est pas une chose indifférente; car s'il y a dans un triangle un angle très aigu, tel que C, *fig.* 24, une légère erreur sur la mesure de l'angle B, produira une différence CC' très sensible sur le côté opposé AC. Il suit de là que la forme équilatérale est préférable à toute autre, car la meilleure intersection est celle de deux lignes qui forment un angle droit, et l'un des angles d'un triangle ne peut satisfaire à cette condition qu'au détriment des deux autres.

83. Quant à la longueur des côtés, elle dépend de l'étendue du plan, de l'échelle adoptée et de la précision de l'instrument avec lequel on mesure les angles. Cette dernière considération est très importante, et mérite que nous nous y arrêtions quelques instants. Soit CC' $=$ E, *fig.* 24, l'erreur produite sur le côté AC par l'erreur angulaire β commise dans l'estimation de l'angle B, et désignons par K le côté BC. Il est évident que E est fonction de β et de K.

Pour déterminer la relation qui existe entre ces trois quantités, abaissons CD perpendiculaire sur BC′ prolongé, et nous aurons CD = K tang. β ; mais CC′ oblique par rapport à CD est plus grand que cette ligne, donc E > K tang. β ou K < $\frac{E}{\text{tang. } \beta}$. Si E représente la limite des erreurs qui, eu égard à l'échelle, ne sont d'aucune influence sur la projection. On voit par la seconde inégalité ci-dessus que K doit toujours rester plus petit que $\frac{E}{\text{tang. } \beta}$.

Il est à remarquer que, conformément à l'usage adopté en trigonométrie, nous n'avons pas fait mention du rayon que nous avons supposé égal à l'unité. Quand on veut passer à la pratique et calculer au moyen des tables de logarithmes, il faut le remettre en évidence, et écrire

$$E > \frac{K \text{ tang. } \beta}{R}; \quad K < \frac{R.E}{\text{tang. } \beta}; \quad \text{tang. } \beta < \frac{R.E}{K}$$

Cela revient à retrancher 10 de la caractéristique du résultat dans le premier cas, ou à l'ajouter dans le deuxième et le troisième, car 10,0000000 est en effet le logarithme du rayon des tables = 10^{10}.

Si la nature des opérations exigeait que la dimension des côtés restât dans de certaines limites ; qu'ils fussent d'une longueur moyenne K donnée, on déterminerait β au moyen de la troisième inégalité : on saurait par là au-dessous de quelle quantité angulaire doit rester l'erreur β, et par suite, quel instrument on doit employer pour atteindre ce but.

Si enfin, la longueur moyenne K étant obligatoire, on n'avait pas le choix de l'instrument ; si l'on n'en avait qu'un seul à sa disposition et dont on connût le degré de précision β, la première inégalité indiquerait que les côtés de triangles, par suite des circonstances particulières que nous supposons, seront affectés d'une erreur au moins égale à $\frac{K \text{ tang. } \beta}{R}$. On saurait ainsi quel degré de confiance on pourrait accorder au résultat, ou si l'on veut encore, quelle échelle il faudrait employer pour que l'erreur E devînt insensible.

84. Pour bien nous rendre compte de ce que nous représentons par E et pour sentir de quelle influence est l'échelle du plan, observons d'abord que la cinquième partie d'un millimètre pouvant être consi-

dérée comme la limite des longueurs appréciables sur le papier, nous devons faire en sorte que l'erreur E réduite à l'échelle ne soit pas plus grande que $\frac{1^m}{5000}$ ou $0^m,0002$: c'est ce qui arrivera lorsque nous aurons fait $E = \frac{M^m}{5000}$, M représentant le dénominateur de la fraction dont le numérateur est l'unité, et qui exprime l'échelle. En effet, pour réduire l'erreur E ou $\frac{M^m}{5000}$ à cette échelle, nous devons multiplier par $\frac{1}{M}$, ce qui nous donne précisément $\frac{1^m}{5000}$ puisque M est facteur commun aux deux termes de la fraction. Voyons quelles valeurs prendront E et K en raison des échelles. Supposons celle de $\frac{1}{1000}$: alors

$$ \ldots\ldots E = \frac{1000^m}{5000} = \frac{1^m}{5} \text{ et} \ldots\ldots\ldots K < \frac{R}{5 \text{ tang. } \beta} $$

Pour l'échelle de $\frac{1}{10000}$

$$ \ldots\ldots E = \frac{10000^m}{5000} = 2^m \ldots\ldots\ldots K < \frac{2.R}{\text{tang. } \beta} $$

Si l'on opère à $\frac{1}{40000}$

$$ \ldots\ldots E = 8^m \ldots\ldots\ldots K < \frac{8.R}{\text{tang. } \beta} $$

S'il s'agissait de continuer une levée faite à une ancienne échelle, à celle de 6 lignes pour 100 toises qui correspond à $\frac{1}{14400}$, on aurait $E = \frac{14400^m}{5000} = 2^m,880$ et l'on conclurait encore le maximum correspondant de K. Supposons, pour fixer les idées, que l'instrument dont on doit faire usage ne donne les angles qu'à 25′ près, on aura :

$$ 2^m,88 > \frac{K \text{ tang. } 0^g.25}{R} \text{ ou } K < \frac{R.\ 2^m,88}{\text{tang. } 0^g,25′} $$

log. R =	10.0000000
log. $2^m,88$ =	0.4479329
Ct. log. $0^g,25′$ =	2.4059379
	12.8538708

Ce logarithme, après avoir supprimé 10 à la caractéristique, correspond à 714^m. Telle est donc la plus grande dimension que puissent avoir les côtés pour que l'erreur angulaire ne produise pas d'effet sensible sur le tracé des projections des côtés. Nous aurions pu, dans le calcul précédent, ne pas mettre en évidence le logarithme du rayon des tables, puisqu'on l'ajoute par le fait même de l'emploi du complément d'un logarithme, ce qui a nécessité la suppression de 10 à la caractéristique du résultat.

85. Les triangles étant disposés en vertu de ces différentes considérations, et d'après une reconnaissance préalable du terrain, on mesure les angles. Les instruments le plus en usage se divisent en deux classes : les premiers sont la planchette et l'alidade dont l'emploi combiné donne le moyen de tracer les angles immédiatement et sans en connaître la graduation : on les nomme goniographes. Dans cette première classe on doit ranger encore le sextant graphique dont nous donnerons la description en parlant des instruments à réflexion. Dans la seconde catégorie sont rangés les goniomètres, c'est-à-dire les instruments qui expriment l'amplitude des angles. Ce sont le graphomètre, la boussole et le sextant gradué. Ne nous occupant ici que des opérations graphiques, nous ne devons employer que les instruments qui donnent les angles réduits à l'horizon.

On se transporte successivement aux sommets de chacun des triangles désignés et l'on y recueille tous les angles qui y aboutissent. Ces angles construits immédiatement donnent le tracé complet du canevas. Il ne faut pas oublier de déterminer en même temps autant de points que possible de ceux qui ne sont pas sommets, en dirigeant sur chacun d'eux des rayons de trois points au moins (pour qu'il y ait vérification) ; de manière qu'ensuite tous les détails se rattachent à des points assez rapprochés pour que les erreurs, s'il y en a, deviennent insensibles.

86. Nous avons dit qu'après avoir mesuré exactement la base, nous partions de ses extrémités pour construire le canevas des triangles : mais AB étant cette base représentée sur le papier et à l'échelle par *ab*, nous ne pourrons construire sur cette ligne un triangle *abc* semblable à ABC, qu'autant que nous ferons coïncider successivement *a* avec la verticale de A, *b* avec celle de B et que *ab* sera dans le plan vertical de AB. C'est en cela que consiste l'*orientation* du plan. Il est nécessaire que *a* coïncide avec A, lorsque de ce point on veut tracer l'angle immédiatement. Sans cela, il suffit pour l'orientation que *ab* soit parallèle au plan vertical de AB et que *a* et *b* soient disposés semblablement à A et B. On dira donc qu'une levée est orientée lorsque la ligne qui unit les deux points de la levée est parallèle au plan vertical passant par les deux points homologues du terrain : ces points étant d'ailleurs disposés de la même manière.

L première chose à faire en arrivant aux sommets A, B, C, etc., sera donc d'orienter le plan. On pourrait aussi satisfaire à cette condition quand bien même les points donnés seraient inaccessibles. Dans ce cas, on prendrait un point J, *fig.* 25, à peu près dans la direction AB ; on ferait placer un jalon J' dans la direction JB : on irait en J' et l'on verrait si J,J',A sont en ligne droite, sinon on changerait J puis par suite J' de position, et ainsi de suite jusqu'à ce que les quatre points fussent en ligne droite : après quoi l'on pourrait stationner en J ou en J' et orienter son papier. On parvient au même résultat à l'aide de l'alidade. Plus tard, après avoir décrit cet instrument et la planchette, nous verrons comment on s'y prend.

87. On est généralement dans l'usage d'orienter par rapport à la méridienne et par conséquent de tracer cette ligne sur les lévées topographiques. Nous allons indiquer plusieurs manières d'atteindre ce but.

On peut tracer la méridienne au moyen des hauteurs correspondantes du soleil, et le problème se réduit à avoir l'angle que fait un côté du canevas avec la méridienne.

Soient AB un côté sur le terrain et *ab*, *fig.* 26, sa projection provisoire, on orientera la feuille de papier suivant ces lignes ; on élèvera sur le plan disposé horizontalement, un style vertical terminé par une plaque de fer noircie, percée d'un petit trou à son centre *m* et disposée de manière à recevoir à peu près perpendiculairement le rayon du midi : on projettera le centre *m* en *m'* au moyen d'un fil à plomb : du point *m'* comme centre, on décrira plusieurs circonférences *no'n'*, *po''p'* etc.; on observera la marche du soleil un peu avant et un peu après midi ; on divisera en deux parties égales chacune des portions de circonférences interceptées par la courbe produite par le spectre solaire ; les points milieux *o,o',o''*, etc. et *m'* appartiendront à la méridienne. Si l'opération a été faite avec soin, ils seront exactement en ligne droite ; sinon, il faudra prendre pour trace du méridien la droite qui passera le mieux possible par ces points.

Ceci est fondé sur ce que le soleil décrit sensiblement un parallèle à l'équateur, surtout pendant le temps que dure l'observation. Soit donc *m'*, *fig.* 27, le point de station, S,S',S'',S''', les positions correspondantes du soleil avant et après midi. Les rayons S*p*, S''*p'*, S'*n*,S'''*n'* feront des angles respectivement égaux avec le méridien, par conséquent les arcs *no'*,*n'o'* seront égaux ainsi que *po''*,*p'o''*. Ce genre d'opération est plus exact vers les solstices qu'à toute autre époque de l'année, parce qu'alors la déclinaison est la plus petite.

88. S'il était nécessaire pour avoir plus de précision, de tenir compte de la déclinaison diurne du soleil, on opèrerait ainsi qu'il suit : Soit R, *fig* 28, le point de station, on s'oriente sur RP dont la trace *rp* sur le papier doit servir de ligne de repère.

On observe avec la lunette d'une alidade, garnie d'un verre noirci, le lever L et le coucher C du soleil le même jour, et l'on marque les projections de ces directions sur le papier.

Par la raison indiquée au paragraphe précédent, et abstraction de la déclinaison, le méridien devrait partager l'angle LRC en deux parties égales. Soit donc R*m* la ligne qui satisfait à cette condition. Pour la durée d'un jour, la déclinaison est assez sensible, en sorte que réellement, l'angle que fait la vraie méridienne avce RC est plus petit que celle qu'elle fait avec RL. (Nous supposons que le soleil se dirige du solstice d'été à celui d'hiver.)

La ligne R*m* est donc un peu trop orientale, mais si l'on combine le coucher C avec le lever L' du lendemain plus tardif que celui de la veille ; la ligne R*m'* qui partagera en deux parties égales l'angle CRL' sera, par une raison contraire, trop occidentale. Donc en prenant une direction moyenne RM, elle sera très sensiblement la méridienne.

Quand, par l'une ou l'autre de ces méthodes, on a obtenu la projection de la méridienne sur le papier, il faut mesurer l'angle qu'elle fait avec l'un des côtés du cadre, faire sur *rp* un angle égal, et quand ensuite on aura tourné le plan de manière que cette nouvelle direction soit dans le plan vertical de RP, alors le côté du cadre dont il vient d'être mention, sera dirigé suivant le méridien du lieu.

CHAPITRE III.

DIFFÉRENTS MODES DE LEVER.

89. Un triangle dans lequel on connaît d'avance un côté peut être construit de trois manières :

1° En observant les angles adjacents au côté connu, ou mieux les trois pour qu'il y ait vérification ;

2° En observant un angle et mesurant un côté;

3° Enfin en mesurant les deux autres côtés.

Ces trois manières de procéder donnent naissance à trois méthodes distinctes :

1° Levées au goniomètre ou au goniographe seulement ;

2° Levées dans lesquelles, à l'emploi de cet instrument, on ajoute celui de la chaîne ;

3° Levées pour lesquelles on emploie la chaîne seule.

Nous allons passer en revue ces trois méthodes, et donner en même temps la description et indiquer l'usage des instruments dont on se sert.

90. *Planchette et alidade.* Nous ne séparons pas ces deux instruments qui ne peuvent servir que simultanément, et nous n'entrerons pas dans de longs détails descriptifs de construction, persuadés qu'ils fatiguent le lecteur et lui apprennent beaucoup moins que la simple vue de l'instrument.

Relativement à la *planchette*, nous nous bornerons à dire qu'elle se compose de trois parties distinctes : la table sur laquelle on colle le papier ; le genou, dont le mécanisme permet de mettre la table dans un plan horizontal, puis de la faire mouvoir dans ce plan ; enfin le trépied, qui est la réunion de trois pieds fixés par des charnières à une tige solide qui supporte le genou.

Cet instrument n'est soumis à aucune vérification : il sera d'autant plus parfait qu'il réunira la légèreté à la solidité. Il ne faut pourtant pas balancer à sacrifier la première condition à la seconde, car les désorientations produites par le peu de stabilité de la planchette jettent dans de grands embarras et occasionnent parfois une perte de temps considérable.

L'alidade est un instrument au moyen duquel on trouve, sur un plan, la trace d'un autre plan perpendiculaire au premier. Elle se compose d'une règle de cuivre AB, (*fig.* 30) de trois ou quatre décimètres de longueur, d'une lunette CD pouvant pivoter autour d'un axe E parallèle au plan de la règle, perpendiculaire à sa longueur et qui lui est attachée par une tige EF.

La lunette est composée d'un objectif D, d'un oculaire C avec son tirage et d'un réticule rr' garni aussi de son tirage ; de telle sorte qu'on peut amener d'abord le réticule un peu en deçà du foyer de l'oculaire, puis tirer ou rentrer ensemble l'oculaire et le réticule jusqu'à ce que celui-ci soit précisément au foyer de l'objectif. (Livre IV, § 280).

Pour opérer exactement avec l'alidade, il faut que la ligne tracée au crayon le long de la règle sur le papier tendu sur la planchette, soit la trace du plan vertical passant par le rayon visuel déterminé par l'axe optique. Il est donc nécessaire, avant d'en faire usage, de s'assurer 1° que l'axe optique de la lunette est perpendiculaire à l'axe de rotation, pour pouvoir décrire, dans le mouvement qu'on lui imprime, un plan et non une surface conique ; 2° que ce plan (dit de collimation) passe par celui des deux côtés de la règle que l'on nomme ligne de foi. Ces différentes conditions exigent que l'axe de rotation soit parallèle au plan de la règle et perpendiculaire à la ligne de foi.

Pour s'assurer qu'il en est ainsi, on vise un point éloigné V, *fig.* 31. On trace au crayon, sur le papier, la ligne déterminée par la règle AB ; on fait tourner la lunette de 200ᵍ autour de son axe optique CD, après toutefois avoir démonté la vis qui la retenait, puis dans cette nouvelle position, les extrémités E, E' de la douille traversée par l'axe de rotation ont pris la position l'une de l'autre : l'angle DOE vient en E'OD', et alors si l'on ne trouve plus V à la croisée des fils, l'angle DOD' est le double de la correction qui se fait au moyen du réticule. Deux petites vis placées à droite et à gauche, permettent, en serrant l'une et en desserrant l'autre, de lui donner un mouvement de translation du côté qui convient pour détruire l'erreur. On s'assure en même temps de la verticalité de l'un des fils, en examinant si la lunette levée ou abaissée, l'objet V est toujours masqué par le fil, ou bien en le dirigeant sur le côté d'un bâtiment. C'est encore au moyen du réticule, et en le tournant autour de l'axe optique, que l'on effectue cette seconde correction.

Si la construction de l'instrument le permet, ce qu'il y a de plus simple à faire est de retourner, après la première ligne tracée, l'alidade bout pour bout, puis de ramener vers soi l'oculaire qui, dans ce mouvement, aurait été transporté à la place qu'occupait l'objectif : le reste de l'opération comme ci-dessus.

Quant à ce que la ligne de foi soit située dans le plan vertical décrit par l'axe optique de la lunette, il faut, pour s'en assurer, avoir d'avance la projection sur la planchette d'une ligne du terrain, ce qui revient à connaître son azimuth ou l'angle qu'elle fait avec le méridien. Orienter par tout autre moyen que l'emploi de l'alidade ; par exemple, avec le déclinatoire dont nous parlerons bientôt, ou en traçant une méridienne ; placer la ligne de foi sur la projection donnée et voir si la croisée des fils couvre le point situé à l'extrémité de la ligne, ou plutôt viser ce point et voir si la ligne de foi coïncide avec la projection, ou de combien elle en diffère. On conçoit au surplus que l'on puisse se passer de cette condition, lorsque l'on veut seulement avoir l'angle entre deux plans verticaux, car si le plan décrit par la lunette fait un angle α, avec la ligne de foi, cet angle sera construit avec toutes les directions prises et l'angle AOB, *fig.* 32, sera égal à l'angle A'OB'. Une levée exécutée avec une telle alidade, serait très exacte dans toutes ses parties, mais il serait nécessaire, pour qu'elle fût bien orientée, de faire varier le cadre d'une quantité angulaire égale à l'erreur de collimation.

L'alidade que nous venons de décrire est la plus parfaite : on en construit de plus simples, composées d'une règle aux extrémités de laquelle s'élèvent, à angle droit, deux pinules de la forme N,N', *fig.* 34 (*).

On fait aussi des alidades en bois, et dans lesquelles la lunette est remplacée par un parallèlipipède percé d'un trou longitudinal. Une visière tient lieu d'oculaire et à la place de l'objectif se trouvent des fils croisés.

91. D'après ce que nous venons de dire sur la construction et le mouvement de la planchette et de l'alidade, rien n'est plus facile que de relever un angle au moyen de ces deux instruments.

On se met en station : on dispose la tablette horizontalement, parce que sans cela les traces que l'on obtiendrait sur son plan incliné ne mesureraient pas l'angle dièdre formé par les points verticaux qui passent par le point de station et les deux objets visés.

On place la ligne de foi sur la projection *a* de la station A ; on la fait pivoter à l'entour jusqu'à ce qu'elle couvre *ab*, puis on tournera la tablette jusqu'à ce qu'on aperçoive B à l'intersection des fils. Fixant alors le mouvement horizontal, la planchette sera orientée. On fera de nouveau pivoter la ligne de foi autour de *a*, jnsqu'à ce que l'on aperçoive le second point de mire C, et l'on tracera *ac*. On aura déterminé ainsi graphiquement l'angle formé par les deux directions AB et AC.

Il est très essentiel de tracer ces lignes dans toute la longueur de la règle, ou du moins d'indiquer leurs amorces sur les marges en

---

(*) Ce sont des plaques en cuivre évidées. Dans l'une, une fente très étroite surmonte un vide rectangulaire divisé par un crin fixé sur le prolongement de la fente supérieure. L'autre pinule présente les mêmes ouvertures placées différemment, c'est-à-dire que la fente étroite est au-dessous des chassis partagés par le crin.

Quelle que soit la pinule auprès de laquelle on place l'œil, il faut qu'il regarde par la fente étroite ; c'est en quelque sorte l'oculaire, et le crin placé dans l'autre pinule détermine le plan vertical qui passe par l'œil et par l'objet visé, et dont la trace doit se confondre avec l'un des côtés de la règle de l'alidade. Ce côté AB se désigne sous le nom de *ligne de foi*.

dehors du cadre, car ces lignes peuvent servir plus tard à orienter le plan, et cette opération ne serait faite qu'avec une approximation grossière, si elle n'était fondée que sur la coïncidence de la règle de l'alidade et d'une ligne trop courte.

Il n'est pas nécessaire que la projection a soit exactement sur la verticale de A ; s'en écartât-elle d'un décimètre, il faudrait que l'on opérât à une bien grande échelle, pour que cette erreur fût appréciable sur le plan.

92. *Levées à la planchette*. Occupons-nous actuellement de la résolution des triangles en n'employant que la planchette et l'alidade, et disons d'abord une fois pour toutes que nous désignons par de petites lettres, les projections des points du terrain auxquels nous affectons les grandes lettres correspondantes.

On donne les deux points de repère R,r ; P,p ; on demande d'en déterminer un troisième. Il se présente ici quatre cas distincts.

1° On peut stationner en R et P. Ces deux points sont visibles l'un de l'autre, et l'on voit X point cherché de chacun d'eux. Dans cette hypothèse, on va stationner en R où l'on s'oriente sur P, puis on trace la projection de RX : on se transporte en P où l'on opère de la même manière. L'intersection des deux droites rx, px ainsi obtenue, est évidemment la projection cherchée de X. Cette manière de procéder se désigne sous le nom de *méthode d'intersection*.

2° On peut aborder en R et X, mais pas en P et les points sont toujours supposés visibles l'un de l'autre. On stationne en R, *fig.* 35. On s'oriente sur P et rayonne sur X : On se transporte en K dont on fait coïncider la verticale avec un point x_i de la direction tracée de R sur K et l'on se décline sur R : on trace x'P et par p on mène px parallèle à x'P , le point x de rencontre de cette droite avec rx_i est le point cherché. En effet, si l'on place x dans la verticale de X et si l'on s'oriente toujours sur RX, la ligne xp est dans le plan vertical de XP.

Cette méthode est celle de *recoupement*. A moins que l'échelle à laquelle on lève ne soit extrêmement grande, on peut abréger l'opération ; car, si la verticale de X avait percé tout d'abord en x, on n'aurait eu qu'à mener Pp et la rencontre avec la trace de RX, eût donné le point ; mais la verticale de X ne peut s'éloigner de celle de x, que d'une quantité toujours beaucoup plus petite que la demi-diagonale de la planchette, distance peu appréciable aux échelles que l'on emploie généralement. Ainsi donc, on se borne, arrivé en X, à s'orienter sur R et à faire pivoter l'alidade autour de p jusqu'à ce que l'on aperçoive P. L'intersection de la droite que l'on trace alors avec la première donne x. Cette observation pourra s'appliquer dorénavant à tous les cas semblables.

3° R et P sont supposés inaccessibles, mais on peut stationner en un point A de leur direction; X dont on veut trouver la projection, est accessible, et de ce point sont visibles R,P et A *fig.* 36.

On stationne en A en s'y orientant sur RP et cherchant le point a' où la verticale de A rencontre rp. De Aa' on rayonne sur X, puis s'y transportant, on s'oriente sur AX, après avoir fait en sorte que la verticale de X perce le plan en un point de a'X. On trace les deux rayons passant par Rr et Pp. Le point d'intersection sera la projection x cherchée. Si l'on veut avoir aussi celle de A, on mène par x une parallèle ax à a'X.

4° On donne les deux repères Rr, Pp inaccessibles, mais visibles de X, *fig.* 37, où l'on peut stationner. On cherche un quatrième point où l'on puisse se placer et duquel on voie les trois autres; alors on construit sur la feuille un quadrilatère semblable à celui du terrain, et l'on en construit un égal sur rp. Pour cela, on se place en X dont on prend une projection provisoire et arbitraire, et l'on oriente la planchette à peu près, car on n'a pas encore de moyen de le faire exactement, ce qui n'est au surplus pas nécessaire. On vise R,P et le quatrième point Y, dont on trace les directions sur le papier. Il est à remarquer que les deux premières ne passent pas par r et p; on se transporte en Y, on se décline suivant $x'y'$ et l'on vise encore R et P de y' pris à une distance quelconque de x' puisque l'on n'emploie pas la chaîne. Les points d'intersection déterminent deux sommets r' et p' d'un quadrilatère dont les deux autres angles sont x' et y', semblable à celui que forment sur le terrain R,P,X,Y et semblable par conséquent aussi à la projection cherchée. Pour construire en véritable grandeur et position, on fait en r les angles prx, pry égaux à $p'r'x'$, $p'r'y'$, et l'on agit de la même manière à l'égard de p.

93. On peut tirer parti d'un point C (*fig.* 37 bis) dont la projection serait située hors de la marge; pour cela, avant d'aller sur le terrain, et au moyen de la feuille contiguë qui contient la projection de C, on trace de c vers le cadre et sous un angle quelconque une droite que l'on prolonge d'une quantité Ec' = Ec. Si ensuite, tandis que l'on s'occupe de la levée, on veut déterminer la position du point S où l'on se trouve et que l'on sait déjà devoir être sur une direction AB, on se décline au moyen de cette ligne, on place la ligne de foi de l'alidade sur c' autour duquel on la fait pivoter jus-

qu'à ce que l'on aperçoive C dans la lunette, on trace cette ligne jusqu'au cadre en D ; on prend EF = ED ; par F on mène une parallèle à *c*D et sa rencontre avec AB détermine la projection cherchée *s* : en effet, le triangle EF*c* que l'on peut imaginer, sinon construire, est égal à ED*c'* ; ainsi la parallèle que l'on a menée passe bien par la projection *c* : de plus, elle passe comme *c'*D par le point C du terrain ; car *c'*G est sensiblement nul comparativement à la distance à laquelle on se trouve de C ; donc la droite *s*F sur le papier est bien la projection de son homologue SC sur le terrain, donc *s* est le point cherché.

Si l'on avait plusieurs points semblables, pas de ligne AB, mais un déclinatoire, *s* serait encore déterminé par l'intersection des différentes lignes construites. On opérerait également à l'aide de la boussole. Si enfin *c*E était trop grand pour pouvoir être reporté et contenu dans l'intérieur du cadre, on pourrait au lieu de E*c'*, ne prendre que E*c"* qui en serait la moitié, le tiers, le quart, etc., mais alors EF devrait être 2,3,4, etc., fois plus grand que E*d*.

94. On peut se proposer de déterminer au moyen de la planchette, la projection *s* d'un point S, *fig. 38,* connaissant celles de G,M,D qui sont inaccessibles ou auxquels on ne veut pas se transporter. On mesure en S les angles GSM, MSD et l'on fait en *g* et *d* deux angles *agm*, *bdm* qui leur sont respectivement égaux. Par les milieux *c*, *e*, des droites *gm*, *md*, on élève des perpendiculaires ; en *g* et *d* on élève aussi des perpendiculaires à *ga*, *bd*. Les points de rencontre O et O' sont les centres de deux circonférences qui devront se couper en *s*, car si l'on mène *sg*, *sm*, *sd*, les angles *gsm*, *msd* seront égaux à *agm*, *mbd* seront égaux à *agm*, *mbd* comme ayant pour mesure chacun la moitié des arcs *gm*, *md*. (LEGENDRE,*livre* II, *propositions* 18 et 19.)

95. Il pourrait arriver que les quatre points fussent situés sur la même circonférence, et alors le problème ne serait pas résolu ; ou que les circonférences se coupassent sous un angle très aigu. Dans ce dernier cas, il y aurait incertitude dans le choix précis de leur point d'intersection, si l'on ne faisait attention que dans un cercle, un rayon abaissé sur le milieu d'une corde lui est perpendiculaire. Il résulte de cette observation que la ligne qui passe par les deux centres O et O' est perpendiculaire à la corde S*m* et que SK = K*m*. Si donc, après avoir uni les centres trouvés, on mène par *m* la ligne S*m* perpendiculairement à OO' et si l'on prend SK = K*m*, le point *s* sera bien la projection cherchée. On peut aussi calculer les longueurs des rayons, au lieu d'employer la con-

struction graphique , puisque l'angle *goc* est égal à α : or, dans le triangle rectangle *goc*, on a

$$ga = \frac{gc}{\sin. \, goc} \quad \text{ce qui revient à} \quad R = \frac{gm}{2. \, \sin. \, \alpha}$$

96. On peut résoudre le même problème à l'aide d'une seule circonférence ; mais cette solution, pour offrir plus d'exactitude, exige que M soit en deçà de la ligne GD par rapport à S, *fig.* 39. Placé en S sur le terrain , on tourne la planchette de telle manière que *g* étant dans la verticale de S, le côté *gd* du plan soit dans le plan vertical de SD du terrain. Faisant ensuite pivoter l'alidade autour de *g*, on la dirige vers M et l'on trace la ligne *gm'* ; l'angle *m'gd* est alors égal à MSD. On tourne de nouveau la planchette jusqu'à ce que la même droite *dg* prenne la direction SG ; *d* étant sur la verticale de S , on vise le point M comme précédemment , et l'on trace *dm'*, de sorte que *gdm'* = GSM. Par les trois points *g*, *m'*, *d*, on fait passer une circonférence ; par *m* et *m'*, une droite dont la rencontre avec la circonférence détermine la projection *s* de S où l'on est placé sur le terrain. En effet , les angles *dgm'*, *gdm*, sont bien égaux aux angles que forment entre eux les trois rayons visuels , et puisque *dsm*, *gsm* leur sont égaux comme inscrits dans les mêmes segments de cercle , il s'ensuit que *s* satisfait aux conditions du problème : de plus, il y satisfait seul , car pour tout autre point, *s'* par exemple , l'angle total *gs'd* est bien toujours le même et égal à GSD, mais chacune de ses parties diffère de l'angle partiel correspondant du terrain GSM ou DSM : l'un augmente quand l'autre diminue.

On peut ajouter qu'en vertu de la solution précédente, la projection du point cherché est l'une des intersections des deux circonférences construites sur GM, DM et que M est l'une d'elles ; donc évidemment puisqu'un seul point doit résoudre le problème, *s* est ce point.

Nous avons dit que cette méthode convenait dans le cas particulier où M est en deçà de DG par rapport à S : s'il en était autrement, les deux points *m* et *m'* situés tous deux du même côté et conséquemment trop voisins l'un de l'autre, détermineraient d'une manière peu certaine la position de la droite *m'ms*.

Il existe une solution de ce problème basée sur la trigonométrie. Elle trouvera sa place lorsque nous nous occuperons de la géodésie, § 362.

97. Le même problème peut se résoudre par un tâtonnement

assez prompt. Soient a,b,c les projections sur le plan des trois
points du terrain A,B,C, *fig.* 40. On veut déterminer S où l'on se
trouve ; on oriente à peu près la planchette ; par A,B,C et leurs
projections, on fait passer trois droites qui viennent se couper
suivant un triangle $\alpha \beta \gamma$. Si le plan était bien orienté, les trois
lignes se couperaient en un même point s, projection de S. Il fau^t
donc faire un peu pivoter la planchette dans le sens convenable,
pour que les trois rayons forment par leurs nouvelles intersec-
tions, un triangle $\alpha' \beta' \gamma'$ plus petit que le premier. On continue à
procéder de la sorte jusqu'à ce qu'on trouve un triangle $\alpha''' \beta''' \gamma'''$,
sensiblement réduit à un point. Il est à remarquer que dans les
différentes positions, les angles $\alpha, \alpha', \alpha'', \alpha'''$, formés par les directions prises sur A et C sont les mêmes ; ils ont donc une mesure
commune qui est la moitié de l'arc passant par A et C et appartenant à une circonférence sur laquelle ils sont tous situés. Le
même raisonnement s'applique à $\beta, \beta', \beta'', \beta'''$, d'une part et à
$\gamma, \gamma', \gamma'', \gamma'''$ de l'autre. Donc le point s qui est à la fois $\alpha''', \beta''', \gamma'''$
appartient aux trois circonférences, c'est-à-dire est leur point
d'intersection. Si l'on construisait ces circonférences, on rentrerait
dans la première méthode que nous avons indiquée. C'est pour
éviter cette construction que l'on opère par tâtonnement.

98. Il est enfin une dernière méthode, qui consiste à se servir
d'un papier à calque. On l'applique sur la planchette ; on y marque le point s où le percerait la verticale du lieu. Par ce point, on
trace sA, sB, sC ; on fait ensuite tourner le papier transparent jusqu'à ce que les trois directions qui y sont tracées passent respectivement par a,b,c, puis alors on pique le point s sur la feuille. Ce
procédé, quand il est employé avec soin, est tout aussi rigoureux
et beaucoup plus expéditif que les précédents. Il est nécessaire
cependant que les trois rayons ne forment pas entre eux des angles
trop aigus.

99. *Graphomètre.* Nous allons commencer la description des
goniomètres par celle du graphomètre. Cet instrument se com-
pose d'un demi-cercle (*fig.* 41) gradué en 180 ou 200^g, portant des
pinules aux extrémités de son diamètre et d'une alidade mobile
autour de son centre et garnie aussi de deux pinules. L'instrument
roule sur un genou attaché à un pied. On place le limbe dans le
plan des objets ; on ajuste les deux pinules du diamètre sur l'objet de droite, en supposant que les divisions soient marquées de
gauche à droite : on vise l'objet de gauche avec l'alidade mobile,
et l'angle compris est l'angle cherché.

Pour vérifier cet instrument, il faut voir si le zéro de l'alidade mobile coïncide parfaitement avec le zéro origine des graduations lorsque les fils des quatre pinules sont dans le même plan vertical. Si cette condition n'a pas lieu, il faut ajouter à chaque angle ou en retrancher l'erreur de collimation. On pourrait encore commencer par faire coïncider les deux zéros et voir si les fils sont bien dans le même plan vertical, mais la première marche est préférable, puisque, s'il y a erreur, on en lit immédiatement l'expression.

Si l'alidade mobile pivotait autour d'un point qui ne fût pas le centre du limbe, cette imperfection serait la cause d'une erreur variable de lecture. Elle serait nulle dans la circonstance particulière où l'axe de l'alidade mobile passerait par le centre, et la plus grande possible quand cet axe serait dans une direction perpendiculaire à la ligne passant par le centre et par le pivot; la distance de ces deux points serait sensiblement égale au maximum d'erreur. Au surplus, on pourra toujours, pour une position quelconque de l'alidade, apprécier l'erreur en dirigeant deux fois l'alidade fixe sur le point de départ, le limbe placé alternativement à sa droite et à sa gauche, puis visant chaque fois le second objet par l'alidade mobile. La différence des deux lectures sera le double de l'erreur. (*Voir* § 107 et *fig.* 43, pour une correction analogue de la boussole.) Ordinairement l'alidade mobile est munie d'un *vernier* dont nous allons donner ici une explication succincte.

100. On désigne sous le nom de *vernier* un appareil qui sert à estimer les fractions des plus petites divisions d'un limbe ou d'une règle gradués. Il est donc curviligne ou rectiligne mais l'explication étant la même pour l'un et l'autre, c'est du premier que nous allons parler, puisque tel est celui qui s'adapte au graphomètre. D'abord, nous dirons qu'un vernier, pour être d'un usage commode, doit être susceptible de deux mouvements, l'un prompt est imprimé par l'impulsion de la main à laquelle le frottement fait seul résistance; l'autre, qui s'opère aussi insensiblement qu'on le veut, au moyen d'une vis de rappel dont le vernier porte l'écrou. Cette vis fait corps avec le limbe du moment qu'on a serré la vis de pression qui y fait adhérer la pince dans laquelle elle roule.

Le vernier sur une courbe concentrique au limbe est divisé en un nombre de parties plus grand d'une unité que celui des divisions renfermées dans le même espace sur le limbe. De là, il résulte, en désignant par D et *d* les graduations du limbe et du vernier, puis le nombre des dernières par n, que $nd = (n-1)\,D$,

d'où $\qquad d = \dfrac{n-1}{n}\,D = D - \dfrac{D}{n}\qquad$ et $\qquad D - d = \dfrac{D}{n}$

c'est-à-dire que la différence entre D et d est d'autant moindre que n est plus grand. Pour le graphomètre où $D = 50'$ et $n = 10$, on a $D - d = 5'$. Si l'on avait pris $n = 25'$, on aurait $24\,D = 25\,d$ et $D - d = 2'$: si enfin le cercle gradué était d'un assez grand rayon pour comporter des divisions de $\frac{1}{4}\mathrm{e}$ ou $25'$, on trouverait $D - d = 1'$. D'après cela, et en raisonnant sur l'hypothèse de $n = 10$, on voit qu'une division du vernier a une amplitude égale aux $\frac{9}{10}$ d'une division du limbe. Cela posé, supposons que les deux zéros coïncident, les deux divisions suivantes différeront de $\frac{1}{10}$: celles qui viennent après, de $\frac{2}{10}$, etc. Réciproquement, si ce sont les deux premières qui coïncident, le zéro du vernier aura dépassé l'autre de $\frac{1}{10}$: si c'est la septième du vernier qui coïncide, le zéro du vernier sera en avance sur celui du limbe de $\frac{7}{10}$ de $50'$, c'est-à-dire de $35'$.

Puisque nous avons eu occasion de parler du vernier, ajoutons qu'il est aussi d'un grand secours dans le compas à verge. Cet instrument est formé d'une règle d'acier graduée à laquelle sont adoptées deux pointes maintenues par des coulisseaux. Généralement cependant, c'est à l'une des extrémités de la verge qu'est fixée l'une des pointes, tandis que l'autre est maintenue à volonté par une vis de pression. C'est à cette pointe mobile que s'adapte le vernier garni d'une vis de rappel.

Pour terminer ce que nous avons à dire du graphomètre, ajoutons que si les objets que l'on vise et le point de station sont à peu de chose près dans le même plan horizontal, la hauteur des ouvertures pratiquées dans les pinules permet de les voir, quoique le limbe soit placé horizontalement. Si la différence de niveau est un peu considérable, il faut établir le limbe dans le plan des objets, ce qui a l'inconvénient de ne pas donner exactement l'angle réduit à l'horizon. Il y aurait dans ce cas une correction à faire, mais on s'en dispense parce qu'elle ne saurait être appréciée lorsque plus tard on trace l'angle sur le papier au moyen du rapporteur. Quelquefois d'ailleurs on obvie à cet inconvénient en adaptant des lunettes plongeantes qui évitent encore la perte du temps causée par le tâtonnement au moyen duquel on arrive au plan des objets. Construit ainsi, le graphomètre doit porter un niveau qui assure l'horizontalité du plan du limbe.

Si, connaissant la projection d'une base, il s'agit, au moyen du graphomètre, de déterminer des points remarquables sans s'y transporter, on s'établit à l'une des extrémités de la base sur laquelle on dirige l'alidade fixe; on vise les points avec l'autre, et l'on rapporte les angles sur le papier. On opère de même à l'autre extrémité et les intersections donnent les projections cherchées. S'il faut lever en cheminant, on vise la station que l'on vient de quitter, avec l'alidade fixe, celle où l'on va se transporter ensuite avec l'alidade mobile et l'on rapporte l'angle.

101. *Déclinatoire et boussole.* Ces deux instruments étant fondés sur la propriété dont jouit une aiguille aimantée suspendue librement, de prendre une direction constante, nous allons dire quelques mots sur la manière d'aimanter une aiguille. Pour cela, il faut avoir deux barreaux fortement aimantés eux-mêmes. On dispose exactement l'aiguille dans la direction nord-sud et l'on pose les barreaux sur des points voisins de son centre, savoir : le pôle sud de l'un du côté du pôle nord de l'aiguille et le pôle nord du second vers le pôle sud de l'aiguille. On les incline de manière qu'ils fassent avec cette dernière des angles aigus symétriques, puis on les conduit en appuyant assez fortement, chacun jusqu'à la pointe qui lui correspond. On les enlève, on les remet dans la première position et l'on recommence. Il n'y a aucun inconvénient à ce que l'aiguille soit fortement aimantée. Pour juger du degré d'aimantation et s'assurer qu'elle n'en acquiert plus, on lui fait enlever différents poids. Il ne faut pas oublier, après chaque essai, de toucher de nouveau l'aiguille qui, dans cette opération, perd toujours une partie de sa vertu magnétique.

102. On sait que l'aiguille aimantée, lorsque rien ne l'empêche d'obéir à l'action magnétique, se dirige vers le nord, non pas exactement, mais en faisant avec le méridien un angle qui varie en raison du temps et des lieux, suivant une loi inconnue jusqu'à présent. Cet angle se nomme la *déclinaison*. Ses variations un peu considérables ne s'opèrent pas d'une manière brusque, en sorte que lorsqu'on a réglé l'axe de l'aiguille, c'est-à-dire trouvé la direction du *méridien magnétique,* on peut le considérer comme constant pendant une campagne entière. L'aiguille, outre le mouvement graduel qui la porte vers l'ouest, éprouve chaque jour des oscillations à peu près régulières, mais dont nous n'aurons pas à nous occuper parce qu'elles sont toujours au-dessous des erreurs d'observation.

103. Le déclinatoire n'est autre chose qu'une aiguille aimantée.

renfermée dans une boîte rectangulaire, dans le fond de laquelle se trouve un limbe tourné de manière que la ligne nord-sud soit exactement parallèle au plus grand côté de la boîte.

Le moyen le plus simple et le plus généralement en usage pour trouver la déclinaison de l'aiguille aimantée, suppose que l'on connaisse l'azimuth d'un côté de triangle, c'est-à-dire l'angle qu'il fait avec le méridien. On trace la projection de ce côté sur le papier, on oriente la planchette suivant cette ligne, puis ayant fait coïncider l'une des deux grandes faces du déclinatoire avec la trace d'un méridien, le chiffre auquel correspond l'extrémité de l'aiguille est l'expression de la déclinaison. Elle est actuellement de 25ᵍ vers l'ouest. Une autre méthode plus longue et moins exacte consiste, lorsqu'on n'a pas la projection d'un côté, à déterminer une méridienne par l'une des méthodes connues.

Réciproquement, lorsqu'on connaîtra la déclinaison, on pourra orienter par rapport à la méridienne, une levée sur laquelle serait tracée la projection d'un côté, et non les méridiens, car en posant le déclinatoire sur la planchette orientée par rapport à ce côté, et le tournant jusqu'à ce que l'extrémité nord de l'aiguille soit dirigée vers le chiffre de déclinaison, le côté de la boîte donnera la direction du méridien et par suite fera connaître l'azimuth du côté projeté d'avance. Ce moyen n'est qu'approximatif, en raison du peu de longueur de l'aiguille d'une part et du côté de la boîte de l'autre.

On voit qu'en ajoutant le déclinatoire à la planchette, on peut abréger les opérations par la facilité qu'il donne pour orienter et pour commencer la levée à un point quelconque dont la projection n'est pas donnée, pourvu que pour la déterminer d'abord, on aperçoive des points connus. Si l'on ne connaissait pas la déclinaison d'avance, on pourrait encore orienter le plan d'une manière relative, c'est-à-dire suivant le méridien magnétique. Il ne resterait plus ensuite qu'à faire tourner tout le système de l'angle de déclinaison pour le rapporter au méridien du lieu.

La construction du canevas topographique doit se faire avec la planchette et l'alidade dont l'emploi fournit des résultats très exacts. L'addition du déclinatoire ne convient qu'à la levée du détail exécutée le plus habituellement à la boussole. Peut-être le premier mode de procéder est-il préférable au second, en ce qu'on évite par là les erreurs que l'on peut commettre en rapportant les angles, et qu'en même temps il y a économie de temps.

104. *La boussole* est comme le déclinatoire, composée d'une ai-

guille aimantée suspendue sur un pivot et renfermée dans une boîte. A celle-ci est adapté un genou qui repose sur trois pieds. Au fond de la boîte est un limbe divisé ordinairement en grades et demi-grades. Le long de l'un des côtés est appliquée une alidade à visière, ou mieux une lunette assujettie à la boussole par son milieu autour duquel elle a la faculté de pivoter. La ligne nord-sud ou 0^g — 200^g du limbe est parallèle à l'axe optique de la lunette ; le point nord marquant 0^g. On comprend de suite que si, mettant d'abord l'extrémité N de l'aiguille en face de 0^g du limbe, de manière que la lunette soit dans la direction du méridien magnétique, on fait tourner ensuite la boussole pour viser un point de mire, la pointe de l'aiguille parcourra un arc dont la graduation donnera celle de l'angle que fait le côté observé avec le méridien magnétique. En faisant la même opération sur un autre côté, étant d'ailleurs toujours placé à la même station, on aura également l'angle de ce côté avec le méridien magnétique, et des deux on pourra conclure celui que forment les rayons visuels.

On pourrait encore lever avec une boussole dans laquelle la lunette et le diamètre 0 — 200^g ne seraient pas parallèles et dont on ne connaîtrait pas la déclinaison.

Il n'en sera pas moins facile d'avoir l'angle entre deux objets A et B (*fig.* 42) : en effet, on trouve qu'après avoir visé A, le méridien magnétique et le diamètre 0^g — 200^g font un angle de 30^g par exemple. Pour diriger ensuite la lunette sur B, le mouvement horizontal que l'on imprime à la boussole, fait décrire à chaque point du système, et par conséquent, au point D, un arc de même amplitude que celui qui mesure ADB, car le rayon CD perpendiculaire à AD devient CD' quand la lunette est dirigée suivant BD.

Les angles AD'B, DCD' sont égaux puisqu'ils sont compris entre des droites respectivement perpendiculaires. D'ailleurs, dans le mouvement, tous les points du limbe gradué et par conséquent le point N ou 0^g ont parcouru des arcs égaux à DD' : donc si dans la seconde position, c'est le chiffre 65 qui correspond à l'extrémité de l'aiguille, la différence 35 des deux lectures indiquera l'angle compris entre les deux objets visés. De cette manière, les triangles qui composent le canevas seront bien coordonnés entre eux, quoique orientés d'une manière arbitraire, et pour en rapporter l'ensemble à l'orientation généralement adoptée, il suffira de connaître l'azimuth de l'un des côtés. Cette erreur se corrigerait en rapportant les angles, si l'on connaissait d'avance la déclinaison de l'azimuth d'un côté.

105. Pour éviter d'avoir égard à la position d'un côté de triangle à droite ou à gauche d'un méridien, on est convenu de compter tous les angles à partir de ce méridien de 0ᵍ à 400ᵍ du nord pour y revenir en passant par l'ouest, le sud et l'est, de sorte qu'il suffit de lire la graduation qui correspond à la pointe nord de l'aiguille ; on voit qu'en vertu de cette convention les graduations de la boussole doivent aller du nord vers l'est. La levée que l'on exécutera ainsi sera orientée par rapport au méridien magnétique, et il suffira pour la rapporter au méridien vrai, de faire tourner le cadre d'une quantité égale à la déclinaison.

106. Si cette déclinaison est connue *à priori*, et que l'on veuille lever de suite suivant la véritable méridienne, on fera tourner tout le limbe au moyen d'un mouvement qui lui est propre, d'une valeur angulaire égale à cette déclinaison, c'est-à-dire qu'on placera le chiffre 25 (si telle est la déclinaison) sous l'index qui marque l'extrémité du diamètre NS parallèle à la lunette. L'instrument ainsi préparé, si l'on vise un objet dans la direction du méridien, le chiffre qu'on lira à l'extrémité de l'aiguille sera zéro : si l'objet est situé dans la direction du méridien magnétique, l'aiguille, le diamètre NS et la lunette seront parallèles, et de plus, les deux premiers coïncideront, ce sera donc 25ᵍ qu'on lira, etc. Donc enfin, avec la boussole ainsi déclinée, on obtient immédiatement les angles que font les rayons visuels avec la méridienne du lieu.

107. Les vérifications de cet instrument ont pour but de s'assurer, 1° qu'il est bien centré, c'est-à-dire que le pivot sur lequel pose l'aiguille est bien au centre du limbe gradué. S'il n'en est pas ainsi, de toutes les positions que peut prendre la boussole relativement à l'aiguille, une seule fournira une lecture conforme à la vérité. Soit C', *fig.* 43, la position du pivot et C celle du centre : quand l'aiguille sera en AB, l'arc A*a* mesurera l'erreur de lecture. Si elle prend la position FG, l'erreur G*g* sera plus petite puisque la distance des deux droites C'G, C*g* sera mesurée par la perpendiculaire C'P qui n'est qu'un côté de l'angle droit d'un triangle rectangle dans lequel CC' est l'hypoténuse. Si enfin l'aiguille est dirigée suivant DE, l'erreur est nulle. Cette dernière position donne donc le minimum d'erreur, et la première, le maximum.

On peut, pour une position quelconque, connaître la correction à faire à la lecture en retournant la boussole de 200ᵍ. Dans ce mouvement, le pivot C', *fig.* 44, vient en C'', et la lunette qui était en OP se place en O'P', pourvu que l'on ait l'attention de la faire tourner aussi autour de son axe pour amener l'oculaire vers l'œil.

L'aiguille se trouve alors en C″A, et l'arc AA, est le double de la correction. Il serait impossible dans la pratique, de prendre ainsi deux fois chaque angle. Si la différence est peu considérable, il faut la négliger, sinon faire rectifier la position du pivot.

2° Le diamètre à l'extrémité duquel est l'index, doit être parallèle à l'axe optique de la lunette. Voici comment on peut s'assurer que cette condition, qui d'ailleurs n'est pas indispensable, est remplie. L'inclinaison d'un côté sur le méridien est toujours la somme ou la différence de l'angle que fait ce côté avec le méridien magnétique et de la déclinaison suivant que ce côté est situé vers l'ouest ou vers l'est par rapport à la direction de l'aiguille. Si donc on connaît d'avance l'azimuth d'un côté et la déclinaison, la quantité dont la lecture différera de leur somme ou leur différence sera l'erreur de parallélisme entre la lunette et le diamètre de départ. Il résulte encore de ceci que l'on peut opérer exactement avec une boussole affectée d'une telle erreur ; et pour cela . il suffit de connaître l'azimuth d'un côté. En effet, tournant l'alidade dans la direction de ce côté, l'aiguille marquera un certain nombre de grades dont la différence avec l'azimuth sera la quantité dont il faudra décliner la boussole. Cette déclinaison ne sera que relative à l'instrument et différera de la véritable de l'erreur de parallélisme mentionnée plus haut.

3° La déclinaison exactement déterminée. Le moyen de satisfaire à cette troisième condition a été indiqué au § 103.

108. On veut avoir l'angle que forme avec le méridien, le rayon dirigé sur D, *fig.* 45. On tourne la lunette sur ce point ; dès lors le diamètre de départ, prenant une direction CD′ parallèle à OD, ne passe pas D, et cependant c'est l'angle formé par ce diamètre et l'aiguille que donne la lecture. On commet ici une erreur α qui est l'angle formé par les droites CD, CD′, α, est égal à α comme alternes internes et le triangle rectangle COD donne $\sin \alpha' = \dfrac{\mathrm{CO}}{\mathrm{CD}}$. L'angle α ou α, est donc très petit puisque l'expression de son sinus est la très petite fraction dout le numérateur est le rayon de la boussole et qui a pour dénominateur la distance à l'objet visé. Cette erreur angulaire est d'autant plus grande qu'on est moins éloigné du point D, et cependant pour une distance de 50ᵐ, la correction est moindre de 13, quantité bien au-dessous de l'erreur que l'on commet dans la lecture. Il est donc inutile d'en tenir compte, mais il était nécessaire de l'apprécier.

109. La plus petite division du limbe est $\frac{1}{2}$ grade, l'erreur pourra donc être du quart de 1_g ou de 25'. Le rayon du limbe ou l'aiguille a généralement $0^m,05$ de longueur. Cherchons à déduire de là la limite de grandeur des côtés de triangle, eu égard à l'échelle, pour ne pas commettre d'erreur sensible. L'angle ACB, *fig.* 46, représente l'erreur 25' que l'on peut faire. Le rayon AC, avons-nous dit, a $0^m,05$; considérant le petit arc AB comme une ligne droite, nous aurons en résolvant le triangle

$$\text{log. AB} = \text{log. sin. } 25' + \text{log. } 0^m,05 - \text{log. R} = 6,2930288$$

d'où $\quad$ AB $= 0,00019635 \quad$ ou plus simplement $\quad$ AB $= 0,0002.$

Ce rapport de $0^m,05$ à $0^m,0002$ est aussi celui qui existe entre la longueur d'un côté et l'erreur causée sur un second côté par l'inexactitude de la lecture. En s'astreignant à la condition que les côtés réduits à l'échelle du plan ne dépassent pas $0^m,05$, il en résultera que l'incertitude de lecture ne peut causer d'erreur sensible sur le côté opposé.

Si l'on veut opérer à l'échelle de $\frac{1}{5000}$, $0^m,05$ correspondent à 250^m sur le terrain et $0^m,0002$ à 1^m. Donc, pour cette échelle, on opérera exactement en ne prenant pas des côtés plus grands que 250^m. S'il s'agit de lever à $\frac{1}{20000}$, $0,05$ représentent 1000^m et $0,0002$ en représentent 4. Il faudra, pour cette échelle que les côtés ne dépassent pas 1000^m.

Dans le premier cas, on ne pourra pas répondre de la longueur des côtés à 1^m près et à 4^m dans le second. On déduit de ce qui précède que quelle que soit l'échelle, la projection des côtés ne doit pas dépasser en longueur celle de l'aiguille de la boussole.

110. Lorsqu'on aura levé un polygone entier, on pourra, avant de le rapporter sur le papier, voir s'il ferme exactement, au moyen d'un calcul très simple. On se rappellera pour cela que la somme des angles intérieurs d'un polygone est égale à autant de fois deux angles droits qu'il y a de côtés moins deux. On fera donc la somme de ces angles en les déduisant ainsi qu'il suit de ceux que font les côtés avec le méridien. Soit ABCDE, *fig.* 47, le polygone, il est évident que l'angle A est égal à la différence d'inclinaison sur le méridien, des deux côtés qui aboutissent à ce point. Désignant les deux lectures par A et A', l'angle dont le sommet est en A sera représenté par A — A'. Il en sera de même pour tous les autres, et la somme des angles du polygone sera représentée par A + B + C + etc. — (A' + B' + C' + etc.). Si, en effectuant le calcul, on trouve pour résultat autant de fois 200^g qu'il y a de côtés moins deux, on sera assuré d'avoir opéré exactement.

111. De ce que dans un petit espace de terrain tel que celui qu'embrasse une levée, les méridiens magnétiques peuvent être considérés comme parallèles, il s'ensuit que l'on peut, dans le contour d'un polygone, passer successivement un sommet sur deux sans y faire station. En effet, après avoir stationné en A, *fig.* 48, et avoir pris la direction AB, c'est-à-dire l'angle N*o*a au lieu de s'établir en B pour prendre l'angle NBC ou O', on pourra de suite se transporter en C, et visant en arrière sur le point B, prendre l'angle NC*a'* ou O'', en sorte que le point B se trouvera également déterminé ; mais pour mettre plus d'uniformité dans la manière d'inscrire les angles, on écrit celui-ci comme s'il avait été observé en B, en en retranchant 200ᵍ.

En effet, nous voyons, *fig.* 49, que O est l'angle qu'on aurait observé en B, tandis que c'est O' qu'on a obtenu en stationnant en *c*. Or, voici la relation qui existe entre ces deux angles :

$$O = 400\text{ᵍ} - O' = 400 - (200 - O'') = 200 + O''.$$

Quand on chemine en opérant ainsi, on prend à chaque station où l'on s'arrête, deux angles, l'un d'avant, l'autre d'arrière. La correction de 200ᵍ se fait sur ce dernier, où si l'on veut inscrire de suite les angles tels qu'on les lit, on observe le premier avec la lunette à droite comme d'ordinaire, et le second avec la lunette à gauche.

112. *Rapporteur.* Nous venons de voir comment on se sert du graphomètre ou de la boussole pour avoir l'angle entre deux objets. Il s'agit actuellement de le décrire graphiquement sur le papier. On emploie pour cela un instrument nommé rapporteur. C'est un demi-cercle en corne assez épaisse pour ne pas se voiler trop facilement par la chaleur, sans cependant cesser d'être transparente. La surface du demi-cercle est augmentée du rectangle A 0ᵍ B 200ᵍ, *fig.* 50, et la ligne AB parallèle au diamètre 0 — 200 sert de règle pour tracer les lignes sur le papier. Le diamètre a de 0ᵐ,15 à 0ᵐ,2.

La circonférence porte une double graduation : l'une de 0ᵍ à 200, l'autre de 200 à 400. Les grades sont divisés en deux, de sorte que l'approximation est la même que dans la boussole.

Il est facile de comprendre l'usage de cet instrument. On opère en l'employant sur la projection comme on fait avec la boussole pour déterminer les angles sur le terrain. On sait que dans cette dernière circonstance, lorsqu'on lit l'angle que fait une direction avec le méridien, on sous-entend une opération préalable mais superflue, celle d'avoir visé dans la direction du méridien, ce dont on est assuré par la coïncidence du zéro et de l'extrémité nord de l'aiguille. Pour rapporter cet angle sur le papier, on peut supposer que l'on procède d'une manière analogue, ce qu'au reste font effectivement les personnes qui n'ont pas encore acquis l'habitude de cette très simple opération. On place d'abord le diamètre $0^g - 200^g$, *fig.* 51, sur la projection du méridien du lieu, ce qui revient à diriger sur le terrain la lunette dans la direction de ce méridien ; puis, faisant tourner le rapporteur en conservant son centre au même point, on n'arrête ce mouvement qu'à l'instant où le chiffre qui indique l'angle à rapporter se trouve sur la projection du méridien, et celui-ci sert ici de repère comme l'extrémité de l'aiguille dans la boussole. Il est évident qu'alors la règle du rapporteur fait bien le même angle que la lunette avec le méridien. Le nombre de degrés, d'après la convention établie, indique de suite dans quelle région se trouve le point visé.

Il serait fort incommode, vu la multiplicité des points de détail, de tracer pour chacun d'eux une méridienne. Pour obvier à cet inconvénient, on en trace un certain nombre assez rapprochées, à $0^m,1$ par exemple : on met le centre du rapporteur sur la plus voisine du point, on le fait pivoter jusqu'à ce que la règle fasse l'angle voulu, puis on le fait glisser dans cet état, parallèlement à lui-même, jusqu'au moment où la règle passe par le point. On obtient ce parallélisme de la règle dans les deux positions, en conservant toujours sur le méridien, le même chiffre et le centre. Si l'angle est assez petit pour que la distance bc, *fig.* 52, soit moindre que celle de A au méridien, la règle dans le déplacement du rapporteur ne pouvant plus atteindre le point A, il faut alors modifier l'opération. On se sert du rapporteur complémentaire dont les chiffres de la graduation diffèrent de 100^g de ceux du rapporteur ordinaire, et l'on emploie, au lieu de la méridienne, une ligne qui lui est perpendiculaire. Au surplus, on peut facilement se passer du rapporteur complémentaire et tirer le même parti de l'autre. L'opération mentale à faire est tellement simple qu'il nous paraît inutile de chercher à l'éviter.

113. Proposons-nous, comme exemple du parti que l'on peut tirer de la boussole, de trouver le prolongement de la capitale d'un ouvrage que l'on ne peut approcher. Soit C le saillant, et AC, BC, *fig.* 52 *bis*, les faces de cet ouvrage, on se placera en deux points a et b sur les prolongements des faces et l'on observera les angles α et β qu'elles font avec le nord. L'angle saillant ACB est évidem-

ment $\alpha - \beta$ comme l'indique la figure, et l'angle que forme la capitale avec chacune des deux faces est $\dfrac{\alpha - \beta}{2}$ qu'il faut retrancher de α ou ajouter à β, ce qui donne

$$x = \alpha - \frac{\alpha - \beta}{2} = \frac{\alpha + \beta}{2} \qquad \text{ou} \qquad x = \beta + \frac{\alpha - \beta}{2} = \frac{\alpha + \beta}{2}.$$

On pourra trouver par tâtonnement la position d'un point D pour lequel DC fait cet angle x avec le nord.

114. *Cordes.* Le rapporteur donne avec une exactitude suffisante les angles relevés à la boussole. Si cependant ces angles avaient été déterminés à l'aide d'un instrument plus parfait, il serait préférable de les rapporter au moyen des cordes. Supposons que l'on ait calculé une table des cordes pour les angles de 10 en 10 minutes depuis 0ᵍ jusqu'à 100ᵍ et d'un rayon R, on décrira de b, *fig.* 53, avec un rayon égal à la corde correspondant à l'angle *bac* que l'on veut tracer, un arc de cercle qui coupera celui décrit de a comme centre avec le rayon des tables, puis joignant a et c par une droite, l'angle *bac* sera celui cherché. Les tables des sinus naturels pourraient servir à cet usage en se rappelant que corde $A = 2 \sin. \frac{1}{2} A$. M. Francœur a calculé une table des cordes pour la division du cercle en 360°.

———

CHAPITRE IV.

INSTRUMENTS QUI SERVENT A MESURER LES DISTANCES.

115. *La chaîne* offre le moyen le plus simple de mesurer les distances. Elle a ordinairement 20ᵐ de long, quelquefois 10ᵐ seulement. Elle se compose de parties en gros fil de fer, d'égales longueurs, réunies par des anneaux; chaque partie a 0ᵐ,2, et sur cinq anneaux, quatre sont en fer et le cinquième en cuivre. Les anneaux de cuivre indiquent les mètres. Dix fiches en fer servent à compter le nombre de fois que la chaîne est contenue d'une station à une autre; au surplus, son usage est tellement simple qu'on le devine en la voyant. Il faut, sur un terrain incliné, avoir l'attention de la tendre horizontalement, car ce sont les projections sur un plan horizontal que l'on cherche. Si l'on mesure parallèlement au terrain, on prend note de son inclinaison par rapport à l'horizon, et l'on calcule le triangle rectangle ou l'on emploie des tables qui donnent de suite les projections de toutes longueurs pour telle pente que l'on peut rencontrer.

116. *La stadia* peut, dans bien des cas, remplacer avec avantage la chaîne et donne même plus de précision que celle-ci lorsqu'il faut la développer sur un terrain accidenté. La construction de cet instrument est fondée sur ce principe que plusieurs objets de grandeurs différentes étant embrassés par le même angle visuel, les distances qui les séparent de l'observateur sont proportionnelles à leurs dimensions respectives. Si l'on forme un angle fixe dans une lunette, il embrassera une plus ou moins grande partie d'un même objet suivant que sa distance sera plus petite ou plus grande; si de plus, la dimension de cet objet est connue, et s'il porte des divisions, on pourra par leur moyen connaître la distance à laquelle il se trouve, en supposant que l'on connaisse d'avance le nombre de divisions contenues dans l'angle fixé à une distance connue.

Cet instrument se compose donc de deux parties distinctes; une mire graduée et une lunette au foyer de laquelle sont adaptés deux fils horizontaux. Ces fils étant établis d'une manière invariable, on mesure à la chaîne et avec une grande précision, une distance de 100^m ou de 200^m, si le grossissement de la lunette est assez considérable pour permettre de distinguer les petites divisions à une telle distance.

A l'une des extrémités de cette base, on place la lunette qui est ordinairement celle d'une boussole, et l'on porte à l'autre une règle de sapin de 2 ou 3^m de hauteur sur 0^m,1 de largeur. Cette règle, peinte en blanc, est divisée en deux ou trois pièces unies par des charnières qui permettent de la ployer lorsque l'on ne s'en sert plus, afin de la rendre moins embarrassante. Lorsqu'elle est placée verticalement, on dirige la lunette dessus, puis on marque par deux traits au crayon les limites de la partie de la mire comprise entre les fils du micromètre. Si ensuite on trace en noir et d'une manière bien visible ces deux traits, on est sûr que dorénavant toutes les fois que les fils couvriront ces deux lignes noires, la distance qui séparera la boussole de la mire sera exactement la même que lors de la première opération. On partage ensuite l'intervalle des deux traits en dix ou vingt parties égales qui servent à estimer dix ou cinq mètres, si l'on a étalonné à 100^m, ou les vingtaines ou dizaines, si la distance était de 200^m. Quelquefois on peut multiplier davantage les divisions et obtenir une plus grande approximation.

Si la mire a 3^m de haut et si elle est comprise entièrement dans les fils, les divisions qui en seront le vingtième auront 0^m,15. Deux de ces divisions, partagées de nouveau en dix chacune, et placées l'une au milieu de la stadia, l'autre en haut, donneront les mètres si la totalité correspondait à 200^m. Des chiffres ou mieux des signes de convention, comme de gros points, placés différemment les uns des autres, aideront la lecture.

Outre les deux fils consacrés à la mesure des distances, le réticule porte toujours les deux fils en croix, l'un vertical et l'autre horizontal, dont le premier sert à prendre les angles que forment, avec le méridien, les rayons visuels dirigés sur différents objets, et dont l'autre est employé à prendre les angles d'ascension ou de dépression destinés, comme nous le verrons plus tard, à calculer les différences de niveau.

Si les fils qui servent à mesurer les distances viennent à se détendre ou à se casser, il faut, après les avoir replacés, diviser de nouveau la mire, et en effet l'on conçoit que la plus petite différence sur leur distance fait que l'on embrasse une portion bien différente de la stadia.

117. On évite cet inconvénient en rendant mobile l'un des deux fils. Ici leur distance (*fig.* 54) est variable; ST est une portion constante de la stadia, et dans la proportion fournie par les triangles semblables AB:ST::OB:OT de laquelle on tire $OT = \frac{ST.OB}{AB}$, on trouve que la base à évaluer est fonction de AB. Par une première opération dans laquelle on a mesuré avec soin OT, on trouve ST × OB = AB × OT. Le second membre étant connu, donne pour les opérations ultérieures le produit constant ST × OB que l'on divise chaque fois par la variable AB. Il faut donc estimer avec beaucoup de précision cette distance AB des deux fils. Pour y parvenir, on adapte un micromètre à l'instrument; il se compose d'une vis qui fait mouvoir l'un des fils, et extérieurement à la lunette, d'une aiguille qui parcourt un cadran divisé, fixé sur le tube de la lunette. A chaque révolution que fait l'aiguille, elle fait mouvoir une roue dentée dans laquelle elle engrène. Les dents sont numérotées; celle qui porte le zéro est auprès de l'aiguille quand les deux fils coïncident. Lorsque l'aiguille a parcouru une révolution entière, les fils sont distants d'une quantité égale au pas de la vis qui sert de pivot à l'aiguille.

Ainsi, par les combinaisons de cet ingénieux mécanisme, et en comptant le nombre des dents qu'a rencontrées l'aiguille et les divisions du cadran qu'elle a parcourues ensuite, on arrive à apprécier la variable AB avec une grande exactitude.

118. Les mesures obtenues au moyen de la stadia doivent, comme celles que l'on prend à la chaîne, être réduites à l'horizon, quand le terrain est incliné ; il y a même un double motif. Soit ON (*fig.* 55) la surface du terrain faisant un angle α avec le plan horizontal MN. L'observateur est en O : la mire étant placée verticalement en N suivant Nn, est oblique par rapport à l'axe de la lunette, ainsi la partie comprise Nn est trop grande et doit être réduite à Nm perpendiculaire au terrain ON. Pour cela, remarquons que Nn et Nm étant respectivement perpendiculaires à NM et NO, l'angle formé par ces droites est aussi α. On a d'ailleurs

$$\text{N}n : \text{N}m :: \sin. m : \sin. n, \quad n = 200 - \text{N} - m, \quad \sin. n = \sin. (\text{N} + m)$$

d'où $\quad \text{N}m = \text{N}n \dfrac{\sin. (\text{N} + m)}{\sin. m} ; \qquad \text{N}m = \text{N}n \dfrac{\sin. \text{N} \cos. m + \sin. m \cos. \text{N}}{\sin. m}$

et $\qquad\qquad \text{N}m = \text{N}n (\sin. \text{N} \cot\text{ang}. m + \cos. \text{N})$

L'angle en N étant très petit, son sinus l'est aussi. L'angle en m différant peu de 100^g, sa cotangente est également très petite ; d'où il résulte que le produit de ces deux lignes trigonométriques est négligeable comparativement à cos. N : il vient donc enfin

$$\text{N}m = \text{N}n \cos. \text{N} = \text{N}n \cos. \alpha \qquad \text{ou} \qquad \cos. \alpha = \frac{\text{N}m}{\text{N}n}$$

Mais en désignant par β le résultat de la lecture et par b la ligne ON, nous avons

$$\beta : b :: \text{N}n : \text{N}m, \quad \text{et} \quad b = \beta \frac{\text{N}m}{\text{N}n} = \beta \cos. \alpha ;$$

d'ailleurs MN ou B $= b \cos. \alpha$, donc enfin

$$\text{B} = \beta \cos.^2 \alpha = \beta (1 - \sin.^2 \alpha) \qquad \text{et} \qquad \beta - \text{B} = \beta \sin.^2 \alpha.$$

On a construit, pour trouver de suite les valeurs des bases réduites B, des tables à double entrée, dont les éléments sont l'angle de pente et le nombre de mètres indiqué par la lecture. Dans bien des circonstances, l'inclinaison α du terrain est assez petite pour que la correction ne porte que sur des fractions de mètres ; on la néglige alors, puisque l'erreur de lecture peut atteindre un mètre.

CHAPITRE V.

LEVÉES AU GONIOMÈTRE ET A LA CHAINE.

119. En ajoutant une chaîne au goniomètre, on peut résoudre quelques nouveaux problèmes. Supposons que l'on ait à sa disposition, une planchette, une alidade et une chaîne ; on donne deux points de repère et l'on demande de déterminer la projection d'un troisième point :

1° Lorsqu'un des repères et le point cherché sont accessibles et le second repère visible seulement du premier. Soient R,r ; P,p les deux repères et X le point que l'on veut trouver. On stationnera en R,r, s'orientant sur RP, on rayonnera RX et on le mesurera : on rapportera cette distance à l'échelle et l'on aura x.

2° Lorsque les deux repères sont inaccessibles, mais que l'on peut s'établir en un point A, *fig.* 56 de la droite qui les unit : que de ce point on voit X et qu'enfin l'un des repères est invisible de X, on se transporte en A, on cherche sur la planchette le point a' où la verticale de A rencontre rp ; on s'oriente sur RP ; on rayonne AX, puis on le mesure, et on porte la longueur réduite à l'échelle de a' en x'. Par x', on trace parallèlement à rp une droite sur laquelle doit se trouver la véritable projection x de X. Se plaçant en station en ce dernier point et s'orientant au moyen de $a'x'$, on dirige ensuite par Pp un rayon visuel dont la trace contiendra aussi le point cherché x'.

3° Lorsque l'un des repères P et le point cherché X sont inaccessibles, on choisit un autre point accessible A, *fig.* 57, que l'on vise de R : on mesure RA que l'on reporte sur le plan. En A, après s'être décliné sur AR, on recoupe X qui avait été visé à la station R et se trouve ainsi déterminé.

4° Lorsque les deux points de repère sont inaccessibles et visibles tous deux du point cherché, et que l'on connaît la distance de ce dernier à l'un d'eux, ou quand on suppose que l'un des repères est abordable seulement pour mesurer la distance, mais non pour s'y mettre en station. C'est ce qui arriverait si ce point était entouré de bois ou de maisons et qu'il y eût seulement une route ou une rue se dirigeant vers le point dont on veut obtenir la projection. Si l'on peut tracer sur rp le segment capable de l'angle RXP, *fig.* 58, son intersection par l'arc de cercle décrit de r comme centre, avec la distance RX réduite à l'échelle pour rayon, déterminera le point x cherché. Pour atteindre ce but, opérons comme au § 94 , et pour cela , étant en station en X, établissons la projection p sur la verticale de X et la trace rp dans le plan vertical RX : fixons la planchette et faisons pivoter l'alidade autour de p jusqu'à ce qu'elle soit dans le plan vertical dont XP est la trace sur le terrain ; élevons une perpendiculaire sur le milieu de rp ; au point p une perpendiculaire sur la ligne de construction pp', et le point o de rencontre sera le centre du segment capable. On voit que la distance rx étant supposée connue d'avance ou mesurée , on obtient la position de x en décrivant de r un arc de cercle dont le rayon est rx. En traçant les lignes rx, px, on a la projection de l'angle RXP, le moyen de s'orienter en X et d'y commencer les opérations relatives à la construction du canevas. Ces différents problèmes pourraient être également résolus au moyen du graphomètre ou de la boussole.

120. Nous terminerons ce qui a rapport aux divers modes de procéder avec la planchette et la chaîne en supposant donné le cadre d'une levée avec la condition que l'un de ses côtés soit parallèle au méridien : la projection d'un point de départ étant également connue , il s'agit de faire le plan et par conséquent de construire d'abord le canevas :

1° Si le point donné est accessible, on s'y transporte et l'on y détermine la direction de la méridienne par un des procédés précédemment indiqués ou plutôt au moyen du déclinatoire ou de la boussole. On met le côté précité du cadre dans cette direction , puis on vise un point accessible, on en mesure la distance avec soin et l'on a ainsi une base orientée sur laquelle on appuie les opérations ultérieures.

2° Lorsque le point donné R est inaccessible, on se place à un autre point A, *fig.* 59, dont on prend pour projection provisoire a' sur la verticale de A : on oriente comme ci-dessus et l'on vise R et un nouveau point accessible B. La direction a'R ne passe pas par r, mais elle est parallèle à ar cherché. On mesure AB et l'on en porte la longueur suivant $a'b'$. Arrivé en B on considère b' comme en étant la projection, on s'oriente au moyen de AB et l'on trace Rb' qui rencontre a'R en un point r' qui est le troisième sommet d'un triangle $a'b'r'$ égal à celui que forment les projections des trois points A,B,R : de plus, les côtés sont parallèles à leurs correspondants. Il suffit donc de faire glisser ce triangle parallèlement à lui-même jusqu'à ce que r et r' se confondent ; alors $a'b'$ devient ab et l'on a déterminé une base accessible au moyen d'un point qui ne l'est pas.

121. Généralement on donne plusieurs points de départ sur la planchette, mais s'ils ne s'accordent pas entre eux, c'est-à-dire si étant à l'un quelconque et la planchette étant orientée, les rayons visuels dirigés sur les autres ne passent pas par leurs projections, il faut reconnaître les mauvais et les négliger, ou quelquefois même les rejeter tous hors un, et opérer comme il est dit plus haut § 120.

Si l'on est appelé à faire la levée d'un terrain sur lequel il n'y a pas de points trigonométriques, on choisit des points remarquables *a,b,c,d*, *fig.* 60, on prend et mesure une base *mn*, et l'on fait en sorte d'arriver à la détermination des points *a,b,c,d* en passant par le plus petit nombre possible d'opérations, afin d'avoir moins de chances d'erreur. Les planchettes voisines pourront alors se bien raccorder, si l'on a eu soin d'avoir un côté *ab* commun à deux contiguës.

122. Si l'on veut déterminer l'échelle qu'il faut employer, pour que la projection d'une surface assignée du terrain soit contenue dans un cadre donné, on fait la reconnaissance du terrain, puis un canevas provisoire à une petite échelle; on y circonscrit un rectangle semblable au cadre donné, et le rapport entre un côté de ce cadre et son homologue dans le rectangle tracé est celui qui existe entre l'échelle qui satisfera à l'énoncé du problème et celle employée pour le canevas approximatif.

Si réciproquement l'échelle est spécifiée ainsi que la surface du terrain, on peut se proposer de trouver les dimensions du cadre. On opère comme ci-dessus, et le rapport entre l'échelle donnée et celle que l'on a employée pour le canevas devant être le même que celui des côtés homologues, les dimensions du cadre cherché se déduiront facilement de celles du rectangle circonscrit.

123. *L'équerre* est plutôt un instrument d'arpenteur que de topographe; cependant, comme il est d'un usage très commun dans les campagnes et qu'un officier chargé de faire des reconnaissances doit surtout pouvoir tirer parti des instruments que le hasard lui fournit, nous entrerons dans quelques détails à son sujet. L'équerre est ordinairement un cylindre en cuivre, *fig.* 61, de $0^m,08$ à $0^m,1$ de diamètre, dans lequel sont pratiquées quatre fentes verticales ou pinules déterminées par deux diamètres rectangulaires. Cet instrument peut également se composer d'un cercle de cuivre auquel sont fixées quatre pinules perpendiculaires à son plan, et placées comme les précédentes dans deux directions formant angle droit.

L'équerre se place sur un pied à trois branches ou sur un bâton ferré. On voit facilement que si l'on dirige l'une des alidades suivant un certain alignement, l'autre en déterminera un second perpendiculaire au premier. La seule vérification à laquelle on doit soumettre cet instrument, consiste à s'assurer que les deux directions se coupent à angle droit. Pour cela, on vise à travers deux pinules un objet éloigné et un second par les deux autres, puis l'on fait tourner l'instrument jusqu'à ce qu'on aperçoive le premier objet avec les secondes pinules, et réciproquement. Si la coïncidence a lieu, l'équerre est juste. La plupart des équerres ne sont pas rectifiables : néanmoins on peut encore résoudre plusieurs problèmes intéressants avec une fausse équerre comme avec une qui est juste. On peut, par exemple, mener par un point extérieur une perpendiculaire à une droite, car on trouvera O' *fig.* 62, par un premier coup d'équerre ; et faisant ensuite venir l'alidade OC sur l'alignement AB, on marchera sur cet alignement jusqu'à ce que l'autre Ob soit dans la direction de C : on divise en deux parties égales la distance du point O'' où l'on se trouve, à la première station O', et le point milieu O est le pied de la perpendiculaire abaissée de C sur AB.

Si la perpendiculaire devait être élevée en un point déterminé de la direction elle-même, on opèrerait en ce point, en dirigeant successivement l'une et l'autre pinule suivant la base : ces deux opérations auraient déterminé la position de deux jalons que l'on aurait eu soin de placer à même distance de l'instrument, au bout de la chaîne tendue si l'on veut. Le point milieu de la droite qui unit les deux jalons appartient à la perpendiculaire cherchée.

Pour lever un polygone, on détermine les coordonnées de ses sommets en les rapportant à deux axes rectangulaires. On prend une base AX (*fig.* 63), on marche dessus en mettant une des alidades dans sa direction jusqu'à ce que l'on arrive en a' où l'on aperçoit un angle a dans la seconde alidade. On opère de même pour les autres points b,c,d,e et l'on porte sur le papier les longueurs Aa', Ae', Ab', etc. On prend un second axe AY sur lequel on effectue des opérations analogues aux précédentes et les intersections des perpendiculaires à cet axe aa'', bb'', cc'', etc., avec celles que l'on a élevées en $a'b'c'$, etc., déterminent les projections de tous les sommets du polygone.

Si les deux couples de pinules n'étaient pas rectangulaires, il faudrait que les axes fissent le même angle qu'elles, et avoir soin en opérant de diriger toujours l'équerre de la même manière.

Il existe des équerres dont l'angle n'est pas constant : elles se composent de deux cylindres creux s'emboîtant comme les deux parties d'une tabatière. L'un porte une alidade et un index ; l'autre une alidade et une division circulaire. Cet instrument ne peut être d'une très grande précision , en raison de son petit diamètre.

On peut encore, pour lever le plan d'une figure quelconque, agir ainsi qu'il suit : on mène dans l'intérieur et dans le sens de la plus grande dimension , une droite que l'on nomme base ou directrice. De tous les angles du périmètre, on abaisse sur cette base des perpendiculaires que l'on mesure ainsi que les segments qu'elles déterminent sur cette base.

On peut se servir immédiatement du rapporteur sur le terrain, pour construire les perpendiculaires.

Si l'intérieur du polygone est inaccessible, on emploie la première méthode indiquée , ou en supposant que la figure soit curviligne , on lui circonscrit un quadrilatère ou tel polygone qui lui convient le mieux, et de tous les principaux points du contour, on abaisse des perpendiculaires sur chacun des côtés pris successivement pour directrices.

124. Nous allons passer encore en revue quelques-uns des problèmes susceptibles d'être résolus avec l'équerre.

1° Par un point C mener une parallèle à une droite AB accessible (*fig.* 64). On cherche sur la ligne donnée le pied A de la perpendiculaire passant par C où l'on se transporte ensuite : on y dirige l'une des alidades de l'instrument suivant CA, et l'autre détermine la direction de la parallèle demandée.

2° Mesurer la distance à laquelle on se trouve d'un point A inaccessible. Si l'on est placé en B (*fig.* 65), on mesure une base BC perpendiculaire à AB et dont on marque le point milieu D : en C, on élève une perpendiculaire indéfinie A'C à la base et on la jalonne ; on jalonne de même l'alignement AD prolongé, et le point de rencontre A' détermine la solution du problème, car les deux triangles ABD, A'CD sont égaux, puisque rectangles tous deux en B et C , ils ont les angles en D égaux comme opposés par le sommet et les côtés BD,CD égaux par construction : donc A'C est égal à la distance cherchée AB.

3° Mesurer la distance de A à H tous deux inaccessibles et par un point O donné , mener une parallèle à AH. On prend une base BC sur laquelle on cherche les pieds B et C des perpendiculaires abaissées de A et de H , puis on mesure la longueur de BC et l'on en marque le milieu D. Le terrain sur lequel on a tracé BC a été choisi tel que l'on puisse opérer avec précision. On prolonge, au moyen de jalons les directions DA, DH jusqu'à la rencontre en A' et H' des perpendiculaires HC, AB aussi prolongées. Les deux triangles ABD, A'DC, comme nous venons de le voir plus haut, sont égaux, puisqu'ils ont un côté égal adjacent à deux angles égaux. La distance de A à B est donc connue ; elle est égale à A'C. La comparaison des triangles CDH, BDH' donne également CH=BH'. Il en résulte que la figure AHA'H' est un parallélogramme, que A'H' est égal et parallèle à AH et qu'ainsi la longueur AH demandée est connue. Pour mener enfin par O une parallèle à AH, cela revient à mener une parallèle à la droite accessible A'H' par le procédé indiqué au premier problème.

Si le terrain en arrière de la base n'était pas assez vaste pour opérer ainsi, on prendrait $Dn = \frac{1}{2} DC$ et $Dm = \frac{1}{2} BD$ ou DC : on élèverait par m et n deux perpendiculaires jusqu'à la rencontre des prolongements de AD et DH, et l'on arriverait à $ah = \frac{1}{2} AH$.

4° Prolonger avec l'équerre une ligne AB au delà d'un obstacle. On mène Bb (fig. 66), perpendiculaire sur AB ; bc perpendiculaire sur Bb ; Cc = Bb perpendiculaire sur bc et enfin CD perpendiculaire sur Cc.

Suivant la position de l'obstacle, on pourra encore résoudre ainsi le problème. Par b on mène cd quelconque : on choisit d (fig. 67) de manière que dD perpendiculaire à cd dépasse l'obstacle : on prend $bc = bd$. En c on élève la perpendiculaire ca que l'on mesure, puis faisant $do = ca$, on a le point O qui appartient au prolongement de ab.

Si l'on veut encore, on trace bc (fig. 68) et cd perpendiculaires à ab et ac. Les deux triangles rectangles abc, acd étant semblables parce qu'ils ont un angle et un côté communs, fournissent la proportion $ab : bc :: ac : cd$ de laquelle on tire, pour avoir la position de d,

$$cd = \frac{ac \times bc}{ab}$$

Enfin par a et b (fig. 69), on mène cd et ef perpendiculairement à ab : on prend $bc = bd$, $ae = af$ et les alignements ec, df prolongés donnent, par leur rencontre, un point a appartenant à la droite indéfinie ab.

5° Mesurer une ligne accessible à ses deux extrémités seulement. On construit le rectangle ABA'B' (fig. 70), et l'on mesure A'B'. On peut aussi au point A (fig. 71), élever AC perpendiculaire à AB ; mesurer AC : par un point D de cette ligne, mener une parallèle à AB jusqu'à la rencontre en E de CD : on mesure DC ainsi que

DE et l'on a AB $= \frac{AC.\ DE}{CD}$. On peut encore par A (*fig.* 72), mener une droite quelconque AC que l'on prolonge jusqu'à ce que l'on atteigne le pied de BC perpendiculaire à AC et l'on conclut

$$AB = \sqrt{\overline{AC}^2 + \overline{BC}^2}$$

ou enfin, si l'obstacle ne permettait pas de construire la figure précédente, on tracerait AA' (*fig.* 73) puis A'C perpendiculaire à AA' et BC perpendiculaire à A'C : il viendrait alors,

$$AB = \sqrt{\overline{AC'}^2 + \overline{BC'}^2} \quad = \quad \sqrt{\overline{A'C}^2 + (\overline{BC} - \overline{AA'})^2}$$

6° S'il s'agit d'évaluer la surface d'une levée renfermée dans une courbe quelconque, rien n'est plus facile quand le périmètre est un polygone régulier. La géométrie fournit les méthodes à employer en pareilles circonstances. Si le contour est une figure irrégulière, la méthode consiste à inscrire, si l'intérieur est accessible, un polygone dont les côtés s'écartent le moins possible de la courbe, puis à décomposer la surface totale en triangles que l'on évalue partiellement au moyen de la formule $S = \frac{1}{2} BH$ et que l'on peut vérifier par cette autre

$$S = \sqrt{p\ (p-a)(p-b)(p-c)}\ ;$$

p représentant la demi-somme des côtés.

Il ne reste plus alors à estimer que les portions AmB, Bm'C, Cm''D, etc. (*fig.* 74). Voici comment on procède. Soit une surface terminée par la courbe irrégulière A$c'd'e'$B$e''d''c''$ (*fig.* 75), on trace la droite AB suivant la plus grande longueur de la figure : on la partage en parties égales Ac,cd,de,eB, assez petites pour que l'on puisse regarder comme des lignes droites les portions de courbes comprises entre les perpendiculaires élevées par les points c,d,e. Ne considérons que la partie supérieure à AB puisque nous opérerions de la même manière à l'égard de l'autre. Nous voyons qu'elle est décomposée en une suite de trapèzes compris entre deux triangles. Désignons cc' par h, dd' par h' ee' par h'' et faisons A$c = cd = de = Be = b$; nous aurons, en représentant par S la surface totale et par s,s',s'', etc., les surfaces partielles.

$$s = \tfrac{1}{2}\ bh\ ;\ s' = \tfrac{1}{2}\ b\ (h + h'),\ s'' = \tfrac{1}{2}\ b\ (h' + h'')\ ;\ s''' = \tfrac{1}{2}\ bh''$$

d'où $\quad S = \tfrac{1}{2}\ b\ (h + (h + h') + (h' + h'') + h'') = b\ (h + h' + h'')$

Ceci nous suffit pour déterminer les petites surfaces curvilignes de la *fig.* 74. Telle serait aussi la marche à suivre si l'intérieur de la courbe était inaccessible, comme serait un étang, un bois, etc., car alors on circonscrirait un polygone (*fig.* 76). On en calculerait la surface de laquelle on retrancherait celles des intervalles compris entre la courbe et les côtés du polygone. Nous voyons encore que si, dans la figure 75, nous calculons la surface au sud de AB comme nous l'avons fait pour celle qui est au nord, cela indique un moyen que l'on peut encore employer directement pour trouver l'aire d'une figure sans y inscrire de polygone.

CHAPITRE VI.

LEVÉES A LA CHAINE. ALIGNEMENTS. TRANSVERSALES.

125. Il est indispensable qu'un officier chargé de lever, souvent sans le secours d'instruments, connaisse les ressources que peuvent lui fournir de simples alignements tracés au moyen de jalons, et la chaîne ou son pas bien réglé. Prendre ou jalonner un alignement, c'est chercher sur le terrain la trace du plan vertical qui passe par deux points déterminés. On se sert pour cela de jalons ou bâtons ferrés.

Si l'un des points est accessible, on s'y place et l'on fait planter une suite de jalons dans la direction du second. Il est bon de viser d'un peu loin et de faire passer le rayon visuel tangentiellement aux jalons et alternativement à droite et à gauche.

Si aucun des deux points n'est accessible, on se transporte en C sur la direction AB (*fig.* 77), on y place un jalon, et l'on en fait planter un autre C′ sur la direction CB : on se rend en C′ pour voir si A,C,C′, sont en ligne droite et s'il n'en est pas ainsi, on dérange les jalons et l'on arrive par tâtonnement à leur véritable position. Le concours de deux personnes abrége évidemment l'opération.

126. Soit proposé de trouver la projection d'un point C, connaissant celles de deux droites AB,A′B′.

1° Si d'abord le point C (*fig.* 78) doit se trouver sur les deux alignements, il est évident que sa position se détermine en prolongeant les droites *ab*, *a′b′* jusqu'à leur rencontre.

2° S'il doit se trouver sur l'un seulement des deux alignements sur AB (*fig.* 79), on prolonge d'abord A'B' au moyen de jalons jusqu'en C' : on mesure CC' et on le porte réduit à l'échelle sur le plan de c' en c suivant ab.

3° Si C est situé hors des deux directions données AB et A'B' , on demande encore d'en déterminer la projection par la méthode des alignements. On connaît sur le plan ab,a'b' et d projection d'un point D visible de C mais inaccessible (*fig.* 80). De C, on marche vers D jusqu'à ce qu'on parvienne en C' sur la droite qui unit A à B : ensuite on mesure la distance de C' à C'' point de rencontre des deux alignements connus , puis on porte sur le plan d'abord la longueur c'c'' : on trace dc' et sur son prolongement on porte la longueur de cc' qui détermine c.

On pourrait se passer de connaître la position de d si l'on pouvait mesurer CC'', car en prenant C' à une distance arbitraire de C'', on décrirait ces deux points comme centres avec des rayons cc'' et cc' deux arcs de cercles dont l'intersection déterminerait c.

4° Le point C est situé sur une droite AB dont la projection est connue : on a également d celle de D accessible ; il s'agit de trouver c. On marche sur la direction CD que l'on mesure , puis du point d comme centre et d'un rayon égal à CD réduit , on décrit un arc qui coupe ab (*fig.* 81) en c point cherché.

5° La projection de AB et celle de D accessible étant encore connues , on veut déterminer C que l'on ne suppose plus sur la direction AB. On mesure CD et la distance de D à C' point de rencontre de AB et CD ; après quoi sur le papier , de d comme centre et avec dc' pour rayon, on décrit un arc de cercle qui coupe ab en deux points , mais on reconnaît facilement celui qui convient : on trace dc' et l'on porte cd sur cette ligne à partir de d.

127. *Théorie des transversales.* Sans le secours d'autres instruments que la chaîne et des jalons, on peut encore résoudre plusieurs problèmes dont la pratique se présente assez fréquemment.

La solution de plusieurs d'entre eux s'appuie sur deux propriétés fondamentales des lignes que l'on nomme transversales. On désigne sous ce nom des droites qui traversent un système d'autres lignes droites.

Premier théorème. Imaginons une transversale XY coupant le système des trois droites Ac,Cb,Ba aux points c,b,a (*fig.* 82) : ces trois lignes forment généralement un triangle ABC et l'ensemble fournit cette relation :

Le produit des segments de droite est égal au produit des segments de gauche ; ou , ce qui est la même chose , *le quotient de ces deux produits est égal à l'unité.*

La gauche et la droite sont prises à chaque sommet de triangle, par rapport à son centre, et les segments se comptent sur les directions prolongées des côtés, à partir de chaque sommet jusqu'à la rencontre de la transversale. Pour le démontrer, menons par C,Cc' parallèle à AB, et nous aurons, en comparant les triangles semblables Aca,Ccc', $\frac{Ac}{Cc} = \frac{Aa}{Cc'}$. Les deux triangles bCc',bBa donnent également $\frac{Cb}{Bb} = \frac{Cc'}{Ba}$; multipliant ces deux égalités membre à membre , il vient

$$\frac{Ac.Cb}{Cc.Bb} = \frac{Aa.Cc'}{Cc'.Ba} \ \text{ou} \ \frac{Ac.Cb.Ba}{Aa.Bb.Cc} = 1 \ \text{ou enfin} \ Aa.Bb.Cc = Ac.Cb.Ca.$$

On voit que si dans l'une de ces équations, on connaît cinq quantités , la sixième s'en déduit,

128. *Deuxième théorème.* Considérons maintenant le triangle ACB (*fig.* 83) relativement à trois transversales passant chacune par un des sommets et prolongeons les côtés du triangle jusqu'à ces transversales. Le triangle ACC''' donne relativement à la transversale DD' et d'après le théorème précédent $\frac{AA'.C'''D'.CB}{AD'.BC'''.CA'} = 1$.

Le triangle ABC''' donne de même, par rapport à DD'', $\frac{AD''.CC'''.BB''}{AB''.D''C'''.BC} = 1$. Multipliant membre à membre et supprimant dans le premier BC facteur commun au numérateur et au dénominateur , il en résulte $\frac{AA'.BB''.CC'''.AD''.C'''D'}{AD'.CA'.D''C'''.AB''.BC'''} = 1$.

Si les trois transversales se rencontrent en un seul point, c'est-à-dire si D' et D'' se confondent avec D (*fig.* 84), on aura AD'' = AD', C'''D'' = C'''D' et par suite $\frac{AA'.BB''.CC'''}{AB''.BC'''.A'C} = 1$.

Cette dernière formule peut se déduire immédiatement du premier théorème, en considérant le triangle ABC successivement par rapport aux trois transversales. En effet , pour la transversale DB l'on a $\frac{AA'.CB}{AB.CA'} = 1$: pour DA, $\frac{BA.CC'''}{BC'''.CA} = 1$ et pour DC, $\frac{AC.BB''}{AB''.BC} = 1$.

Multipliant comme ci-dessus et supprimant AB,AC,BC haut et bas, il vient $\frac{AA'.BB''.CC'''}{AB''.BC'''.CA'} = 1$.

Cette propriété peut ainsi s'énoncer : Si l'on a un triangle et trois transversales émanant d'un même point et passant chacune par un sommet, le produit des quotients ou le quotient des produits des segments de gauche par ceux de droite est égal à l'unité.

Si le point D est situé dans l'intérieur du triangle, la même propriété a encore lieu ; c'est ce qu'indique la figure 85 à laquelle on a conservé la notation précédente. Si l'une des transversales, celle qui passe par C, par exemple, partage en deux parties égales le côté opposé AB, dès lors $AB'' = BB''$ et l'équation ci-dessus se réduit à $\frac{AA'.CC'''}{BC'''.CA'} = 1$ et indique que la droite $A'C'''$ est parallèle à AB. De là, nous déduirons bientôt le moyen de tracer, par un point donné, une parallèle à une droite.

129. *Problèmes.* Le premier théorème trouve son application immédiate dans la question suivante :

Trouver la distance de C accessible à c inaccessible. On prend un point A (*fig.* 86), dans le prolongement de Cc : on choisit un autre point B propre à former un triangle avec A et B. Sur BC, on marque un point b pris arbitrairement, puis on cherche a rencontre des alignements bc, AB, et en considérant XY comme une transversale, on a $Aa.Bb.Cc = Ac.Ba.Cb$. Mettant à la place de Ac sa valeur $AC + Cc$,

$$Aa + Bb + Cc = AC.Ba.Cb + Cc.Ba.Cb$$

ou $\quad Cc = AC \dfrac{Ba.Cb}{Aa.Bb - Ba.Cb}$ $\quad$ et enfin $\quad Cc = \dfrac{AC}{\dfrac{Aa.Bb}{Ba.Cb} - 1}$.

On peut mesurer AC et les segments Aa, Ba, Bb Cb des deux côtés AB, BC du triangle ABC, donc on connaît Cc.

130. On demande de prolonger la ligne AB (*fig.* 87) au delà d'un obstacle. On cherche un point c duquel on puisse voir C au delà de l'obstacle. On trace les alignements Bc, Cc, puis on choisit b sur Bc de manière à pouvoir avec l'alignement Ab, former un triangle abc convenable. Alors considérant AC comme une transversale, par rapport au triangle abc, on a $\frac{Aa.Bb.Cc}{Ca.Ab.Bc} = 1$; mettant pour Cc sa valeur $aC - cC$, et tirant celle de aC, il viendra

$aC = \dfrac{ac}{\dfrac{Ab.Bc}{Aa.Bb} - 1}$ Déterminant un autre point C' par la même méthode, on sera en état de tracer le prolongement de AB.

131. Mener par le point *a* une droite parallèle à AB supposée partout accessible.

On prend C (*fig.* 88) sur *a*B prolongé : de C on mène les trois droites CA,CB et C*c*; cette dernière étant dirigée sur *c* milieu de AB; ensuite on détermine l'alignement A*a*; on marque le point de rencontre de A*a* et C*c*, puis enfin on prolonge BD jusqu'en *b* et la droite qui unit *a* à *b* est la parallèle cherchée, d'après l'une des propriétés des transversales.

Si les extrémités seules de la droite sont accessibles, on mène les alignements *a*B,AD, on mesure DB,AD,D*a* et l'on porte sur AD prolongé, D*b* (*fig.* 88 bis), quatrième proportionnelle à ces trois lignes.

On obtient encore la longueur de AB au moyen d'une proportion de côtés dans les triangles semblables ABD, *ab*D, après avoir toutefois mesuré *ab*. Cette méthode pourrait être également employée dans le premier cas, mais l'autre est préférable en ce qu'il ne faut mesurer que AB pour en avoir le milieu.

Si la droite est entièrement inaccessible, on mesure les distances AD,BD d'après la méthode que fournit le premier théorème, puis on opère comme dans le second cas.

Si AB (*fig.* 89) est accessible dans son prolongement seulement, on pourra construire l'angle en *a* par les trois côtés du triangle de construction *abc*, puis au point C où l'on veut faire passer la parallèle, on fera l'angle C égal à *a* en construisant également le triangle C*ed* = *abc*.

On peut encore, quand la droite donnée CD (*fig.* 100) est entièrement inaccessible, employer la méthode suivante : A étant le point donné par lequel on doit mener la parallèle, il est clair que le problème se réduit à faire l'angle DAK = CDA. On mesure l'angle CAD sous lequel la droite CD est vue par l'observateur placé en A : on choisit, un peu loin de ce point, un autre point B duquel CD apparaisse sous le même angle et l'on y parvient par tâtonnement. A,B,C,D supposés dans un même plan, seront situés sur une même circonférence, et l'on aura CBA = CDA. Si donc on fait en A, avec AD, un angle égal à ABC, le second côté AK de cet angle sera la droite demandée.

132. Les obstacles qui empêchent de prolonger une ligne ou de mesurer une distance, peuvent se présenter de diverses manières et donnent lieu à différentes solutions dont nous allons passer quelques-unes en revue.

1° Trouver les projections des points B et B' situés sur le prolongement de AA' et au delà d'un obstacle (*fig.* 90). On choisit un point G duquel on puisse voir A,A',B et B : on mène les alignements GA,GA',GB,GB'. Par un point C quelconque pris sur l'un d'eux, on trace par l'un des moyens connus, CF parallèle à AB', et de simples proportions déterminent les distances des points B,B' et permettent ainsi de tracer leurs projections.

133. 2° Trouver la projection de F (*fig.* 91), que l'on sait être sur le prolongement de AB. On peut choisir un point B', duquel soit visible F et tel qu'on le voie aussi de O milieu de BB'. Par D pris arbitrairement sur AB, on mène une parallèle DD' à BB', on cherche le point de rencontre O' de cette ligne et de OF prolongé, puis faisant O'D' = O'D, on trace sur le papier les lignes indéfinies OO' et B'D' qui rencontrent le prolongement de AB précisément en la projection de F. Par ce moyen, on a trouvé en même temps la distance de ce point supposé inaccessible. On aurait encore pu, sans mener DD' parallèle à BB', marquer par un jalon le point *c* intersection de B'D et OF, puis mesurer CB,CB',CD et porter CD' quatrième proportionnelle à ces trois lignes.

134. 3° S'il s'agit de déterminer sur le terrain un point F sur le prolongement de AB (*fig.* 92), on peut encore procéder ainsi qu'il suit : on prend une base AC, on abaisse BA' sur AC et sous un angle quelconque ; on lui mène une parallèle DE à une distance convenable pour qu'elle ne rencontre pas l'obstacle. Enfin, on marque au moyen d'un jalon, E rencontre de BC et DE. Les triangles semblables ABA',AFD donnent $FD = \dfrac{AD.A'B}{AA'}$ et ces trois lignes pouvant être mesurées immédiatement, le problème est résolu.

135. *Deux points accessibles étant connus de position et situés sur un terrain découvert, déterminer au moyen de la chaîne la position d'un troisième point inaccessible.*

1° Soient A et B les points donnés, on jalonne les directions AC,BC sur lesquelles on marque deux points A',B', puis on mesure AB,AA',AB',A'B,BB' et l'on construit sur le papier les deux triangles *aa'b,abb'* semblables à ceux du terrain. On prolonge *aa'* et *bb'* et le point de rencontre *c* est la projection de C ;

2° Si un obstacle, comme l'indique la figure 94, s'opposait à ce qu'on marchât de A en B et de B en A', on construirait les deux triangles AA'A'',BB'B'', on en mesurerait les côtés, puis on construirait sur le papier ;

3° Si A' et B étaient situés sur les deux bords d'un fleuve (*fig.* 95), de manière à ce qu'on ne pût avancer de A en B et en C, ni de B vers A et C, on construirait les triangles AA′A″,BB′B″ sur les prolongements des côtés du triangle ABC ;

4° Supposons que A et B soient séparés par un obstacle et que du premier seulement on puisse voir C. On prend sur l'alignement AC un point C′ visible de B : sur BC, on marque un point D et l'on prolonge CD jusqu'en B′. On mesure AC′,BC′,BD et BB′. Par C′, on imagine la droite C′A′ parallèle à CD : cela posé, des deux triangles semblables BC′A′,BDB′, on tire BD : BB′ : : BC′ : BA′. Cette proportion donnant BA′ en fonction de quantités connues, on en déduit AA′ qui est la différence de AB à A′B : puis comparant AC′A′ et ACB′, on trouve

$$AA' : AC' :: AB' : AC, \quad \text{d'où enfin } AC = \frac{AC'.AB'}{AA'}$$

5° Si l'un des deux points, A par exemple (*fig.* 97), est inaccessible, on peut mesurer BB′ sur AB; prolonger CB′ jusqu'en D qui, avec B et B′ forment un triangle convenable. On mesure BD et B′D pour construire le triangle sur le papier et l'on prolonge BD jusqu'en C′ sur le prolongement de AC. En mesurant BC′, on pourra construire la projection de C : elle sera le point d'intersection de *ac′* et de *b′d* ;

6° On pourrait encore, comme dans la figure 98, mesurer AA′ sur l'alignement AC ; joindre et mesurer A′B, et construire sur le papier le triangle AA′B , puis prolonger les lignes AB et A′B jusqu'en B′ et D ; mesurer BB′,B′D et BD ; et enfin construire le triangle BB′D. La projection *c* de C serait à l'intersection de AA′,B′D prolongées.

136. *Trouver, avec la chaîne seulement, l'aire d'un polygone quelconque.*

Il suffira de mesurer les côtés et les angles en construisant pour chacun d'eux un triangle au moyen de ses trois côtés. Si le polygone est intérieurement inaccessible, les angles saillants se construiront par des triangles formés sur les prolongements des côtés comme en A (*fig.* 99). Si au contraire, on ne peut opérer que dans l'intérieur, on agira pour les angles rentrants comme en B (*même figure*).

137. *Mener sur le terrain une perpendiculaire à l'extrémité d'une droite AB sans la prolonger.*

On choisit dans l'intérieur de l'angle que l'on veut construire un point C. De ce point, on tend un cordeau de la longueur AC , de telle sorte que son extrémité D tombe sur AB (*fig.* 101). On pro-

longe CD au moyen de jalons ; on porte EC = CD et le point E
appartient à la perpendiculaire AE cherchée. On voit qu'il n'est
plus question ici des propriétés des transversales, mais ce problème et ceux qui suivent pouvant trouver une application fréquente, et leurs solutions pouvant s'obtenir aussi sans le secours
d'instruments, il nous a paru convenable d'en faire mention.

Le même problème se résout encore ainsi qu'il suit : on divise
un cordeau en trois parties qui soient entre elles comme les nombres 3, 5 et 4. On attache les deux extrémités en B (*fig.* 102) : on
fait coïncider la partie qui contient trois divisions ou celle qui en
contient quatre avec la base AB : puis l'on tend le cordeau de manière que les deux autres portions forment entre elles un angle en
E : ce point joint à B donne la perpendiculaire ; en effet, le triangle
est rectangle en B puisque le carré 25 du grand côté est égal à la
somme 16 + 9 des carrés des côtés 3 et 4 de l'angle droit.

138. *Diviser une droite donnée en un certain nombre de parties
égales.*

Soit proposé de diviser AB (*fig.* 103). On mène à volonté les lignes indéfinies BD et AE par les points B et A. On les divise en un
même nombre de parties égales et l'on joint les divisions correspondantes : il en résulte des droites parallèles à AD et BE qui par-
tagent la ligne donnée de manière à satisfaire à la question proposée.

139. *Trouver la distance d'un point accessible à un point qui ne
l'est pas.* (1re solution.)

Soit D le point que l'on peut aborder et DX (*fig.* 104) la distance
que l'on veut connaître. Au point D, on élève par l'une des méthodes indiquées, DA perpendiculaire à DX et l'on marche sur
cette direction jusqu'à ce que l'angle DAX = 50ᵍ : ce dont on est
assuré, lorsqu'en élevant BC perpendiculaire à DA, on trouve
BC = BA.

Deuxième solution. Par D, on mène AD formant un angle quelconque avec DX : on partage AD en deux parties égales : soit C
le point milieu, on prolonge au moyen de jalons, la direction CX.
En A, on trace AB parallèle à DX au moyen des triangles CDE,
AFC que l'on fait égaux en mesurant leurs trois côtés. La portion
AB de cette parallèle terminée au prolongement de CX est égale
à DX. Si par une raison quelconque on ne pouvait s'étendre autant
que l'exige AB = DX, on prendrait Ca et CD dans un certain rapport et *ab* serait dans le même rapport relativement à DX. Nous

avons indiqué une méthode analogue lorsque nous avons parlé de l'équerre d'arpenteur.

Troisième solution. Au point D, on élève une perpendiculaire à DX (*fig.* 106). En un point A dont on mesure la distance à D, on mène AX, puis AB perpendiculaire à AX. On mesure BD, et de la proportion BD : DA :: DA : DX, fournies par les deux triangles rectangles semblables BDA, DAX, on tire $DX = \dfrac{\overline{DA}^2}{BD}$.

140. *Faire un angle égal à un angle donné.*

Il suffit pour cela de former un triangle ABC (*fig.* 107) avec les deux côtés de l'angle et une troisième ligne AB, de les mesurer tous trois, de porter sur une autre ligne l'une de ces trois longueurs et de décrire de ses extrémités avec des rayons égaux en longueur aux deux autres, deux arcs de cercles qui se couperont au troisième sommet d'un triangle qui, ayant ses côtés égaux à ceux de A,B,C, aura ses angles égaux aux siens aussi.

141. *Mener une parallèle à une droite donnée.*

Déjà nous avons donné divers moyens de résoudre ce problème, soit à l'aide de l'équerre d'arpenteur, soit au moyen d'alignements seulement et en vertu des propriétés des transversales. Ici nous allons indiquer comment, par les ombres, on peut satisfaire à cette question. Soit AB (*fig.* 108), la droite à laquelle on veut mener une parallèle par *a*. En A, on plante un jalon, on mesure la longueur de son ombre AD et deux lignes AC, DC. On se transporte en *a*, on y plante le même jalon ou un autre de même longueur, et sur son ombre *ad*, on construit le triangle *acd*, et *ac* est la parallèle cherchée.

142. *Déterminer la position de plusieurs points au moyen de la chaîne ou du cordeau.*

On mesure une base AB (*fig.* 109) : des extrémités comme centre, on décrit des arcs de cercle et l'on mesure les cordes CE,CF,CG, d'une part, et DJ,DI,DH de l'autre, qui aboutissent aux points d'intersections des arcs et des alignements dirigés sur les points M,N,O que l'on veut placer sur le plan.

Diviser un angle en deux parties égales.

Si le sommet C (*fig.* 110) est accessible, de ce point on décrit un arc de cercle AB, on trace la corde et on la divise en deux : le point milieu D uni au sommet, divise l'angle ainsi qu'on le voulait.

Si le sommet est supposé inaccessible, on trace une ligne BA quelconque. Dans le triangle ABC (*fig.* 111), on a CBA + CAB =

200 — ACB, et si le triangle isocèle CBE était construit, on aurait CBE + CEB = 200 — BCA : d'ailleurs CBE = CEB, donc CBE = $\frac{CBA + CAB}{2}$. Construisant donc cet angle en B et traçant la ligne BE, son point milieu D appartiendra, comme ci dessus, à la ligne qui divise l'angle en deux parties égales.

Supposons actuellement que l'on ne puisse pas pénétrer dans l'intérieur de l'angle ACB (*fig.* 112), mais qu'il soit extérieurement accessible : ce sera si l'on veut le saillant d'un bastion. Il s'agit de construire CD, prolongement de CD qui divise l'angle en deux parties égales. On élève CE perpendiculaire à l'une des faces AC et l'on marche sur cette direction jusqu'à ce que l'angle AEC soit de 50^g, auquel cas CE = AC, puis on fait l'angle AEF = 100^g et l'on a alors FC = AC. On se transporte en F et l'on a par alignement la droite FB. Elle est parallèle à la droite cherchée et ainsi le problème est ramené à faire passer par C une parallèle CD' à une ligne connue BF. En effet, C et D étant les milieux de FA et AB, les triangles ACB, ABF sont semblables et BF est parallèle à CD.

144. *Trouver la hauteur d'un édifice.*

Quand le pied est accessible, on peut au moyen d'une équerre DEF (*fig.* 113), ou de trois morceaux de bois formant un triangle rectangle, résoudre le problème. Pour cela, on s'éloigne de l'édifice jusqu'au point où l'un des côtés DF de l'angle droit étant dans une position horizontale, le rayon visuel dirigé suivant l'hypoténuse DE aille passer par le sommet de l'édifice AB. On mesure alors la base DG qui est à la hauteur AG dans le même rapport que les deux côtés DF, EF de l'équerre : on ajoute à AG ainsi trouvé la hauteur DH ou BG et l'on a la hauteur totale.

On peut encore y arriver au moyen d'un jalon DE (*fig.* 114); on le plante en terre, puis on cherche la position C où doit être placé l'œil de l'observateur pour que C, D et A soient en ligne droite. Une simple proportion entre les quantités CE, CB, DE et l'inconnue AB détermine cette dernière.

La comparaison des longueurs de l'ombre de l'édifice et de celle d'un jalon dont on connaît la hauteur, donne également la solution du problème.

Si enfin, armé d'une équerre CEF (*fig.* 115), on se place à la distance nécessaire pour que l'œil en C voie le sommet A suivant l'un des côtés de l'angle droit et le pied B sur le prolongement de l'autre; on connaîtra encore, en mesurant la distance CD et la hauteur BD à laquelle se trouve l'œil, la hauteur cherchée AB qui sera exprimée par $\dfrac{\overline{CD}^2}{BD} + BD$ ou $\dfrac{\overline{CD}^2 + \overline{BD}^2}{BD}$.

Dans le cas où le pied de l'objet AB (*fig.* 116) est inaccessible, on choisit et l'on trouve par tâtonnement une base CD satisfaisant à la condition que les deux angles ACD, CDA soient chacun de 66ᵍ.66 ou le tiers de deux angles droits.

Alors le triangle ACD est équilatéral, de sorte qu'en mesurant la base, on a précisément la distance AD. Si ensuite on mesure DF et la portion FE d'un jalon FL placé en avant de l'œil supposé en D et aboutissant à l'horizontale DG, on trouvera AG au moyen de la proportion DF : FE :: AD : AG, d'où enfin AB = AG + GB = AG + DK.

Il est à remarquer que l'angle 66ᵍ.66 est très facile à obtenir en construisant un triangle avec trois règles d'égales longueurs.

Si l'on avait en même temps satisfait à cette seconde condition que ADG = 50ᵍ, on aurait évité la proportion, car le triangle rectangle ADG eût été isocèle et aurait donné $\overline{AD}^2 = 2\overline{AG}^2$ ou AG = $\dfrac{AD}{\sqrt{2}}$. Ce problème pourrait être résolu plus facilement si l'on avait à sa disposition une équerre à miroir dont nous parlerons plus tard.

CHAPITRE VII.

INSTRUMENTS A RÉFLEXION.

145. Outre les instruments que nous avons décrit, il en existe encore d'autres propres à la mesure des angles et des distances. Ce sont ceux dans la construction desquels entrent un ou deux miroirs. Les premiers sont fondés sur une propriété de la lumière dont voici l'énoncé : *si un rayon lumineux rencontre une surface plane et réfléchissante, l'angle qu'il forme avec la normale à la surface, est égal à celui formé par sa réflexion et cette même normale.* Cette propriété s'énonce d'une manière plus concise en disant que l'angle d'incidence est égal à l'angle de réflexion. L'expérience qui confirme ce fait est décrite au livre IV, § 243.

Cela posé, supposons deux miroirs CM, CN (*fig.* 117), formant entre eux un angle *x* et un rayon lumineux SA qui vient frapper l'un d'eux en A. Il se réfléchira de telle sorte que les angles SAN, CAB

compléments des angles égaux d'incidence et de réflexion seront
égaux. Désignons-les par α : le rayon réfléchi AB devenant incident pour le second miroir CM prendra la nouvelle direction BO
et les angles ABC, OBM ou β seront encore égaux. Il résultera de
ceci que l'angle SOB ou y que forment l'incidence et la seconde
réflexion sera double de l'angle x des deux miroirs. En effet, y
extérieur au triangle ABO équivaut à A + B, c'est-à-dire que
$y = 400 - 2(\alpha + \beta)$. Dans le triangle ABC, on sait que C = 200 —
(A + B) ou $x = 200 - (\alpha + \beta)$: donc $y = 2x$.

Si l'inclinaison des miroirs et la direction du rayon lumineux
modifiaient la figure pour la rendre telle que la figure 118, on
remarquerait que dans ABO, on a O = 200 — (OAB + ABO)
mais OAB = OAC + α : d'ailleurs OAC = SAN ou α comme angles opposés au sommet ; donc O = 200 — (200 — 2β) = 2α ou
$y = 2(\beta - \alpha)$. Puis on aurait au moyen du triangle ABC, C =
200 — CAB — CBA, ce qui revient à $x = 200 - 200 + \beta - \alpha =$
$\beta - \alpha$; donc il devient encore évident que $y = 2x$.

146. Nous allons voir maintenant l'application de ce théorème
aux instruments à réflexion. Soit MM' (*fig.* 119) un miroir frappé
en A par un rayon lumineux venant d'un objet D : ce rayon se réfléchira et les angles DAM', BAN formés avec la normale seront
égaux. Si un second miroir PQ est perpendiculaire à AB, il renverra le rayon lumineux suivant la direction qu'il suivait avant de
l'atteindre : l'angle BAD sera donc ce que tout à l'heure nous désignions par y et l'angle des deux miroirs en sera évidemment la
moitié puisqu'il est égal à celui BAN des normales à leurs surfaces. Si maintenant nous imaginons l'œil placé vers A, un second
objet G situé sur le prolongement de AB, et le miroir PQ étamé
seulement dans sa partie inférieure, il arrivera que l'œil recevra
simultanément deux impressions ; il apercevra G directement et D
par l'effet de la seconde réflexion. Si donc on parvient à estimer
l'angle des miroirs, celui des deux objets sera connu.

147. *Sextant graphique.* Ce qui précède suffit pour faire comprendre la construction et l'usage de cet instrument qui donne le
moyen de rapporter sur le papier les angles visés sans en faire
connaître l'amplitude. Soient trois règles AB, AC, BC (*fig.* 120), as-
semblées par trois pivots A, B, C. Les deux dernières sont de même
longueur. Dans la première est pratiquée une rainure où glisse la
goupille B, de sorte qu'en faisant varier l'angle A, le triangle
change de forme sans cesser d'être isoscèle. Au point A est fixé un
miroir M qui reste toujours perpendiculaire à AB : un second mi-

roir N, dont la moitié supérieure est sans tain, est établi perpendiculairement sur AC. L'angle BAC est évidemment égal à celui
des miroirs. Il suit de là que, si plaçant la règle AC dans la direction d'un objet G, on fait varier l'angle A jusqu'à ce que le miroir
M réfléchisse l'image d'un corps D suivant AC, le miroir N renverra cette image vers l'œil placé en A, et d'après ce que nous
avons vu, l'angle BAC sera moitié de DAG ; mais NCB = CBA +
BAC ; d'ailleurs BAC = CBA puisque le triangle est isoscèle, donc
enfin NCB est égal à l'angle que forment les rayons visuels dirigés
sur les deux objets. Pour le rapporter sur le papier, on place
l'une des règles CN ou CB sur celle des deux directions qui est donnée sur le papier, et l'autre règle sert à tracer la seconde.

148. *Sextant gradué.* Plus généralement on a besoin de connaître l'amplitude des angles que l'on observe. Pour y arriver, on
se sert d'un instrument qui diffère du précédent en ce que le miroir M (*fig.* 121) est fixé sur une alidade AC et au centre d'un arc
de cercle gradué. Le miroir N à moitié étamé est adhérent à cet
arc qui embrasse ordinairement le sixième de la circonférence et
qui, par conséquent, permet d'observer un angle dont l'ouverture
est le tiers de 400^g. De là lui vient le nom de sextant. D'autres qui
n'ont que le huitième de la circonférence sont désignés sous le
nom d'octans. Une lunette OP dont l'axe est parallèle au plan du
limbe, est dirigée en face du miroir N sans être normale à sa surface. Enfin, l'origine des divisions où le zéro est situé en A à l'extrémité du diamètre parallèle au miroir N. Dans cet état de choses,
il est évident que l'instrument remplira le but qu'on s'est proposé.
En effet, si nous supposons les miroirs dans ce premier état de parallélisme, et si par la lunette OP on aperçoit un objet G, on verra
en même temps son image superposée sur lui-même par l'effet du
miroir M : car, en raison de ce que CO est très petit par rapport à la
distance de l'observateur au point G, les deux rayons GC, GO qui arrivent directement, peuvent être considérés comme parallèles. Il
reste donc à faire voir que la seconde réflexion de GC lui est aussi
parallèle, pour avoir démontré la sensation simultanée de G et de
son image. Or, α et α' sont égaux comme compléments des angles
d'incidence et de réflexion : α' et β le sont aussi comme alternes internes : enfin β et β' sont encore égaux, donc $\beta' = \alpha$; donc la seconde réflexion est parallèle à l'incidence et se confond avec le
rayon direct qui traverse le miroir N pour arriver à l'œil. S'il s'a-
git actuellement de trouver l'angle formé par les directions des
objets D et G, on laisse toujours la lunette OP dans la direction de

G et l'on fait mouvoir l'alidade AC qui entraîne le miroir M jusqu'à ce que sa position soit telle que le rayon DC se réfléchisse suivant CN : l'angle formé par sa seconde réflexion et le rayon incident sera bien le même que celui que nous cherchons et double de celui des miroirs, comme il a été démontré § 145; mais celui-ci est mesuré par l'arc AA' compris entre les deux positions de l'alidade ; donc en le doublant, on aura l'angle cherché. Pour éviter toute chance d'erreur, on donne aux graduations du limbe des numérotations doubles.

149. *Vérifications et rectifications du sextant.* Pour que l'instrument soit réglé, il faut :

1° Que le zéro du vernier de l'alidade coïncide avec celui du limbe, quand les deux miroirs sont parallèles; 2° Que l'axe optique de la lunette soit parallèle au plan du limbe ; 3° Que les plans des miroirs soient perpendiculaires à celui du limbe.

Nous avons vu plus haut comment on peut s'assurer que la première condition est remplie. Pour la seconde, on vise un objet avec la lunette de l'instrument et avec une lunette d'épreuve posée sur le limbe. Cette dernière est supportée par deux collets A, B (*fig.* 122) quadrangulaires. On la vérifie d'abord elle-même en la tournant successivement sur les quatre faces des collets et visant toujours le même point. Lorsqu'on trouve quelque différence, on la corrige au moyen des vis butantes du réticule qui porte les fils. Si à l'aide de cette lunette on reconnaît que l'axe optique de celle de l'instrument est inclinée par rapport au limbe, on rectifie l'erreur comme il vient d'être dit pour la lunette d'épreuve. On se sert quelquefois pour le même objet de deux cubes de métal, bien calibrés, que l'on pose sur le limbe et dont les faces supérieures déterminent un plan parallèle à celui du limbe. Ces cubes que l'on nomme viseurs servent encore à voir si la troisième condition est remplie.

On s'assure d'abord que le plan de l'un des miroirs est perpendiculaire au limbe en plaçant les deux viseurs A et B (*fig.* 123) sur le limbe, et tournant le miroir CM de manière que l'œil en O aperçoive directement une arête de B, et l'une de celles de A par réflexion, toutes deux se confondant avec le bord M du miroir. Si celui-ci n'est pas normal au limbe, l'arête réfléchie paraîtra inclinée et n'aura qu'un point de commun avec celle de B. On modifie la position du miroir au moyen des vis qui le fixent à l'alidade, jusqu'à ce que l'on ait atteint la coïncidence parfaite. Il reste à rendre le second miroir parallèle au premier. Cette condition est remplie quand les deux images, l'une directe, l'autre réfléchie, se superposent entièrement. S'ils avaient seulement leurs traces parallèles, les deux images seraient situées l'une au-dessus de l'autre.

Pour atténuer les erreurs inévitables de pointé et de lecture, on a imaginé de modifier cet instrument en substituant une circonférence entière à l'arc de cercle. On répète les angles et l'on arrive à une exactitude plus grande. La description de cet instrument que l'on nomme cercle à réflexion se trouvera avec celle des autres instruments répétiteurs au livre V.

150. *Sextant à un seul miroir.* Un grand inconvénient des instruments que nous venons de décrire est la perte considérable de lumière due à la double réflexion : il est tel que dans quelques-uns, à moins d'une grande habitude, on n'opère qu'avec fatigue et difficulté, tant est faible l'une des deux images quand elles se superposent. Pour y obvier, le capitaine Hanus, professeur d'art militaire, dont l'école d'État-Major déplore la perte, a conçu l'heureuse idée d'un sextant à un seul miroir.

Supposons un miroir MN (*fig.* 124), placé sur une règle OG et pouvant pivoter autour d'un axe projeté en C. Lorsqu'il est perpendiculaire à la ligne OG, il réfléchit le point O, et s'il n'est étamé que de M en C, l'œil placé en arrière de O apercevra directement le point G. Si nous supposons actuellement que l'on veuille avoir l'angle entre D et G, il faut que le miroir prenne la position M'N' qui partage en deux parties égales l'angle cherché. En effet, les angles GCN', M CO sont égaux comme opposés par le sommet ; les angles GCN', DCN' étant aussi égaux, il s'ensuit que M'CO, DCN' le sont : donc le rayon qui arrivera de D en C se réfléchira suivant CO et l'œil apercevra l'image de D et le point G superposés. L'angle que forment la première et la seconde position du miroir est complément de M'CO ou de la moitié de l'angle des deux objets. En le doublant, on aura le supplément de cet angle.

Pour compléter la description de l'instrument, plaçons le miroir MN (*fig.* 125) sur une règle MNPQ. Du point C, comme centre, on décrit un arc AB du sixième, si l'on veut de la circonférence. Cet arc est divisé de telle sorte que, lorsque le miroir dans son mouvement autour du pivot C, entraîne un arc concentrique au premier, on peut estimer l'angle parcouru par le miroir. L'arc intérieur porte un index qui correspond au zéro, quand MN est perpendiculaire à OC. De 5 en 5, les divisions sont marquées 10, 20, 30, etc., de manière qu'on lit de suite le nombre qu'il faut retrancher de 200^s pour avoir l'angle. Il est plus simple et plus sûr d'écrire 200, 190, 180, etc., au lieu de 0, 10, 20, etc. :

cela évite des soustractions qui peuvent occasionner des erreurs.

En théorie, cet instrument donnerait les angles aussi petits qu'ils fussent ; mais dans la pratique, l'épaisseur du miroir et du cadre métallique qui le maintient, deviennent un obstacle à l'observation quand le miroir vient à former un angle trop aigu avec l'axe OC. Il est facile de parer à cet inconvénient en observant les angles que forment les deux objets avec un troisième placé convenablement.

151. *Boussole à réflexion.* Le principe sur lequel est fondé la boussole, combiné avec celui de la réflexion produite par un miroir, a permis de construire une boussole qui jouit, comme les sextants, du précieux avantage de ne pas exiger un support fixe. Par cette raison, elle est préférable à la boussole ordinaire, dans certaines circonstances telles que les levées expédiées, les reconnaissances militaires, etc.

Cet instrument se compose d'une boîte cylindrique ABDE (*fig.* 126), au centre de laquelle est élevé un pivot C. Sur ce pivot, se meut librement une aiguille aimantée portant un limbe très léger, concentrique à la boîte et gradué. En P et O sont élevées deux pinules : la première est percée d'une fente longitudinale très étroite ; l'autre d'un très petit trou faisant fonction d'oculaire. Par ce trou, l'œil peut apercevoir directement, à travers la pinule P, l'objet dont on cherche la direction, et en même temps, la division du limbe qui se trouve en cet instant directement et verticalement placée sous un miroir M. Celui-ci incliné à 50ᵍ, aboutit à l'oculaire O et y renvoie ainsi horizontalement l'image de la division. Les chiffres sont renversés pour être vus droits dans le miroir. Le zéro se trouvant à l'extrémité sud de l'aiguille, on conçoit que le chiffre que l'on aperçoit en M est bien effectivement l'expression de l'angle SCO ou PCN que forment la direction dans laquelle on a visé et le méridien magnétique.

On a substitué depuis quelques années un prisme lenticulaire au miroir. Ce prisme est composé d'une face plane inclinée à 50ᵍ qui réfléchit les divisions, et de deux segments sphériques qui les grossissent en faisant fonction de loupe, comme on le verra au livre IV.

152. *Boussole de Burnier.* M. le capitaine d'artillerie Burnier a modifié avantageusement cet instrument en supprimant le miroir qui atténue toujours un peu la lumière.

Dans une boîte ABDE (*fig.* 127), cylindrique intérieurement et elliptique au dehors, il a placé le pivot et l'aiguille. Celle-ci, au lieu d'un limbe, supporte un cylindre creux extrêmement mince et d'une hauteur suffisante seulement à l'inscription des divisions et des chiffres. Dans l'épaisseur de la boîte et suivant le grand axe de l'ellipse, est pratiquée une ouverture cylindrique OE garnie d'une loupe O dont le but est de rendre plus visible la division qui se trouve vis-à-vis. Un arc elliptique AMB qui jouit de la faculté de pivoter autour de A et B, afin de pouvoir se confondre avec le plan de la boîte ou lui être perpendiculaire, sert dans cette dernière position à tendre un crin fixé en O et en P. Quand le crin est ainsi tendu, il sert d'alidade. On tourne tout l'instrument jusqu'à ce que l'œil aperçoive dans la direction OP, l'objet dont on cherche l'angle avec le méridien magnétique; puis, après quelques oscillations, l'aiguille s'arrête, et le chiffre qui se trouve en D est l'expression de l'arc SD, mesure de l'angle cherché. On conçoit qu'ici les chiffres sont gravés tels qu'on doit les voir, parce que l'image virtuelle produite par une loupe n'est pas renversée (livre IV, §).

153. *Équerre à miroir*. Nous venons de trouver dans les instruments à réflexion les analogues de ceux que nous avions précédemment indiqués pour lever des plans.

Ainsi le sextant graphique, comme la planchette et l'alidade, donne le moyen de tracer un angle sans en connaître l'amplitude : le sextant gradué aussi bien que le graphomètre, détermine l'angle entre deux objets : la boussole à réflexion et la boussole ordinaire mesurent l'angle que fait une direction avec le méridien. Il nous reste à décrire l'instrument à réflexion qui offre quelque analogie avec l'équerre d'arpenteur.

L'équerre à miroir se compose d'un parallélipipède creux en cuivre, dont ABCD (*fig.* 128) est la projection. Il a environ 0^m,1 de longueur et les faces extrêmes sont des carrés de 0^m,015 ou 0^m,02. Il renferme trois couples de miroirs, et dans chaque couple, l'un des miroirs n'est étamé que sur la moitié de sa surface. Les miroirs dont GH, IJ sont les traces, font entre eux un angle droit : la face antérieure BD est évidée de G en K et de L en J. Si c'est le miroir GH qui est e partie transparent, dans la face postérieure AC est aussi pratiquée une ouverture MN. Par suite de cette construction, et en vertu du théorème démontré, que l'angle des deux miroirs est la moitié de celui des directions de deux points, lorsque l'image réfléchie de l'un se superpose sur l'image directe de l'autre, il en résulte que si l'œil placé en O aperçoit à la fois le point Q et l'image de P, l'observateur sera sur l'alignement de P et Q à la moitié de HI près, et cette quantité est négligeable par rapport à PQ. Les couples des extrémités forment d'un côté un angle de 50ᵍ, de l'autre un angle de 25ᵍ, quelquefois de 33ᵍ,33 ou le tiers d'un angle droit. Ils donnent donc des angles de 100ᵍ,50 ou 66ᵍ,66. Le raisonnement étant le même que pour le premier cas, nous terminerons ici ce qui regarde l'équerre à miroir en faisant remarquer le double avantage qu'il a sur l'équerre d'arpenteur d'être d'un très petit volume et de ne pas déterminer seulement les directions rectangulaires. Il n'y a pas autre chose à faire pour vérifier cet instrument que de mesurer les mêmes angles avec lui et avec quelque autre de la précision duquel on soit assuré.

154. Nous plaçons ici une suite de problèmes que l'on peut résoudre à l'aide de l'équerre à miroir et dont un sextant donnerait également la solution.

Trouver la distance du point A où l'on se trouve à un point inaccessible X (fig. 129).

On élève AB perpendiculaire à AX ; on cherche le point C duquel A et X sont vus sous un angle de 50ᵍ et l'on mesure AC qui est égal à AX, puisque ACX est isocèle. Si quelque obstacle s'oppose à ce que l'on mesure AC, on élève en C, CG perpendiculaire sur CX : on prolonge cette droite jusqu'en G sur le prolongement de AX, puis on mesure AG qui est encore égal à AX. Si enfin l'on ne pouvait obtenir la longueur de AG, mais si l'on pouvait avoir celle de CG, on aurait $AX = \dfrac{CG}{\sqrt{2}}$.

155. *Résolution du même problème dans le cas où l'on ne peut mesurer ni même se transporter qu'à une distance très limitée à droite ou à gauche et en arrière du point où l'on est placé.*

Au point A, on élève AB (*fig.* 131) perpendiculaire sur AX : en B, l'on trace BC perpendiculairement à BX. On mesure avec soin AB et AC, puis on a AX au moyen de la proportion AC : AB :: AB : $AX = \dfrac{\overline{AB}^2}{AC}$. Ce procédé rigoureusement exact en théorie n'est plus qu'approximatif lorsqu'on le met en pratique, parce que les moindres erreurs dans la mesure de AB et de AC entraînent une assez notable sur AX. Il suffit néanmoins en certaines circonstances, et notamment lorsqu'il doit faire connaître la distance d'une batterie à l'ouvrage contre lequel elle doit agir.

156. *Mener une horizontale par un point donné.*

Soit A (*fig.* 130), ce point. On plante en terre dans une direction inclinée, un bâton BO au sommet duquel on suspend un fil à plomb qui tombe sur A : on fait porter en avant une mire à coulisse MN. Au moyen des miroirs à 50ˢ de l'équerre, et l'œil étant placé en O, on vise directement le point A rendu bien visible par la présence sur le sol d'un corps AD, d'une couleur tranchant avec celle du terrain. Puis, la personne qui tient la mire en fait glisser le voyant M jusqu'à ce que l'observateur en aperçoive la réflexion. L'angle des miroirs étant de 50ˢ AOM = 100ᵍ, et puisque AO est vertical, il s'ensuit que MO est horizontal. Si enfin de MN on retranche OA, on est assuré que le sommet P d'un jalon NP restant en N déterminera l'horizontale de A.

157. *Déterminer encore la distance* A X *en supposant qu'on ne puisse mesurer que sur une direction donnée* BC , *et que l'on aperçoive* X *ni de* C, *ni de* D, *pied de la perpendiculaire abaissée de* X (fig. 132), *sur* BC.

On cherche sur BC le point E pour lequel on a BEX = 50ˢ. On prend également les points F et G où aboutissent les obliques venant de X et inclinées de 66ˢ,66 sur la base : on mesure EF, FG et l'on marque D milieu de FG. Ce point sera évidemment le pied de la perpendiculaire. On a DX = DE ; or AX = $\sqrt{\overline{DX}^2 + \overline{DA}^2}$, donc AX est connu.

158. *Trouver la distance qui sépare deux points inaccessibles* X *et* Y (fig. 133), *puis à un point déterminé du terrain, tracer une parallèle ou une perpendiculaire à cette droite.*

On choisit sur la partie accessible du terrain une droite MN au moyen de laquelle on puisse, par l'un des procédés indiqués, trouver les longueurs des perpendiculaires abaissées de X et Y : on prolonge la plus courte d'une quantité GD égale à la différence des deux , et la ligne FG est de même longueur que XY et de plus lui est parallèle. La seconde partie indiquée dans l'énoncé a déjà été résolue lorsqu'à l'occasion de l'équerre d'arpenteur nous avons donné une autre solution du même problème.

S'il arrivait que l'observateur pût se placer en un point du prolongement de XY, il y élèverait une perpendiculaire sur laquelle il opèrerait de manière à trouver les distances de X et Y au sommet de l'angle droit ; la différence serait la longueur cherchée. Cette manière de procéder pourrait encore convenir à la circonstance que nous avons déjà indiquée, ou X étant la position d'une batterie , Y serait l'ouvrage qu'elle doit battre.

159. *Trouver la hauteur d'un objet* A B (fig. 134), *placé sur un* *terrain incliné, en supposant que l'on puisse s'établir en un point C duquel les directions sur A et B font un angle de 50ᵍ.*

Imaginons par le sommet A , une droite AD inclinée aussi de 50ᵍ sur AC : elle complétera un triangle ACD rectangle en D et isocèle qui fournira $\overline{AD}^2 = \dfrac{\overline{AC}^2}{2}$ ou $AD = \dfrac{AC}{\sqrt{2}}$.

Puisque CD = AD , il s'ensuit que BD = CD — CB = AD — BC et en élevant au carré $\overline{BD}^2 = \overline{AD}^2 + \overline{BC}^2 - 2\,AD.\,BC$ ou en substituant à AD et $\overline{AD}^2$ leurs valeurs $\overline{BD}^2 = \dfrac{\overline{AC}^2}{2} + \overline{BC}^2 - BC.\,AC\sqrt{2}$. C'est AB que nous voulons obtenir en fonction de quantités connues. Or $\overline{AB}^2 = \overline{AD}^2 + \overline{BD}^2$. Introduisons-y les valeurs de AD et BD , il viendra alors

$$\overline{AB}^2 = \frac{\overline{AC}^2}{2} + \frac{\overline{AC}^2}{2} + \overline{BC}^2 - BC.\,AC\sqrt{2} = (AC - BC)^2 + BC.\,AC\,(2 - \sqrt{2})$$

ou
$$(AC + BC)^2 - BC.\,AC\,(2 + \sqrt{2}).$$

La hauteur AB sera donc connue lorsqu'on aura mesuré AC et BC par les méthodes indiquées. Si C était plus élevé que B , la perpendiculaire AD tomberait dans l'intérieur du triangle , on aurait DB = BC — CD au lieu de DB = CD — BC et la valeur de AB à laquelle on arriverait , serait toujours donnée par la même expression que dans le premier cas.

Quand le terrain est horizontal , BD devient égal à zéro : AB = AD = BC = BD — 2.

$$AC = AB\sqrt{2} \quad \text{et} \quad \overline{AB}^2 = \overline{AC}^2 + \overline{BC}^2 - AC.\,BC\sqrt{2}$$

se réduit à

$$\overline{AB}^2 = \overline{AC}^2 + \overline{BC}^2 - \sqrt{2}\sqrt{2}\,AB.\,BC = \overline{AC}^2 + \overline{BC}^2 - 2\overline{AB}^2.$$

et enfin $2\overline{AB}^2 = \overline{AC}^2$ ce qui est conforme à ce que l'on connaît du triangle rectangle isocèle.

Si l'on ne peut se placer de manière à former l'angle de 50ᵍ, on plante deux jalons CP et OK (*fig.* 134 bis), de manière que leurs extrémités supérieures C et O soient en ligne droite avec A. On mesure par l'un des moyens connus OC et OA, souvent même la première longueur OC peut être obtenue immédiatement. L'œil étant en O et visant B, on marque sur le jalon CP le point D qui se trouve dans la direction de BO , puis mesurant CD, on a AB au moyen de la proportion

$$OC : OA :: CD : AB = \frac{OA.\ CD}{OC}.$$

160. *Passer d'une base trop petite à une autre qui soit double en longueur.*

Si les localités n'ont permis de mesurer que la base AB (*fig*. 135), on fait en A un angle de 66ᵍ,66 et un angle droit en B : la rencontre des deux lignes AC et BC, termine un triangle dans lequel AC = 2AB. Pour le démontrer, prolongeons AB d'une quantité égale BA' et joignons A' à C. Les triangles ABC, A'BC seront égaux, ainsi A = A' et les deux angles contigus en C sont égaux aussi. Leur ensemble qui forme l'angle total C est donc les $\frac{2}{3}$ d'un angle droit. Il en résulte que le triangle ACA' est équilatéral ; que AC = AA' et qu'ainsi AB = $\frac{1}{2}$ AC. On a donc obtenu un côté double de celui mesuré.

Les solutions que nous venons de donner suffisent pour faire sentir de quelle utilité peut être l'équerre à miroir dans les circonstances où se trouve fréquemment un militaire ; obligé de tracer des directions ou de mesurer des distances, il ne peut avoir avec lui que les instruments les moins volumineux, les plus portatifs ; et à ce titre, aucun n'est préférable à l'équerre à miroir.

161. Nous terminerons ce qui est relatif aux instruments à réflexion par la description de celui qui peut être employé à la mesure des distances. Il se compose d'une règle graduée MN (*fig*. 135 bis) : à l'une des extrémités M est placée dans une direction qui lui est perpendiculaire, une lunette O, en face de laquelle un miroir M est fixé invariablement sur la règle avec laquelle il fait un angle de 50ᵍ : il n'est étamé qu'en partie, de manière que la lunette puisse faire voir à l'observateur dont l'œil est en O, un objet tel que A situé en avant. Un second miroir N, entièrement étamé, est maintenu sur la règle par un coulisseau garni d'une vis de rappel destinée à lui imprimer les plus légers mouvements dans le sens de la règle. Quelle que soit son inclinaison sur elle, il est évident que si elle est suffisamment longue, on trouvera toujours une position du miroir N, telle que le faisceau lumineux émanant de A qu'il réfléchira, se dirigera suivant NM, et viendra rencontrer le miroir M en sa partie étamée. Ce dernier, en vertu de la position

qui lui a été assignée, renverra ce faisceau de M en O, de manière
que l'observateur éprouvera la double sensation simultanée produite par l'objet A lui-même et par son image. A ce moment, il y
aura entre les longueurs MN et MA un rapport qui sera constant,
quel que soit l'éloignement d'un objet tel que A, en supposant toute-
tefois que l'inclinaison du miroir sur la règle soit aussi constante.
C'est ainsi que l'on aurait MN=MA, si les deux miroirs étaient parallèles. Cette circonstance ne pourrait convenir au but que l'on se
propose, puisqu'il faudrait une règle extrêmement grande, comme
instrument qui doit être portatif, pour mesurer une longueur MA
très petite, comme distance entre deux objets sur le terrain.

Pour peu que l'on varie l'inclinaison de N, on modifie le rapport
de manière à rendre l'instrument portatif et d'une utilité évidente.
Si les millimètres de la règle devaient correspondre aux mètres de
MA, on pourrait avec une règle de $0^m,05$ mesurer des distances
de 500^m. Pour donner au miroir N l'inclinaison qui lui convient
dans ce cas, au lieu de la déduire du calcul du triangle MNA, ce
qui conduirait difficilement à un résultat exact par la difficulté
d'apprécier les plus petites différences angulaires de position du
miroir, on a recours à une opération pratique. On mesure avec le
plus grand soin, sur un terrain favorable, une ligne MA de 100,
200 ou 300^m ; on place N à 0^m1, 0^m2, ou 0^m3 de M, et l'on modifie
son inclinaison jusqu'à ce qu'il renvoie par l'intermédiaire de M,
l'image de A vers l'œil placé en O. Tant que N conservera cette
inclinaison, le rapport entre MN et MA sera bien le même, et le
secours d'un vernier adapté à N permettra d'apprécier même les
fractions de mètres.

CHAPITRE VIII.

ENSEMBLE DES DÉTAILS D'UNE LEVÉE, RELATIFS A LA PLANIMÉTRIE, EN COMBINANT TOUS LES PROCÉDÉS DÉCRITS ISOLÉMENT.

162. Nous avons passé en revue les différents instruments employés à la levée de détail : nous avons indiqué leur usage particulier, le degré de précision dont ils sont susceptibles, leurs vérifications et rectifications, ainsi que les problèmes particuliers les
plus essentiels dont ils peuvent fournir la solution. Il reste maintenant pour donner une idée nette de l'ensemble du travail, à in-

diquer l'esprit de méthode qui doit diriger depuis la formation du grand canevas jusqu'à l'expression des détails les plus minutieux. Si l'on avait plusieurs points déterminés dans la levée, il faudrait avant tout les vérifier : si quelques-uns d'entre eux ne s'accordaient pas avec les autres, on les rejetterait, et si enfin il y avait trop d'incertitude, on n'en conserverait qu'un seul. Déjà, nous savons que la première opération à faire est une reconnaissance générale du terrain à lever, dans laquelle on signale tous les points qui doivent servir de sommets de triangles, et la base à mesurer si le cas échoit. Nous ne répéterons pas ce que nous avons dit là-dessus, et nous supposerons les grands triangles construits sur le canevas : les points rapportés sur les feuilles de la levée, la méridienne tracée, et enfin les points assez rapprochés pour que les projections de leurs distances ne soient pas plus grandes que l'aiguille de la boussole.

Toutes les opérations préliminaires seront faites très exactement avec une bonne planchette, lorsque l'étendue du terrain n'excédera pas la limite indiquée des levées topographiques.

Ce qui se fait quelquefois, mais n'est pas indispensable, c'est de construire le canevas à part, afin de conserver propre le papier de la minute. Il faudra avoir soin encore, lorsque l'on rayonnera sur des objets non signalés tels qu'arbres, cheminées, flèches de clochers, etc., de les dessiner légèrement sur le canevas, à l'extrémité des lignes tracées et hors du cadre, afin de soulager la mémoire.

Il est nécessaire d'avoir toujours avec soi la chaîne ou tel autre instrument propre à mesurer les distances, un rapporteur, une planchette légère sur laquelle est placée la minute, un compas, une échelle et un calepin pour recueillir les observations ; car bien qu'il faille autant que possible rapporter sur le terrain et de suite, il est bon d'être en mesure de pouvoir reconstruire s'il s'était glissé quelque erreur. Ce calepin contenant les angles fournis par la boussole et les distances mesurées, pourrait être ainsi disposé, en supposant que l'on ne s'arrête qu'à une station sur deux.

NOMS des STATIONS.	CÔTÉS.	LONGUEURS des CÔTÉS.	ANGLES avec le MÉRIDIEN.	OBSERVATIONS.
B.......	AB	50m	354g	
	BC	60	50	
	CD	100	225	
D.......	DE	200	2	
	DY	etc.	etc.	
	DZ	etc.	etc.	

On voit dans ce tableau que nous avons supposé qu'étant en station en D, on a visé deux points Z et Y hors du polygone ABCD, etc., que l'on suit. Tout étant ainsi disposé, on partira de l'un des points déterminés : s'il n'y en a pas d'accessible, on en déterminera un au moyen de deux ou trois autres, et on le vérifiera par tous ceux qui sont visibles. On rayonnera de là les points les plus saillants du détail, et la direction sur laquelle on veut marcher, en visant un jalon. On mesurera la distance entre les deux stations en abaissant en même temps sur cette direction, des perpendiculaires que l'on mesurera, soit à la chaîne, soit au pas, ou que l'on estimera à vue, de tous les points de petits détails situés à droite ou à gauche du chemin que l'on suit. Pour cela, on se servira de la méthode indiquée pour l'équerre d'arpenteur. Arrivé à la seconde station qui est déterminée par le chaînage et vérifiée par des intersections sur des points du canevas, ou quelquefois obtenue seulement par ce dernier procédé, on rapportera sur la minute, au moyen des observations inscrites sur le calepin, tout ce que l'on a fait entre les deux stations. On recoupera ensuite tous les points visés de la première, puis on les construira immédiatement ; enfin, on figurera à vue et très légèrement les ondulations du terrain autour de ces deux stations, à une petite distance et sans s'occuper de les rattacher aux formes générales.

Nous verrons bientôt d'après quel principe on devra se guider dans ce travail. On suivra autant que possible les principales communications, sans s'astreindre toutefois à marcher continuellement dans la voie tracée, et l'on fera les stations aussi longues que possible, eu égard à l'échelle.

On s'écartera peu, dans l'expression du détail, de la direction que l'on parcourt, et l'on fera en sorte d'aboutir de temps en temps à quelque point du canevas pour se vérifier.

Lorsque le pays sera découvert, on fera usage des méthodes d'*intersection* et de *recoupement* comme plus exactes et plus expéditives en ce qu'elles dispensent du chaînage.

Si au contraire le pays est couvert, on ne pourra guère employer que la méthode de *cheminement*.

Les parties que l'on doit arrêter avec le plus de soin, dans tous les travaux topographiques, quelle que soit l'échelle, sont

1° Les grandes routes, grands chemins et percées des forêts ;

2° Les fleuves, rivières, ruisseaux, lacs, étangs et fontaines ;

3° Les rues et contours des villes et villages ;

4° Les habitations isolées, moulins, chapelles, châteaux, ponts, bacs, usines, carrières, etc.

Les grandes routes, grands chemins, etc., seront levés à la planchette autant que faire se pourra, et si parfois on y emploie la boussole, il faudra s'arrêter à chaque coude que l'on déterminera par tous les moyens possibles, chaînages, recoupements, etc.

Les deux bords de rivière s'obtiendront en cheminant sur l'un d'eux et recoupant sur l'autre, soit des points remarquables tels que arbres, poteaux d'amarre, etc., soit des jalons que l'on y fera successivement placer. Les sinuosités entre deux stations se figureront à vue, ou par des ordonnées, sur la direction principale. Les ruisseaux se détermineront comme les rivières ou par des intersections, sur des points de leurs cours assez rapprochés les uns des autres.

Pour les villes et villages, on commencera par en lever les contours avec beaucoup de soin : on amorcera en même temps les principales issues, puis on partira de l'une d'elles pour suivre les différentes rues ; d'une station à l'autre, on abaissera sur le chaînage des perpendiculaires de tous les points remarquables tant d'un côté que de l'autre, comme angles de murs, portes cochères, etc., et l'on pénètrera ensuite dans les habitations pour figurer les massifs de maisons, cours, jardins, etc. Quand les murs que l'on rencontrera à l'intérieur auront quelque étendue, on en prendra les directions à la boussole.

Pour les habitations isolées : si les contours que l'on suit en cheminant n'y conduisent pas, et si l'on n'a pu de loin les placer par recoupement, on déterminera dans leur voisinage un point au moyen de plusieurs autres et l'on en partira pour faire le détail.

Les contours de bois se feront à la boussole, en ne s'arrêtant qu'à une station sur deux, si du moins les intermédiaires ne sont pas nécessaires au recoupement des points environnants : ceux des forêts seront relevés avec beaucoup de précision, surtout par rapport aux amorces des routes droites dont elles sont percées ; car, celles-ci se réunissant souvent à des carrefours, il n'en pourrait pas être de même de leurs projections s'il s'était glissé quelque erreur.

On représente de suite, en s'occupant de la planimétrie, les petits accidents de terrain tels que les escarpements, ravins, carrières, mares, massifs de rochers, et en général tout ce qui se dessine à vue.

Nous terminerons en disant que la méthode la plus prompte consiste à lever avec exactitude. Si l'on tolère d'abord des erreurs assez légères, elles s'accumulent souvent et finissent par être telles que l'on ne peut plus s'y reconnaître, et malgré soi, l'on est obligé de recommencer des parties souvent considérables. On fera donc bien de ne négliger aucune des vérifications possibles, et lorsque malgré ces soins quelque partie se trouvera altérée, il faudra de suite la reprendre en déterminant dans son intérieur un point au moyen de plusieurs autres dont on sera sûr.

Il est possible que l'étendue du terrain à lever ne permette pas, eu égard à l'échelle, de la représenter sur une seule feuille de papier, ou que l'on soit obligé d'en faire le partage en feuilles, pour que le travail puisse être exécuté par plusieurs personnes à la fois. Dans ce cas, on divise le canevas que l'on a fait à part à une échelle moindre, en plusieurs rectangles, et l'on construit chacun d'eux isolément sur une feuille de papier et à l'échelle adoptée pour la levée. Ensuite, on y reporte les points du canevas par leurs distances aux côtés du cadre. On fera en sorte que chaque feuille ait trois points au moins. On peut encore prendre pour côtés des cadres sur lesquels doivent se raccorder les levées contiguës, les droites qui unissent des clochers ou autres objets remarquables faisant partie du canevas. Il serait superflu de reproduire ici les différents problèmes qui peuvent se présenter sur le terrain; notre but était seulement de résumer la marche à suivre pour opérer avec méthode.

CHAPITRE IX.

NIVELLEMENT.

163. Après avoir parlé de tout ce qui concerne la projection orthogonale des points, il nous reste à indiquer les moyens d'obtenir leurs ordonnées verticales ou cotes. Tel est le but du nivellement. Les plus grandes opérations qui y sont relatives n'exigeant pas qu'on ait égard à l'ellipsité de la terre, nous la considérerons comme une sphère de 40 millions de mètres de circonférence et d'un rayon égal à 6,366,198^m.

On nomme surface ou ligne de niveau toute surface ou ligne parallèle à la surface des eaux de la mer. Ainsi deux points sont dits de niveau lorsqu'ils sont également distants du centre de la terre. S'il en est autrement, il existe entre ces deux points une *différence de niveau*, et c'est dans l'évaluation de cette différence que consistent la théorie et la pratique du nivellement. Les points A et B étant inégalement éloignés du centre O (*fig.* 136) de la terre, leur différence de niveau comptée sur la verticale de B est BB'.

164. Les instruments dont on se sert pour ce genre d'opérations ne donnent que la tangente AB'' au premier élément de la courbe, de sorte qu'ils conduisent à déterminer BB'' et non BB'. Cette ligne AB'' est dite *niveau apparent*, et l'on désigne l'arc de cercle AB' sous le nom de niveau vrai. B'B'' différence du niveau vrai au niveau apparent, est donc la première chose qu'il faut apprendre à trouver pour pouvoir ensuite arriver à une connaissance exacte de la différence de niveau entre deux points A et B. jusqu'à une certaine limite, 300^m environ, la différence B'B'' est sensiblement nulle, au delà il faut y avoir égard. Ceci est subordonné cependant à l'exactitude de l'instrument que l'on emploie. Ainsi, par exemple, il sera très inutile de calculer cette différence à 400 ^{m} où elle ne porterait que sur la cinquième ou la sixième décimale, tandis que l'instrument ne fournirait la cote qu'à un centimètre près.

Pour trouver B'B'', servons-nous de la propriété dont jouit la tangente à un cercle, d'être moyenne proportionnelle entre la sécante entière et sa partie extérieure. Désignons par K la projection de la distance entre les deux points; B'B'' par h et le rayon de la terre par R, nous aurons $K^2 = h (2R + h)$ d'où $h = \dfrac{K^2}{2R + h}$.

On résout approximativement, en négligeant h au dénominateur du second membre, comme étant une quantité extrêmement petite par rapport au diamètre du globe.

On a donc, pour une certaine distance K, $h = \dfrac{K^2}{2R}$ (a).

Pour une autre distance K', on aura également $h' = \dfrac{K'^2}{2R}$ d'où $h : h' :: K^2 : K'^2$, c'est-à-dire que les différences du niveau vrai au niveau apparent sont proportionnelles aux carrés des distances.

Si donc on a calculé h au moyen de (a) pour $K = 1000^m$, on trouvera pour une longueur quelconque $K' = 1500^m$,

$$h' = \frac{h}{(1000)^2} (1500)^2.$$

Cette formule peut se calculer facilement par logarithmes en ajoutant au logarithme de la quantité constante $\dfrac{h}{(1000)^2}$ le double de celui de 1500. On a construit d'après ce procédé des tables qui abrègent le calcul.

165. Il existe une autre cause d'erreur sur l'appréciation exacte de la différence de niveau entre deux points ; c'est la réfraction. Son influence étant très peu sensible sur les plus grands côtés qu'emploie la topographie, nous n'en ferons pas mention ici. Au surplus, cette théorie est développée au livre V (*géodésie*) § 390 C'est là que l'on trouvera la démonstration de la formule qu'il faut employer quand on veut opérer avec la plus grande précision. Faisons remarquer, en annonçant seulement que la correction relative à la réfraction est soustractive, de quels éléments divers se compose la différence de niveau entre A et B, que nous désignerons par dN.

Représentons par dT la hauteur AA' ou B''B''' de l'instrument (*fig.* 138).

B'B'' la différence du niveau vrai au niveau apparent par h ;

B'''B^{iv} le côté vertical du triangle rectangle A'B'''B^{iv} par H ;

et BB^{iv} erreur de la réfraction par r.

Il en résultera que $dN = dT + h + H - r$.

166. *Instruments propres au nivellement.* Ces instruments se divisent en deux classes dont l'usage est bien distinct. Les plus simples donnent seulement la ligne de niveau (nous désignerons ainsi le niveau apparent, quand nous n'ajouterons pas la qualification de vrai). Les autres mesurent l'inclinaison d'un rayon visuel ou d'une direction quelconque sur la ligne de niveau.

167. *Niveau d'eau.* Il est composé d'un tube cylindrique de fer

blanc ou de cuivre, recourbé aux deux extrémités (*fig.* 139) à angles droits sur la première direction. Deux fioles en verre, d'égal diamètre, bien jointes au tube, s'y engagent de part et d'autre. Une douille faisant corps avec l'instrument et soudée au milieu du cylindre sert à le fixer sur un pied à trois branches, en lui laissant le jeu nécessaire pour faire un tour d'horizon. On verse l'eau par l'une des ouvertures jusqu'à ce qu'elle monte dans les deux fioles, aux $\frac{2}{3}$ environ de leur hauteur, Lorsque le liquide, après sa chute dans le tube, est entièrement calmé, les plans qui le terminent dans l'une et l'autre fiole appartiennent à une même surface de niveau en vertu d'une propriété connue des liquides. Si l'on imagine une tangente commune aux intersections de ces surfaces avec le verre, ce que l'on peut faire de quatre manières différentes (*fig.* 140), on aura la direction de la ligne de niveau. Il est d'autant plus facile de juger la position de cette tangente, que les petites surfaces sont terminées, en vertu de l'affinité des corps par un espèce d'onglet qui paraît noir. Pour agir avec plus de précision, on se met pour viser le plus loin possible de l'instrument.

Nous avons dit que les fioles étaient de même diamètre : si cette condition n'était pas sensiblement satisfaite, les opérations seraient défectueuses, puisque la ligne de niveau varierait pour chaque position que prendrait l'instrument en faisant un tour d'horizon. En effet, supposons que dans une position première, la ligne de niveau soit *pn* (*fig.* 141), les deux fioles étant de diamètres différents, l'une double de l'autre par exemple. Si le support DP était parfaitement vertical, et le tube exactement horizontal, le mouvement de rotation que l'on imprimerait autour de DP n'apporterait aucune modification, mais ces conditions ne sont jamais entièrement remplies. Il en résulte qu'en faisant tourner de 200ᵍ la petite fiole qui était en A viendra en B. Admettons pour faciliter l'explication de ce qui se passe, que le déplacement du liquide ne se fasse pas d'une manière continue, pendant que l'on tourne l'instrument, ou, si l'on veut, qu'il soit congelé pour un moment. La surface *mn* prendra la position *m'n'* et *pq* deviendra *p'q'*, de telle manière que *pn'* = *p'n*. Rendons actuellement à l'eau sa fluidité : le poids du cylindre *m'n'pt* pesant sur le reste du liquide, tendra à l'élever dans le petit tube : il sera d'abord employé en partie à remplir la partie cylindrique vide *p'q'nu*, mais nous avons supposé l'un des cylindres d'une base double de l'autre, et comme les hauteurs *p'n*, *p'n* sont égales, il s'ensuit qu'il restera encore la moitié du liquide qui occupe *ptm'n'*. Il se partagera entre les deux fioles pour rétablir l'équilibre et élèvera ainsi la ligne de niveau de pn qu'elle occupait d'abord en rs. Rien de plus facile que de préciser l'erreur DD' pour le cas particulier que nous avons considéré. Le poids des deux petits cylindres liquides qui ont élevé la ligne de niveau, doit être le même, et puisqu'ils ont même densité, ils auront même volume. Il faudra donc, en désignant par V, B, H le volume, la base et la hauteur de l'un des cylindres, et par V', B', H' les mêmes quantités relatives à l'autre, que l'on ait V = V' ou BH = B'H' et que leur somme équivaille à la moitié du cylindre qui avait pn' pour hauteur et B pour base; donc $\frac{1}{2} pn'$ B = BH + B'H': d'ailleurs aussi H et H' doivent être égaux puisque les deux lignes de niveau sont nécessairement parallèles, donc $\frac{1}{2} pn'$B = H (B + B'). Nous avons dit que le rapport de capacité des fioles et par conséquent de leurs bases était celui de 1 à 2; ainsi

$$\tfrac{1}{2} pn' \, 2\mathrm{B}' = 3\mathrm{HB}' \quad \text{ou} \quad pn' = 3\mathrm{H} \quad \text{et enfin} \quad \mathrm{H} = \tfrac{1}{3} pn'$$

pn' n'est autre chose que la différence de niveau entre les deux extrémités du coude : l'erreur sera donc d'autant plus grande que l'instrument sera plus incliné et aura plus de longueur. En faisant pn' nul, l'expression de H trouvée plus haut justifie ce que nous avons dit, qu'il n'y aurait pas de correction à faire si l'instrument était bien placé.

Si l'on supposait le rayon de B double de celui de B', il s'ensuivrait que le quart seulement du liquide contenu dans la plus grande fiole, aurait été employé à amener le liquide de la seconde à la ligne de niveau pn et par suite $\frac{3}{4} pn'$B = H(B + B') et H = $\frac{3}{5} pn'$.

Quand on reste longtemps en station au même point, on a égard à l'évaporation, surtout si le soleil frappe sur l'instrument, ou à l'augmentation du liquide s'il pleut, car alors la hauteur de la surface de l'eau varierait. Ordinairement, pour obvier à ces inconvénients, les deux fioles sont recouvertes de tuyaux métalliques fermés par un bout, on les retire quand il est nécessaire. Ils ont encore pour but d'empêcher le liquide de se répandre dans les mouvements de translation. Si l'on opère dans l'hiver, on peut se servir d'alkool au lieu d'eau, pour éviter la congélation.

168. Pour savoir à quelle hauteur la ligne de niveau ab (fig. 142) passe au-dessus du point B, on y place une règle graduée Bb que l'on nomme *mire*. Cette règle a ordinairement deux mètres de haut et peut en avoir quatre en la construisant en deux parties. On fait glisser dessus une petite planche mince, nommée voyant, de 16 à 20 centimètres de hauteur et partagée en deux par la ligne de vi-

sée *bb₁* (*fig.* 143). Les deux compartiments sont peints de deux couleurs tranchantes. Le voyant est maintenu sur la règle par une vis de pression que l'on serre, lorsqu'après avoir haussé ou baissé d'après les signes que fait l'observateur, il se trouve que la ligne de niveau passe par *bb₁*; alors on compte les divisions comprises entre P et *bb'*. Il existe plusieurs formes de mire dont le mécanisme est assez simple pour être compris à première vue.

169. *Niveau à bulle d'air de Chézy.* Cet instrument se compose d'une lunette AB (*fig.* 144) emboîtée dans deux collets C et D dont elle peut sortir et qui sont supportés par deux montants égaux CE,DF; ceux-ci reposent sur une règle EF. Dessous la lunette est adapté un niveau à bulle d'air dont la position peut être modifiée au moyen d'un mécanisme placé en H et d'une articulation G. Tout ce premier système pivote sur le point I appartenant à la tige IP. Cette tige est composée : 1° de la partie IL formée de deux plaques parallèles qui laissent entre elles un passage à la courbe métallique ELF adhérente au premier système. Le mouvement prompt dans ce sens se fait avec la main et le mouvement doux avec une vis de rappel K tangente à la courbe en L ; 2° du tambour cylindrique MN évidé en gorge et dans lequel s'engrène une seconde vis tangente N ; 3° de la partie conique PQ qui s'enfonce dans le pied et qui jouit de la faculté de tourner avec tout l'appareil. Ainsi donc, pour se servir de cet instrument, on rend la surface supérieure du tambour MN horizontale à vue, le mieux possible. On assure les pieds, on fait tourner tout l'instrument autour de l'axe IP jusqu'à ce que le fil vertical de la lunette couvre la mire. C'est la vis N qui, pour cette opération, produit les mouvements doux, lorsque l'on a serré la vis de pression QO, attachée au pied, qui presse une portion de surface annulaire contre le haut de la tige conique PQ. On donne ensuite au premier système un mouvement dans le plan vertical, jusqu'à ce que le niveau GH soit parfaitement calé ; puis faisant placer le voyant de telle sorte que sa ligne de visée se confonde avec le fil horizontal, l'opération est terminée. La lunette construite comme celle de l'alidade et de la boussole, c'est une lunette astronomique. (Pour le niveau, voir sa description au livre V, Géodésie, cercle répétiteur, § 333).

La vérification du niveau de Chézy consiste en deux choses : 1° l'axe optique de la lunette doit être le même que celui du tube qui en forme le corps, car s'il en était autrement, la lunette pouvant tourner dans ses collets, l'axe optique décrirait une surface conique dont toutes les génératrices ne feraient pas le même angle avec le niveau supposé fixe. Pour voir si cette condition est remplie, on vise à une grande distance une ligne de niveau que l'on fait couvrir par le fil horizontal, en plaçant la tête de la vis du réticule dans la partie supérieure de la lunette; on la retourne dans ses collets de manière que cette tête de vis soit dans une situation diamétralement opposée à la première, et l'on regarde de nouveau dans la lunette. Si le fil horizontal ne coïncide plus avec la ligne visée, on modifie la position de l'axe optique, en faisant parcourir la moitié de la différence par le fil horizontal, au moyen de la vis du réticule, et l'autre moitié par tout l'instrument, à l'aide de la vis tangente K. Pour s'assurer que la correction est bien faite, on recommence l'épreuve ; 2° l'axe optique de la lunette doit être horizontal lorsque le niveau est calé. Pour s'en assurer, après avoir visé un point très éloigné, on ouvre les collets et l'on retourne la lunette bout pour bout, puis on ramène l'oculaire vers soi, en faisant tourner tout l'instrument autour de son axe vertical, et la bulle de niveau dans ses repères, parce qu'il est presqu'impossible qu'elle ne se soit pas dérangée dans ce mouvement. On vise de nouveau, et si le fil horizontal ne couvre plus l'objet pointé, il en résulte que l'axe ab (*fig.* 144 *bis*) de la lunette, est incliné de l'angle α par rapport à l'axe du niveau, qu'il a décrit une surface conique et pris la position symétrique $a'b'$. On rapproche le niveau de l'angle α, c'est-à-dire de la moitié de la différence angulaire $a'ob$ au moyen du mouvement H (*fig.* 144). En ramenant le fil horizontal sur l'objet, le niveau devra se trouver calé, mais on ne détruit ordinairement toute l'erreur qu'après quelques tâtonnements successifs.

170. *Niveau à plateau.* Celui-ci nous paraît d'un usage plus facile que les précédents. Il se compose d'un plateau circulaire que l'on rend horizontal et d'une lunette qui, pivotant sur le centre du plateau, s'appuie constamment sur lui. On conçoit déjà que si l'axe optique est rendu parallèle au plan du limbe, il décrira aussi un plan horizontal.

Soit donc AB (*fig.* 145) le limbe supporté par une colonne terminée à sa partie inférieure par un pied à trois branches dans lesquelles se meuvent trois vis a destinées à faire varier la position du limbe DE est la lunette construite comme celle d'épreuve dont nous avons fait § 149. Elle porte à son milieu deux petits tourillons dont l'un s'engage dans le contre évidé C du plateau et dont l'autre qui se trouve alors situé à la partie supérieure de la lunette maintient un niveau à bulle GH. On comprend que le but de ce niveau est de régler l'instrument, et pour cela, on le place d'abord dans la direction de deux vis du pied, au moyen desquelles on le cale, puis ensuite on lui donne une position rectangulaire qui correspond à la troisième vis, et avec celle-ci on le cale encore.

171. *Niveau réflecteur de Burel.* Cet instrument est formé par un tube de cuivre dont les arêtes ont 0^m,02. A l'une des faces est adapté un anneau A (*fig.* 146), destiné à soutenir en y passant le doigt, le niveau à la hauteur de l'œil. Le point de suspension de l'anneau peut varier au moyen d'un chariot B, qu'en tournant fait mouvoir la vis CD qui le traverse. Sur la face EFGH est appliqué un miroir sur lequel est tracée une droite parallèle à la base et aboutissant à deux pointes L et M en saillie sur les flancs du cube. Pour opérer, la ligne LM doit être horizontale et le plan du miroir vertical. Supposons qu'il en soit ainsi, et indiquons l'usage de l'instrument, puis ensuite nous verrons comment on s'assure que ces conditions sont remplies. On élève le niveau jusqu'à ce que LM partage en deux exactement l'image de la prunelle de l'œil, et dans ce cas, la ligne LM et son image se superposent ; il en résulte que le plan passant par l'œil et par LM est normal au miroir, et par conséquent horizontal si celui-ci est bien vertical.

Dans cet état de choses, l'observateur, au moyen des pointes L et M, peut indiquer au porte-mire placé en avant dans quel sens il faut faire mouvoir le voyant pour que la ligne de visée soit dans le plan horizontal passant par l'œil. La différence entre la hauteur de l'œil au-dessus du sol et la lecture faite sur la mire donnerait la différence de niveau entre les deux pointes ; mais dans l'usage de cet instrument aussi bien que des précédents, on fait abstraction du lieu où se trouve l'observateur ; on opère pour un second point comme pour le premier, et la différence de lecture donne la différence de niveau des deux points visés.

Pour s'assurer que la première condition, celle de la verticalité du miroir est remplie, on se place devant un mur ST (*fig.* 147). Soit FH la position du miroir, on fait tracer sur le mur son intersection P avec le plan passant par l'œil et les deux pointes de l'instrument ; on tourne le dos au mur et l'on replace l'instrument à hauteur de l'œil. Soit F'H' la nouvelle position du miroir, le plan passant par l'œil en O' et par les deux pointes lui sera toujours normal. Son intersection sur le mur sera en p', et pour la trouver, l'observateur regardant un peu obliquement dans le miroir, indiquera à un aide placé auprès du mur la ligne qu'il faut qu'il

18

trace pour que sa réflexion se confonde avec la ligne gravée sur le miroir. Si, comme l'indique la figure, les droites projetées en p et p' ne coïncident pas, cela prouve que le miroir était incliné. Les angles FLF', pLp' sont égaux comme ayant leurs côtés respectivement perpendiculaires, et chacun d'eux est le double de l'angle que forme le miroir FH avec la verticale LN. Si donc en tournant la vis CD (*fig.* 146), on change le point de suspension, on arrivera, après quelques essais, à détruire cette erreur. Alors, dans les deux positions, le miroir sera vertical et les traces sur le mur, représentées par p et p', se réuniront en P. Si la trace LM n'était pas horizontale, on s'en apercevrait dans l'opération faite pour la première vérification, puisque l'on obtiendrait deux lignes symétriquement inclinées, comme l'indiquent pp et p'p' (*fig.* 148).

Les instruments sont construits de telle manière que cette imperfection n'existe pas; si parfois néanmoins elle se rencontrait, le constructeur de l'instrument pourrait seul y remédier, à moins que le chariot eût deux mouvements rectangulaires, ce qui n'a pas lieu dans le niveau réflecteur représenté *fig.* 146. On peut, pour opérer, suspendre si l'on veut ce niveau à un bâton fiché en terre, mais on s'en sert néanmoins en le tenant à la main. Cet avantage, joint à son peu de volume et à la netteté de sa ligne de foi en font un instrument très utile.

172. *Clisimètres.* Nous avons dit que les instruments qui donnent une ligne horizontale n'étaient pas les seuls employés à trouver la différence de niveau entre deux points. On conçoit en effet que si l'on connaît l'angle MCN et le côté MC (*fig.* 149), il est facile de trouver MN puisque l'on a $\frac{MN}{MC} = \frac{\text{tang. MCN}}{R}$. Les instruments qui déterminent l'angle de pente se nomment clisimètres.

173. *Niveau de maçon.* Le plus simple de tous est vulgairement connu sous le nom de niveau de maçon. Dans la description que nous allons en faire, on verra qu'il peut être également classé parmi ceux qui donnent seulement une ligne de niveau. Il consiste en un triangle isocèle rectangle A'DE (*fig.* 150); au sommet D est fixé un fil à plomb. Un arc gradué, dont le centre est en D, s'appuie sur la base AE et vient se fixer aux deux côtés de l'angle droit. Cet arc serait inutile s'il ne s'agissait que de s'assurer de l'horizontalité de la droite ou du plan qui supporte l'instrument. Dans ce cas, le fil à plomb devra aboutir sur le milieu de la base A'E, si le niveau est exact. Pour trouver le point de la base auquel correspond le fil quand elle est horizontale, il suffit de poser

l'instrument sur une règle arbitrairement inclinée, de marquer la trace du fil sur la base, de retourner bout pour bout, de marquer encore la position du fil à plomb et de tracer le milieu entre les deux. S'il était bien construit, il suffirait de diviser la base en deux parties égales. Quand le niveau est muni de l'arc dont nous avons parlé, l'opération est la même; puis prenant le point de rencontre du fil et de la base A'E horizontale pour origine des graduations, on marque les grades ou degrés à droite ou à gauche de ce point. Pour trouver l'inclinaison d'une droite AB, il suffit donc d'appliquer le niveau dessus et de lire quel chiffre correspond au fil, en observant toutefois dans quel sens est l'inclinaison; car sans cette précaution il y aurait incertitude, puisque de part et d'autre se trouve la même numérotation. Pour obvier à cet inconvénient, on a imaginé d'écrire les divisions de 0ᵍ à 100ᵍ de G en H ou de P en G, de manière que 50$_g$ correspondît à AF horizontal. Dans la première de ces deux suppositions, si B est plus élevé que A, l'angle qu'on lit est plus petit que 50$_g$, et si on l'en retranche, on a précisément l'inclinaison de AB sur l'horizontale AC. Quand B est plus bas, on lit un chiffre supérieur à 50ᵍ et la différence est encore l'expression de l'inclinaison de AB. Le contraire a lieu si les chiffres vont de H en G. Il nous semble qu'il serait plus simple encore de coter 100ᵍ le point milieu de la base : l'extrémité G de l'arc serait 50ᵍ tandis que H indiquerait 150ᵍ. Ces chiffres se rapporteraient aux angles que peut faire la base AF avec la verticale du point A' : ce serait, si l'on veut, les distances zénitales prises de A'.

Quelquefois cet instrument est dépourvu de l'arc gradué : les divisions sont tracées sur la base et sont les prolongements des rayons passant par toutes les divisions du limbe; elles sont alors d'inégales dimensions, car elles croissent comme les tangentes des angles de 0$_g$ à 50$_g$ ou plutôt elles en sont les tangentes elles-mêmes.

174. Les différentes constructions que nous venons d'indiquer obligent, pour résoudre le triangle BAC, à avoir recours aux logarithmes, à moins que le constructeur n'ait inscrit au lieu de la graduation, les rapports de longueur entre la hauteur de l'instrument et la partie de la base comprise entre son point milieu et le perpendiculaire; mais il existe un procédé plus usité et qui consiste en ceci : le triangle A'DF étant rectangle en D, la base A'F est double de la hauteur : si donc on divise la base, en 400 parties, par exemple, DE en représentera 200. Cela posé, supposons que le fil à plomb DP (*fig.* 151) corresponde à la 260ᵉ, il en résultera, puis-

que les triangles PDE, ABC sont semblables comme ayant les côtés respectivement perpendiculaires, que DE : EP : : AC : BC ou

$$200 : 260 - 200 :: AC : BC = \tfrac{6}{10} AC = 0,3 \ AC.$$

Pour rendre ce clisimètre plus commode dans de certaines circonstances, on a quelquefois adapté en A' et en F des pinules saillantes ou incrustées dans l'épaisseur de la règle.

175. *Clisimètre ou niveau de pente de Chézy.* Cet instrument donne immédiatement, comme nous allons le voir, la pente par mètre d'une ligne inclinée à l'horizon. Il se compose d'une règle AB (*fig.* 152), de deux pinules AC, BD élevées à angle droit sur AB, d'un niveau EF fixé invariablement et parallèlement à la règle. Au point K est attachée à charnière une seconde règle IK traversée à son extrémité par une vis I qui éloigne ou approche AB de IK. Tout l'appareil est supporté par une colonne, un genou et un trépied. Une vis L arrête le mouvement du genou. Les pinules sont deux parallélogrammes renfermant deux châssis EF, GH (*fig.* 153 et 154) qui, maintenues à coulisse, peuvent se mouvoir dans le sens vertical. Le premier reçoit le mouvement directement de la main à l'aide du bouton I, ou pour les petites variations, au moyen de la vis sans fin HK. Cette vis, prise à ses extrémités dans deux collets, tourne sur son axe sans avancer ; c'est le châssis auquel est adapté l'écrou qui en reçoit le mouvement de bas en haut. Le deuxième châssis (*fig.* 154) ne jouit que d'un mouvement très restreint, imprimé par la vis V : celle-ci ne servant que très rarement lorsqu'il s'agit de régler l'instrument, porte un carré au lieu d'une large tête plate, on la fait tourner au moyen d'une clef mobile. On conçoit que cette précaution soit nécessaire pour éviter les dérangements involontaires de l'instrument.

L'un et l'autre portent des fils croisés LM, NO qui se coupent en T et U, et des visières P et Q situées sur le prolongement des fils horizontaux. Les largeurs AS, BR des pinules sont les mêmes, et les points T et Q d'une part, P et U de l'autre sont situés dans des plans verticaux parallèles. Pour entendre maintenant l'usage de cet instrument, il faut d'abord se rendre compte de la propriété sur laquelle il est fondé. Soit donc une horizontale CA (*fig.* 149), et une ligne inclinée CB dont on veut connaître la quantité dont elle s'élève par chaque mètre. Supposons CM = 1^m, MN = 0^{m}02, Cm = 0^m,3, on aura

$$CM : MN :: Cm : mn \quad \text{ou} \quad 1^m : 0,02 :: 0,3 : mn = 0^m,006.$$

Si nous donnons à la règle AB (*fig.* 152) 0^m,3 de longueur, et si nous imaginons le triangle C*mn* construit en $\alpha\beta\gamma$ de manière que $\beta\gamma = 0^m,006$, il s'ensuivra que $\alpha\gamma$ prolongée s'élèvera d'autant de fois $0^m,02$ qu'elle contiendra de mètres. Voici comment on peut arriver progressivement à construire le triangle voulu $\alpha\beta\gamma$. On place les châssis de telle sorte que le plan passant par T et Q, P et U (*fig.* 153 et 154) soit horizontal. On trace la ligne de foi XY correspondant au bas du chassis de la grande pinule dans cette position et l'on marque zéro en Y, puis on porte $0^m,006$ de Y en Z. En faisant mouvoir le grand châssis de manière que X ou zéro vienne sur la ligne Z, le petit châssis ne bougeant pas, il est clair que T s'étant élevé de la même quantité que le point Y, la ligne de visée qui passera par Q et T sera bien la même que $\alpha\gamma$ (*fig.* 152). Si l'on continue les divisions z', z'', etc., et si l'on élève successivement le châssis de manière à amener Y en z', z'', la ligne $\alpha\gamma$ correspondra à des inclinaisons de $0^m,04$, $0^m,06$, etc., par mètre. Si l'on veut lire directement les centimètres sur le montant gradué AA', on inscrit 2,4,6, etc., en z, z', z'', etc. Si ces divisions sont encore subdivisées de manière à ce que chacune des nouvelles n'ait que $0^m,001$, c'est-à-dire le sixième des premières, il est évident que la ligne α,γ s'élève de $0^m,00333$ ou de 3 millimètres $\frac{1}{3}$. Pour obtenir plus de précision encore, on ajoute un vernier.

La vérification de l'instrument consiste à voir si la ligne de visée TQ est bien horizontale lorsque la ligne de foi correspond à zéro. Pour cela, le niveau étant bien calé, on visera une ligne horizontale éloignée en la faisant couvrir par le fil horizontal de la grande pinule, tandis que l'œil sera placé à l'oculaire Q de la petite : on retournera l'instrument bout à bout, on recalera le niveau, on portera l'œil en P pour viser de nouveau la même horizontale. S'il se trouve une différence, on amène la ligne de visée sous la croisée des fils, moitié au moyen de la vis I qui fait mouvoir tout l'instrument et moitié avec la vis V qui fait mouvoir le châssis de la petite pinule. Cela fait, on recommence l'expérience jusqu'à ce qu'il y ait coïncidence parfaite dans les deux positions de l'instrument.

On pourrait encore le régler en faisant mouvoir le voyant de la mire dans la seconde opération jusqu'à ce qu'il fût partagé par le fil de la pinule : voir de combien on l'a fait bouger, lui donner la position moyenne et ramener la ligne de visée dessus, à l'aide de la vis V.

176. *Clisimètre de Burnier.* Celui-ci donne moins de précision que le précédent, et que l'éclimètre adapté à la boussole et dont nous donnerons bientôt la description : il a même plus d'analogie avec ce dernier , puisque, comme lui, c'est l'angle d'inclinaison qu'il fait connaître. Son avantage marqué sur les autres consiste à pouvoir être employé à la main sans établissement fixe. Il se compose d'une boîte rectangulaire creuse MNOP (*fig.* 155) dans laquelle est adapté un arc de cercle gradué DE. Son centre C sert de point de suspension à une aiguille AB dont les deux parties AC,CB inégales en longueur ont même poids. Cette aiguille, dont la pointe A est recourbée de manière à venir en avant de l'arc gradué marquer le chiffre auquel elle correspond , a la propriété de rester horizontale puisqu'elle est suspendue par son centre de gravité, et abstraction faite des oscillations que cause le mouvement de la main. A la hauteur du centre C et sur une des faces de la boîte sont pratiquées deux échancrures V'Y qui servent de visières et donnent une horizontale quand l'aiguille marque zéro. Cela posé, on conçoit aisément que pour avoir l'inclinaison à l'horizon d'une ligne donnée, il suffit d'incliner la boîte de manière que la ligne VY soit dans cette direction et de lire la graduation que marque l'aiguille. Pour éviter de noter si l'angle est d'ascension ou de dépression, on pourrait, comme nous l'avons déjà indiqué ailleurs , marquer 100ᵍ au lieu de zéro, ce qui donnerait les distances zénitales ou compléments des angles à l'horizon. Si l'amplitude de l'arc DE est de 60ᵍ, quantité bien suffisante, le chiffre extrème en D serait 70, et celui du point inférieur E serait de 130ᵍ.

L'instrument aurait pu être construit de telle sorte que le point C fût le milieu de l'aiguille , qui alors n'eût pas été renflée en B, mais on aurait eu un arc de cercle de plus petit rayon et conséquemment des divisions plus petites. Pour pouvoir, quand les circonstances le permettent, établir ce clisimètre sur un pied, il porte une douille RS pivotant autour de la charnière S.

177. Éclimètre. *Description , usage , vérification et rectification de l'instrument. Registre d'observations. Détermination des cotes et tables qui en abrègent le calcul. Correction relative à la hauteur de l'instrument.*

L'éclimètre employé dans les nivellements topographiques s'adapte à la boussole ordinaire. Il se compose de deux arcs A et B (*fig.* 156), divisés en grades et demi-grades. Ils sont liés entre eux par une règle qui s'appuie contre l'une des faces latérales de la boîte de la boussole et qui a la faculté de pivoter autour d'une vis située à son centre C et engagée dans l'épaisseur de cette boîte. Sur la face divisée du limbe se meut une lunette OL maintenue par deux collets EF, DG que porte l'alidade DE. La tige N supporte la boussole et l'éclimètre ; c'est autour d'elle que s'effectue le mouvement horizontal qu'imprime la main de l'observateur au moyen du large disque R.

La vis M arrête le mouvement du genou. Sur les faces opposées aux graduations est appliqué un niveau à bulle d'air. L'éclimètre porte ordinairement trois vis de rappel ; la première sert à amener exactement la croisée des fils de la lunette sur l'objet visé, sans déranger le limbe ; elle tourne dans deux pinces K et H ; celle-ci est maintenue invariablement au plan de l'alidade qui porte les verniers ; l'autre est fixée au plan du limbe ou le laisse glisser entre ses deux joues, suivant qu'une vis non apparente sur la figure est serrée ou libre. Dans ce dernier cas, on fait tourner autant qu'on le veut la lunette autour de C pour approcher l'axe optique de la direction du point de mire ; quand il en est ainsi, et que l'on veut pointer avec précision, on serre la pince et l'on tourne la vis qui passe en H et K à travers les deux pinces. Dans la cavité pratiquée en K est placé un écrou que traverse la vis. Dans la cavité H roule son renflement sphérique. La seconde vis de rappel sert à faire mouvoir tout l'instrument dans le plan vertical; son but est de rendre le diamètre de départ des graduations horizontal en calant le niveau auquel il doit être parallèle. La troisième, placée à l'une des extrémités du niveau, est employée dans la rectification de l'instrument, pour rendre parallèles le niveau et la ligne $0 - 200^g$.

On a construit depuis quelques années des éclimètres qui donnent un plus grand degré d'approximation que ceux que nous venons de décrire, parce que le centre du limbe étant placé à l'une des extrémités, le rayon de courbure est double, et qu'ainsi l'on peut diviser les grades en quatre, c'est-à-dire de 25 en 25′. Nous savons déjà que le vernier donne une approximation plus grande que ne sembleraient le comporter les divisions du limbe. Celui-ci étant divisé de 50 en 50 minutes, voyons ce que doit être le vernier pour obtenir un angle à moins de 5′ ou de 2′.

L'espace occupé par 9 divisions du limbe étant divisé en 10 parties sur le vernier, chacune de celles-ci est d'un dixième plus petite que celles du limbe. La différence est ainsi du dixième de $\frac{1}{2}$ grade ; elle est donc de 5′. Si 24 du limbe correspondent à 25 du vernier, la différence de l'une des dernières à l'une des autres sera de $\frac{1}{25}$ de 50′ ou de deux minutes. Dans le nouvel éclimètre, le vernier est ainsi divisé, mais le limbe l'étant par quarts de grades, l'approximation est moindre qu'une minute.

L'instrument est muni de deux verniers ; on conçoit donc qu'en lisant ce qu'ils indiquent l'un et l'autre on obtient plus de précision encore. Si tous deux ne correspondent pas ensemble exactement à zéro, on prend la moyenne des deux lectures que l'on retranche de la moyenne des nombres auxquels ils correspondent quand l'angle est observé.

L'éclimètre étant destiné à déterminer l'angle que fait avec l'horizon une direction quelconque, la première opération à faire est de caler le niveau au moyen du mouvement général, après quoi l'on amène la lunette sur le point de mire ; l'angle qu'on lit alors n'est exact qu'autant que le diamètre du limbe qui porte les zéros à ses extrémités est parallèle au niveau. Pour s'en assurer, on vise un objet d'un pointé certain après avoir calé le niveau, puis on lit ce qu'indiquent les verniers. On fait faire à la boussole une demi-révolution autour de son axe vertical, on fait aussi décrire une demi-circonférence à l'appareil de la lunette de manière à ramener à soi l'oculaire O ; on prend de nouveau l'angle, et si le niveau est réglé, on doit lire le même nombre que dans la première opération. Si les deux lectures diffèrent, cela indique que la ligne des zéros n'est pas parallèle à l'axe du niveau, et que dans la seconde opération elle a pris une position symétrique de celle qu'elle occupait dans la première ; l'angle du niveau et du rayon visuel en est la moyenne. Si donc on amène le vernier vis-à-vis le chiffre qui exprime cette moyenne, si ensuite on rétablit la lunette sur le point de mire à l'aide du mouvement général, et si enfin, au moyen de la vis de rappel du niveau, on retrouve dans ses repères la bulle qui avait été dérangée par l'effet du mouvement général, il en résultera que l'instrument est réglé : au surplus, on recommence une semblable opération pour en être plus certain. Nous répèterons encore ici qu'il est préférable de placer le chiffre 100 au lieu de zéro, alors l'instrument donne les distances zénitales et évite la considération des angles d'ascension ou de dépression.

L'erreur de collimation est moins facile à trouver dans les éclimètres dont nous avons parlé en dernier lieu, puisque le retournement est impossible. Voici le moyen qu'il faut employer :

Soient Δ et Δ' les distances zénitales réciproques observées de deux points A et B (*fig.* 172) : soient δ et δ' les mêmes quantités corrigées de l'erreur de collimation que nous désignerons par e et de celle de réfraction, qui, représentée par r, est égale à 0,08 c. (*Voir* le § 391 du livre V.)

Nous aurons

$$\Delta = \delta + e + r; \; \Delta' = \delta' + e - r; \quad \text{d'où} \quad \Delta + \Delta' = \delta + \delta' + 2e - 2r;$$

or $\quad \delta + \delta' = 200 + C \quad$ donc $\quad \Delta + \Delta' = 200 + C + 2e - 2r.$

Tirons-en la valeur de e, elle sera

$$e = \frac{\Delta + \Delta'}{2} - 100^g - \frac{C}{2} + r = \frac{\Delta + \Delta'}{2} - 100^g - C\left(\tfrac{1}{2} - 0,08\right) =$$

$$\frac{\Delta + \Delta'}{2} - 100^g - 0,42\,C.$$

Pour connaître la valeur de l'angle au centre C, il suffit de se rappeler qu'un grade sur la terre est égal à 100000^m, une minute à 1000^m et une seconde à 10^m. Δ et Δ' sont les lectures fournies par les deux observations réciproques, donc tout est connu dans la formule. Le signe qui affectera le résultat du calcul indiquera dans quel sens doit être faite la correction.

Quelle que soit la forme de l'éclimètre, l'observation étant faite, pour lire l'angle mesuré, on compte le nombre de grades et de demi-grades compris entre les zéros du limbe et du vernier. Dans la figure 173, nous trouvons 2^{g}50$'$ plus une petite quantité α qu'il faut apprécier. Pour cela, on suit de l'œil les divisions du vernier jusqu'à celle qui coïncide avec une du limbe : ici, c'est la sixième. Il est évident qu'alors $\alpha = 12'$ si le papier est divisé en 25, car la sixième coïncidant, la cinquième diffère de 2$'$, la quatrième de 4, la troisième de 6, la seconde de 8, la première de 10, et enfin, comme nous l'annoncions, celle cotée zéro est en avance de 12$'$. Quand on a recueilli tous les angles et que l'on connaît les distances horizontales, on trouve les différences de niveau au moyen de la formule $dN = K$ cotang. δ que l'on calcule par logarithmes, ou plus simplement avec des tables à double entrée dont les arguments sont K et Δ. La hauteur de l'instrument entraîne une correction qui varie de signe suivant que l'observation se fait au point dont la cote est connue ou à celui que l'on veut déterminer, et cela indépendamment de l'amplitude de Δ. La hauteur de l'instrument s'ajoute au résultat du calcul dans le premier cas et s'en retranche dans le second.

Pour recueillir les observations avec méthode, on peut modifier le registre indiqué au § 162 et le composer de sept colonnes. Dans la première, on désigne la station; l'angle observé dans la deuxième; la troisième contient les noms des points visés et la quatrième la distance horizontale. On inscrit les angles à l'horizon ou au zénith dans la colonne suivante. Si l'on emploie les ascensions et dépressions, il faut consacrer les cinquième et sixième colonnes à leur inscription ; enfin la dernière est destinée à recueillir les remarques que l'on peut avoir à faire.

178. *Problèmes de nivellement.* L'objet du nivellement réduit à son terme le plus simple, comme nous l'avons dit , est de trouver la différence de niveau entre deux points. Lorsque l'on peut arriver à ce résultat au moyen d'une seule station , le *nivellement est simple ;* il est dit *composé* dans le cas contraire. En n'employant d'abord que les instruments qui donnent seulement la ligne du niveau apparent, supposons que l'on veuille trouver la différence de niveau des deux points A et B (*fig.* 157). On établit l'instrument en S à peu près au milieu de AB pour éviter les corrections relatives à la différence du niveau vrai au niveau apparent et à la réfraction : on fait porter la mire successivement en A et en B : on lit les chiffres correspondant aux deux positions de la mire , et l'on a, en les désignant par α et β, $dN = \alpha - \beta$.

Si l'on ne peut se placer entre les points et si les distances sont grandes, la nouvelle position de s (*fig.* 159) exige que l'on tienne compte des corrections ci-dessus mentionnées § 165.

Si le point le plus élevé A était accessible , on s'y placerait en tenant encore compte de ces corrections (*fig.* 158).

179. *Lever le profil d'un terrain* , c'est chercher les différences de niveau des divers points de l'intersection de ce terrain avec une surface cylindrique à base quelconque. Si les points à niveler ne sont pas désignés d'avance et si le terrain n'est que légèrement ondulé, on prendra les distances *ac,cd,de*, etc., égales entre elles, et l'on fera placer la mire en A. C, D, etc., (*fig.* 160). On fera un croquis, comme l'indique la figure, et l'on inscrira les longueurs trouvées de A*a*,C*c*, etc. Si l'on n'a pas pu prendre égales les quantités *ac,cd*, etc., on les porte telles qu'on les a trouvées. Il est nécessaire de relever aussi la projection du profil lorsqu'il n'est pas situé dans un même plan vertical. Souvent, lorsque les différences de niveau sont trop peu sensibles, on emploie, en les rapportant sur le papier, pour les hauteurs, une échelle double, triple, quelquefois décuple de celle adoptée pour les distances horizontales.

180. *Nivellement composé.* Si l'opération n'a pas pu se faire d'une seule station et si rien ne précise à l'avance les points du profil dont il faut trouver les cotes , on fait placer la mire aux endroits

qui sont propres à faire mieux sentir les inflexions et l'on stationne en des positions intermédiaires.

Soient A,B,C,D, etc. (*fig.* 161), ces points, et S,S′,S″, etc., les différentes stations : à chacune d'elles on donne un coup de niveau d'arrière et un d'avant, de manière que sur chacune des verticales de B,C, etc., il y aura deux coups de niveau qui lieront les opérations faites aux différentes stations.

On tracera le profil sur le papier (*fig.* 162), en portant sur l'horizontale *af*, les projections *ab*,*bc*,*cd*, etc., réduites à l'échelle des portions AB,BC, etc., du profil ; on abaissera les verticales A*a*,B*b*, C*c*, etc., et l'on inscrira à droite de chacune d'elles la cote d'arrière correspondante et à gauche la cote d'avant : on fera séparément les deux sommes dont la différence sera précisément celle de niveau des points extrêmes. En effet, considérant les quatre premiers points A,B,C,D, la différence entre A et D sera AO $=$ A*m* $+$ *no* $-$ *mn*. Mais A*m* $= \alpha - \beta$; *no* $= \alpha'' - \beta''$; *mn* $= \beta' - \alpha'$, en désignant par $\alpha, \alpha', \alpha''$ les coups de niveau d'arrière, et par β, β', β'' ceux d'avant ; il viendra donc, comme nous l'avons annoncé, en substituant

$$\text{AO} \quad \text{ou} \quad d\text{N} = (\alpha - \beta) + (\alpha'' - \beta'') - (\beta' - \alpha') = (\alpha + \alpha' + \alpha'') - (\beta + \beta' + \beta'')$$

Si le nivellement est un peu long, on ne pourra bien compter sur son exactitude qu'après avoir répété l'opération, la première fois de A en E, la seconde de E en A.

Dans ce qui précède, nous avons supposé que les points soumis au nivellement étaient situés au-dessous du plan horizontal fourni par le liquide de l'instrument. Il peut arriver par quelques-uns d'entre eux, dans des circonstances très rares à la vérité, qu'il n'en soit pas ainsi. Supposons que dans le profil à suivre se rencontre un mur de terrasse BC (*fig.* 163). La différence de niveau entre les points A et B sera, comme précédemment, la différence des deux coups de niveau donnés en S ; mais pour comparer B et D, on voit que ce sera la somme des deux lectures qu'il faudra prendre. On peut déduire de là cette règle, que dans le cas général α, α', etc., β, β', etc., qui servent à déterminer dN, doivent être considérés comme de même signe, et qu'il faut affecter de signes contraires les coups de niveau d'avant et d'arrière d'une station, quand les deux points visés ne sont pas placés du même côté par rapport à la surface de niveau de l'instrument.

181. On voit à l'inspection de la figure 161 que tous les points du nivellement sont rapportés deux à deux à des plans différents.

Il est souvent plus commode de les rapporter tous au même, afin de connaître immédiatement la différence de niveau de deux quelconques d'entre eux. Pour cela, on imagine un plan général de comparaison situé au-dessus ou au-dessous du profil d'une quantité assez grande pour qu'il ne le coupe pas. Sa position est déterminée par la distance arbitraire à laquelle on le suppose situé par rapport à un point quelconque du profil, au point de départ A, par exemple (*fig.* 161). Aa, Bb', Cc', etc., Bb, Cc, etc., sont les cotes obtenues par les coups de niveau d'arrière et d'avant; c'est ce que précédemment nous avions désigné par $\alpha, \alpha', \beta, \beta'$, etc. On retranche Aa de la cote de départ, si le plan est au-dessus et la différence est la cote du plan ab du liquide pour la station S: en y ajoutant Bb, on a celle de B; puis de celle-ci, retranchant Bb', on obtient celle du second plan particulier $b'c$ appartenant à la seconde position S' de l'instrument. Celle de C s'en conclut en y ajoutant Cc, et ainsi de suite. Nous rendrons cela plus clair en donnant la forme du registre dans lequel on fait ces calculs, et en y insérant un exemple, après toutefois avoir fait remarquer qu'il ne suffit pas toujours de connaître uniquement le nivellement de la sinuosité du terrain qui suit le profil : souvent il est très important, comme dans les tracés de routes, canaux, aqueducs, etc., de savoir comment se comporte le terrain à droite et à gauche de l'axe du nivellement. Pour y parvenir, on fait des nivellements en travers: ainsi, par exemple, si A, B, C, D (*fig.* 164), sont des stations de l'instrument appartenant au nivellement en long, il pourra être nécessaire d'y rattacher les nivellements en travers FEBGH, MLCKI. Ceux-ci s'exécutent, comme nous l'avons déjà dit et se rattachent à l'opération principale par les cotes de B et C.

182. Le registre de nivellement peut se mettre sous la forme indiquée par la *fig.* 165: il se compose de six colonnes. Dans la première s'inscrivent les stations de l'instrument: on les désigne quelquefois par la suite des nombres naturels écrits en chiffres romains: nous les avons exprimés par S, S', etc.; au surplus, la notation est chose fort indifférente, le point essentiel, c'est l'ordre et la clarté. Dans la seconde colonne, on inscrit la désignation des points sur lesquels on donne des coups de niveau : on ajoute parfois quelque indice à la notation du point de repère commun à deux stations pour le faire plus aisément reconnaître. Ici, la même lettre reproduite aux deux stations ne nous paraît laisser aucun doute. En inscrivant plus de deux points pour chaque station, nous avons supposé qu'à chacune d'elles on avait déterminé les côtés de quelques points en dehors de la ligne que l'on parcourt. La troisième colonne contient les lectures faites sur la mire. La plupart des chiffres que nous y avons insérés indiquent des longueurs plus grandes que les mires usitées, mais il ne s'agit ici que de donner un type de calcul. Dans la quatrième, on écrit les cotes qui marquent à quelle distance du plan général de comparaison est située la surface du liquide de l'instrument dans chacune de ses positions particulières. La cinquième est consacrée à l'inscription des cotes définitives des points nivelés. On voit que dans l'exemple de la *fig.* 165, nous avons supposé que le plan de comparaison était à 100^m au-dessous du sol en A. Ce sera, si l'on veut, la surface des eaux moyennes de la mer, adoptée pour plan général de comparaison dans les travaux de la nouvelle carte de France. Enfin, la sixième et dernière colonne est destinée aux remarques que croit devoir y placer l'opérateur, pour l'intelligence de ses travaux.

183. Les clisimètres en tête desquels nous pouvons placer celui de Chézy, sont généralement employés à trouver l'inclinaison du terrain, ou à lui en assigner une.

Pour tracer sur le terrain une ligne d'une inclinaison donnée, on se transporte au point de départ A (*fig.* 166 et 167), établissant dans sa verticale le trou de la petite pinule (nous supposons qu'on emploie le clisimètre de Chézy). On place l'index de la grande pinule sur la division qui indique la pente demandée : on fait placer en avant un jalon de la hauteur du trou de la petite pinule au-dessus du sol, puis on le fait porter d'un côté et d'autre, jusqu'à ce qu'après plusieurs tâtonnements, la ligne de visée passe par le milieu du voyant. Le pied B du jalon est un point du terrain appartenant à la direction cherchée. Si l'on doit opérer dans un alignement donné, on fait hausser ou baisser le voyant jusqu'à ce qu'il affleure la ligne de visée, et la quantité dont il aura fallu lever ou baisser par rapport à sa première position, indiquera la hauteur ou la profondeur du remblai ou du déblai.

S'il s'agit de mesurer la pente du terrain dans une direction assignée, on prend encore une mire de la hauteur de l'instrument : on le fait porter dans la direction à une distance qui permette de bien distinguer la ligne du voyant; on fait glisser dans son châssis la grande pinule mobile jusqu'à ce que la ligne de visée coupe en deux le voyant. Le chiffre auquel correspond alors l'index exprime quelle est la pente du terrain. Il est évident que l'on emploie l'oculaire de la petite ou de la grande pinule, suivant que le point visé est au-dessus ou au-dessous du niveau de l'observateur.

184. *Des sondes.* Un nivellement, pour être complet, doit embrasser aussi les cotes du terrain couvert par les eaux. C'est au moyen de sondes que l'on se procure ces cotes.

Si les eaux sont stagnantes, il suffit d'avoir les cotes relativement à leur niveau supposé connu. Si l'eau est guéable, un homme entre dedans et sonde avec une mire graduée ; on détermine par recoupement les différentes positions qu'il occupe, de deux positions connues du rivage. Si l'eau est trop profonde, on se sert d'une barque et d'une sonde, c'est-à-dire d'un cordeau à l'extrémité duquel est suspendu un poids. Les points de sonde sont, comme dans le cas précédent, déterminés par deux observations simultanées. Si les deux observateurs sont dépourvus d'instruments, ils emploient la méthode des alignements.

Supposons connus les points A,D,G,E,C,I (*fig.* 168). Le premier observateur pourra, partant de A, se diriger sur D et s'arrêter en B au moment où il sera sur l'alignement du canot en S et d'un point connu C : la distance AB étant mesurée, on pourra tracer la projection de BC sur le plan. Le second observateur marchant de G en E s'arrêtera de même quand il sera parvenu en H sur l'alignement SI qui, reporté sur le papier, donnera par son intersection avec BC, la position du canot, et par conséquent le point où la cote doit être inscrite.

Si la surface des eaux à sonder est peu spacieuse ou peu large, on peut tendre d'un bord à l'autre une corde dans des directions connues. Cette corde peut être graduée, et dans ce cas, on fait couler la sonde à chaque division. Par ce moyen, on peut obtenir une connaissance parfaite des formes du terrain submergé.

C'est surtout aux approches des côtes qu'il est essentiel de connaître la profondeur de la mer et la nature du fond ; c'est encore au moyen des sondes que l'on y parvient.

La sonde employée à cet usage est composée du plomb et de la ligne. Le plomb de sonde est une pyramide tronquée (*fig.* 169), à la base de laquelle on pratique un creux de $0^m,05$ environ de profondeur pour y mettre du suif. A la base supérieure est fixé un crochet auquel on attache la ligne qui a ordinairement 200^m de longueur. Le plomb de sonde pèse de 5 à 100 livres. Le suif est destiné à prendre l'empreinte des roches, à retenir du sable ou de la vase, et à faire ainsi connaître la nature du fond. Pour avoir sur le plan les positions du canot, on peut prendre, au moyen de la boussole à réflexion ou de celle de Burnier, les angles que forment entre eux deux ou trois objets situés sur le rivage. Les oscillations qu'éprouve ordinairement l'embarcation rendent cette méthode peu sûre.

On obtient plus de précision par les opérations simultanées faites par deux personnes à terre, et qui, à un signal donné par celui qui opère dans la barque, dirigent chacun un rayon visuel sur un point de mire tel qu'un drapeau. Ici encore, il est assez difficile de saisir l'instant précis du signal, et d'ailleurs, il faudrait être trois observateurs pour qu'il y eût vérification.

Une autre méthode, préférable encore, consiste en ce qu'un observateur soit embarqué, muni de trois instruments à réflexion, trois sextants, par exemple. A l'instant où le plomb de sonde prend terre, il observe avec l'un des instruments l'angle entre deux points connus de la côte sans s'occuper de le lire : il observe rapidement avec un autre sextant l'angle entre l'un de ces points et un troisième également connu : le dernier instrument est, de la même manière, employé par lui à mesurer le troisième angle que fournissent les trois points visés et combinés deux à deux. C'est alors seulement que l'observateur lit les angles et construit la position au moyen des segments capables. Si, comme il peut arriver, les deux circonférences se coupaient sous un angle très aigu, il devrait se rappeler que la ligne qui unit les deux centres est perpendiculaire à la corde commune aux deux circonférences et la partage en deux parties égales.

Les sondes ainsi obtenues ne sont pas celles que l'on inscrit sur les cartes hydrographiques, puisque la mer variant sans cesse de hauteur, il ne peut exister d'ensemble entre les opérations faites à des instants différents. On les ramène à la surface de basse mer aux équinoxes. Pour opérer cette réduction, il faut connaître de combien la mer était élevée au-dessus de ce niveau, au jour et à l'heure auxquels on a sondé. On fait usage pour cela de l'échelle des marées; c'est un long madrier disposé verticalement à l'entrée des ports, sur lequel est tracé le niveau de la basse mer des équinoxes et son élévation successive de quart d'heure en quart d'heure, en sorte qu'en notant l'heure précise à laquelle on a mesuré chaque sonde, on aura de suite par l'échelle la plus voisine du lieu de l'opération, la quantité qu'il faut ajouter. Quand on n'est pas à portée d'une telle échelle, on en fait élever une provisoire sur le rivage ; on y trace les hauteurs de la mer de 15 en 15 minutes, on rapporte les sondes mesurées au point le plus bas de cette échelle, et plus tard, on tient compte de la différence de hauteur de ce terme de comparaison à l'échelle des marées la plus voisine. Si l'on n'a pas de goniomètre à sa disposition, on pourra encore déterminer d'une manière approchée les stations par alignement, si l'on connaît d'avance la position de quelque point remarquable en mer, comme une pointe de roc, une balise, un fort, etc. On s'y transportera, puis on avancera vers un point déterminé de la côte, en comptant les distances entre les stations au moyen du loch.

Les sondes, dans les cours d'eau, sont de la plus grande utilité, soit pour reconnaître les gués, soit pour calculer le volume d'eau, etc. Pour bien connaître le fond d'une rivière, on pratique un nivellement longitudinal et des nivellements transversaux. Le premier se fait suivant l'axe de la rivière, c'est-à-dire suivant la ligne qui est toujours à égale distance des deux rives : ces distances se comptent et les profils transversaux se font sur les normales à la ligne milieu.

Si AB, AC (*fig.* 170), sont respectivement perpendiculaires aux deux rives, l'angle de ces droites sera le même que celui des bords de la rivière. Soit α cet angle, la normale à l'axe fera avec chacune des lignes AB, AC, un angle $\frac{\alpha}{2}$. Faisant donc en A un angle égal à $100 - \frac{\alpha}{2}$ avec le rivage, on aura la direction du profil transversal dont le point milieu appartiendra au profil longitudinal. Ce que nous disons pour deux rives en ligne droite s'applique également à celles qui sont curvilignes, en les décomposant en petits côtés sensiblement rectilignes.

Pour exécuter le profil transversal, on tend une corde graduée de A en B et l'on sonde à chacune de ses divisions. Pour éviter autant que possible l'erreur due à la flexion de la corde, on suspend de forts poids à ses extrémités où l'on emploie un treuil, si faire se peut. On abandonne ce moyen pour l'un de ceux indiqués précédemment si le cours d'eau est trop large.

Comme la ligne peut être entraînée par le courant et éprouver une courbure qui donne une indication trop grande, on peut calculer la verticale (*fig.* 171) au moyen de la proportion

$$AB : AC :: AD : AE \qquad \text{d'où} \qquad AE = \frac{AC.AD}{AB}.$$

CHAPITRE X.

NIVELLEMENT TOPOGRAPHIQUE ET FIGURÉ DU TERRAIN.

185. Nous avons dit précédemment que la description complète du terrain se composait de deux parties bien distinctes : la projection horizontale, la planimétrie ou la levée et la détermination des ordonnées verticales de tous les points, ou le figuré. L'objet du nivellement topographique est de soumettre à des règles géométriques, ce figuré qui jadis s'exécutait d'une manière tout-à-fait arbitraire et tenant plus ou moins du dessin d'imitation.

C'est ainsi que dans les cartes anciennes, et dans quelques-unes même d'une date plus récente, les mouvements de terrain étaient figurés par un rabattement sur le plan horizontal ou par une espèce de perspective qu'on appelait *perspective cavalière*. Plus tard on abandonna ce procédé, qui avait, entre autres inconvénients graves, celui de cacher une grande partie des détails du plan, et l'on exprima la projection horizontale des mouvements par le moyen de hachures qui indiquaient à peu près le sens des pentes, mais elles n'étaient astreintes à aucune loi, ni pour leur longueur, ni pour leur grosseur, ni même pour leur direction.

On se servait seulement comme auxiliaires des moyens qu'offrent les oppositions de l'ombre et de la lumière dans la nature : ainsi l'on supposait le terrain à représenter éclairé par un faisceau de rayons lumineux parallèles faisant avec l'horizon un angle de 50^s, et venant du nord-ouest. Cette convention fournissait des effets variés qui faisaient apprécier jusqu'à un certain point les relations de hauteur entre les sommités les plus prononcées, et dans les cartes minutes, le travail du lavis venait au secours des hachures tracées préalablement. A mesure que la topographie faisait des progrès, on cherchait à rectifier l'exécution de ces hachures et à les astreindre à certaines conventions. On a fini par les définir rigoureusement sous le nom de lignes de plus grande pente et enfin par les combiner avec les courbes horizontales.

186. Si l'on prétendait calculer les cotes de tous les points ou obtenir directement tous les points de courbes extrêmement rapprochées, l'opération serait impraticable ; on se contente d'un certain nombre qui sert à conclure les autres. Si donc on conçoit le terrain à représenter coupé par une série de plans horizontaux

équidistants et assez rapprochés pour que d'une tranche à l'autre
la ligne droite la plus courte que l'on puisse mener par un point
donné jusqu'aux deux sections puisse être considérée comme se
confondant avec la surface, il est facile de voir que l'on pourra
conclure la hauteur verticale d'un point quelconque M (*fig.* 174),
de celles des deux tranches qui le comprennent, car si l'on rabat
le triangle ABB′ formé par la ligne de plus grande pente AB′, par
sa projection AB et par l'équidistance BB′ des plans coupants, le
point M se rabattra en M′ et sa cote serait évidemment celle du
plan inférieur augmentée de MM′ qui est égale à l'équidistance BB′

multipliée par $\frac{AM'}{A'B'}$ ou par $\frac{AM}{AB}$.

Le problème sera donc ramené à obtenir sur le plan les projections des sections horizontales du terrain. Pour cela, on cal-
culera sur deux bases, autant que possible, les différences de niveau d'autant de points qu'on pourra, puis on ira de l'un à l'autre
en nivelant les profils AB, BC, etc. (*fig.* 175), et marquant sur l'axe
du nivellement les points de passage des courbes dont on a assigné d'avance l'équidistance, on repartira de ces points et l'on ira
d un profil AB à un autre AE en nivelant chaque courbe en particulier.

Cette méthode excessivement longue et pénible ne peut être employée que dans un espace de terrain très resserré et pour des
plans spéciaux destinés à recevoir des projets de travaux particuliers et levés à une très grande échelle. La topographie à petites
échelles, les levées militaires surtout, exigent des moyens plus
prompts. On se contente de déterminer, comme nous venons de
le dire, avec toute l'exactitude possible, les cotes d'un grand
nombre de points, particulièrement les plus importants sous le
rapport de la forme. On prend aussi de temps en temps les pentes
du terrain relativement à l'horizon, et l'on en conclut certains
points de passage des courbes. On réunit tous les points qui ont
même cote et l'on intercale entre deux points nivelés le nombre
de tranches indiqué par leur différence de niveau. Les inflexions
de ces courbes et leur degré de rapprochement entre les points
déterminés rigoureusement se déduisent du figuré à vue du terrain. On conçoit donc combien il est important d'exercer son œil
à juger avec précision les ondulations les moins sensibles. Nous
allons détailler la marche à suivre dans le nivellement ainsi conçu.

187. La première chose à faire sera de dessiner sur la minute
le relief du terrain en s'aidant pour cela du figuré partiel que l'on

a déjà fait autour de chaque station pendant la levée du plan. Pour bien encadrer et saisir chacun des mouvements, on le considérera sous différents aspects en se transportant sur les points élevés : on marquera avec soin l'origine, la fin et les changements des pentes ; ce premier travail fera reconnaître les parties du terrain uniformément inclinées et celles dont l'inclinaison augmente ou diminue. On devra encore relever avec la plus scrupuleuse attention les *lignes de faîte* ou de *partage* et les *thalweg* ou *lignes de réunion des eaux*.

188. Ces deux sortes de lignes que nous allons définir sont, de toutes celles qui servent à figurer rapidement les formes d'une portion du globe, les seules que l'on puisse lever géométriquement, en raison de leurs propriétés caractéristiques. Pour les premières, leur qualification indique assez que de toutes les directions partant d'un point, la ligne de partage est celle qui a le moins de pente, quand on envisage le terrain de haut en bas, de telle sorte que les eaux pluviales qui tombent sur la surface du terrain se séparent suivant cette ligne pour s'écouler à droite et à gauche. De là résulte encore qu'entre deux plans consécutifs elle est la plus longue de toutes les normales aux sections horizontales. De sa propriété caractéristique, on déduit la manière de la trouver. En effet, l'éclimètre étant placé en un point, on mesure l'inclinaison suivant plusieurs directions et la plus petite indique la ligne de faîte. Ce serait le contraire si l'on était au bas de la pente et que l'on dût la suivre en montant, car alors la ligne de pente serait la plus inclinée, toute autre direction ferait un plus petit angle avec l'horizon et serait comprise entre la courbe horizontale et la ligne de faîte. Marchant et mesurant sur cette ligne jusqu'au moment où elle change de direction, une opération analogue en détermine le prolongement et ainsi de suite. Puisqu'elle est la plus longue de toutes les lignes du terrain qui, partant d'un même point, vont aboutir à la section horizontale placée au-dessous, il s'ensuit que sur elle se trouveront les points saillants des courbes, c'est-à-dire, qu'elle sera le lieu géométrique de leurs points de rebroussement. Il en sera de même des *thalwegs* : il est seulement à remarquer qu'ils seront ordinairement beaucoup plus faciles à trouver, parce qu'ils sont indiqués souvent par des rivières, des ruisseaux ou des fossés dans lesquels se réunissent les eaux qui descendent des deux versants. Il est à remarquer encore ici que la définition d'un thalweg doit exprimer dans quel sens on l'observe : si en effet on l'observe de haut en bas, il est la ligne de plus grande

pente ; car en visant à sa droite ou à sa gauche , la direction se rapproche de la courbe horizontale : quand, au contraire, c'est de bas en haut qu'on l'envisage, il est la ligne de plus petite pente.

Si la surface est telle que l'inclinaison du terrain soit uniforme autour de la station, les normales qui vont rencontrer la courbe inférieure sont toutes de même longueur, et il n'existe pas de ligne de partage. C'est ce qui arriverait sur une demi-sphère (*fig.* 176), ou sur un cône droit (*fig.* 177) : les sections faites dans ces deux solides donneraient des cercles concentriques.

Si nous prenons un cône oblique (*fig.* 178), la ligne de partage SA sera d'autant plus évidente que l'obliquité de son axe sur le plan horizontal sera plus grande, et les normales en seront aussi d'autant plus inégales de longueur. La figure 178 suffit encore pour faire voir que le maximum de courbure correspond au maximum SA et au minimum SB de longueur des normales. Les propriétés que nous venons de signaler suffisent pour faire sentir de quelle importance sont ces lignes pour obtenir un tracé rationnel des courbes horizontales.

189. Lorsqu'on sera très exercé au figuré du terrain pour lequel on emploiera les procédés et les signes dont nous parlerons à l'article du dessin topographique, on pourra faire simultanément les deux opérations du dessin à vue et de la recherche des cotes de niveau. Jusque-là, il est bon de les séparer : on en retirera cet avantage, qu'après la première opération on saura, d'une manière très précise, quels sont les points les plus importants à niveler, parce qu'ils caractérisent davantage les formes, et qu'ainsi l'on évitera un grand nombre de tâtonnements et des opérations inutiles.

190. Nous avons donné, § 172 et 177, la formule usitée pour le calcul des cotes, et nous avons parlé des tables que l'on y emploie : l'opération est peut-être plus simple encore au moyen d'une table de tangentes, calculée de 5 en 5 minutes pour les dix premiers grades, et de 25' en 25' pour les autres jusqu'à 40^s. On n'a qu'une multiplication à faire. Du reste, pour les angles intermédiaires, on fait aussi une interpolation.

191. Si l'on connaît d'avance les cotes de certains points trigonométriques, on se transporte d'abord et successivement à chacun d'eux pour s'assurer qu'ils s'accordent ensemble, sinon on les rejette. Supposons qu'on n'en ait aucun, on se place à l'un des points de sa propre triangulation, auquel on attribue une cote arbitraire, 100, 0 ou tout autre nombre. On y observe les distances zénithales doubles de tous les autres points du canevas, de ceux du moins qui

sont visibles. On emploie pour cela la méthode indiquée pour régler l'éclimètre : on lit les deux verniers, et l'on en déduit les distances zénitales aussi parfaites que le comporte l'instrument et par suite les cotes de tous les points visés. On opère de même à chacun des points principaux, pour avoir des vérifications ; puis ensuite pour les points de détail on se borne à observer les distances zénitales simples. On se transporte, supposons, au sommet d'un mouvement de terrain d'où l'on découvre plusieurs des points trigonométriques nivelés : on détermine sa position par des alignements, des angles pris sur des repères, etc. ; on prend les distances zénitales de tous les points déjà nivelés visibles et celles d'autres points que l'on juge être importants, et que l'on a déjà remarqués pendant le figuré à vue ; enfin, on relève les angles de pente dans les différents sens où elle paraît uniforme pendant une certaine longueur : tout à l'heure nous verrons dans quel but.

On parcourt de cette manière tout le terrain, en stationnant aux points caractéristiques. On détermine les sommets, plusieurs points des ravins, thalwegs, ruisseaux, etc., les confluents des cours d'eau, leur entrée dans la levée et leur sortie du cadre, les points où les pentes changent d'intensité, leurs origines supérieure et inférieure. On ne pourra ajouter une grande confiance qu'à ceux qui auront été obtenus par deux observations au moins. Tous les angles observés, la désignation des stations et des points auxquels on ne s'est pas transporté, les hauteurs d'instruments, enfin tous les éléments recueillis sur le terrain, seront insérés dans le registre indiqué § 177.

192. Quand les cotes sont calculées et rapportées, soit au niveau de la mer, soit au point le plus bas du terrain levé, on les inscrit sur la minute ; puis, pour tracer les tranches, on part de l'un des points, de A (*fig.* 179) : en ce point, l'on a mesuré les angles de pente suivant AB, AC, AD : on multiplie les cotangentes de ces angles ou les tangentes des distances zénitales qui en sont les compléments, par l'équidistance adoptée, et l'on obtient les distances horizontales des projections de courbes. Ceci est fondé sur les relations qui existent dans un triangle rectangle, entre les deux côtés de l'angle droit et la tangente de l'un des angles. M. le chef d'escadron Maissiat avait calculé des tables qui donnaient immédiatement ce résultat : on y entrait avec l'équidistance et l'angle. M. le capitaine Duhousset, dans son application de la géométrie à la topographie, en a inséré une semblable, modifiée en raison des nouvelles conventions établies pour figurer les accidents du terrain.

Si nous supposons que l'équidistance relative à la fig. 179 soit 5 mètres, la tranche immédiatement au-dessous de A dont nous prendrons 63 pour cote, sera 60. Les points de passage b,c,d de cette courbe sur AB,AC,AD s'obtiendront en portant sur chacune de ces directions et à partir de A les $\frac{3}{5}$ des distances des courbes, correspondant aux inclinaisons respectives ; puis, à partir de b,c,d, on portera ces distances horizontales $bb',b'B,cc',c'C,dd',d'D$, etc., jusqu'aux points où la pente change ; et pour cela, on s'en rapportera au figuré à vue. Réunissant ensuite tous les points qui ont même cote, on arrivera à une expression des courbes horizontales, très rapprochée de la vérité. Pour reproduire les accidents particuliers du terrain qui peuvent exister entre les profils AB,AC,AD, on infléchit les courbes d'après le figuré à vue.

CHAPITRE XI.

DU DESSIN DES CARTES TOPOGRAPHIQUES.

193. Nous avons passé en revue les procédés employés pour déterminer la projection horizontale du terrain considéré dans tous ses détails, et les cotes des points projetés, les unes par un nivellement rigoureux, les autres par interpolation. Les courbes horizontales et équidistantes que nous avons donné le moyen de construire, résolvent complétement le problème du nivellement, en y joignant toutefois l'expression la plus exacte possible du figuré à vue nécessaire pour rectifier les cotes interposées. Néanmoins on emploie subsidiairement les lignes de plus grande pente pour donner plus d'effet au dessin et faire ainsi mieux juger de suite le relief du terrain. Nous avons, au premier chapitre du livre 3, indiqué les propriétés dont jouissent les lignes de plus grande pente : nous rappellerons ici qu'elles sont normales aux sections horizontales, et que leurs projections sont perpendiculaires aux projections de ces sections. Dans la démonstration que nous en avons donnée, nous avons dû considérer seulement un élément de cette normale en supposant les deux courbes assez rapprochées pour que cet élément pût être envisagé comme une ligne droite. L'élément qui suit jouit de la même propriété, sans pour cela être sur le prolongement du précédent et ainsi de suite : leur ensemble formera donc une courbe généralement à double courbure sur le terrain. Elle sera plane, quand les courbes horizontales seront parallèles ; auquel cas sa projection sera une ligne droite, et la même chose aurait lieu, à plus forte raison, dans le cas infiniment rare où le terrain affecterait la forme d'un solide de révolution, tel qu'un cône droit, une demi-sphère, etc.

194. Il n'est vrai de dire qu'un corps grave abandonné à lui-même suivra la ligne de plus grande pente que pour une première fraction très petite du temps ; car ensuite, il se trouve soumis à deux forces, la vitesse acquise dans le premier moment et la nouvelle action de la pesanteur qui l'entraînerait ensuite vers la ligne de plus grande pente : c'est donc suivant la résultante de ces deux forces qu'il se dirigera dans la seconde portion du temps. Le même raisonnement s'applique à tous les instants consécutifs de la durée de son trajet.

195. Au lieu de tracer les projections des lignes de plus grande pente d'une manière continue, on est convenu de les interrompre à la rencontre des courbes horizontales qui se trouvent ainsi suffisamment indiquées par ces interruptions, surtout lorsqu'on a soin de ne pas reprendre les hachures précisément sur le prolongement de celles de la tranche précédente.

Maintenant, quelle loi suivront les normales pour leur espacement et leur grosseur ? En conservant avec elles le système de la lumière inclinée à 50ᵍ, on avait proposé de modifier leur écartement et leur grosseur d'après la loi de décroissement de la lumière et de donner ainsi ce qu'on appelle un demi-effet, soutenu ensuite et complété par des teintes d'encre de Chine étendues au pinceau.

196. Ce système offre d'assez grands inconvénients : 1° D'abord il y a contradiction entre les deux hypothèses fondamentales, car d'une part on suppose l'œil à une distance infinie pour concevoir la projection, et de l'autre à une distance finie pour obtenir des effets de perspective aérienne ;

2° Le plan horizontal qui reçoit la lumière obliquement devrait être teinté : les pentes de 50ᵍ du côté de la lumière devraient être aussi éclairées que possible, c'est-à-dire qu'il faudrait y réserver le blanc du papier ; enfin celles qui, avec la même pente, sont opposées à la direction de la lumière, devraient être dans une grande obscurité ;

3° On est obligé de supposer qu'il n'y a pas d'ombres portées pour ne pas couvrir les détails de la carte et nuire à sa clarté ;

4° Enfin l'exécution d'une carte ainsi entendue devient excessivement difficile si l'on veut atteindre le degré de perfection dont elle est susceptible, et si l'on ne l'atteint pas, elle induit le jugement en erreur, en présentant aux yeux l'image d'un relief différent de celui de la nature.

197. Quelques topographes, voulant réformer ce qu'avait d'inexact et d'incohérent la méthode de la lumière oblique, ont remarqué que si l'on convenait d'espacer d'autant plus les normales que la pente serait moins rapide, les résultats seraient conformes aux effets produits par des rayons lumineux dirigés verticalement. Dans cette hypothèse en effet, la quantité de lumière reçue par une surface plane donnée, est d'autant moindre que cette surface s'éloigne davantage de l'horizontalité; mais ce décroissement étant proportionnel au cosinus de l'inclinaison, donnerait pour la variation d'écartement des hachures une loi beaucoup trop peu rapide dans les pentes qui se présentent le plus fréquemment dans la nature. De zéro à 30ᵉ, le rapport des cosinus, par conséquent des quantités de lumière reçue et par suite des écartements de hachures serait :: 1 : 0,89, c'est-à-dire d'environ un dixième; ce rapport ne serait encore que de 1 à 0,707 en passant de l'horizontalité à 50ᵉ.

198. Il a donc fallu modifier ce principe pour rendre les différences de pente plus facilement appréciables, par les nuances que produisent les hachures. Pour atteindre ce but, on est convenu de les écarter du quart de leur longueur : nous allons voir un peu plus loin jusqu'à quelle intensité de pente on peut se conformer à cette convention, en vertu de celle adoptée pour les sections horizontales.

199. La longueur des hachures dépendant de l'écartement des plans coupans, on avait d'abord songé à une équidistance constante pour toutes les échelles. mais on a bientôt reconnu que les courbes seraient trop espacées dans les plans à grande échelle ou trop serrées dans le cas contraire. Après plusieurs essais, on est arrivé à faire constant le rapport de l'équidistance à l'échelle, et l'on a adopté 0ᵐ,0005, c'est-à-dire un demi-millimètre pour l'équidistance réduite.

Il en résulte pour l'échelle de $\frac{1}{5000}$:

$$0^m,0005 = \frac{E}{5000} \quad \text{d'où} \quad E = 0^m,0005 \times 5000 = 2^m,50$$

pour $\frac{1}{10000}$; $\quad 0^m,0005 = \frac{E}{10000} \quad\quad E = 0^m,0005 \times 10000 = 5^m.$

$\frac{1}{20000}$ . . . . $E = 10^m.$

Pour les minutes à $\frac{1}{40000}$ et la gravure à $\frac{1}{80000}$ de la carte de France, les équidistances adoptées sont 10^m pour la première et 20^m pour la seconde, ce qui revient à une équidistance réduite de $\frac{1}{4}$ de millimètre.

De la convention que nous venons d'établir découle un très grand avantage, c'est de pouvoir comparer la rapidité de terrains représentés sur des cartes d'échelles différentes. En effet, désignant par e l'équidistance réduite et par n (*fig.* 180), une projection de normale, la tangente de l'angle de pente est exprimée par $\frac{e}{n}$ quelle que soit l'échelle. Or, quand sur des plans différents, une même ligne n représente des longueurs doubles, triples, quadruples, etc., sur le terrain, c'est que l'échelle devient elle-même double, triple, quadruple, etc.; et dans ce cas, en vertu de la convention ci-dessus énoncée, l'équidistance E croît dans le même rapport, et par conséquent l'inclinaison correspondante est toujours la même, donc alors des hachures de même longueur sur différentes cartes indiquent des pentes égales. Concluant ensuite de tang. (*inclinaison*) $= \frac{e}{n}$ que l'inclinaison est en raison inverse de la longueur de la hachure n, il en résulte que de deux normales comparées (à même échelle ou à des échelles différentes), celle qui est double de l'autre correspond à une pente environ deux fois moindre et ainsi de suite.

Cette relation entre l'équidistance des différentes échelles est encore avantageuse, quand il s'agit de réduire un dessin, puisqu'il suffit de reproduire une courbe sur deux, trois ou quatre, suivant qu'on réduit à la moitié, au tiers ou au quart.

Les longueurs des hachures seront, en raison de ce qui précède

$0^m,032$ pour 1^g, 0,016 pour 2^g : 0,0106 pour 3^g : 0,0079 pour 4^g :

0,0063 pour 5^g : 0,0005 pour 50^g.

Il serait impossible de tracer des hachures plus courtes que un demi-millimètre, mais aussi les pentes plus rapides que 50^g peuvent être considérées comme escarpements et figurées comme telles. On voit qu'ici la loi d'écartement n'est plus exécutable, puisque les hachures ne devraient être séparées d'axe en axe que de $\frac{1}{8}$ de millimètre. Si l'on admet que dans la pratique, on ne peut séparer les normales de moins que $\frac{1}{4}$ de millimètre, ceci correspond à la pente de 30^g pour laquelle elles ont un millimètre à peu près de longueur.

Quant à celles qui correspondent à un grade, elles sont bien difficiles à tracer purement.

On peut éluder la difficulté suivant les circonstances, ou en employant des courbes intercalaires (*fig*. 181), ou en supposant le terrain décomposé en deux portions (*fig*. 182), dont l'une aurait plus de pente, 3ᵍ par exemple, et l'autre serait horizontale. Dans le premier cas, les éléments de hachures devront conserver entre eux l'écartement qui conviendrait si elles étaient tracées d'une manière continue : dans le second, les hachures prendront l'écartement relatif à la pente substituée.

200. Pour donner encore plus d'expression au figuré du terrain, on est convenu de grossir les hachures proportionnellement aux pentes. Quant au rapport, on a voulu qu'il fût fourni par une loi telle que les nuances fussent beaucoup plus sensibles pour les pentes douces que pour celles qui sont très intenses, tout en conservant une relation entre l'inclinaison et la nuance. Il importe en effet fort peu de pouvoir juger au premier coup d'œil, si un terrain est incliné de 48 ou de 50ᵍ, puisqu'il est également impraticable dans les deux cas ; tandis que quelques grades de différence dans les pentes moyennes, font que le terrain est praticable ou non aux voitures, puis aux bêtes de somme, et enfin aux hommes. Cette loi concorde au reste, avec la précédente en vertu de laquelle l'écartement des courbes variant en raison inverse de la marche des tangentes, décroît de moins en moins rapidement, à mesure que la pente augmente.

On a trouvé la relation que l'on cherchait dans la progression fournie par les sinus des angles depuis 0ᵍ jusqu'à 100ᵍ ; puisque croissant d'abord très rapidement, la marche progressive se ralentit d'autant plus que l'angle approche davantage d'être droit.

Les pentes plus grandes que 50ᵍ étant classées parmi les escarpements, rochers, etc., et figurées comme telles, on a pu épuiser toutes les ressources de la loi adoptée pour les inclinaisons de 0ᵍ à 50ᵍ. Si l'on compare donc le blanc du papier au sinus de l'angle 0ᵍ qui est nul lui-même, et le noir absolu au sinus de l'angle droit, c'est-à-dire au rayon, on aura toutes les nuances de teinte comprises entre ces deux limites pour représenter les pentes de 0ᵍ à 50ᵍ, en établissant ce principe, que pour une inclinaison quelconque, le rapport des quantités de noir et de blanc employées ou le rapport du plein des hachures au vide qui les sépare, est représenté par le sinus de l'angle double de celui du terrain. Dans ce cas, l'inclinaison de 50ᵍ se trouverait représentée par le noir absolu. Pour éviter cet inconvénient qui ne pourrait être toléré dans le dessin des cartes, on a modifié la loi en disant que les grossissements de hachures seront proportionnels aux sinus des angles doubles de la pente correspondante diminués de $\frac{1}{15}$. Ainsi une inclinaison de 50ᵍ sera exprimée par une teinte produite par une partie blanche et 14 parties noires.

Ce grossissement force à abandonner la loi d'écartement du quart de la longueur plutôt qu'on le ferait dans l'hypothèse des hachures de grosseur constante. C'est environ vers 14 ou 15 grades qu'elle n'est plus praticable. C'est au surplus peu important.

201. Nous allons placer ici quelques observations sur diverses circonstances particulières que présente l'emploi des lignes de plus grande pente. Les hachures extrêmes supérieures ou inférieures d'un mouvement de terrain doivent se terminer aussi fines que possible, pour rendre moins dur à la vue, le passage de la teinte qu'elles produisent, au blanc du papier. Cela est d'ailleurs conforme à ce qu'offre la nature dans laquelle les commencements et fins de pente ne se terminent pas brusquement, mais forment une sorte de quart de rond dans le haut, et de congé vers le bas (*fig.* 183), en passant par une suite d'inclinaisons de plus en plus faibles. Il n'y a d'exception à cette règle que lorsque les terres ont été travaillées par la main des hommes ou lorsqu'elles sont soutenues par des roches.

Il faut bien s'abstenir de figurer des normales suivant la ligne de faîte indiquée par une ligne ponctuée sur les figures 181, 182 et 184 : leur suite produirait une ligne continue qui attirerait l'œil, contradictoirement à la convention qui établit que pour les pentes les plus douces le papier doit être le moins couvert par la teinte.

Lorsque suivant une inclinaison quelconque, il existe un changement de pente brusque, il produit une arête qui coupe les courbes et sur laquelle elles s'infléchissent toutes angulairement. Les portions séparées par cette arête appartenant à des surfaces d'inclinaisons différentes, doivent être représentées par des hachures de grosseurs et d'écartements différents aussi, qui n'aboutissent pas à l'arête sur le prolongement les unes des autres. Dans chacune de ces parties, les hachures ou fractions de hachures seront proportionnelles à l'écartement correspondant des courbes, comme si elles étaient continuées au delà de l'arête, ou en d'autres termes, comme si chacune des deux surfaces conservait son uniformité au delà.

Si l'inclinaison de l'arête est extrêmement faible, celle-ci ne coupera les courbes qu'à de très grandes distances, et si, au-dessus ou au-dessous d'elles le terrain n'a qu'une pente extrêmement peu sensible, il sera peut-être impossible de bien l'exprimer par des hachures. Alors pour pouvoir suivre l'ensemble des courbes et pouvoir les relier entre elles, peut-être devrait-on les figurer elles-mêmes par des lignes très fines ou ponctuées (*fig.* 184). Cette circonstance se présente assez souvent dans les pays dont les mouvements sont doux, ou vers le bas des rameaux qui descendent des chaînes principales dans les pays de grandes montagnes.

La position des arêtes doit être déterminée géométriquement comme celles des lignes de faîtes et des thalwegs.

Pour mieux concevoir ce qui précède relativement à la grosseur et à l'écartement des normales qui ne sont pas entières, prenons des surfaces planes et supposons que ABC (*fig.* 185) soit une arête (concave pour conserver plus de vraisemblance) suivant laquelle elles se coupent. Il ne faudra pas conclure de ce que les normales vont en diminuant de longueur dans le segment ADB, que leur écartement doit diminuer et leur grosseur augmenter ; car la pente restant la même, rien ne doit changer dans la proportion des hachures. Leur moindre longueur vient de ce que ce ne sont que des portions de hachures dont la véritable dimension sera connue en général, en supposant FB prolongé, et dans le cas particulier que nous considérons, sera la même partout entre les deux sections AE, BF qui sont deux droites parallèles. La ligne d'intersection ABC sera un thalweg, puisque chacun de ses points sera la réunion de deux normales descendant des deux flancs du ravin : elle sera donc le lieu géométrique de tous les points semblables et par conséquent ce que l'on désigne sous le nom de *ligne de réunion des eaux*.

Que le terrain présente une surface concave ou convexe, le même genre de raisonnement s'applique à tous les cas où il y a intersection de surface et non raccordement.

D'après cela, dans les ravins étroits et profonds, il ne faut pas chercher à faire raccorder pour la direction, les normales partant de AB (*fig.* 186) avec la ligne de fond AC ; mais les terminer par un trait délié. Ce cas, au reste, se présente rarement : presque toujours, les deux parties latérales se raccordent avec la ligne du fond par une espèce de surface cylindrique dont le diamètre de la base est très petit. La normale s'infléchit alors en traversant cette surface et vient s'approcher autant que possible de la ligne AB (*fig.* 187), sans cependant la rencontrer.

Cette restriction est fondée sur ce que la ligne de plus grande pente étant l'intersection du terrain par un plan qui passe par la normale à la surface du terrain et par la verticale du lieu, et ce plan étant unique pour chaque point, celui-ci ne peut appartenir qu'à une seule ligne de plus grande pente. Dans le cas précédent, nous avons dit au contraire qu'à chaque point de la ligne de fond, aboutissaient deux lignes de plus grande pente, parce qu'à ce point commun aux deux surfaces, on pouvait élever une normale à chacune d'elles, imaginer ainsi deux plans verticaux qui coupent le terrain suivant deux lignes de plus grande pente.

Dans le cas où l'on doit représenter un mamelon, il arrive le plus ordinairement que le sommet S (*fig.* 188) est compris entre deux tranches. Les dernières hachures n'indiquent pas alors la cote de S que l'on inscrit en chiffres, car elles ne sont pas entières ; de plus, elles devraient passer toutes par le point S, et si on voulait les exécuter ainsi, on formerait autour de ce point une teinte très forte, bien que la pente fût très douce au sommet. Pour éviter cet inconvénient, on ne tracera que la partie des hachures aboutissant à la première courbe, et on les terminera avant d'atteindre S.

Une circonstance que présente assez fréquemment la nature est celle des cols ou points de partage des eaux. Le point O (*fig.* 189) est le point le plus bas du profil AB et le plus haut du profil CD : les lignes de plus grande pente Oa, Ob, Oc, Od appartenant à quatre surfaces, viennent y aboutir et s'y perdent sans être achevées : les autres se comportent comme il est indiqué par la figure.

Les quatre normales Oa, Ob, Oc, Od doivent donc être terminées en mourant vers O pour indiquer qu'elles ne sont pas entières. Lorsque le petit plateau dont O est le centre a une pente très peu sensible, on peut le considérer comme plan et disposer les tranches ainsi que l'indique la fig. 190.

Quelquefois on rencontre sur les flancs des montagnes, des contre-pentes qui affectent la forme dont nous venons de parler : on y retrouve un mamelon séparé de la pente générale par un col (*fig.* 191).

202. Nous allons terminer ce chapitre par quelques mots sur le trait et le lavis des cartes topographiques. D'après les conventions actuelles qui n'admettent plus d'ombres, tous les traits de la planimétrie sont de la même grosseur, attendu que dans l'ancien système, on ne les renforçait en certaines parties, que pour indi-

quer le côté de l'ombre. Néanmoins, on marque d'un trait rouge plus fort, les gros murs dans le cas où l'échelle ne permet pas d'apprécier rigoureusement leur épaisseur par deux traits extrêmement rapprochés et comprenant un petit espace teinté avec du carmin. La même observation subsiste pour les ruisseaux dont la largeur ne comporte pas deux traits. Tout ce qui n'appartient pas au figuré général du terrain doit être considéré comme trait : tels sont les petits accidents qui ne sont pas assez considérables pour être indiqués par les tranches, les escarpements, les ravins et les rochers. On pourra, pour ces objets, exécuter un travail qui rentre dans le dessin d'imitation, et qui deviendra alors signe conventionnel : ainsi les escarpements, les ravins et les rochers seront représentés par des traits dont les contours exprimeront les différentes masses irrégulières projetées horizontalement. Ces traits seront plus ou moins multipliés, suivant que les rochers seront plus ou moins divisés : leur inclinaison sera déterminée à peu près par le gisement des couches. Ils ne seront au surplus assujettis à aucune loi fixe.

Pour distinguer la nature et l'importance des chemins, on a établi des conventions qui les font reconnaître à la simple inspection. C'est ainsi que les routes royales se tracent au moyen de deux traits pleins avec fossés. Les routes départementales et les chemins de grande communication s'expriment au moyen de deux traits pleins sans fossés. Les chemins vicinaux se représentent par un trait plein et l'autre ponctué ; les chemins d'exploitation par deux traits ponctués, et enfin les sentiers par un seul trait plein ou ponctué. Au surplus, il faut pour tout ce qui est relatif au tracé des routes, chemins, canaux, etc., consulter le tableau qui a été gravé au dépôt général de la guerre, et qui donne les modèles pour les échelles le plus fréquemment usitées.

Les teintes sont conventionnelles et réduites à la plus grande simplicité pour la facilité et la promptitude du travail. Elles sont uniformes comme le trait, c'est-à-dire posées à plat : il n'y a d'exception que pour les eaux que l'on renforce également sur l'un et l'autre bord par une légère teinte adoucie. Nous rappelons ici succinctement que les bâtiments et constructions se figurent par une teinte peu intense de carmin ; les prés, pâturages et vergers, par des verts plus ou moins bleus. Les bois, par du jaune légèrement modifié par de l'indigo ; les vignes, par une teinte violette composée avec de l'indigo, du carmin et peu de gomme gutte ; les broussailles, les bruyères et les friches par du vert peu intense panaché avec de la teinte de bois, du rose ou de la teinte nankin (anciennement consacrée à représenter les terres labourables et formée de gomme-gutte et de carmin) : les eaux douces s'expriment par une teinte peu foncée de bleu indigo ; celles de la mer par la même teinte modifiée avec une très petite quantité de gomme-gutte ; enfin les sables, par une teinte de jaune et de carmin, un peu plus forte que celle dont on couvrait les terres labourables. On emploie la même teinte pour les escarpements. Quant aux rochers dont le ton local varie ordinairement avec leur structure, ils seront représentés par des nuances imitées de la nature, de manière à rendre le mieux possible l'espèce des roches, comme la disposition du trait indiquera leur composition par stries, par couches ou par blocs. On ne peut rien dire de plus positif à leur égard, l'habitude du dessin d'imitation suppléera au reste.

Ajoutons encore que dans un plan de ville, on est dans l'usage de signaler les bâtiments publics, civils ou religieux par une teinte rouge deux fois plus intense que pour les habitations privées : les établissements du génie militaire sont teintés avec du bleu un peu rompu par du carmin pour donner à peu près l'aspect de l'ardoise, et ceux de l'artillerie par une teinte violette composée des mêmes couleurs que la précédente, mais dans une autre proportion.

Peut-être devrions-nous indiquer ici une chose qui nous paraît bonne, quoique pas encore généralement adoptée : elle consiste à employer pour le dessin des fossés et ruisseaux dont la largeur ne comporte pas deux traits, le bleu de cobalt ; on évite par là l'inconvénient d'un trait qui se confond quelquefois avec le noir, lorsqu'il est fait avec de l'indigo.

Tout ce qui peut contribuer à la clarté d'une carte n'est point à dédaigner, attendu qu'après l'exactitude, c'est son principal mérite. Sous ce rapport, il n'est pas indifférent d'écrire de telle ou telle manière les noms propres ou les indications quelconques qui doivent y entrer.

Pour tout ce qui est relatif à la grandeur des lettres, à leur grosseur, leur écartement, etc., il faut consulter les modèles adoptés en dernier lieu au dépôt de la guerre. On y trouve des types de tous les caractères usités, puis l'indication et les dimensions de ceux qui sont consacrés à tout ce qui doit s'écrire sur une carte. L'usage est d'écrire les noms des villes, villages, bâtiments isolés à droite ; cependant on pourra déroger à cette règle dans le cas où le nom ainsi placé, couvrirait des détails essentiels. Les noms de routes, chemins, sentiers, et les désignations des communications qu'ils fournissent, s'écrivent parallèlement à leurs sinuosités en choisissant pour le sens de l'écriture celui qui force le moins à tourner la carte pour faciliter la lecture. Le commandant Maissiat a inventé un instrument qu'il a désigné sous le nom de *grammomètre*, et qui donne avec beaucoup de précision l'écartement des parallèles que l'on trace pour écrire.

203. Un des usages les plus importants, quoique assez peu fréquent, des plans topographiques, est celui que l'on en fait pour la construction des reliefs. Nous avons prouvé que l'on pouvait obtenir par le tracé des tranches la cote d'un point quelconque ; on pourra par conséquent avoir le profil du terrain dans une direction aussi quelconque. On conçoit donc qu'en élevant sur une surface plane des verticales matérielles égales aux cotes trouvées, et en unissant par une surface tous les sommets de ces verticales, on aura une image fidèle du terrain. On peut ensuite facilement, sur les épreuves en plâtre que l'on aura tirées du premier relief, reproduire les courbes horizontales au moyen d'une tige verticale graduée adhérente à deux règles CD, EF (*fig.* 192), que l'on fait mouvoir sur le bord supérieur et horizontal MNOP d'une boîte ou chassis qui enveloppe le plâtre.

204. Les levées peuvent encore à la rigueur servir à faire des vues perspectives du terrain qu'elles représentent ; car ce terrain, étant connu par ses projections horizontale et verticale, peut être mis en perspective par les procédés de la géométrie descriptive.

205. Les levées sont enfin d'une grande utilité lorsque l'on doit mettre quelque projet à exécution ; car celui-ci étant d'abord tracé sur la carte, le problème se réduit à construire sur le terrain une ligne donnée sur le plan. Si cette ligne aboutit à un point connu et accessible, on s'y transporte, on y décline la planchette et l'on place l'alidade sur la ligne du plan ; on fait établir des jalons dans cette direction et mesurer le nombre de mètres exprimé par la longueur de la droite sur le plan : par ce moyen l'extrémité est déterminée.

CHAPITRE XII.

LEVÉES ET RECONNAISSANCES MILITAIRES.

206. Les levées militaires sont celles que l'on est obligé d'exécuter avec rapidité et parfois en présence de l'ennemi, soit avec des instruments spécialement consacrés à cet usage, soit même le plus souvent sans leur secours. Il est inutile d'insister sur l'utilité de pareilles levées : il suffit de rappeler qu'elles servent de guides pour les mouvements de troupes, de canevas pour les projets de campements, de fortifications de campagne, passages de rivières, positions de troupes ; en un mot, qu'elles forment la base de toute reconnaissance militaire.

207. Les reconnaissances dans toute l'acception du mot, se composent de deux parties distinctes : un plan topographique, y compris les légendes destinées à donner des notions exactes sur des choses que le dessin de la carte ne peut indiquer qu'imparfaitement, et les mémoires statistiques et militaires.

Ces mémoires font connaître avec toute la précision possible les ressources de toute espèce que peut fournir le pays, et les avantages ou les inconvénients qu'il présente, sous le rapport d'une occupation actuelle ou présumée.

La première partie des reconnaissances est tout entière du ressort de la topographie, la seconde se rattache plus particulièrement à la grande tactique et à la stratégie ; nous ne nous en occuperons donc pas.

208. Les levées militaires ou expédiées faites avec des instruments, ayant pour but de faire connaître le terrain avec toute l'exactitude que comporte le peu de temps dont on peut disposer, il est évident que leurs principes doivent être les mêmes que ceux des levées régulières. Toute la différence consistera dans l'emploi d'instruments plus portatifs et surtout moins volumineux, dans la substitution du mesurage au pas, à celui fait à l'aide de la chaîne, dans l'estimation même à vue de certaines distances, de divers détails, etc. L'habitude fait encore juger des choses sur lesquelles il faut plus particulièrement porter son attention, et de celles que l'on peut négliger sans aucun inconvénient. Il est donc absolument nécessaire d'avoir beaucoup levé régulièrement, pour connaître la marche la plus simple et la plus générale, et pouvoir apprécier

les erreurs causées par les avaries que peuvent subir les instruments.

On commencera toujours par déterminer, au moyen d'une triangulation, les points principaux auxquels on devra rattacher ensuite les levées de détails. Tout se réduira donc encore ici à mesurer une base et des angles. Cette base pourra quelquefois être fournie par des cartes régulières appartenant au matériel topographique de l'armée, sinon on la mesure à la chaîne ou au pas.

Dans le cas où l'on doit la mesurer, la base sera prise sur un terrain uni, élevé s'il est possible, et tel que de ses deux extrémités on découvre une grande étendue du terrain à lever. De là, par le plus petit nombre de stations que l'on pourra, on passera à deux points occupant une position centrale dans la levée et susceptibles de servir de stations : de ces deux points on rayonnera et l'on recoupera tous ceux qui peuvent être reconnus et servir de points de repère pour le détail. De cette manière, on multipliera le nombre des triangles, tout en diminuant la longueur de leurs côtés. Ceux-ci serviront à trouver une foule d'autres points, de telle sorte que le détail intermédiaire se fera facilement au pas et sans erreurs notables.

La levée de détail devra se faire presque entièrement par intersections; car le chaînage régulier entraînant déjà dans des erreurs appréciables, on conçoit combien plus grandes encore seront celles causées par le mesurage opéré d'une manière approximative. Ainsi donc on se rappellera les principaux moyens que nous avons indiqués pour déterminer un point sans mesurer de ligne : ce sont les méthodes d'intersection et de recoupement, celles des segments capables, des courbes de recherche et par le papier à calquer.

On partira de chaque point de station ainsi déterminé, et l'on figurera à vue et au pas tous les détails qui se trouveront à droite et à gauche d'une direction qui sera celle d'un côté de triangle, ou qui fera avec l'un d'eux un angle que l'on observera et rapportera immédiatement. De cette manière, on remplira très vite et assez exactement la surface de chaque triangle. Ceci est général et doit être appliqué à tous les terrains : si on lève en pays découvert, l'opération est facile ; si l'on se trouve engagé dans un pays couvert, la difficulté augmente, et cependant on ne devra recourir à la méthode de cheminement qu'à la dernière extrémité.

Si le terrain est libre et que l'on ait quelques hommes et du temps à sa disposition, on fera signaler des arbres remarquables par leur position ou leur élévation ; puis alors, en s'élevant au-dessus du sol par tous les moyens qu'offriront les localités, on déterminera chacun des points qui doivent devenir stations et servir de centres aux petites opérations de détails qui, pour chacun d'eux, ne s'étendront qu'à moitié distance des stations environnantes. Ceux qui ont déjà levé savent combien une faible élévation d'un mètre seulement peut souvent augmenter l'étendue de l'horizon. L'officier à cheval aura donc déjà un grand avantage ; mais alors il faut qu'il emploie un instrument qui n'ait pas besoin d'établissement fixe : tels sont la boussole à réflexion, celle de Burnier et surtout le sextant. S'il n'a pu faire signaler les points qu'il a choisis, il devra s'efforcer de vaincre la grande difficulté qu'on éprouve à reconnaître le même objet vu sous des aspects différents ou diversement éclairé. Dès lors, tout le guidera, le sommet d'un arbre d'une forme ou d'une couleur particulières, une pointe de rocher, une cheminée, la fumée même qui s'en échappe, si la cheminée cesse d'être visible. Il ne devra pas regarder comme perdu le temps qu'il consacrera à déterminer une bonne station : il le regagnera par la rapidité avec laquelle il opérera dans l'intérieur des triangles, certain qu'il sera de ne commettre que des erreurs médiocres, qui seront promptement rectifiées par la rencontre fréquente de points connus. Il y aura encore économie de temps en ce sens, que sur son croquis, l'officier dessinera avec la certitude de ne pas revenir sur ce qu'il aura fait précédemment, tandis que par la méthode du cheminement, il ne tracera une ligne qu'avec la crainte de l'effacer l'instant suivant pour la rectifier : ainsi, non-seulement il dessinera plus vite, mais encore sa minute sera plus nette.

Mais enfin le pays pourra être tellement boisé qu'il soit impossible d'opérer autrement que par cheminement, et en ne se rattachant que de loin en loin à des repères connus. C'est alors que le travail devient très pénible. Il faut déterminer avec tout le soin possible les directions principales que l'on suit et les points où elles se coupent : il faut faire à chaque instant des excursions à droite et à gauche pour trouver des issues et marcher en quelque sorte par une suite de petites reconnaissances partielles avant de tracer une seule ligne sur son papier.

Nous avons nommé tout à l'heure quelques-uns des instruments dont on peut se servir dans ces sortes d'opérations : nous ajouterons que dans le premier cas, celui où l'on peut employer les recoupements et intersections, ce qu'il y a de mieux et de plus prompt peut-être, c'est l'emploi de la planchette, mais de la planchette modifiée en raison des circonstances dans lesquelles on se trouve. Cet instrument de petite dimension se compose de plusieurs règles égales en longueur et largeur, réunies par une feuille de peau ou de forte toile sur laquelle elles sont collées. On les maintient, quand on veut faire usage de la planchette, dans un même plan, au moyen de deux autres règles qui prennent une position rectangulaire sur les premières, en pivotant sur l'une de leurs extrémités ; après quoi elles sont fixées par un petit crochet placé à l'autre extrémité (*fig.* 193). Quand on a terminé son travail ou qu'on le suspend, on rend libres ces deux règles qui alors se superposent sur la première et la dernière de celles qui sont réunies : on roule alors le tout, qui est assez peu volumineux pour pouvoir tenir dans une fonte de-pistolet. Cette planchette peut s'adapter sur un bâton armé d'un dard en fer que l'on plante en terre. On peut avoir une très petite alidade que l'on construit soi-même avec une règle ou un double décimètre triangulaire sur lequel on fixe deux clous ou deux aiguilles. Cette manière de lever est plus prompte, surtout quand on peut y ajouter un déclinatoire, en ce qu'elle évite la perte de temps qu'entraine le report des angles observés à la boussole.

Une autre méthode approximative d'orientation prompte remédie à l'absence d'un déclinatoire : elle consiste à fixer un style vertical sur la planchette, et pour cela on peut se servir d'une aiguille ou d'une épingle ; on trace avec le secours d'une montre les ombres du style pour les différentes heures du jour, et le cadran solaire qui en résulte pourra, les jours suivants, servir à décliner toujours la planchette de la même manière. Il suffira de regarder sa montre chaque fois que l'on s'établira en station, et de faire tourner la planchette jusqu'à ce que l'ombre du style corresponde à la même indication d'heure. On voit que ce moyen n'est pas d'une exactitude parfaite ; mais aussi ne l'indiquons-nous pas pour des levées régulières. Les conditions indispensables sont, que 'on ait une montre et qu'il fasse soleil. Cette dernière condition est satisfaite d'une manière presque certaine et continue pendant les deux tiers de l'année dans les contrées méridionales, comme 'Italie, l'Espagne et l'Algérie.

Quand on opère par cheminement, il nous paraît préférable pour le détail, de faire des croquis cotés sur carnet. On ferme ainsi des polygones que l'on rapporte ensuite sur le papier avec la possibilité et la certitude même de faire aboutir les directions parcourues aux points où elles doivent réellement passer. Si la nature du pays n'a pas permis de mesurer une base assez longue, on en construit une de dimension double au moyen de la méthode indiquée § 160.

Les angles pourraient se mesurer avec l'instrument connu dans différents métiers sous le nom de fausse équerre. Il est formé de deux règles unies par une charnière, comme un compas, et pouvant par suite varier d'inclinaison entre elles. On le modifierait en plantant des aiguilles au centre du mouvement et à l'extrémité des règles.

209. Dans une levée militaire, le figuré du terrain est au moins aussi essentiel que le plan. La marche à suivre pour effectuer le nivellement est encore la même que pour les levées régulières: c'est toujours par des cotes calculées au moyen de la base et de l'angle de pente que l'on rectifiera ce que peut avoir d'inexact le figuré à vue. Après avoir mesuré une inclinaison, on pourra sans calculer le triangle trouver immédiatement la différence de niveau au moyen de la figure 194, dans laquelle la base AB, divisée en parties égales, représentera la longueur de la base à l'échelle. Du point C partent les droites C5, C10, C15, etc., qui forment avec CA des angles de 5, 10, 15 grades : les perpendiculaires élevées par les points de division de la base complètent plusieurs séries de triangles rectangles semblables, dont les hauteurs multipliées par le dénominateur de l'échelle sont précisément les différences de niveau cherchées. On comprend que l'on n'atteint pas ainsi une précision extrême ; mais il s'agit seulement de levées expédiées.

Comme il est probable que l'on n'a pas à sa disposition une grande boussole armée d'un éclimètre, on peut employer une petite boussole dont on dispose le limbe verticalement. Au pivot est suspendue librement une aiguille dont le poids suffit pour la maintenir dans la position verticale. Si la boussole n'a pas été déclinée, le perpendicule marque 100ᵍ quand la lunette est horizontale, et donne la distance zénitale de la direction à laquelle correspond l'axe optique de la lunette. Si au surplus on avait quelque raison de douter du parallélisme du diamètre zéro—200ᵍ et de la lunette, on s'assurerait du chiffre que couvre le perpendicule quand elle est horizontale, et ce chiffre servirait de point de départ.

Le clisimètre de Burnier est préférable, puisque c'est pour ce genre d'opérations seulement qu'il a été conçu. Dépourvu de toute espèce d'instrument, on peut encore obtenir graphiquement les angles principaux. Pour cela on plante une canne ou un jalon en terre ; on s'assure de sa verticalité au moyen d'un fil à plomb ; on trace

sur du papier, sur une feuille du carnet si l'on veut, une droite
que l'on applique au long du jalon ; on appuie sur le papier la règle
ou le décimètre que l'on dirige sur l'objet dont on veut connaître
la hauteur relative ; on trace cette ligne au crayon, et en retranchant l'angle droit de celui que forment les deux lignes sur le papier s'il est obtus, ou le retranchant de l'angle droit s'il est aigu,
on a l'angle de dépression ou d'ascension. On peut encore trouver
la différence de niveau entre deux points au moyen de deux jalons
de hauteurs différentes : on peut placer si l'on veut le plus court
au point où l'on est en station, et chercher pour l'autre, sur la direction du point dont on veut trouver l'élévation au-dessus de la
station, une position telle que les sommets des deux jalons et le
point visé soient en ligne droite ; on forme ainsi deux triangles
semblables qui fournissent une proportion dont le quatrième terme
est la hauteur cherchée, tandis que les trois autres sont la distance
des deux jalons, celle des deux objets et la différence de hauteur
des jalons. Si l'on était au contraire au point le plus haut, ce serait
là que se placerait le plus grand, tandis que celui qui l'est le
moins serait planté quelque part en avant.

Nous terminerons ce qui a rapport à ce sujet, en indiquant un
procédé très simple et très ingénieux : il consiste à suspendre une
petite règle AB (*fig.* 195) par un cordon ACB ; le point de suspension est choisi avec soin, tel que la règle AB soit horizontale. On
l'élève jusqu'à la hauteur de l'œil et l'on remarque à quel point D
du terrain correspond le rayon visuel dirigé suivant AB : on s'y
transporte en mesurant la distance pour laquelle on sait que l'on
s'est élevé d'une quantité égale à la hauteur de l'œil au-dessus du
sol. Arrivé en D, on recommence l'opération, et ainsi de suite. Si
l'on voulait en même temps connaître l'inclinaison d'une station à
l'autre, il faudrait résoudre le triangle tel que SAD qui donnerait
$\frac{AS}{SD}$ pour le sinus de l'inclinaison.

210. *Levées à vue*. Les besoins de l'armée exigent très souvent
que l'on ait de suite des renseignements sur un terrain, en présence de l'ennemi. Alors tout doit être sacrifié à la promptitude
de l'exécution, l'exécution elle-même. L'officier est livré à ses
propres ressources et n'a plus même à sa disposition les instruments les plus simples. C'est donc de la rapidité et de la justesse
du coup d'œil que dépend le succès de sa mission, et c'est en cette
occasion surtout, qu'il sentira la nécessité de l'avoir exercé.
Moins il pourra compter sur l'exactitude de ses opérations de dé-

tail, plus il devra mettre d'attention à suivre la marche que nous avons indiquée. Ce seront toujours de grands triangles qu'il formera et dont il remplira la surface par le détail dessiné à vue autour de chaque station. Les angles seront en général tracés à vue ; cependant, pour ceux que forment de longues directions , on fera bien d'employer la méthode suivante : soient SA, SB (*fig.* 196) les directions que l'on veut rapporter sur le papier. On élève, par l'un des moyens indiqués, SB′ perpendiculaire à SA ; on partage ASB′ en deux parties égales, par la droite SB″ que l'on jalonne ; on subdivise ensuite celui des deux angles de 50ᵍ qui renferme SB: l'angle B″SB‴ dans lequel se trouve cette droite, est encore partagé en deux, et l'on poursuit le cours d'opérations analogues jusqu'à ce qu'on obtienne une ligne SB′ᵛ par exemple, assez voisine de SB. Sur le papier, et à l'aide du compas, on répète le même nombre de subdivisions, et l'on obtient ainsi la projection de ASB en *asb* avec l'approximation que l'on juge convenable. Quoique ce travail ne soit pas excessivement long, néanmoins comme dans les circonstances que nous supposons, le temps est extrêmement précieux, il ne faut user de cette méthode qu'à la dernière extrémité. Il serait bien plus prompt de mesurer les trois côtés d'un triangle, savoir : deux sur les directions dont on s'occupe et le troisième entre les deux.

Pour le nivellement, on se borne à figurer les mouvements à vue, et l'on ne détermine que le commandement des hauteurs. La règle indiquée à la fin du paragraphe 209 et représentée (*fig.* 195) est très bonne à cet usage. On arriverait au même but en employant une équerre le long de l'un des côtés de laquelle serait suspendu un fil à plomb, tandis que l'autre servirait de ligne de visée. L'œil placé à l'extrémité s'assurerait par ce moyen, si l'horizontale passe par-dessus ou au-dessous du mamelon ou de la position que l'on compare à celle où l'on se trouve. On pourrait même estimer à peu près quelle est la différence.

211. *Levées de mémoire.* L'officier chargé d'une reconnaissance n'a quelquefois pas le temps de s'arrêter : il doit voir et plus tard transmettre sur le papier, une image aussi fidèle que possible de ce qu'il a vu. Il n'y a aucun précepte à donner sur ce genre de travail. Il faut que l'officier soit familiarisé avec les formes qu'affecte toute espèce de terrain, avec les lois de la nature qui procède presque toujours par analogie dans les mêmes localités ; qu'il devine par ce qu'il voit de ce qu'il n'aperçoit pas.

212. *Reconnaissances par renseignements.* Il peut arriver enfin que l'officier isolé sur un point et dans l'impossibilité de tenir la campagne, soit obligé de rapporter des notions du pays où il se trouve. Les renseignements recueillis auprès des habitants seront alors sa seule ressource : toute l'habileté consistera à les avoir exacts et à discerner avec tact le degré de confiance qu'il devra leur accorder. Du reste, il construira encore des triangles par les trois côtés au moyen des distances itinéraires qu'on lui indiquera, et il achèvera le détail par tâtonnement en rapportant chaque point par l'intersection de deux ou trois arcs de cercles dont les rayons seront les distances à des points déjà placés. C'est ainsi qu'il établira les fermes, les maisons isolées, les cours d'eau, puits, fontaines, etc.

Les mêmes renseignements épurés par une critique judicieuse lui fourniront les moyens d'exprimer les mouvements de terrain. Il sera indispensable pour tout cela qu'il ait une table de réduction des mesures du pays en mètres. Il sera même plus sûr de faire estimer les distances en heures de marche. Les mouvements seront le plus ordinairement représentés par les hachures privées du secours des tranches préalables, mais toujours d'autant plus serrées et plus courtes qu'elles exprimeront une pente plus rapide.

Telles sont les réflexions générales que l'on peut faire sur les reconnaissances.

L'esprit de méthode qui devra servir de guide, sera le même, quel que soit le genre de reconnaissance qu'il faudra exécuter: ainsi, peu importe que l'on ait à reconnaître une route, une rivière, une position : seulement, dans le cas où l'on devra opérer à vue et avec rapidité, il faudra sacrifier quelques détails pour s'occuper plus particulièrement de ceux d'une utilité spéciale. Les instructions du général et la connaissance de l'art militaire devront en diriger le choix.

CHAPITRE XIII.

COPIE ET RÉDUCTIONS DES CARTES ET PLANS.

213. Si l'on veut reproduire un dessin à même échelle, on en partage la surface en carrés ou rectangles, par deux systèmes de lignes parallèles tracées légèrement au crayon : on trace sur une feuille de papier, un même nombre de carrés égaux à ceux de

l'original et l'on y dessine de proche en proche tous les détails compris dans les rectangles correspondants de la minute : cette opération se fait, soit à vue, soit en rapportant chaque point par des coordonnées, soit enfin en décrivant deux arcs de cercles dont il est l'intersection. Les directions des côtés s'obtiendront en plaçant deux de leurs points, ou en les imaginant prolongés jusqu'à la rencontre des côtés du rectangle qui le comprend, et en reportant les points de rencontre au moyen du compas. Dans les parties du dessin plus chargées de détails, on pourra multiplier les carreaux ou les diviser par des diagonales.

214. Si le dessin à copier est trop précieux pour y tracer aucune ligne, on pourra le couvrir d'un papier transparant ou d'un verre sur lequel on établira toutes les lignes de construction. Lorsqu'il n'est pas chargé de détails, ou que l'échelle est un peu grande, et le trait assez apparent, on peut le calquer à la vitre sur le papier même qui doit recevoir la copie. Si l'on n'y voit pas assez, c'est sur une feuille de papier transparent (huilé végétal, ou de gélatine) que l'on calque d'abord, puis on reporte cette première copie sur la feuille à l'aide de papier plombé.

215. S'il s'agit actuellement de changer l'échelle de la copie de telle sorte que les côtés homologues soient dans un rapport donné $\frac{m}{n}$, on commence par tracer un cadre dont les côtés soient dans ce rapport avec ceux du cadre de l'original, puis on le divise en un même nombre de carreaux. On opère ensuite comme ci-dessus en réduisant toutefois dans le rapport indiqué les longueurs prises au compas sur le modèle. On se sert pour cela ou d'un angle ou d'un compas de réduction.

Pour construire un *angle de réduction*, on trace deux lignes AB, BC (*fig.* 197) de longueurs telles que l'on ait $\frac{AB}{BC} = \frac{m}{n}$; on achève le triangle en unissant A et C, puis on mène dans l'intérieur des parallèles à BC qui forment ainsi une série de triangles semblables. Il résulte de là qu'une ligne telle que *bc* est toujours la réduction de la base correspondante A*b*. Il est superflu d'ajouter que les droites AB, BC font entre elles un angle quelconque.

217. *Le compas de réduction* se compose de deux branches AD, BC (*fig.* 198) se croisant en un point O qui est la charnière du compas dont A, B, C et D sont les pointes : les branches sont disposées de manière que toujours la ligne qui unirait A à B soit parallèle à celle qui irait de C en D : il s'ensuit que l'on a AB : CD :: AO : OD et par conséquent que CD étant la longueur d'un côté sur le modèle, AB sera son homologue sur la copie si l'on a pu établir d'avance entre AO et OD le rapport des deux échelles. C'est à quoi l'on parvient facilement en raison de la construction de l'instrument. Le pivot O (*fig.* 199) traverse les joues du compas dans deux fentes longitudinales dans lesquelles on peut le faire glisser, seulement quand elles se superposent. L'une des branches AD porte des graduations qui indiquent que le pivot leur correspondant, le rapport de AO à OD est $\frac{1}{2}$, $\frac{1}{3}$, $\frac{1}{4}$, $\frac{1}{5}$, etc.

218. Quelquefois les points principaux du dessin à réduire sont d'avance placés sur la feuille de la copie, mais dans un autre système de projection : on ne peut alors diviser l'original et la copie en un même nombre de carreaux, puisque les projections d'un même point n'occuperaient pas identiquement la même position dans deux côtés homologues. On commence, dans ce cas, par unir tous ces points par des lignes qui forment une suite de triangles un peu dissemblables sur l'une et l'autre feuilles, en raison de la différence de projection, puis on divise de la même manière les triangles correspondants.

219. Si l'on demande que les surfaces et non les côtés homologues soient dans un rapport donné $p : q$; en représentant par S, S', A et A' les surfaces des deux dessins et des deux côtés homologues, on aura $S : S' :: A^2 : A'^2 :: p : q$ d'où $A' = A \dfrac{\sqrt{q}}{\sqrt{p}}$. Pour trouver A', on peut employer la méthode graphique suivante :

Sur une droite, on porte bout à bout deux longueurs BE, CE (*fig.* 200) entre elles comme p et q. Par le point E, on élève une perpendiculaire, et sur BC, on décrit une demi-circonférence : unissant leur point de rencontre D à B et C, on forme deux triangles semblables qui, ayant même hauteur, sont entre eux comme leurs bases : leurs surfaces sont proportionnelles aux carrés des côtés homologues, donc $\overline{BD}^2 : \overline{CD}^2 :: BE : EC$. En faisant le rapport des côtés pour les deux dessins, le même que celui de BD à CD, on aura donc résolu le problème. On peut, si l'on veut dans l'angle BDC, mener des parallèles à la base, et l'on est assuré que les portions de l'un des côtés de l'angle limitées à ces parallèles sont les réductions des portions correspondantes l'une sur l'autre.

Il sera toujours facile de déduire l'échelle nouvelle de la construction précédente : en effet, si l'échelle première est $\frac{1}{10000}$, on porte sur BD un décimètre, par exemple de D en G ; il représente

1000^m, et par conséquent DH équivaut également à 1000^n sur le nouveau plan. On mesure DH et l'on trouve que cette ligne a 0^m,25 supposons. il s'ensuit que 0^m,025 représente 1000^m, et que l'échelle nouvelle est $\frac{1}{40000}$. Les différents moyens que nous venons d'indiquer deviennent fort longs quand il s'agit de plans détaillés et d'une grande étendue : on y supplée par l'invention de deux instruments qui abrègent beaucoup les opérations et dont nous allons donner la description et indiquer l'usage.

220. *Pantographe.* Cet instrument se compose de quatre règles AB,DC,AD,BC égales en longueur, ou tout au moins égales deux à deux : elles sont unies par quatre articulations A,B,C,D (*fig*. 201), de manière que leur ensemble forme toujours un losange ou un parallélogramme dont les angles seuls varient. A un point fixe K est adapté un calquoir : en M est placé un axe vertical traversant une douille qui est adhérente à la branche CD. Tout l'instrument peut ainsi se mouvoir autour de cet axe qui est maintenu par une masse de plomb dans laquelle il est vissé. Pour rendre plus doux les mouvements du pantographe, il repose sur des roulettes placées en A et aux extrémités des côtés AB,AD prolongés.

Cela posé, démontrons que si un crayon est fixé en P sur le prolongement de AD et à la rencontre de la droite MK, il décrira une figure semblable à celle que l'on fera parcourir au calquoir, et de plus le rapport des côtés homologues des deux figures sera le même que celui des distances de P et K au pivot M : en effet, les côtés AK et DM étant constamment parallèles et de longueurs invariables de même que AP et DP, il en résulte que les triangles AKP, DMP sont toujours semblables et fournissent les proportions

$$AK : DM :: AP : DP :: KP : MP, \quad A'K' : D'M :: A'P' : D'P' :: K'P' : MP'$$

et puisque $AK = A'K, DM = D'M$ on déduit $KP : K'P' :: PM : P'M$

ou $KM + MP : K'M + MP' :: PM : P'M$ et enfin $KM : K'M :: PM : P'M$.

Il est évident maintenant que les triangles KK'M,PP'M sont semblables puisqu'ils ont un angle égal M compris entre des côtés homologues proportionnels : ainsi les lignes KK' et PP' parcourues par le calquoir et le crayon sont parallèles, et dans le même rapport que KM et MP.

221. Si l'on veut que les échelles des deux plans soient entre elles comme m et n, il faut faire en sorte que KM et MP le soient aussi. Reste donc à trouver la position de M sur DC et celle de P sur AD qui satisfassent à cette condition.

La comparaison des triangles semblables AKP, DMP donne AK : DM :: KM + MP : MP et AD : DP :: KM : MP. Désignant par a et b les longueurs constantes AD et AK par x et y les variables DP et DM, et substituant m et n aux lignes MP et MK les deux proportions ci-dessus se transforment en

$$b : y :: m + n : m \quad \text{et} \quad a : x :: n : m.$$

d'où

$$y = b \, \frac{m}{m + n}, \quad x = a \, \frac{m}{n}.$$

En attribuant différentes valeurs à m et à n, on a calculé celles de x et de y correspondant à différentes échelles et on les a tracées sur les deux branches du pantographe. On peut s'assurer de l'exactitude des nombres trouvés pour x et y en plaçant une règle sur K et M; puis en voyant si elle passe bien par le point P trouvé.

222. *Micrographe.* Cet instrument, que l'on nomme aussi prosopographe, diffère du précédent en ce que ce n'est pas le déplacement des points P et M (*fig.* 203) sur les règles DC et AD qu'on modifie le rapport des échelles, mais par celui des deux pivots B et D. Puisque M est invariable de position sur DC, nous pouvons l'établir en C : ceci n'est au surplus d'aucune importance.

223. Comme pour le pantographe, la similitude des triangles AKP, DMP entraîne toujours celle des figures parcourues par K et P. Dans ce premier instrument, nous avons calculé DM et DP en fonction des constantes AD et AK que nous désignions par a et b : dans le micrographe, c'est en fonction de la même longueur AK ou b et de AP qui est ici la seconde constante a : nous aurons toujours

$$\text{DM} : \text{AK} :: \text{PM} : \text{PM} + \text{KM} \qquad \text{c'est-à-dire} \qquad y = \frac{bm}{m + n}.$$

Pour trouver AD que nous nommerons x, nous aurons

$$\text{AD} : \text{AP} :: \text{MK} : \text{PK} \quad \text{ou} \quad x = a \, \frac{n}{m + n}.$$

Ordinairement, les deux règles AK et AP étant égales de longueur $a = b$ et les expressions de x et de y sont

$$x = b \, \frac{n}{m + n}, \quad y = \frac{bm}{m + n}.$$

On aurait conclu cette valeur de x de celle trouvée pour le pantographe en y modifiant convenablement les notations.

S'il s'agit de copier un dessin à la même échelle ou de le réduire, on a

pour

$$\frac{m}{n} = 1 \qquad x = \tfrac{1}{2}\, b \qquad y = \tfrac{1}{2}\, b$$

$$\frac{m}{n} = \tfrac{1}{2} \qquad x = \tfrac{2}{3}\, b \qquad y = \tfrac{1}{3}\, b$$

$$\frac{m}{n} = \tfrac{1}{3} \qquad x = \tfrac{3}{4}\, b \qquad y = \tfrac{1}{4}\, b$$

$$\frac{m}{n} = \tfrac{1}{3} \qquad x = \tfrac{4}{3}\, b \qquad y = \tfrac{1}{3}\, b, \text{ etc.}$$

On voit que ces différentes couples de valeurs de x et y donnent toujours une somme égale à b, comme l'indiquent d'ailleurs les expressions générales de ces deux variables.

224. Les règles AP et MP portent des divisions AD, Ad, Ad', Ad'', etc., MB, Mb, Mb', Mb'' (*fig.* 203) qui sont la moitié, les deux tiers ; les trois quarts, etc., de AP ou de son égal AK. Les règles AK, MB seront divisées de manière que AB, Ab, Ab', etc., MD, Md, Md', etc., soient la moitié, le tiers, le quart, etc., de la même longueur AP. Quand on fera correspondre AB avec MB et AD avec MD, on sera certain que la copie aura même dimension que l'original : si ce sont les divisions Ab, mb, Ad md que l'on réunit, la copie sera au tiers du modèle , etc.

Des trous sont percés à ces points de division de manière à y pouvoir placer à volonté les pivots B et D (*fig.* 204). On pourrait encore mieux pratiquer de longues rainures dans les quatre règles , ce qui permettrait des divisions beaucoup plus rapprochées que ne le comportent les trous entre lesquels il faut, pour la solidité, laisser un certain intervalle. En C est une pointe d'acier qui entre dans la table pour fixer l'instrument et autour de laquelle se meut le micrographe. Des roulettes adaptées en A, B et D rendent plus doux le jeu de l'instrument.

225. Nous ajouterons à la théorie du pantographe une courte description de sa construction. La figure 202 n'en donne que les lignes mathématiques : la figure 205 présente les coulisses dans lesquelles on place le calquoir K et le crayon P, les roulettes adaptées au moyen de pinces aux extrémités des branches extérieures de l'instrument, la tige à laquelle tient le crayon et qui est surmontée d'une cuvette dans laquelle on peut placer un poids plus ou moins considérable en raison de la dureté du crayon et de l'intensité du trait que l'on veut obtenir. Le fil indiqué par une li-

gne ponctuée passant par l'agrafe du pivot A tient à la partie inférieure du porte-crayon et traverse le tube dans lequel il a la
faculté de monter et de descendre. Le dessinateur en tient constamment l'autre extrémité, de manière à soulever le crayon et
éviter qu'il trace une ligne sur le papier lorsqu'il veut porter le
calquoir sur un autre point de l'original.

L'axe vertical M traverse la branche CD et est vissé à sa partie
inférieure dans une masse de plomb garnie en dessous de pointes
d'acier très courtes et très aiguës qui assurent la position du pantographe. Des vis de pression placées sus les trois coulisses de K,
M et P en arrêtent le mouvement lorsqu'elles sont une fois placées
convenablement. Deux séries de divisions sont tracées sur les
deux branches DC et DP. L'une donne les positions correspondantes de M et de P pour reproduire un dessin de manière que les
côtés homologues soient dans un rapport donné : l'autre sert lorsque c'est le rapport des surfaces qui est déterminé.

226. Pour obtenir les graduations relatives à cette seconde circonstance, nous allons modifier les expressions de x et y trouvées
plus haut : elles sont $x = a\,\dfrac{m}{n}$, $y = b\,\dfrac{m}{m+n}$ pour le pantographe,
et $x = b\,\dfrac{n}{m+n}$, $y = b\,\dfrac{m}{m+n}$ pour le micrographe.

Si les surfaces doivent être dans le rapport de p à q, on aura,
en désignant par S, S$'$ les surfaces, et par A, A$'$ deux côtés homologues de la minute et de la réduction

$S:S'::A^2:A'^2::p:q$; mais on a aussi $A:A'::m:n$ donc $m:n::\sqrt{p}:\sqrt{q}$.

d'où $\dfrac{m}{n} = \sqrt{\dfrac{p}{q}}$; $\dfrac{m}{m+n} = \dfrac{\sqrt{p}}{\sqrt{p}+\sqrt{q}}$; $\dfrac{n}{m+n} = \dfrac{\sqrt{q}}{\sqrt{p}+\sqrt{q}}$

donc on a pour le pantographe, $x = a\,\dfrac{\sqrt{p}}{\sqrt{q}}$; pour le microgra-

phe $x = b\,\dfrac{\sqrt{q}}{\sqrt{p}+\sqrt{q}}$, et pour l'un et l'autre

$$y = b\,\frac{\sqrt{p}}{\sqrt{p}+\sqrt{q}}.$$

227. Ce serait une opération peu exacte que d'augmenter les
dimensions de la copie, c'est-à-dire de passer d'une petite échelle
à une grande. Si cependant on avait besoin de procéder ainsi, pour

un motif quelconque, on conçoit que rien ne serait plus simple : il suffirait en effet de changer de places entre eux le calquoir et le crayon ; si les échelles devaient être dans le rapport de 1 à 3, on amènerait les index des coulisses M et P aux divisions qui, sans cette mutation, auraient donné celui de 1 à $\frac{1}{3}$.

228. Les deux instruments et leurs mêmes divisions serviraient encore à reproduire les dessins, si le pivot était mis en P et le crayon en M : ici les figures semblables des deux dessins seraient tournées dans le même sens par rapport au dessinateur, tandis que l'une d'elle est renversée dans l'état habituel de l'instrument. Il y aurait un inconvénient : ce serait d'établir les deux feuilles trop près l'une de l'autre ; elles se superposeraient pour peu que leurs surfaces fussent un peu considérables.

229. Si le pantographe était dépourvu de divisions, on pourrait encore opérer par tâtonnement. On disposerait le pivot, le calquoir et le crayon en ligne droite, et l'on ferait parcourir au calquoir une ligne quelconque de la minute : on verrait si le trait produit par le crayon est à cette ligne dans le rapport voulu. S'il n'en était pas ainsi, on déplacerait le pivot dans le sens convenable, on modifierait la position du crayon, pour toujours satisfaire à la condition que K, M et P soient en ligne droite, et l'on ferait un nouvel essai.

230. Si le dessin à réduire est d'une grandeur telle qu'on ne puisse se dispenser de déplacer le pantographe durant l'opération, il faudra avant ce dérangement tracer des lignes de repère homologues. Soient AB, ab ces deux lignes : après avoir donné à l'instrument sa nouvelle position, on place le calquoir sur A et l'on amène a de la copie sous la pointe du crayon : par le mouvement général on fait dévier le crayon, pour permettre d'enfoncer une aiguille en a : on place le calquoir sur B ; puis on fait pivoter autour de a la feuille de la copie, jusqu'à ce que b arrive précisément sous le crayon. Dans cet état de choses on peut poursuivre le cours de la réduction.

231. Nous terminerons ce qui est relatif au pantographe en disant qu'au moyen d'une légère modification on est parvenu pour la gravure à réduire immédiatement sur le cuivre. Il fallait pour cela obtenir une réduction symétrique ou renversée de l'original, et c'est ce qui arrive lorsqu'au lieu du crayon on place un traçoir d'acier dont la pointe est en haut. La planche de cuivre est au-dessus et présente sa face enduite de vernis à la pointe qui appuie contre elle par l'effet d'un ressort placé en contre-bas. On fait

parcourir les contours de l'original par le calquoir et le traçoir reproduit la figure symétrique sur le cuivre en enlevant le vernis et
mettant le métal à découvert. Une glace placée sous le pantographe
permet au dessinateur de pouvoir suivre plus facilement les progrès de son travail. Il est presque superflu de dire que dans ce
cas le fil qui, du traçoir arrive au moyen de poulies de renvoi à
la main du dessinateur, produit, quand on le tire, un effet contraire à celui que nous avons indiqué nᵒ 225, c'est-à-dire, qu'il fait
descendre la pointe.

CHAPITRE XIV.

COMPAS DE PROPORTION.

232. Cet instrument n'a qu'un rapport très indirect avec la topographie proprement dite, aussi n'en parlerons-nous que pour
indiquer seulement les propriétés sur lesquelles sont fondées ses
divisions et comment il sert à résoudre différentes sortes de problèmes. Nous renvoyons pour de plus grands développements à
l'ouvrage d'*Ozanam*, intitulé *Usage du compas de proportion*, ou
mieux encore à celui qui sous le même titre a été publié postérieurement par *Garnier*, et imprimé en 1794 par Firmin Didot.

Le compas de proportion est composé de deux règles en cuivre,
réunies par un pivot autour duquel elles ont la liberté de tourner,
de manière à former entre elles tous les angles depuis 0ᵍ jusqu'à 200ᵍ.
C'est la même forme que celle de l'ancien pied de roi.

Sur l'une de ses faces (*fig.* 206) sont tracées sur les deux branches
plusieurs systèmes de lignes partant du centre et également inclinées deux à deux sur la ligne du milieu.

Les deux lignes extérieures symétriques désignées sous le nom
de *parties égales*, sont divisées chacune en 200 parties : elles ont
6 pouces de long, ce qui donne 0 lig. 36 pour chaque division.

Les suivantes sont celles des *plans* : elles contiennent 64 divisions qui décroissent suivant une proportion dont nous parlerons
tout à l'heure. Et enfin viennent les lignes des *polygones*.

Sur l'autre face se trouvent les lignes des *cordes*, celles des *solides* et celles des *métaux* ; parallèlement aux bords du compas, on
voit des divisions ayant pour titre d'un côté *poids des boulets*, et de
l'autre *calibre des pièces*. Il faut pour l'emploi de ces deux échelles
que le compas soit entièrement ouvert.

233. *Lignes des parties égales.* Comme il est très important que les divisions soient bien exactes, on emploie pour les tracer un compas à verge et à micromètre (voir § 117).

Nous allons passer en revue quelques-uns des nombreux problèmes que l'on peut résoudre au moyen des lignes des parties égales.

On demande que les deux branches du compas fassent entre elles un angle donné φ.

En considérant la ligne entière AC (*fig. 208*) comme le rayon, et en supposant le problème résolu, CF sera le double du sinus de $\frac{\varphi}{2}$: si l'on imagine la droite qui unit les deux points cotés 100, on voit qu'en vertu des triangles semblables BG est moitié de CF puisque AB est moitié de AC ; donc BG = CD = sin. $\frac{\varphi}{2}$. Si donc on cherche la longueur du sinus de l'angle φ, si l'on en prend la moitié et si l'on ouvre le compas de proportion de manière que la distance entre les deux points 100 soit égale à cette moitié, l'angle CAF sera l'angle cherché.

Trouver la n^{eme} partie d'une ligne AA′ donnée. On choisira sur la ligne des parties égales, un nombre oA divisible par n : soit oC le quotient (*fig. 209*). On ouvrira le compas jusqu'à ce que la distance des nombres correspondants AA′ soit égale à la ligne donnée, et alors CC′ sera la quantité cherchée : en effet, on a AA′:CC′ :: OA:OC ; mais OC = $\frac{OA}{n}$ donc CC′ = $\frac{AA'}{n}$. Si la ligne donnée était trop grande pour pouvoir être embrassée par les deux branches du compas, on porterait de A en A′ la moitié, le tiers ou toute autre fraction et CC′ serait la même fraction de la n^e partie de la ligne donnée.

Partager une ligne en parties qui soient entre elles dans le rapport des nombres, m,n,p, etc.

Il faut faire la somme $m + n + p +$ etc. (*fig. 210*) ; puis ouvrir le compas de manière que la transversale correspondant à S soit la ligne donnée : alors celles qui correspondront à $m, m+n, m+n+p$, etc., portées sur cette ligne, détermineront les fractions cherchées de la ligne entière.

Connaissant le nombre n *de parties égales contenues dans une ligne* AA′, *trouver celui* n′ *que contient une autre droite* CC′. On ouvre le compas de manière que la distance des numéros n situés en A et A′ soit égale à la ligne donnée : on cherche par tâtonnement, avec une ouverture de compas (ordinaire) égale à CC', les numéros n' correspondants qui la contiennent, et le problème est résolu.

Trouver par approximation, une ligne droite égale à une circonférence d'un diamètre connu.

Le rapport du diamètre à la circonférence est 1:3, 1415 ou 100:314 ou encore 50 : 157. Ouvrant donc le compas de manière que la distance des deux points 50 (*fig.* 212) soit égale au diamètre, la ligne qui unira les numéros 157 sera égale en longueur à la circonférence: cela résulte encore de la similitude des triangles.

A trois lignes données, trouver une quatrième proportionnelle.

On fera OA, OC et AA' (*fig.* 209) respectivement égales à chacune des données du problème ; puis CC' qui unit les points correspondants sur les deux branches, sera la ligne cherchée. Ceci fournit le moyen de mener par un point déterminé, une ligne au point de concours de deux autres. Soient *acb* l'angle dont le sommet *c* (*fig.* 213) est inaccessible, et *d* le point donné.

Il s'agit de trouver un second point *g* de la droite cherchée. Par le point *d*, on mène une droite rencontrant les deux côtés de l'angle en deux points quelconques *a* et *b*; puis en avant et à une distance aussi grande qu'on le pourra, on lui mènera une parallèle *ef*.

Remarquons que si la ligne *cd* était tracée oa aurait $ab : ef ::$ $ad : eg$, puisqu'en vertu des triangles semblables on a $ab : ef :: ac :$ ce et $ad : eg :: ac : ce$. On fait donc sur le compas de proportion OA (*fig.* 209) $= ab$ (*fig.* 213), AA' $= ad$; on prend $oc = ef$, et la distance cc' est précisément eg cherchée.

Trouver les conditions nécessaires pour que les lignes de parties égales fassent un angle droit.

Désignons par *a* et *b* deux nombres quelconques. Il est évident qu'en faisant $x^2 = a^2 + b^2$, portant *a* sur l'une des branches, *b* sur l'autre, et en ouvrant les branches du compas jusqu'à ce que les extrémités *a* et *b* soient distantes de *x*, on aura résolu le problème. Mais si l'on prenait arbitrairement *a* et *b*, il serait très rare que *x* fût un carré parfait, car dans les 15 premiers nombres, par exemple, il n'y en a que 3 qui puissent satisfaire à cette résolution facile du problème : ce sont 3, 4 et 5 et en effet $3^2 + 4^2 = 5^2$, ce qui revient à $9 + 16 = 25$. Voici comment on s'y prend pour éviter une extraction de racine. On élève $x^2 = a^2 + b^2$ au carré, ce qui donne

$$x^4 = a^4 + b^4 + 2a^2b^2 \quad \text{ou} \quad a^4 + b^4 = (a^2 - b^2)^2 + 2a^2b^2$$

donc $x_4 = (a_2 — b^2)^2 + 4a_2b^2$. Cela posé, on voit que si l'on porte sur une branche du compas $a^2 — b_2$ et $2ab$ sur l'autre, l'hypoténuse x^2 sera donnée par l'équation première. Ainsi, il faut choisir deux nombres tels que leur double produit soit moindre que 200 : porter ce double produit sur l'une des branches, porter la différence de leurs carrés sur l'autre et prendre la somme de ces mêmes carrés pour hypoténuse. Prenons pour exemple $a = 8$ et $b = 10$, nous aurons

$$2ab = 160, \quad b^2 — a^2 = 36 \quad \text{et} \quad a^2 + b^2 = 164.$$

Les deux premiers nombres sont les deux côtés de l'angle droit d'un triangle rectangle dont l'hypoténuse est 164. En élevant ces trois nombres au carré, on trouve comme vérification $25600 + 1296 = 26896$.

234. *Lignes des plans.* Elles sont de même longueur que celles des parties égales et destinées à donner les côtés homologues de 64 figures semblables dont le rapport des surfaces est celui des nombres depuis 1 jusqu'à 64. Pour construire les 64 divisions correspondantes, représentons par M la plus grande de ces figures, celle qui aurait pour l'un de ses côtés les 200 divisions des parties égales et par N la surface d'une autre figure dont le côté homologue à 200 sera x. Nous savons qu'il existe entre ces diverses quantités la proportion

$$M : N :: \overline{200}^2 : x^{-2} \quad \text{d'où} \quad x = 200 \, \frac{\sqrt{N}}{\sqrt{M}}$$

puisque M est représenté par 64, il en résulte que

$$\sqrt{M} = 8 \quad \text{et} \quad x = 200 \, \frac{\sqrt{N}}{8} = 25 . \sqrt{N}.$$

En attribuant successivement à N les valeurs $1, 2, 3 \ldots 63$, on trouve pour x les longueurs qu'il faut porter à partir du centre sur les deux lignes de plans. En faisant N égal à $4, 9, 16, 25, 36, 49$. Nous trouvons la progression arithmétique dont la raison est 25, $\div 50 \cdot 75 \cdot 100 \cdot 125 \cdot 150 \cdot 175 \ldots$ pour x; nous n'avons pris entre 1 et 64 que les nombres qui sont des carrés, pour éviter de calculer $\sqrt{N}$; mais on conçoit que la marche est la même pour les autres nombres.

Construire un triangle semblable à un autre avec la condition que les surfaces soient dans un rapport $\frac{n}{n}$.

OA et OA' (*fig.* 211) sont les lignes des plans. On ouvre l'angle de manière que la distance transversale des numéros n soit AA' côté du triangle donné, et alors CC' distance entre les numéros n' donne le côté homologue cherché : en effet, OA et OC sont les côtés des carrés dont les surfaces sont représentées par n et n' : ainsi $\overline{OA}^2 : \overline{OC}^2 :: n : n'$; d'ailleurs $OA : OC :: AA' : CC'$ donc $n : n' :: \overline{AA'}^2 : \overline{CC'}^2$.

Le même problème se résoudra évidemment de la même manière pour les polygones et les cercles. Pour les premiers, on cherchera le côté homologue et le diamètre pour les autres.

Deux figures semblables étant données, trouver leur rapport.

On ouvre arbitrairement le compas et l'on fait la distance entre deux nombres correspondants quelconques A, A' (*fig.* 209) des lignes des plans, égale à l'un des côtés donnés de l'une des figures, puis on cherche par tâtonnement les deux nombres correspondants C, C' dont la transversale soit égale au côté homologue de la seconde figure : on a alors $\overline{AA'}^2 : \overline{CC'}^2 :: AO : CO :: m : n$, rapport cherché.

Ouvrir le compas de manière que les lignes des plans soient rectangulaires entre elles.

On note deux points B et C (*fig.* 214), portant même chiffre m : on prend sur l'une des branches la distance du centre au point A qui porte un chiffre double $2m$, puis on ouvre les branches du compas jusqu'à ce que cette longueur OA ou $2m$ soit égale au troisième côté du triangle dont OB et OC sont les deux premiers : alors, le triangle est rectangle car on a $\overline{OA}^2 : \overline{OB}^2 :: 2m : m$ d'où $\overline{OA}^2 = 2\overline{OB}^2$, d'ailleurs $OA = BC$ et $OB = OC$ donc enfin $\overline{BC}^2 = \overline{BO}^2 + \overline{OC}^2$.

Construire un polygone semblable et égal en surface à deux polygones donnés semblables.

On ouvre le compas à angle droit, on porte sur les lignes des plans les longueurs OA et OB (*fig.* 215), représentant les deux côtés homologues a et a' des figures données, et l'hypoténuse qui joint A et B est le côté homologue cherché x : en effet, S' et S'' désignant les surfaces connues et S celle qui doit être égale à leur somme, on doit avoir $a^2 : x^2 :: S' : S$ et $a^2 : a'^2 :: S' : S''$. De la seconde on peut tirer $a^2 : a^2 + a'^2 :: S' : S' + S'' :: S' : S$, car on demande que $S = S' + S''$. Si l'on compare la première et la dernière proportion, on en tire $x_2 = a^2 + a_{/2}$; mais le triangle rectangle OAB fournit aussi $\overline{AB}^2 = a^2 + a'^2$; donc $AB = x$.

Trouver une moyenne proportionnelle entre deux lignes a *et* b.

On cherche sur les parties égales le rapport de a à b : soient n et n' les nombres de divisions que contiennent les lignes données, on a $a : b :: n : n'$. On ouvre le compas de manière que la distance entre les deux chiffres n des lignes des plans soit une quantité $AA' = a$ (*fig.* 211), auquel cas la ligne CC' qui unit les deux chiffres n' est la moyenne cherchée, car on a $n : n' :: \overline{AO}^2 : \overline{CO}^2$ et $n : n' :: \overline{AA'}^2 : \overline{CC'}^2$ puisque $AA' : CC' :: AO : CO$. On peut donc écrire $\overline{AA'}^2 : \overline{CC'}^2 :: a : b$; multipliant le second rapport par a, il vient $\overline{AA'}^2 : \overline{CC'}^2 :: \overline{a}^2 : ab$ et comme AA' n'est autre chose que a, il en résulte que $\overline{CC'}^2 = \frac{a^2 b}{a} = ab$ ou $a : CC' :: CC' : b$. Donc enfin CC' est la moyenne proportionnelle cherchée. Cette solution peut encore servir à *trouver approximativement le côté d'un carré équivalant en surface à un cercle donné.*

Désignons par x ce côté, il faudra que l'on ait $x^2 = \pi r^2$, c'est-à-dire $\pi r : x :: x : r$. Prenons sur les lignes des plans, les nombres que nous aurons trouvés pour πr et r sur celles des parties égales et dont le rapport nous est connu d'avance, c'est $314 : 100$ ou $157 : 50$. Faisons $AA' = \pi r$ et nous aurons, comme précédemment $\overline{AA'}^2 : \overline{CC'}^2 :: \pi r : r$. Multiplions le second rapport par πr, il viendra $\overline{AA'}^2 : \overline{CC'}^2 :: (\pi r)^2 : \pi r^2$, d'ailleurs $AA' = \pi r$, donc $\overline{CC'}^2 = \pi r^2$ ou $\pi r : CC' :: CC' : r$.

235. *Lignes des polygones* (construction). Ces lignes donnent les côtés de neuf polygones inscrits dans le même cercle. On a pris pour le côté le plus grand des neuf, celui du carré, la longueur totale des parties égales. Cette construction, qui est celle usitée, empêche d'avoir sur la ligne des polygones le côté du triangle inscrit, puisqu'il est plus grand que celui du carré. Il n'en serait pas ainsi si l'on avait pris la ligne des parties égales pour diamètre du cercle. Nous allons voir comment dans l'un et l'autre cas on passe de la quantité connue, le côté du carré ou le diamètre du cercle aux côtés de tous les autres polygones.

Pour trouver le rayon du cercle ou le côté de l'hexagone qui lui est égal, le triangle ABC (*fig.* 216), dans lequel $C = 100^\circ$, $A = 50$.

B $= 50$ et AB côté du carré $= 200$ (parties égales), nous donne

sin. C : sin. A :: AB : BC   ou   sin. 100ᵍ : sin. 50ᵍ :: 200 : R.

Mais pour trouver le sin. 50ᵍ, on remarque que $r^2 = 2$ sin.² 50,
d'où sin. 50ᵍ $= \dfrac{r}{\sqrt{2}}$ et que de plus sin. 100ᵍ $= r$; r étant le rayon
des tables. Si l'on suppose que $r = 1$, la proportion se transforme
en $1 : \dfrac{1}{\sqrt{2}} : 200 : R$ d'où $R = \dfrac{200}{\sqrt{2}} = 141, 4$. Telle est donc la
longueur du rayon ou du côté de l'hexagone comparativement au
côté du carré $= 200$.

Pour avoir actuellement le côté AB (*fig.* 217) d'un polygone
quelconque, on unit le point D milieu de AB au centre C : l'angle
ACD sera $\dfrac{\varphi}{2}$, si l'on désigne par φ l'angle soustendu par le côté
cherché. Dans le triangle rectangle ACD, on a sin. ADC : sin.
ACD :: AB : AD, ce qui revient à $1 :$ sin. $\frac{1}{2} \varphi :: 141,4 :$ AD ; de
là AD $= 141,4$ sin. $\frac{1}{2} \varphi$ ou AB $= 282,8$ sin. $\frac{1}{2} \varphi$.

Il est clair actuellement qu'en attribuant à φ telle valeur que
l'on voudra, on obtiendra par l'addition du logarithme de la constante 282,8 et de celui de sinus $\frac{1}{2} \varphi$, la longueur du côté correspondant à φ. C'est ainsi qu'en faisant $\varphi = 133ᵍ,33$ ou le tiers de
400ᵍ, on trouve pour le côté du triangle inscrit   244,9
De la même manière pour le pentagone   166,2

l'heptagone,	122,66
l'octogone,	108,0
l'ennéagone	96,8
le décagone,	87,4
l'hendécagone,	79,6
le dodécagone,	73,2

La marche est tout-à-fait la même, si l'on considère le diamètre comme égal à 200 : il faut seulement substituer 100 à 141,4
pour l'expression du rayon dans la formule qui donne le côté en
fonction du rayon et de sin. $\frac{1}{2} \varphi$. On trouve dans ce cas au moyen
de AB $= 200$ sin. $\frac{1}{2} \varphi$, le diamètre étant 200,

le côté du triangle	173,2
du carré	141,42
du pentagone	117,46
de l'hexagone	100
de l'heptagone	86,77
de l'octogone	76 54

de l'ennéagone	68,40
du décagone	61,79
de l'hendécagone	56,34
du dodécagone	51,74

(Usage des lignes des polygones).

Décrire un polygone régulier de M côtés dans un cercle d'un rayon donné.

On ouvrira le compas de manière que la distance entre les numéros 6 (*fig.* 218) soit égale à ce rayon, et alors celle des numéros M sera le côté du polygone cherché : les distances des points 6 et M au centre O représentent les côtés de l'hexagone et d'un polygone inscrit dans le même cercle : il s'ensuit, puisque O6 : OM : : 6.6 : MM, que 6.6 et OM seront les côtés homologues dans un autre cercle, mais le côté de l'hexagone n'est pas autre chose que le rayon, donc MM est bien le côté cherché.

Construire un polygone de M côtés sur une ligne donnée,

On voit que ce problème est l'inverse du précédent, et qu'ainsi, ayant ouvert le compas jusqu'à ce que la transversale MM soit égale à la ligne donnée, la distance des numéros 6 est le rayon du cercle circonscrit au polygone que l'on se propose de construire. Il ne reste donc plus qu'à décrire ce cercle et porter sur la circonférence M cordes égales à MM.

Sur une ligne donnée, construire un triangle isocèle, avec cette condition que l'angle au sommet soit dans un rapport connu n avec les angles égaux adjacents à la base.

En désignant par x l'angle au sommet évidemment fonction de n, on aura $x + 2nx = 200$ et $x = \frac{200}{1+2n}$. Si parmi toutes les valeurs que l'on peut attribuer à n, nous lui donnons successivement celles de $\frac{1}{2}$, $\frac{3}{4}$, 1, $\frac{5}{4}$, $\frac{3}{2}$, $\frac{7}{4}$, 2, $\frac{9}{4}$ et $\frac{5}{2}$, nous trouvons pour x l'angle sous-tendu par le côté de l'un des polygones réguliers inscrits, que déjà nous avons mentionnés ; et dans ces différents cas, le compas de proportion résout le problème aussi facilement que tous ceux que nous avons cités jusqu'à présent. En faisant $n = \frac{1}{2}$, il vient $x = \frac{200}{2} = 100$ angle soustendu par le côté du carré.

$n = \frac{3}{4}$; $x = \frac{800}{10} = 80$g pentagone

$n = 1$; $x = \frac{200}{3} = 66,66$ hexagone

$n = \frac{5}{4}$; $x = \frac{800}{14} = 57,1$ heptagone

$n = \frac{3}{2}$; $x = \frac{400}{8} = 50$ octogone

$n = \frac{7}{4}$; $x = \frac{800}{18} = 44,44$ ennéagone

$n = 2$; $x = \frac{200}{5} = 40$ décagone

$n = \frac{9}{4}$; $x = \frac{800}{22} = 36,36$ hendécagone

$n = \frac{5}{2}$; $x = \frac{400}{12} = 33,33$ dodécagone.

Pour toutes ces valeurs de n, on construit le triangle au moyen des lignes des polygones, en prenant la base donnée pour transversale entre les numéros qui indiquent le nombre de côtés correspondant à n. La distance entre les numéros 6 fournit le rayon du cercle circonscrit et son centre est le sommet du triangle isocèle que l'on voulait construire. On comprend qu'en décrivant des deux extrémités de la base avec le rayon trouvé, deux arcs de cercle, ils se couperont au centre du cercle ou sommet du triangle.

236. *Lignes des solides* (construction). Ces lignes sont de même longueur que celles des parties égales et donnent les côtés homologues de 64 solides dont les volumes sont entre eux comme la suite des nombres entiers de 1 à 64. Pour trouver les divisions correspondant à chacun d'eux, agissons comme nous avons fait pour les lignes des plans. Désignons par A le solide dont le côté sera la ligne totale ou 200 et dont le volume sera exprimé par 64. Représentons par B un solide semblable et par x la distance de la division correspondante au centre, nous aurons

$$A : B :: \overline{200}^3 : \overline{x}^3 \quad \text{ou} \quad x^3 = \frac{B}{A}(200)^3 = B \frac{\overline{200}^3}{64}$$

et

$$x = \frac{200}{\sqrt[3]{64}} \sqrt[3]{B} = \frac{200}{4} \sqrt[3]{B} = 50 \sqrt[3]{B}.$$

Il suffira donc d'attribuer à B toutes les valeurs de 1 à 63 pour obtenir les valeurs correspondantes de x.

Si B est un cube comme 27, on a

$$\begin{aligned}
\log. 50 &= 1.69897 \\
\log. 3 &= 0.47712 \\
\log. x &= 2.17609 \text{ et } x = 150.
\end{aligned}$$

En général l'extraction de la racine cubique n'étant pas aussi simple, on prend le tiers du logarithme de B : ainsi, supposons $B = 48$, nous aurons

$$\begin{aligned}
\log. 50 &= 1.69897 \\
\tfrac{1}{3} \log. 48 &= 0.56041 \\
\log. x &= 2.25938 \text{ et } x = 181,7
\end{aligned}$$

(Usage) *Construire une pyramide semblable et dans un rapport $\frac{n}{n'}$ à une pyramide donnée.*

On ouvrira le compas de manière que la distance transversale des numéros A, A' ou n (*fig.* 211) soit égale à l'un des côtés de la pyramide donnée, et la distance entre C et C' ou n' sera le côté homologue dans la pyramide cherchée : en effet, $\overline{OA}^3 : \overline{OC}^2 :: n : n'$,

mais $OA : OC :: AA' : CC'$, donc $\overline{AA'}^3 : \overline{CC'}^3 :: n : n'$ et les pyramides seront bien dans le rapport de n à n', puisqu'elles sont entre elles comme les cubes des côtés homologues.

Connaissant deux côtés homologues de deux solides semblables, trouver le rapport de leurs volumes.

Si l'on porte le côté de l'un des solides entre deux numéros correspondants qui dépendent de l'ouverture du compas, tels que A, A' (*fig.* 211) et que l'on cherche quels numéros C, C' comprennent le côté homologue du second solide, le rapport des deux nombres n et n' inscrits en A et C sera celui des solides, car $AA' : CC' ::$
$OA : OC$ ou $\overline{AA'}^3 : \overline{CC'}^3 :: \overline{OA}^3 : OC^3 :: n : n'$. Si le compas était plus ou moins ouvert, les transversales ne correspondraient plus aux mêmes numéros, mais le rapport serait évidemment le même, puisqu'en désignant par a, a', c, c' ces nouveaux numéros, on n'en aurait pas moins $aa' : cc' :: Oa : Oc$, ou $\overline{aa'}^3 : \overline{cc'}^3 :: \overline{Oa}^3 : \overline{Oc}^3$, et comme $AA' = aa'$, il faut aussi que $CC' = cc'$, car ce sont toujours les deux mêmes côtés homologues des deux solides : d'où il suit que $\overline{OA}^3 : \overline{OC}^3 :: \overline{Oa}^3 : \overline{Oc}^3$ et $\overline{Oa}^3 : \overline{Oc}^3 :: n : n'$.

On pourrait encore résoudre le problème en portant les deux côtés homologues sur la lignes des solides : le rapport des chiffres sur lesquels tomberaient les extrémités serait celui des solides. En effet, ils sont proportionnels aux cubes des deux côtés homologues qui le sont aux chiffres auxquels ils aboutissent.

Construire un solide égal et semblable à deux solides semblables.

Ayant ouvert le compas d'une manière arbitraire, on cherche à quels numéros D et D' (*fig.* 210) correspond un côté de l'un des solides donnés : soient C, C' les points qui auront pour transversale le côté homologue du second solide. On fait la somme des chiffres inscrits en C et D, et si c'est en A que correspond cette somme, AA' sera le côté du solide cherché : en effet, désignons par S le solide total et par S', S'' les deux autres, par n et n' les chiffres qui sont en D et en C, celui en A sera $n + n'$. D'après ce que nous avons vu, il existe entre ces solides les relations $S' : S'' ::$
$n : n'$ et $S : S' :: n + n' : n$. De la première, on tire $S' = \frac{n}{n'} S''$

et de l'autre $S = \dfrac{n+n'}{n} S' = S' + \dfrac{n'}{n} S'$ et en substituant dans le second terme du second membre la valeur de S' en fonction de S'', il vient $S = S' + \dfrac{n'}{n} \cdot \dfrac{n}{n'} S'' = S' + S''$.

237. *Lignes des métaux.* Ce n'est en quelque sorte que pour mémoire que nous les mentionnons ici, et pour rendre complète la nomenclature des lignes tracées sur le compas de proportion. Dans celles des solides, on cherchait à établir des relations entre les volumes des corps, indépendamment des poids. Ici l'on cherche le rapport des dimensions de corps semblables formés de métaux différents pour qu'ils soient de même poids. On voit que les poids dépendent des pesanteurs spécifiques ou des densités des métaux. Le poids d'un corps étant égal au produit du volume par la densité, on a, en exprimant par P, V, D ces quantités, $P = V.D$. Pour un autre corps, on a également $P' = V'D'$, et si l'on veut que P et P' soient égaux, il en résultera $VD = V'D'$ ou $V : V' :: D' : D$, et d'ailleurs les volumes des corps semblables étant proportionnels aux cubes des côtés homologues, nous aurons, en les désignant par K et K', $V : V' :: K^3 : K'^3 :: D' : D$ d'où $K' = K \sqrt[3]{\dfrac{D}{D'}}$

Supposons K égal aux 200 parties égales ou à 6 pouces : pour trouver le côté homologue d'un corps semblable, mais de métal différent, il faudra connaître la pesanteur spécifique des deux métaux, puis en ajoutant le tiers de la différence des logarithmes de D et D' à celui du nombre constant 200, on aura le logarithme de K'. Le nombre correspondant exprimera la longueur de K' qu'il faudra porter sur la ligne des métaux et à partir du centre. On trouve dans l'annuaire du bureau des longitudes une table des pesanteurs spécifiques qui fournira les données si parfois on veut calculer les valeurs de K'.

Cette échelle, qui détermine les dimensions des corps semblables et de même poids, pourrait encore servir à résoudre le réciproque, c'est-à-dire à trouver la différence de poids de deux solides de même volume et de densités différentes. En effet, sous même volume, les poids des corps sont proportionnels aux densités, ce que nous exprimerons par $\dfrac{P}{P'} = \dfrac{D}{D'}$; mais nous venons de voir plus haut que ces densités étaient en raison inverse des cubes des côtés homologues, donc $\dfrac{D}{D'} = \dfrac{\overline{OC}^3}{\overline{()}^3}$ et par conséquent $\dfrac{P}{P'} =$

$\frac{\overrightarrow{OC}}{OA}$. O C et OA sont connus, car nous savons quels métaux nous

employons, donc la question est résolue.

238. *Ligne du poids des boulets.* Cette ligne est d'une médiocre utilité, car le nombre des calibres différents étant très restreint, il est facile de se rappeler qu'à tel diamètre répond tel poids. Le but de cette ligne n'est cependant pas autre chose que de trouver le poids d'un boulet, connaissant son diamètre ou réciproquement. La ligne des solides résoudrait seule également la question : c'est elle, au surplus, qui sert à diviser celle dont nous nous occupons en ce moment. La densité étant constante, le poids est proportionnel au volume. Si donc on trouve le rapport de volume de deux boulets, on aura celui de leurs poids, et pour cela, il suffit de connaître le poids d'un seul calibre pour en déduire tous les autres. On sait qu'un boulet de 4 (c'est-à-dire pesant quatre livres) a 3 pouces de diamètre ; on ouvre les lignes des solides de manière que la transversale des nᵒˢ 4 soit de 3 pouces, et les transversales correspondant à toutes les autres couples de chiffres seront les diamètres des boulets dont les chiffres indiqueront les poids. Ce sont ces transversales qui sont portées sur une ligne à partir d'un même point, et à l'autre extrémité desquelles sont inscrits les chiffres qui correspondaient à ces traversales sur la ligne des solides.

239. *Ligne du calibre des pièces.* On sait que pour éviter que le frottement n'affaiblisse la force imprimée au boulet, il faut que le diamètre de la pièce soit un peu plus grand que celui du projectile : la différence qui est ce que l'on nomme le vent du boulet, varie de une à deux lignes.

La ligne du calibre des pièces ne diffère donc de la précédente, qu'en ce que les longueurs qui donnent les calibres, et qui correspondent aux chiffres indiquant le poids des boulets, sont plus grandes de deux lignes que les longueurs homologues sur la ligne du poids des boulets.

240. *Ligne des cordes* (construction). On sait qu'un triangle est construit avec plus de précision par ses trois côtés, qu'au moyen de deux côtés et un angle, et encore plus qu'à l'aide de deux angles et un côté : en d'autres termes, un angle est construit plus exactement par l'intersection d'arcs de cercles que par son amplitude. C'est par cette raison que la double ligne des cordes est préférable au rapporteur. On prend pour diamètre du cercle sur lequel on opère, la longueur entière des parties égales : dans cette hypothèse, on calcule les cordes correspondant à tous les grades de 1 à 200 ; puis on les porte à partir du centre du compas sur l'une et l'autre lignes. Ces cordes se calculent facilement par logarithmes en se rappelant que

$$\text{la corde de } m^g = 2 \sin. \frac{m^g}{2}$$

Il existe des tables , et entre autres celles de **M. Francœur**, qui donnent ces longueurs pour l'ancienne division du cercle.

(Usage). *Prendre sur une circonférence , un arc d'un nombre déterminé de grades.*

On fait la distance des n° 66 , 66 , égale au rayon de cette circonférence, et la transversale correspondant aux chiffres qui expriment l'arc demandé , en sera la corde. C'est encore la similitude des triangles qui sert à le prouver ; mais cette démonstration ayant déjà plusieurs fois été indiquée, nous nous abstenons de la reproduire. On résout aussi facilement la réciproque qui consiste à trouver le nombre de grades d'un arc donné dont on connaît le rayon.

LIVRE IV.

OPTIQUE.

——

CHAPITRE PREMIER.

PROPRIÉTÉS GÉNÉRALES DE LA LUMIÈRE.

241. La topographie et la géodésie exigeant l'emploi de quelques instruments d'optique, il est nécessaire que l'officier qui doit s'en occuper et par conséquent faire un fréquent usage de ces instruments, en connaisse bien la théorie. Il faut qu'il soit à même de remédier aux dérangements accidentels qu'ils peuvent subir, et que ses connaissances théoriques le mettent à même d'y apporter des modifications ou de les changer entièrement s'il trouve des combinaisons nouvelles et préférables.

242. *Hypothèses au moyen desquelles on explique les phénomènes de la lumière.*

La lumière, comme tous les autres phénomènes de la nature, ne nous est connue que par ses effets : quant à sa composition intime, elle nous échappera probablement toujours. On ne peut faire à cet égard, que des hypothèses dont la meilleure serait celle qui expliquerait également bien tous les faits. Il n'en est point ainsi des deux admises aujourd'hui. L'une satisfait mieux dans certains cas et moins dans quelques autres. Quoi qu'il en soit, nous allons dire quelques mots de l'une et de l'autre.

Par la première, on imagine que la lumière émanant d'un corps lumineux rayonne dans tous les sens comme le calorique : qu'elle se dirige en ligne droite avec une vitesse extrême, traverse les corps transparents, et n'est arrêtée dans sa marche que par les corps opaques. Ce seraient donc des particules du corps lumineux, des molécules, si l'on peut s'exprimer ainsi, infiniment petites et légères, qui se sépareraient de lui, par l'effet d'une force inhérente au corps.

La seconde suppose toutes les parties du corps animées d'un

mouvement propre qui les fait osciller sans cesse autour d'une position moyenne. Ce mouvement communiqué aux molécules du milieu dans lequel est placé le corps, produit ainsi dans tous les sens, une multitude de vibrations qui, se propageant de proche en proche, produisent le phénomène de la vision, pour toute personne dont les yeux sont atteints par ces vibrations. Cette explication force à supposer que le vide parfait n'existe pas dans l'immensité qui nous sépare des astres ; car sans cela, nous ne les verrions pas.

La distinction entre les corps transparents et les corps opaques sera, que les premiers se soumettent à l'influence des ondulations, tandis que les autres y sont rebelles.

243. *Propriétés générales de la lumière.*

Quelles que soient la cause et les conjectures faites à son égard, la lumière jouit de certaines propriétés constatées par les faits et les expériences : nous allons les passer sommairement en revue.

1° *La lumière se propage en ligne droite.* On le prouve au moyen de deux plans disposés parallèlement, et qui laissent arriver la lumière tant qu'ils ne sont pas en contact ; tandis que si l'on les courbe, on cesse d'apercevoir la lumière longtemps avant la coïncidence.

2° *L'intensité de la lumière varie en raison inverse du carré de la distance.* Pour se rendre compte de cette loi, il suffit de supposer un corps lumineux placé successivement au centre de plusieurs sphères creuses et opaques. Par ce moyen, tous les rayons lumineux seront employés à éclairer les différentes surfaces sphériques. Il résulte évidemment de là, que ces surfaces seront d'autant moins lumineuses qu'elles seront plus étendues ; d'ailleurs les surfaces sont entre elles comme les carrés de leurs rayons respectifs. Ces rayons représentent les distances du foyer lumineux aux surfaces éclairées : donc l'intensité de la lumière répandue sur un corps est en raison inverse du carré de la distance.

3° *L'angle d'incidence est égal à l'angle de réflexion.* Si un rayon lumineux rencontre une surface **polie**, sa direction change, il fait avec la normale à la surface, un angle égal et symétrique à celui qu'il faisait avant d'atteindre le **corps** poli. La normale, le rayon incident et le rayon réfléchi, sont situés dans un même plan. Ce plan est d'ailleurs perpendiculaire à la surface réfléchissante, puisqu'il contient sa normale.

Pour s'assurer que les angles d'incidence et de réflexion sont égaux, on peut faire l'expérience suivante : On place près d'un miroir horizontal MM' (*fig.* 219), un instrument ACB propre à mesurer les angles : il est muni d'un niveau AB et d'une lunette EF : ce peut être l'éclymètre adapté à une boussole. Après avoir placé le limbe de l'instrument vertical, on vise successivement un objet éloigné S ou S', et son image S'' réfléchie par le miroir, et l'on obtient ainsi un angle d'ascension ECA, et un angle de dépression ACD qui sont égaux : le premier est égal à SDM complément de l'angle d'incidence; car ils ont tous deux leurs côtés respectivement parallèles : l'autre angle ACD est égal à CDM' complément de l'angle de réflexion, puisque ce sont des angles alternes internes : donc les angles d'incidence et de réflexion ayant des compléments égaux sont égaux.

On désigne sous le nom de faisceau lumineux, l'assemblage des rayons parallèles qui viennent frapper la surface réfléchissante. L'expérience a prouvé que jamais la totalité n'est réfléchie : qu'une partie des rayons est absorbée par le corps lui-même, et que cette portion est d'autant plus considérable, que l'angle d'incidence est plus petit. C'est donc lorsque la lumière frappe normalement que la perte est la plus grande. La proportion entre la lumière réfléchie et celle qui est absorbée, varie en raison de la nature du corps poli qu'elle a rencontré. Ce que nous signalons ici, se constate journellement quand on porte ses regards sur la surface des eaux. Elles réfléchissent tous les objets environnants; mais les images les plus nettes sont celles des points les moins voisins de l'observateur. Cela tient à ce que, pour ceux-ci, une plus grande quantité de lumière réfléchie par eux vers la surface du liquide est employée à reproduire leurs images. La différence est la plus sensible, lorsque l'observateur abaissant ses regards normalement, voit son image beaucoup plus sombre que celles de tous les objets qui apparaissent plus ou moins obliquement. Quand l'eau est peu profonde, on aperçoit simultanément le fond sur lequel elle repose et les objets réfléchis par sa surface. Dans le premier cas, c'est la portion de lumière qui a pénétré le liquide qui produit l'impression : ce sont les rayons brisés à la surface qui donnent lieu à la seconde.

4° *Réfraction.* La portion de lumière qui n'est pas réfléchie, est absorbée par le corps s'il est opaque, ou le traverse s'il est transparent; mais alors la direction du faisceau n'est plus la même que dans l'incidence : l'angle de réfraction est plus petit ou plus grand que l'angle d'incidence, suivant que le corps transparent est plus ou moins dense que le milieu que traversait d'abord la lumière. On prouve que le rapport des sinus de l'incidence et de la réfraction est constant pour deux milieux, quelle que soit d'ailleurs l'amplitude de l'incidence.

Soient a et a' ($fig.$ 220) les angles d'incidence et de réfraction d'un rayon RA rencontrant un corps transparant MM',mm' on a $\frac{\sin. a}{\sin. a'} = C$. Cette constante C a été trouvée par l'expérience égale à $\frac{4}{3}$ ou 1,333 pour l'air et l'eau, et $\frac{3}{2}$ ou 1,5 pour l'air et le verre. En supposant qu'un rayon lumineux soit parallèle à la surface de l'eau, l'angle d'incidence serait droit et son sinus égal à l'unité : de là résulte que sin. $a' = \frac{3}{4} = 0,75$. Son logarithme 9.87506 correspond à un angle de 53ᵍ,99 ou plus simplement 54ᵍ. Telle est donc la plus grande obliquité sous laquelle un rayon lumineux peut pénétrer dans l'eau. On trouve de la même manière, lorsqu'il s'agit du verre, qu'à $a = 100$ᵍ, correspond $a' = 46$ᵍ,40'. S'il s'agit d'un corps solide et transparent terminé par deux plans parallèles, comme l'indique la $fig.$ 220, il devient évident que la lumière après l'avoir traversé, déviera de nouveau pour reprendre une direction parallèle à la première, si le milieu qui enveloppe le corps MM'mm' est homogène, car on aura alors $\frac{\sin. a''}{\sin. a'''} = \frac{\sin. a'}{\sin. a}$ et parce que a' et a'' sont égaux, il s'ensuit que $a = a'''$.

C'est à la réfraction qu'est due l'illusion qui trompe nos yeux, lorsqu'un bâton plongé en partie et obliquement dans l'eau, nous paraît coudé au point de l'immersion.

Soient MM' et ABC ($fig.$ 221), la surface du liquide et le bâton : considérons quelques-uns seulement des rayons de lumière qui de l'extrémité C arrivent à la surface en n et n' : ils s'écarteront de la normale en passant dans l'air, et prendront les nouvelles directions no, $n'o'$. Si l'œil de l'observateur est situé sur cette nouvelle direction, l'impression sera celle d'un point C' situé à leur rencontre. Les points intermédiaires à B et C, produiront des effets analogues : ils seront relevés de manière à faire voir au lieu de BC, une ligne continue BC'. Quant à ceux qui sont placés de A en B, la marche des rayons lumineux qu'ils envoient en ligne droite vers l'œil, n'offre rien de particulier.

5° *Vitesse de la lumière.* Elle a été conclue de l'observation de certains phénomènes astronomiques, et trouvée égale à 33 millions de lieues en 8' 13'', ou environ 62,900 lieues ou 6,300 miriamètres par seconde : en sorte que nous devons regarder comme instantanée, la sensation de la lumière qui nous arrive des objets terrestres.

6° *Composition de la lumière.* Un rayon de lumière quelque délié qu'il soit, peut toujours être décomposé en sept rayons principaux diversement colorés. Cette décomposition obtenue au moyen d'un prisme en verre (*fig. 222*), est due à ce qu'en y pénétrant, ils se séparent, animés qu'ils sont de réfrangibilités différentes.

Quelle que soit l'explication qu'on en donne, les choses se passent comme si de chaque point d'un corps, un rayon se propageant en ligne droite, venait frapper notre œil et y produire la sensation de la vue de ce point ; et que de plus, la nature du corps décomposât la lumière qu'il reçoit, de manière à renvoyer seulement les rayons de la couleur qui lui est propre, et à absorber tout le reste.

CHAPITRE II.

EFFETS DE LA RÉFLEXION.

244. *Miroirs plans.* Pour étudier actuellement les effets de la réflexion produite par les surfaces polies, nous allons nous occuper d'abord de ce qui a lieu quand la surface est plane. Plaçons un point lumineux A (*fig. 223*), vis-à-vis un miroir MM' : il pourra être considéré comme le sommet d'un cône formé par les rayons incidents, et dont l'axe serait le rayon AB, qui tombe normalement sur le miroir. Ce dernier se réfléchira sur lui-même, et si tous doivent se rencontrer en un seul point, il en sera le lieu géométrique. Un autre rayon tel que AC, se réfléchira d'après la loi connue suivant CD : il divergera donc par rapport à AB, et ce ne sera que les prolongements qui se rencontreront en A'. Les distances de A et A' à la surface du miroir sont égales ; car les deux triangles rectangles ABC, A'BC, sont égaux comme ayant un côté commun et leurs angles en C égaux : donc AB=A'B ; concluons de là, que pour tout autre rayon, le prolongement de sa réflexion passera également par A'. Ce point de réunion est ce que l'on nomme le foyer ou l'image de A. Une personne placée devant le miroir apercevra le point A, comme si abstraction faite de la surface réfléchissante, il était situé en A'. Ce sera seulement une illusion produite par le petit cône réfléchi, qui aura pour base la prunelle de l'œil. Un foyer tel que A' formé par la rencontre des rayons prolongés n'existe donc pas réellement. Il est désigné sous le nom de *foyer virtuel*, par opposition à ceux qui, formés par la réunion des rayons eux-mêmes, sont dits *réels*.

245. Si au lieu d'un point, nous supposons qu'il s'agisse de la réflexion d'un objet AB (*fig*. 224), l'image de chacune de ses parties se construira comme précédemment, et l'œil en saisira l'image totale par l'ensemble de tous les petits cônes, qui ayant pour base commune la prunelle O, auront leurs sommets en chacun des points de A'B'. En résumé, nous dirons que par rapport à un miroir plan, l'image est virtuelle, droite, de même grandeur et à même distance du miroir que l'objet.

De ce qui précède, il résulte encore que, si le miroir MM' (*fig*. 225), est rapproché de A d'une quantité *bb'*, la distance entre A et A' diminuera deux fois plus. Ainsi, une personne placée vis-à-vis un miroir, ne voyant pas son image assez nette, peut, en rapprochant le miroir d'une certaine quantité, diminuer la distance à son image d'une quantité double.

246. Nous avons indiqué § 151, l'emploi d'un miroir ou d'un prisme dans la boussole à réflexion : c'est ici le lieu de donner quelques nouveaux détails à ce sujet.

L'œil O reçoit la sensation du point T (*fig*. 226) par les rayons qui arrivent horizontalement suivant TM : en même temps il éprouve une autre impression, c'est celle du chiffre qui est placé en P sur la verticale de M. En effet, les rayons qui de P arrivent en M sur le miroir, se réfléchissent bien suivant MO : l'œil aperçoit donc P dans la position P', et par conséquent voit l'objet T et lit l'angle qui lui correspond. La substitution au miroir d'un prisme lenticulaire, c'est-à-dire d'un prisme dont la face plane MM' fait fonction de miroir et dont les deux autres faces sont des segments de sphère a pour but, d'abord d'éviter l'inconvénient attaché à tout miroir, de se détériorer par l'altération ou la disparition du tain ; puis ensuite de rendre plus grandes les dimensions apparentes de la graduation, au moyen de la convexité de deux des faces du prisme. Plus loin, nous dirons comment cet effet est produit par la réfraction. Nous devons expliquer ici pourquoi la face plane étant inclinée à 50ᵍ, jouit de la propriété de réfléchir les rayons lumineux qui arrivent de P (*fig*. 227), et cela, sans qu'il soit nécessaire d'appliquer une lame opaque sur la face plane. L'addition de cette dernière a un autre but : c'est d'éviter qu'il n'entre par ce côté de la lumière, qui venant se croiser avec celle qui produit l'image P', la rendrait confuse. Nous venons de voir § 243, que pour qu'il y ait réfraction, le plus grand angle sous le-

quel la lumière peut traverser le verre est 46 ou 47ₛ avec la normale, puisqu'à ce moment le rayon réfracté sortirait en glissant
sur la surface : au delà de cette limite, il n'y a que réflexion, et
c'est ce qui arrivera pour le rayon lumineux PC (*fig.* 227), puisqu'il est incliné de 50ₛ sur la normale CN.

247. *Miroirs concaves.* La théorie des miroirs courbes se
déduit très simplement de celle des miroirs plans, en remplaçant
pour chaque point d'incidence, la surface supposée connue, par
son plan tangent : on est alors à même de déterminer l'image d'un
point. Dans la pratique, on ne se sert pour plus de simplicité, que
de miroirs sphériques d'un très grand rayon, comparativement
du moins aux dimensions du segment qui forme le miroir. Nous
aurons donc à considérer les miroirs concaves et convexes.

Soit C (*fig.* 228) le centre de la calotte sphérique qui forme le
miroir MM'. Plaçons d'abord le point lumineux en S sur l'axe.
Parmi tous les rayons qui en émanent, il en est un SO, qui arrive
normalement et se réfléchit sur lui-même : donc le foyer de S sera
quelque part sur SO. Un autre rayon SM se réfléchira suivant MF
de telle sorte que SMC = CMF. Le même raisonnement s'appliquant à tout autre rayon lancé par S, il s'ensuivra que toutes les
réflexions convergeront sensiblement vers F ; mais cela ne peut
s'entendre que des rayons qui ne font qu'un petit angle avec celui
d'entre eux qui passe par le centre. C'est pour cette raison et pour
éviter un inconvénient que nous signalerons plus tard, que l'on
ne prend pour miroir qu'un très petit segment de sphère. Si le
corps lumineux s'éloigne de C, l'angle SMC augmentant, l'angle
CMF augmentera aussi, et le foyer se rapprochera du miroir. La
limite de ce rapprochement correspondra évidemment à la plus
grande distance de S, c'est-à-dire au moment où il sera à l'infini
comme l'est le soleil, eu égard aux dimensions du miroir. Cherchons donc la position de ce foyer des rayons parallèles, remarquable entre tous les autres, et que pour cela on désigne sous le
nom de foyer principal. Dans ce cas, tous les rayons émanant de
S sont parallèles, et le cône lumineux devient un cylindre.

248. *Foyer des rayons parallèles.* Le miroir MM' (*fig.* 229),
étant placé perpendiculairement au faisceau lumineux qui l'atteint, nous dirons encore que tous les rayons réfléchis se rencontreront sur l'axe. Ce que nous cherchons, c'est la distance OF.
Pour cela menons un rayon quelconque SM, sa réflexion MF
complétera un triangle FMC, dans lequel les angles en M et C sont
égaux : en effet, FCM = CMS comme alternes internes : FMC = CMS

comme incidence et réflexion; donc FCM=FMC : donc les côtés opposés MF, CF sont égaux. Actuellement, menons la tangente MT, elle terminera un triangle MTF : nous aurons MTF=VMS comme correspondants : TMF=VMS comme compléments de deux angles égaux, l'incidence et la réflexion : donc encore MTF=TMF, et par suite MF=TF, donc enfin FT=FC : d'ailleurs, la sous-tangente OT, est extrêmement petite : donc, on peut dire que le foyer principal est sensiblement placé à égale distance du miroir et de son centre.

249. Il y aurait encore, en faisant différentes suppositions, à voir quelles relations existent entre les positions de S et de son foyer, mais au lieu de les tirer des modifications qui en résulteraient dans le tracé de la figure, cherchons une formule qui établisse cette relation ; puis nous en déduirons d'une manière plus élégante et plus générale tous les cas particuliers.

En considérant l'angle OCM extérieur au triangle CMS (*fig.* 228), nous voyons que l'on a OCM=CSM+CMS. L'expression de ce même angle déduite du triangle FCM, sera OCM=OFM—FMC, et comme FMC=CMS, il en résulte qu'en ajoutant les deux valeurs de OCM, il vient 2,OCM=OFM+OSM.

Les angles en C, en F et en S étant toujours très petits, on peut sans altérer la vérité, leur substituer leurs sinus ou leurs tangentes (pour 10 grades, amplitude que n'atteignent jamais les angles dont nous nous occupons, la différence entre le sinus et la tangente étant moindre que 0,002, celle de l'une de ces lignes trigonométriques à l'arc est d'environ 0,001). Cela posé, abaissons de M la perpendiculaire MP, et nous formerons ainsi trois triangles rectangles dont MP sera un côté commun, et dont les troisièmes angles seront en C, F et M : ils nous fourniront les relations suivantes.

$$\sin. C = \frac{MP}{MC}; \quad \sin. F = \frac{MP}{MF}; \quad \sin. S = \frac{MP}{MS}.$$

Substituant ces sinus à la place des angles, il vient

$$2.\frac{MP}{MC} = \frac{MP}{MF} + \frac{MP}{MS} \quad \text{ou} \quad \frac{2}{MC} = \frac{1}{MF} + \frac{1}{MS}$$

ou encore, en désignant par r, f et s les distances OC, OF et OS que l'on peut mettre à la place de MC, MF et MS

$$\frac{2}{r} = \frac{1}{f} + \frac{1}{s} \qquad (1)$$

Cette formule symétrique par rapport à f et s, indique que l'objet et son image peuvent occuper réciproquement la place l'un de l'autre : toutes les couples de points tels que F et S, sont dites *foyers conjugués*.

Pour connaître la position du foyer principal dont nous désignerons la distance au foyer par F, faisons dans la formule ci-dessus $s = \infty$, il en résultera $\frac{1}{F} = \frac{2}{r}$ ou $F = \frac{r}{2}$; ce qui est conforme à ce que nous a donné la démonstration synthétique. On peut, si l'on veut, substituer dans la formule (1) $\frac{1}{F}$ à $\frac{2}{r}$, ce qui la change en celle-ci $\frac{1}{F} = \frac{1}{f} + \frac{1}{s}$, qui établit une relation entre la distance focale principale et celles de deux foyers conjugués quelconques.

La formule (1) fait voir que f diminue quand s augmente, et réciproquement. De ce que r, s et f sont de même signe, on en tire la conséquence que le centre et les foyers conjugués sont du même côté du miroir.

Nous avons vu qu'à $\quad s = \infty \quad$ correspond $\quad f = \frac{r}{2}$

si $\quad s = r \quad$ on a aussi $\quad f = r$

c'est-à-dire que le point lumineux étant au centre, le foyer y est également.

Quand $s > r$ . . . . . $\frac{1}{s} < \frac{1}{r}$ donc $\frac{1}{f} > \frac{1}{r}$ ou $f < r$

$\quad\quad s < r$ . . . . . $\frac{1}{s} > \frac{1}{r}$ $\quad\quad \frac{1}{f} < \frac{1}{r}$ $\quad\quad f > r$

$\quad\quad s = \frac{r}{2}$ . . . . . $\frac{1}{s} = \frac{2}{r}$ $\quad\quad \frac{1}{f} = 0$ $\quad\quad f = \infty$

$\quad\quad s < \frac{r}{2}$ . . . . . $\frac{1}{s} > \frac{2}{r}$ $\quad\quad \frac{1}{f} < 0$ $\quad\quad f < 0$

c'est-à-dire que le point lumineux étant situé entre le foyer principal et le miroir, les rayons réfléchis divergent et ne se rencontrent que par leurs prolongements au delà du miroir pour y former un foyer virtuel.

Enfin si $s = o$, on a $\frac{1}{f} = \frac{2}{r} - \frac{1}{o}$, ce qui exige, pour ne pas impliquer d'absurdité, que f soit aussi égal à zéro : car de (1) l'on tire $f = \frac{rs}{2s - r}$, qui fait voir que f et s sont nuls simultanément.

Si le point lumineux est situé en S', hors de l'axe du miroir, la relation indiquée par l'équation (1) existe toujours par rapport à la droite S'M' (*fig.* 230) qui passe par le centre, et par suite les foyers conjugués ne sont pas situés du même côté de l'axe, excepté quand s étant plus petit que $\frac{r}{2}$, le foyer devient virtuel.

250. Au lieu de ne considérer qu'un point, supposons un objet AB (*fig.* 231), nous construirons facilement les foyers de tous ses points ; mais pour ne nous occuper que des extrémités A et B, traçons les deux rayons qui, passant par le centre, vont rencontrer le miroir en M et M' : l'image sera évidemment comprise dans l'angle MCM'. Pour avoir la réflexion d'un second rayon partant de A, nous pouvons prendre celui AN qui étant parallèle à l'axe, vient passer par le foyer principal F, et sa rencontre en A' avec AM', sera le foyer de A. On obtient de même B'. L'image est réelle, renversée et toujours plus petite que l'objet. Quand celui-ci est à l'infini, son image se réduit à un point en F. AB rapprochant, A'B' augmente, et il atteint sa plus grande dimension au moment où il arrive au centre ; auquel cas il est égal à AB qui se trouve aussi au centre. L'image peut diminuer par deux causes : ou, comme nous venons de le dire, quand l'objet s'éloigne ; ou, quand restant à la même place, c'est le centre qui se rapproche du miroir ; car dans l'un et l'autre cas, l'angle ACB diminue et par suite son opposé par le sommet dans lequel est comprise l'image.

Les figures 232 et 233 indiquent comment se forment les images d'un point ou d'un objet situé entre le miroir et le foyer principal. On voit que dans la seconde, on a encore mené par les extrémités A et B, les rayons qui passent par le centre, et les rayons parallèles. Ici l'image est toujours droite, virtuelle et agrandie. Elle est toujours agrandie ; car elle est comprise dans le même angle A'CB' que l'objet AB, et en outre elle est plus éloignée du sommet C. On pourrait ajouter cependant que l'impression pour un observateur, dépendra du point d'où il verra l'image. En effet, si l'œil est en C, l'image et l'objet soustendant le même angle visuel, paraîtront de même grandeur : si l'œil est en H, AB paraîtra plus grand : ce sera le contraire, si l'œil est placé vers K au delà du centre.

Pour éprouver la sensation produite par une image virtuelle, il faut nécessairement que l'œil se trouve dans la direction de l'un des faisceaux lumineux réfléchis ; tandis que l'image réelle peut être vue, ou de la même manière, ou en la recevant sur un corp translucide, suivant que l'œil est du même côté que le miroir, par rapport à l'image ou du côté opposé.

251. Si nous voulons connaître la relation qui existe entre les dimensions de l'objet et celles de son image en raison de la distance du premier au miroir, remarquons que nous tirons des triangles semblables ABC, A'B'C (*fig.* 231), la proportion

$$A'B' : AB :: CF' : CS :: r - f : s - r.$$

Pour éliminer f, substituons sa valeur $\frac{rs}{2s-r}$ déduite de l'équation (**1**), nous aurons

$$A'B' : AB :: r - \frac{rs}{2s-r} : s - r' :: \frac{2rs-r^2-rs}{2s-r} : s - r :: rs - r^2 : (s - r)$$

$$(2s - r) :: r : 2s - r \quad \text{d'où} \quad A'B' = AB\ \frac{r}{2s-r}.$$

Tant que $s > r$, le coefficient de AB est plus petit que l'unité et par suite A'B' < AB.

Si $s = \infty$, A'B' $= 0$: quand $s = r$, on trouve A'B' = AB. Lorsque $s < r$, le dénominateur $2s - r$ est plus petit que r et l'image est amplifiée. Si $s = \frac{r}{2}$, le dénominateur devient nul, et A'B' est d'une grandeur infinie. En supposant $s < \frac{r}{2}$, on a $2s - r$ négatif et plus petit que r ; par conséquent A'B' négatif et plus grand que AB. Enfin $s = o$ produit A'B' $= -$ AB, c'est-à-dire que l'image vient se réunir à l'objet sous la même dimension, comme il arrive quand l'objet est au centre du miroir, avec cette différence seulement qu'elle est réelle dans ce dernier cas et virtuelle dans l'autre. Tous ces résultats sont conformes à ce que nous avons trouvé n° 250, en modifiant la figure suivant les différentes hypothèses que nous venons de faire.

252. *Détermination pratique du foyer principal.* On présente le miroir concave au soleil ; on reçoit l'image sur un carton blanc que l'on varie de position jusqu'à ce qu'elle soit la plus petite, la plus nette et la plus brillante possible : on mesure et l'on a ainsi la distance focale principale. Si l'on veut connaître le rayon de courbure, on se rappelle qu'il est double de cette distance.

253. *Miroirs convexes.* Une marche analogue à celle que nous venons de suivre, va nous expliquer les effets produits par un miroir convexe placé devant un objet lumineux. Soit S (*fig.* 234) le point lumineux et MM' le miroir : MN étant la normale, il est évident que les rayons réfléchis divergent, et que ce ne sont que leurs prolongements qui se rencontrent au delà du miroir. Nous pouvons donc conclure déjà que le foyer est virtuel. Si S s'éloigne pour se placer en S', le foyer s'éloigne aussi du miroir et se trouve en F'. Quand S est à l'infini, le foyer est le plus loin qu'il puisse se trouver du miroir : il est placé à très peu près à égales distances du miroir et de son centre. Nous ne reproduirons pas ici la démonstration géométrique qui est tout-à-fait celle donnée pour le miroir concave. S'il s'agit de construire l'image de AB (*fig.* 235), il faut unir les points A et B au centre C. Sur AC et BC se trouveront les points de réunion des rayons lancés par A et B ; puis en construisant la réflexion d'un autre point quelconque, ou en particulier, de celui qui entre tous est parallèle à l'axe, on aura les points A' et B'. Le rayon parallèle est préféré, parce qu'on sait que le prolongement de sa réflexion passe par le foyer principal F. Il résulte de là, que l'image est virtuelle, droite et plus petite que l'objet : cette dernière circonstance est évidente, puisque l'objet et son image sous-tendent le même angle ACB dont le sommet est au centre, et que c'est l'image qui est la plus voisine du sommet.

254. Pour obtenir la formule qui établit une relation entre les les distances de l'objet et du foyer, considérons les triangles MCF, SMC (*fig.* 234), ils donnent $MCF = MFS — CMF$ et $MCS = RMC — MSC$, et comme $CMR = CMF$, il vient en ajoutant, $2, MCF = MFS — MSC$: abaissons la perpendiculaire MP qui forme les trois triangles rectangles desquels nous tirons les valeurs des tangentes des angles en C, F et S. Substituant les tangentes aux angles, on trouve pour équation finale $\frac{2}{r} = \frac{1}{f} - \frac{1}{s}$.

Ici les signes contraires qui affectent f et s, nous font voir que l'objet et l'image ne sont pas situés du même côté du miroir, tandis que l'image et le centre le sont. Nous voyons encore, ce qu'indique au surplus le simple bon sens, que l'objet et l'image ne peuvent point alterner de positions, puisque la formule n'est pas symétrique par rapport à f et à s.

Il est un cas cependant où l'image peut devenir réelle, et par conséquent se trouver située en deçà du miroir : c'est celui où les rayons lumineux arrivent sur sa surface en convergeant. Cela n'a lieu; comme nous le verrons n° 290, à l'occasion du télescope de Cassegrain, qu'autant que ces rayons auront préalablement rencontré un miroir concave qui les aura rendus convergents. Alors ils sont réfléchis convergents aussi par le second miroir qui est placé entre le premier et son foyer. Pour que la formule s'applique à cette circonstance, il faut changer le signe de s : cette lettre exprimant la position et la distance du point de rencontre des premiers rayons par rapport au miroir convexe : elle devient donc

$$\frac{1}{F} = \frac{1}{s} + \frac{1}{f}$$

Discutons l'équation en attribuant différentes valeurs à S. Nous trouverons d'abord le foyer principal en faisant $S = \infty$: car alors

$$\frac{1}{s} = 0 \qquad \frac{1}{F} = \frac{2}{r} \qquad \text{ou} \qquad F = \frac{r}{2}$$

Si $\quad s > r \qquad \frac{1}{s} < r \qquad \frac{1}{f} < \frac{3}{r} \qquad$ et $\qquad f > \frac{r}{3}$

$\quad\quad s = r \qquad \frac{1}{s} = \frac{1}{r} \qquad \frac{1}{f} = \frac{3}{r} \qquad\qquad f = \frac{r}{3}$

Ainsi, l'objet s'approchant du miroir de l'infini à une distance égale au rayon, l'image ne s'en approche que de $\left(\frac{1}{2} - \frac{1}{3}\right) r$, c'est-à-dire du sixième du rayon

$$s < r \qquad \frac{1}{s} > \frac{1}{r} \qquad \frac{1}{f} > \frac{3}{r} \qquad f < \frac{r}{3}$$

$$s = \frac{r}{2} \qquad \frac{1}{s} = \frac{2}{r} \qquad \frac{1}{f} = \frac{4}{r} \qquad f = \frac{r}{4}$$

Si $s = 0$, l'équation mise sous la forme $s = \frac{-rf}{2f - r}$ exige que f soit aussi nul.

Si, comme pour le miroir concave, nous voulons trouver l'expression du grossissement, nous aurons, en désignant par AB et A'B' l'objet et son image,

$$A'B' : AB :: r - f : r + s \qquad \text{et} \qquad \frac{A'B'}{AB} = \frac{r - f}{r + s}$$

La valeur de f déduite de $\frac{1}{F} = \frac{1}{f} - \frac{1}{s}$ servira à l'éliminer de l'expression du grossissement.

Elle est $f = \frac{Fs}{F + s}$: ainsi l'on aura, en remarquant que $r = 2F$

$$\frac{A'B'}{AB} = \frac{2F - \frac{Fs}{F + s}}{2F + s} = \frac{2F^2 + Fs}{(2F + s)(F + s)} = \frac{F}{F + s} = \frac{1}{1 + \frac{s}{F}}$$

On voit que ce rapport est toujours plus petit que l'unité,

lorsque s est positif : au moment ou $s = o$, auquel cas f égale aussi zéro, l'image et l'objet sont de même grandeur. Le dénominateur augmente, et par conséquent l'image est d'autant plus petite que s augmente ou que F et r diminuent. Quand $s = \frac{1}{o}$, les dimensions de l'image deviennent nulles, c'est-à-dire qu'elle se réduit à un point. Si s est négatif par le fait particulier de la convergence des rayons incidents, on voit que le rapport $\frac{A'B'}{AB}$ est toujours plus grand que l'unité, ce qui signifie que l'image réelle fournie par un miroir convexe qui d'ailleurs est droite, est aussi agrandie.

255. *Détermination du foyer principal.* On couvre la surface du miroir de papier, d'une couleur ou d'un enduit quelconque qui absorbe la lumière, en réservant toutefois en deux points A et B (*fig.* 236), la surface du miroir à nu. On présente le miroir au soleil, en dirigeant son axe parallèlement aux rayons de lumière. On place une feuille de verre dépoli ou recouvert d'une couleur translucide DH, en avant du miroir pour y recevoir les rayons réfléchis par A et B, puis on fait varier sa distance jusqu'à ce que $A'B' = 2AB$. Il est évident qu'en cet instant $KL = LF$: ainsi la distance mesurée du corps au miroir, donne la distance focale principale ou la moitié du rayon CL.

256. Tableau comparatif *des distances focales des miroirs concaves et convexes correspondant à différentes distances du corps lumineux.*

Miroir concave.   *Miroir convexe.*

Miroir concave		Miroir convexe
$\frac{2}{r} = \frac{1}{f} + \frac{1}{s}$		$\frac{2}{r} = \frac{1}{f} - \frac{1}{s}$
$f = \frac{r}{2}$ lorsque $s = \infty$		$f = \frac{r}{2}$
$f = \frac{98}{100} r$	$s = 100\,r$	$f = \frac{100}{201} r$
$f = \frac{50}{99} r$	$s = 50\,r$	$f = \frac{50}{101} r$
$f = \frac{10}{19} r$	$s = 10\,r$	$f = \frac{10}{21} r$
$f = \frac{5}{9} r$	$s = 5\,r$	$f = \frac{5}{11} r$
$f = \frac{2}{3} r$	$s = 2\,r$	$f = \frac{2}{3} r$
$f < r$	$s > r$	$f > \frac{r}{3}$
$f = r$	$s = r$	$f = \frac{r}{3}$

$$f > r \qquad\qquad s < r \qquad\qquad f < \frac{r}{3}$$

$$f = \infty \qquad\qquad s = \frac{r}{2} \qquad\qquad f = \frac{r}{4}$$

$$f = -r \qquad\qquad s = \frac{r}{3} \qquad\qquad f = \tfrac{1}{5}r$$

$$f = -\tfrac{1}{2}r \qquad\qquad s = \tfrac{1}{4}r \qquad\qquad f = \tfrac{1}{6}r$$

$$f = -\tfrac{1}{3}r \qquad\qquad s = \tfrac{1}{5}r \qquad\qquad f = \tfrac{1}{7}r$$

$$f = -\tfrac{1}{4}r \qquad\qquad s = \tfrac{1}{6}r \qquad\qquad f = \tfrac{1}{8}r$$

$$f = -\tfrac{1}{8}r \qquad\qquad s = \tfrac{1}{10}r \qquad\qquad f \ \tfrac{1}{12}r$$

$$f = -\tfrac{1}{98}r \qquad\qquad s = \tfrac{1}{100}r \qquad\qquad f = \tfrac{1}{102}r$$

Si dans l'une et l'autre formules, on change le signe de s pour exprimer que les rayons incidents arrivent en convergeant sur le miroir, on voit que la première formule rentre dans la seconde et réciproquement. Dans ce cas particulier, on voit donc que f reste toujours positif pour le miroir concave, tandis qu'il peut, suivant les valeurs que l'on peut attribuer à s, rester positif ou devenir négatif. Les formules ont donc dans cette circonstance, changé de destination et les expressions de distances focales trouvées pour un miroir concave s'appliquent au miroir convexe, de même que celles trouvées pour les miroirs convexes deviennent ce qui convient aux miroirs concaves. Il est à remarquer seulement que ce sont les foyers virtuels affectés dans le tableau ci-dessus, du signe moins, pour les miroirs concaves qui sont les foyers réels des miroirs convexes.

CHAPITRE III.

RÉFRACTION PRODUITE PAR LES MILIEUX TERMINÉS PAR DES SURFACES COURBES.

257. La réfraction dans les milieux dont les surfaces ne sont pas planes est essentielle à connaître, en raison de son application usuelle dans les instruments d'optique. On peut considérer une surface courbe comme un polyèdre composé d'une infinité de petits plans diversement inclinés entre eux. Lorsqu'un cône lumineux tombe sur l'une de ces surfaces et que le corps est diaphane, chaque rayon subit, à l'égard du petit plan qui le reçoit, une ré-

fraction soumise à la loi énoncée n° 243, mais en raison des inclinaisons respectives des faces du polyèdre réfringent, les rayons réfractés prenant, les uns à l'égard des autres, des positions qui dépendent de la figure du milieu, tantôt convergent, tantôt divergent.

Dans les applications de l'optique, on ne fait usage que de verres sphériques, parce qu'ils sont les seuls que l'on puisse construire avec précision et facilité. On les divise en, 1° biconvexes ; 2° plans convexes ; 3° ménisques convergents (*fig.* 237); 4° biconcaves ; 5° plans concaves ; 6° ménisques divergents.

Les trois premiers sont convergents et fournissent des images réelles.

Les trois autres qui sont divergents donnent naissance à des images virtuelles.

L'*axe* de ces verres que l'on désigne aussi sous le nom générique de lentilles, est la droite qui passe par les deux centres ou plus généralement, la normale commune à ses deux surfaces.

258. Le *centre optique* est un point unique de l'axe qui jouit de cette propriété que tout rayon qui, par l'effet de la première réfraction, passe par ce point, sort de la lentille en suivant une direction parallèle à celle qu'il avait avant l'immersion. Pour le trouver, traçons deux rayons CA, C'A' (*fig.* 238) parallèles : les éléments des surfaces en A et A', seront parallèles aussi. Parmi toutes les directions que peut prendre un rayon incident SA, il en est une telle que le rayon réfracté suive la ligne qui unit A et A', de sorte qu'à sa sortie et au delà de A', il se dirigera suivant A'S' parallèlement à SA. Le point O de rencontre de AA' et de l'axe de la lentille sera le centre optique.

Pour trouver sa position qui doit varier en raison de la courbure des surfaces, et être par conséquent fonction des rayons de courbure, remarquons que les triangles CAO, C'A'O, sont semblables et fournissent la proportion.

$$CO : C'O :: CA : C'A' \quad \text{ou} \quad CO : C'O :: CB : C'B'$$

de laquelle on tire

$$CB - CO : C'B' - C'O :: CB : C'B' \quad \text{c'est-à-dire} \quad BO : B'O :: CB : C'B'$$

Ce qui peut s'énoncer ainsi : les distances du centre optique aux surfaces, sont en raison directe des rayons de courbure de ces surfaces. Le rapport de BO à B'O étant constant et indépendant de l'inclinaison sur l'axe des rayons parallèles CA, C'A', il est évi-

dent que toutes les droites qui, telles que AA', unissent deux
éléments parallèles des faces opposées, passeront par le point O.

La lentille ayant peu d'épaisseur, on considère le rayon qui
passe par le centre optique, comme étant tout-à-fait en ligne
droite, en négligeant la double brisure formée à l'immersion et
à l'émergence.

259. Pour déterminer le foyer d'une lentille et pour procéder
du simple au composé, nous ne considérerons d'abord que la face
antérieure, en supposant le milieu réfringent étendu indéfiniment
au delà. Soit S un point lumineux situé sur l'axe du verre (*fig.* 239).
Le rayon dirigé suivant SC étant normal à la surface, ne subira
pas de réfraction, et sera le lieu géométrique du foyer. Un autre
rayon SM arrivé en M, s'infléchira pour se rapprocher de la normale et rencontrera l'axe en F. Tous les points situés à même distance de l'axe que M, c'est-à-dire placés sur la circonférence dont
MD est le rayon, réfracteront exactement en F. Ceux qui seront
plus voisins de l'axe, mais concentriques aux premiers, auront un
foyer un peu plus rapproché de la surface, et enfin, le foyer sera
plus éloigné pour ceux qui seront plus écartés de D. Ces différents foyers différeront néanmoins peu les uns des autres, en raison des petites dimensions de MM', et par suite de la très petite
obliquité des génératrices des cônes lumineux par rapport à leur
axe commun SF. D'où il suit qu'on suppose que F est le foyer
unique.

Si S s'éloigne ou s'approche, le rayon SM fera un angle plus petit ou plus grand avec la normale : l'angle de réfraction diminuera
ou augmentera en même temps ; c'est-à-dire que le foyer suivra
une marche inverse à celle de S relativement à la surface MM'. On
conçoit alors que S à l'infini correspondra à la plus petite distance
focale possible : qu'à un certain rapprochement de S correspondra une direction parallèle à l'axe pour les rayons réfractés, auquel cas le foyer sera situé à l'infini : que la distance de S à la
surface diminuant encore, les rayons réfractés divergeront, et
leurs prolongements donneront, par leur rencontre, une image
virtuelle qui sera située du même côté que l'objet.

260. Si nous supposons actuellement que le milieu réfringent
soit biconvexe (*fig.* 241), le rayon SM s'étant infléchi en s'approchant de la direction de la normale C'M, arrivé en N, s'écartera
de la seconde normale CN, puisqu'en sortant du verre, il rentre
dans l'air : il convergera donc plus rapidement vers l'axe, que
lorsqu'il s'agissait d'une seule surface. Si le verre est plan con-

vexe (*fig.* 242), le rayon se brisera encore en traversant la face plane; moins cependant que dans le cas précédent. Si enfin il s'agit d'un ménisque convergent (*fig.* 243), la convergence, au lieu d'augmenter au sortir du verre, deviendra plus faible, et le rayon lumineux, au lieu de suivre la direction MNA déterminée par la courbure extérieure, se dirigera suivant NB.

261. Cherchons actuellement la formule qui détermine la position du foyer en fonction de celle du point lumineux et de la quantité que l'on nomme l'indice de réfraction, ou le rapport entre les sinus des angles d'incidence et de réfraction.

Reprenons le point S et le corps transparent terminé par la calotte sphérique dont MM' (*fig.* 239), est une section méridienne : nous cherchons quelle relation lie SO, CO et FO, en raison de l'indice de réfraction. Pour atteindre notre but, nous remarquons que l'incidence CMG étant l'angle extérieur du triangle MSC, nous avons GMC = MCS + MSC. D'autre part et par rapport au triangle MCF, nous avons CMF = MCS − MFC.

Substituant aux angles qui forment les deux termes des seconds membres de ces deux égalités, leurs tangentes ou leurs sinus qui en diffèrent très peu, nous aurons

$$\mathrm{GMC} = \frac{\mathrm{MP}}{\mathrm{CP}} + \frac{\mathrm{MP}}{\mathrm{SB}} , \quad \mathrm{CMF} = \frac{\mathrm{MP}}{\mathrm{CP}} - \frac{\mathrm{MP}}{\mathrm{PF}}$$

d'où

$$\frac{\mathrm{GMC}}{\mathrm{CMF}} \left(\frac{\mathrm{MP}}{\mathrm{CP}} - \frac{\mathrm{MP}}{\mathrm{PF}} \right) = \frac{\mathrm{MP}}{\mathrm{CP}} + \frac{\mathrm{MP}}{\mathrm{SP}}$$

Remarquons que les angles GMC, CMF étant très petits aussi, peuvent être remplacés par leurs sinus dont le rapport est ce que nous avons désigné sous le nom d'indice de réfraction : il viendra donc en le représentant par *n*, en supprimant le facteur commun MP et en exprimant par *s*, *f* et *r* les lignes PS, PF et PC, ou ce qui leur est sensiblement égal OS, OF et OC.

$$n \left(\frac{1}{r} - \frac{1}{f} \right) = \frac{1}{s} + \frac{1}{r} \qquad \text{d'où} \qquad \frac{n-1}{r} = \frac{1}{s} + \frac{n}{f} \quad (1)$$

ou encore

$$f = \frac{nrs}{s\,(n-1) - r} \quad (2)$$

Pour savoir quelle est, dans ce cas, la position du foyer principal, et en supposant que le corps milieu réfringent soit du verre, ce qui exige que $n = \frac{3}{2}$, il viendra, en faisant $s = \infty$ $\quad \frac{n-1}{r} = \frac{n}{\mathrm{F}}$

ou $F = \dfrac{nr}{n-1}$ pour expression générale et $F = 3r$ pour le verre.

Nous ferons voir tout à l'heure que $s = \infty$ et $F = \dfrac{nr}{n-1}$ sont des foyers conjugués par réfraction. Si nous voulons savoir à quelle valeur de s correspond $f = \infty$, introduisons cette supposition dans (1) qui deviendra $s = \dfrac{r}{n-1}$, et s'il s'agit du verre $s = 2r$.

Ici encore, $s = \dfrac{r}{n-1}$ et $f = \infty$ sont des foyers conjugués. La formule (1) indique, d'après la *fig.* 239 qui a servi à la trouver, que f est considéré comme positif, quand il est situé du même côté que le centre par rapport à la surface; que s au contraire est positif lorsqu'il est placé du côté opposé. Nous saurons donc ce que signifient les changements de signes, s'il en survient dans ce qui va suivre. Tant que $s > \dfrac{r}{n-1}$ ou $\dfrac{1}{s} < \dfrac{n-1}{r}$ il en résulte $\dfrac{n}{f} > o$, c'est-à-dire f positif.

Ainsi le foyer est réel quand $n = \frac{3}{2}, s > 2r$.

Si $s < \dfrac{r}{n-1}$, il s'ensuit que $\dfrac{1}{s} > \dfrac{n-r}{r}$ et que $f < o$.

Donc pour un tel rapprochement, les rayons réfractés sont divergents, et le foyer virtuel est situé du même côté que l'objet, mais toujours plus éloigné que lui de la surface. En nous résumant, disons que f augmente successivement jusqu'à l'infini, auquel cas $s = 2r$, si l'indice de réfraction est $\frac{3}{2}$. Jusque-là aussi l'image n'a pas cessé d'être réelle. Si ensuite s continue à décroître, f qui est devenu négatif, passe par tous les états de grandeur depuis l'infini pour être nul au même instant que s. Cette dernière relation est de toute évidence dans la formule (2) résolue par rapport à f.

262. Nous venons de dire que toutes les valeurs correspondantes de f et s liées entre elles par la formule (1), appartenaient à des foyers conjugués. Pour le justifier, il faut voir si la formule reviendra à sa forme première en•introduisant les conditions convenables. Si le point lumineux prend la place qu'occupait d'abord le foyer, l'indice de réfraction doit être modifié, car, dès lors, les rayons sortent du milieu le plus dense pour passer dans celui qui l'est le moins : il devient donc $\dfrac{1}{n}$ au lieu de n : de plus, pour que les lettres s et f expriment toujours les mêmes quantités, il faut

les permuter et alors l'équation (1) se trouvera transformée en celle-ci :

$$\frac{\frac{1}{n}-1}{r} = \frac{1}{f} + \frac{1}{ns} \quad \text{ou} \quad \frac{1-n}{nr} = \frac{1}{f} + \frac{1}{ns} \quad \text{ou encore} \quad \frac{1-n}{r} = \frac{n}{f} + \frac{1}{s}$$

et enfin

$$\frac{n-1}{r} = -\frac{1}{s} - \frac{n}{f}$$

Cette dernière formule ne diffère de (1), qu'en ce que s et f ont changé simultanément de signes ; et cela est d'accord avec ce que nous avons établi un peu plus haut, sur les signes qu'affectent f et s, suivant qu'ils sont comptés du côté de la convexité ou de la concavité de MM'.

Si $s = r$ et $n = \frac{3}{2}$, la formule (2) donne $f = -3r$: nous avions trouvé plus haut qu'à $s = \infty$ correspond $F = 3r$; donc l'objet venant de l'infini et se rapprochant jusqu'à ce que $s = r$, le foyer a parcouru le sextuple du rayon. Quand le foyer est virtuel, c'est-à-dire situé du même côté que l'objet, il est toujours plus éloigné que lui de la surface.

Pour trouver la longueur de s pour laquelle f est de même valeur, il faut, dans la formule, faire $f = s$, et il vient successivement

$$\frac{n-1}{r} = \frac{n+1}{s}, \quad s = \frac{n+1}{n-1}r \quad \text{et si} \quad n = \frac{3}{2}, \quad s = 5r.$$

On peut en substituant $5r$ à s dans (2), reconnaître qu'effectivement elle donne $f = 5r$.

Si enfin l'on veut savoir à quel moment l'objet et son image se superposent, il faut changer de signe l'une des deux quantités, et de plus exprimer dans (1) que $f = s$. On trouve alors

$$\frac{n-1}{r} = \frac{1}{s} - \frac{n}{s} = \frac{1-n}{s} \quad \text{ou} \quad s = \frac{1-n}{n-1}r.$$

Ici, quelle que soit la valeur que l'on attribue à n, on trouvera toujours $s = -r$, c'est-à-dire que l'objet doit être au centre de la calotte sphérique, ce que l'on pressentait d'ailleurs, à l'inspection de la figure.

263. Si la surface MM' est concave, le foyer et l'objet seront tous deux situés du même côté que le centre. Ainsi la formule (1)

serait appropriée à cette nouvelle circonstance, en changeant le signe de s. Au surplus, on peut la trouver telle directement.

Le rayon SM (*fig. 244*) forme un angle d'incidence désigné par I : l'angle de réfraction est exprimé par R, et le foyer est en F. Le triangle CMS donne $I = C - S$.

Dans le triangle CMF, on a également. . . . $R = C - F$.

Divisant la première égalité par la seconde, et procédant comme dans la recherche de (1), on trouve successivement

$$n\left(\frac{1}{r} - \frac{1}{f}\right) = \frac{1}{r} - \frac{1}{s}, \quad \frac{n-1}{r} = \frac{n}{f} - \frac{1}{s} \quad (3)$$

qui ne diffère de (1) que par le signe de S. On voit qu'ici, contrairement à la surface convexe, F et S s'approchent ou s'écartent en même temps de MM'.

Si $s = \infty$, $F = \frac{nr}{n-1}$ et quand $n = \frac{3}{2}$, $F = 3r$ comme pour le verre convexe. On verrait encore que, comme pour lui, $s = o$ exige que $f = o$. Quand $\frac{1}{s} > \frac{n-1}{r}$, il en résulte $f < o$ et si $n = \frac{3}{2}$ cette expression négative de f correspond à $s < 2r$.

Pour faire voir enfin que f et s sont bien encore des foyers conjugués, changeons de place ces deux lettres, en changeant aussi n en $\frac{1}{n}$ et nous retomberons exactement sur (3)

$$\frac{\frac{1}{n} - 1}{r} = \frac{1}{ns} - \frac{1}{f}; \quad \frac{1-n}{r} = \frac{1}{s} - \frac{n}{f} \quad \text{ou enfin} \quad \frac{n-1}{r} = \frac{n}{f} - \frac{1}{s}.$$

264. Supposons actuellement et pour arriver à la connaissance de l'effet produit par une lentille, que le milieu réfringent soit terminé par deux surfaces convexes MO et NO' (*fig. 245*). Nous avons déjà suivi géométriquement n° 259, ce qui se passe dans ce cas. Le rayon parti de s s'infléchit suivant MN, puis au sortir de la lentille il se dirige sur F' au lieu de F. Nous venons de trouver précédemment une relation entre f, r, s et n, en ne considérant que la surface antérieure MO. Elle est exprimée par la formule $\frac{n-1}{r} = \frac{1}{s} + \frac{n}{f}$. D'autre part, et en ne tenant compte que de l'effet produit par la surface NO', nous trouvons que les positions de F et F' sont liées par cette autre relation, fonction du second rayon C'N, que nous désignerons par r', $\frac{n-1}{r'} = \frac{1}{f'} - \frac{n}{f}$. C'est la for-

mule (3) modifiée en raison de la circonstance présente : en effet,
elle avait été trouvée dans la supposition que les deux points de
réunion des rayons lumineux étaient du même côté que le centre.
Puisqu'il n'en est pas ainsi et en raison de ce qui a été dit plus
haut, il faut changer leurs signes et remplacer l'indine n par $\frac{1}{n}$,
d'où il résulte

$$\frac{1-n}{nr} = \frac{1}{s} - \frac{1}{nf} \quad \text{ou} \quad \frac{1-n}{r} = \frac{n}{s} - \frac{1}{f} \quad \text{ou encore} \quad \frac{n-1}{r} = \frac{1}{f} - \frac{n}{s},$$

s et f doivent d'ailleurs être désignés par f et f'.

Ajoutons donc les deux formules, et il viendra

$$\frac{n-1}{r} + \frac{n-1}{r'} = \frac{1}{s} + \frac{1}{f'} \quad (4).$$

Si nous voulons connaître de suite le foyer des rayons parallèles, faisons $s = \infty$

d'où $\quad \frac{(n-1)(r+r')}{r.r'} = \frac{1}{F} \quad$ c'est-à-dire $\quad F = \frac{rr'}{(n-1)(r+r')} \quad (5).$

Si nous substituons F au premier membre dans (4), la formule
affecte la forme suivante

$$\frac{1}{F} = \frac{1}{s} + \frac{1}{f'} \quad (6) \qquad \text{d'où} \qquad f' = \frac{F.s}{s-F}$$

qui donne le moyen de trouver la distance focale pour une valeur
quelconque de s, connaissant F. Quant à ce dernier nombre, c'est
à l'aide de (5) qu'on le détermine.

La formule (4) symétrique par rapport à f et s, fait voir que les
points correspondants sont des foyers conjugués. Dans (6) on remarque que si $s = F$, il faut que $f' = \infty$.

265. La formule (5) indique que, si les deux segments de
sphères ou même courbure, ce qui s'exprime par $r = r'$, toujours alors $F = r$, c'est-à-dire que les centres sont eux-mêmes les
foyers principaux, quand toutefois l'indice de réfraction $n = \frac{3}{2}$:
car alors, la formule qui en vertu de $r = r'$ est devenue

$$F = \frac{r^2}{2(n-1)r} \quad \text{se réduit à} \quad F = \frac{r^2}{2(\frac{3}{2}-1)r} = \frac{r^2}{r} = r.$$

Pour discuter la marche relative des foyers conjugués, faisons
différentes suppositions à l'égard de s dans la formule (6).

Nous savons déjà que $s = \infty$ fournit $f = F$

Si nous supposons

$s = 100\ F$ il vient $\dfrac{1}{F} = \dfrac{1}{f} + \dfrac{1}{100\ F}$ ou $f = F + \tfrac{1}{99} F$

$s = 2\ F$ $\dfrac{1}{f} = \dfrac{1}{2F}$ $f = 2\ F$

$s = F$ $\dfrac{1}{f} = 0$ $f = \infty$

$s < F$ $\dfrac{1}{s} > \dfrac{1}{F}$ $\dfrac{1}{f} < 0$ $f < 0$

dans ce cas, la formule doit s'écrire

$$\frac{1}{F} = \frac{1}{s} - \frac{1}{f} \qquad \text{d'où} \qquad f = \frac{F.s}{F-s}\ (9).$$

Quand $s = 0$ la valeur de f mise en évidence dans (6) est aussi égale à zéro. Supposons un instant pour plus de simplicité $r = r' = F = 1$, la formule se réduit à $1 = \dfrac{1}{f} + \dfrac{1}{s}$, et l'on trouve en attribuant à s les valeurs $1, 2, 3, 4, 5$, etc., que les correspondantes pour f sont : ∞ , 2, $\tfrac{3}{2}$, $\tfrac{4}{3}$, $\tfrac{5}{4}$, $\tfrac{6}{5}$, etc.

Si nous voulons encore appliquer à un autre exemple particulier, supposons que $r = r' = F = 10$.

$s = \infty$	$f = 10$	$s = 18$	$f = 22,5$	$s = 12$	$f = 60$
$s = 1000$	$f = 10,10$	$s = 17$	$f = 24,3$	$s = 11$	$f = 110$
$s = 100$	$f = 11,111$	$s = 16$	$f = 26,666$	$s = 10,5$	$f = 210$
$s = 50$	$f = 12,5$	$s = 15$	$f = 30$	$s = 10,25$	$f = 410$
$s = 20$	$f = 20$	$s = 14$	$f = 35$	$s = 10,05$	$f = 2010$
$s = 19$	$f = 21,11$	$s = 13$	$f = 43,33$		

266. Nous pourrions pour trouver la formule relative aux verres biconcaves, reprendre une démonstration analogue à celle du n° 264; mais nous savons déjà qu'il nous suffit de modifier l'équation (6) en changeant le signe de S : ceci exprimera que les deux foyers conjugués sont du même côté. Elle sera donc

$$\frac{n-1}{r} + \frac{n-1}{r'} = \frac{1}{f} - \frac{1}{s}\ (7) \quad \text{ou} \quad \frac{1}{F} = \frac{1}{f} - \frac{1}{s}\ (8)$$

pour $s > F$ ou $\dfrac{1}{s} < \dfrac{1}{F}$ on a $f > \dfrac{F}{2}$;   pour $s = F$ il vient $f = \dfrac{F}{2}$

$s < F$, $\dfrac{1}{s} > \dfrac{1}{F}$ $f < \dfrac{F}{2}$ $s = \dfrac{F}{2}$ $f = \tfrac{1}{3} F.$

Si nous faisons ici $r = r' = F = 1$, nous trouvons qu'en attribuant successivement à s pour valeurs ,

$$\infty \, , \, 5, \, 4, \, 3, \, 2, \, 1, \, \tfrac{1}{2}, \, \tfrac{1}{3}, \, \tfrac{1}{4}. \, \tfrac{1}{5}, \, \text{etc.} \ldots \ldots \, o$$

celles de f sont

$$1, \, \tfrac{5}{6}, \, \tfrac{4}{5}, \, \tfrac{3}{4}. \, \tfrac{2}{3}, \, \tfrac{1}{2}, \, \tfrac{1}{3}, \, \tfrac{1}{4}, \, \tfrac{1}{5}, \, \tfrac{1}{6}, \, \text{etc.} \ldots \ldots \, o.$$

La formule (8) exprime que le foyer doit toujours rester du même côté; sinon f devenant négatif, le second membre présenterait une quantité négative , tandis que le premier membre est essentiellement positif : ce qui implique contradiction.

267. Pour les lentilles, nous pouvons, comme nous l'avons fait pour les miroirs, comparer ce qui se passe dans le cas particulier où les rayons lumineux arrivent convergents, à ce que nous venons de trouver lorsque les rayons incidents divergent.

Pour les verres convexes. . .

- *l'incidence étant divergente.* les foyers sont conjugués et l'image réelle tant que $s > F$ $\qquad \dfrac{1}{F} = \dfrac{1}{f} + \dfrac{1}{s} \; (\alpha)$

- Les foyers ne sont plus conjugués et l'image devient virtuelle lorsque $s < F$ $\qquad \dfrac{1}{F} = \dfrac{1}{s} - \dfrac{1}{f} \; (\beta)$

- *l'incidence étant convergente,* le foyer toujours réel, et plus rapproché de la lentille que le point de réunion des rayons incidents prolongés, c'est-à-dire que toujours $f < s$. (le signe de s doit changer.) $\qquad \dfrac{1}{F} = \dfrac{1}{f} - \dfrac{1}{s} \; (\gamma)$

Pour les verres concaves. . .

- *Incidence divergente* : foyer toujours virtuel et $s > f$ . . . . . . $\qquad \dfrac{1}{F} = \dfrac{1}{f} - \dfrac{1}{s} \; (\gamma)$

- *Incidence convergente* (le signe de f doit changer.) :
  - foyers conjugués ; image virtuelle tant que $s > F$. $\qquad \dfrac{1}{F} = \dfrac{1}{f} + \dfrac{1}{s} \; (\alpha)$
  - Lorsque $s < F$, il faut que f change de signe, et que l'image devienne réelle, f est alors toujours plus petit que s, ... $\qquad \dfrac{1}{F} = \dfrac{1}{s} - \dfrac{1}{f} \; (\beta)$

Les trois variantes (α), (β) et (γ) de la formule relative aux lentilles conviennent donc , suivant les circonstances, aux verres convexes ou concaves.

(α) indique pour les uns et les autres que les foyers sont conjugués.

Quand elle se rapporte aux verres convexes, l'image est réelle.

Quand elle appartient aux verres concaves, l'image est virtuelle.

β. . . . . . Verres convexes. . . . . . Image virtuelle.

β. . . . . . Concaves. . . . . Image réelle.

ɔ. . . . . . Convexes. . . . . Image réelle.

γ. . . . . . Concaves. . . . . Image virtuelle.

268. La relation est encore la même, lorsque le point lumineux et son foyer sont situés sur un axe secondaire. Soit S la nouvelle position attribuée au point lumineux (*fig.* 246). Pour construire son foyer ou la rencontre des rayons réfractés, construisons l'intersection de deux quelconques d'entre eux, et de préférence, des deux qui jouissent de propriétés connues qui en faciliteront l'exécution. Le premier est celui qui passe par le centre optique de la lentille, le second est le rayon SM parallèle à l'axe principal, et qui par cette raison, passe au foyer principal F. Le foyer de *s* sera donc en *f*. Il reste à établir la relation qui existe entre O*s* et O*f*. Pour cela, négligeant l'inflexion en M du rayon brisé *s*ML*f*, parce que ML est très petit, nous pouvons considérer SL comme une droite formant l'un des côtés d'un triangle *s*L*f*. Celui-ci étant semblable à OF*f*, nous écrirons *sf* : O*f* : : *s*L : OF, c'est-à-dire en désignant, comme précédemment, par les lettres *s*, *f* et F, les distances du point lumineux du foyer correspondant et du foyer principal.

$s + f : f : : sL : F$; mais *s*L est sensiblement égal à *s*O ou *s*, donc

$$s + f : f : : s : F \quad \text{d'où} \quad f(s - F) = sF \quad \text{et enfin} \quad \frac{f}{s} = \frac{F}{s - f}$$

or cette relation est précisément celle que donne la formule (6) n° 264, donc ce que nous avons énoncé au commencement de ce paragraphe est exact.

Si maintenant nous abaissons les perpendiculaires *s*σ et *f*φ, nous formerons encore deux triangles semblables *s*Oσ, *f*Oφ qui donneront $\frac{fO}{sO} = \frac{\varphi O}{\sigma O}$, ce qui exprime que les points σ et φ sont deux foyers conjugués.

On peut conclure de là, que tous les points situés sur une perpendiculaire à l'axe principal d'une lentille, ont leurs foyers sur une droite aussi perpendiculaire à cet axe.

269. Si au lieu d'un point on place un objet *ss'* devant une lentille (*fig.* 246), on voit que l'image est renversée, et qu'en raison des triangles semblables *ss'*O, *ff'*O, les dimensions de l'objet et de son image sont entre elles dans le même rapport que les deux foyers correspondants : on aura donc $\frac{ff'}{ss'} = \frac{F}{s - F}$.

Plus s sera grand, plus ce rapport sera petit : il sera le plus grand possible ou infini lorsque l'on aura $s = F$. Si s devient plus petit que F, le rapport tiré de (9) est (*fig.* 247) $\frac{ff'}{ss'} = \frac{F}{F-s}$, et ici, contrairement à ce qui précède l'image diminue en même temps que l'objet s'approche de la lentille.

De cette dernière propriété nous déduirons bientôt le moyen d'amplifier et voir plus distinctement qu'à la vue simple, un objet de très petites dimensions.

Si la lentille est divergente, nous trouvons en suivant la même marche, pour construire l'image ff' d'un objet ss' (*fig.* 248) qu'elle est toujours virtuelle, droite et plus petite que l'objet : le rapport de grandeur est le même que celui des foyers, puisque les triangles semblables Off', Oss' donnent $\frac{ff'}{ss'} = \frac{OP}{O\sigma}$. Ce rapport est exprimé par $\frac{f}{s} = \frac{F}{F+s}$.

CHAPITRE IV.

DE LA VISION.

270. *Construction de l'œil.* Avant de donner la description des instruments fondés sur la réflexion et la réfraction, il est indispensable de se rendre compte de la sensation produite par la lumière sur l'organe de la vue, et par conséquent de s'occuper de sa construction. Nous ne parlerons que de l'œil lui-même, considéré dans ses rapports avec la lumière, en renvoyant aux traités d'anatomie et de physiologie, ceux qui en désireraient une description complète.

L'œil présente la forme de deux segments de sphères de rayons différents, et se raccordant suivant un petit cercle (*fig.* 249). On les nomme cornée transparente et cornée opaque. La première est la partie antérieure de l'œil : c'est le segment sphérique le plus petit, et par conséquent celui dont la courbure est la plus considérable. La seconde se compose d'une enveloppe extérieure nommée *sclérotique*, d'un second tissu d'une couleur foncée et désignée sous le nom de *choroïde* : son but est de rendre obscur l'intérieur de l'œil pour éviter la réflexion de la lumière qui pénètre dans l'œil, et par suite, la confusion qui en résulterait. Une troisième membrane est appliquée intérieurement et vers la partie postérieure de l'organe : celle-ci est blanche et translucide. Elle n'est autre chose que le prolongement des nerfs optiques qui, partant de la portion du cerveau nommée *tubercules quadrijumeaux*, et après avoir traversé la sclérotique et la choroïde en un point, s'épanouissent ainsi : on la nomme la *rétine*. C'est sur elle que viennent se former les images des objets situés en avant de l'œil. C'est elle, dont la sensibilité est extrême, qui, suivant l'opinion la plus généralement adoptée reporte au cerveau, la sensation que produisent sur elle les rayons lumineux qui l'atteignent. Une sorte de cloison nommée *iris* sépare les deux segments sphériques. Elle est percée d'un trou, la *pupille*, qui varie de dimension, suivant la plus ou moins grande quantité de lumière qui doit la traverser pour rendre la vision plus nette. Un peu en arrière une autre cloison membraneuse soutient le cristallin, véritable lentille biconvexe d'une réfrangibilité plus grande que l'*humeur aqueuse* qui remplit toute la partie antérieure de l'œil. La chambre postérieure contient un autre liquide plus dense que le premier, et moins que le cristallin : il est visqueux et désigné sous le nom d'*humeur vitrée*.

271. Rien de plus simple actuellement que de suivre la formation de l'image sur la rétine. On voit d'abord que de tous les rayons lumineux partant d'un point S (*fig.* 249), il n'y a que ceux qui traversent la pupille, qui puissent aller rencontrer la rétine : tous ceux qui frappent l'iris sont réfléchis extérieurement. La forme sphérique de la cornée transparente et la densité du liquide qu'elle contient, plus grande que celle de l'air, rendent les rayons lumineux qui s'y introduisent, moins divergents : il entre donc dans la pupille plus de lumière que celle contenue dans le cône dont elle serait la base, et qui aurait son sommet en S. Ces rayons diminuent encore de divergence en traversant le cristallin, et en sortent convergents. Il existe une relation admirable entre les formes et les réfrangibilités des parties constituantes de l'œil, telle que dans l'état normal, c'est précisément sur la rétine que sont les foyers de tous les points du corps que l'on examine.

Pour construire l'image d'un objet AB (*fig.* 249), remarquons qu'en répétan ce que nous avons fait pour une lentille, il faut construire pour chacun des points, ou seulement pour les points extrêmes A et B, les rayons qui passent par le centre optique du cristallin. Leur croisement en ce point nous indique que l'image doit se former renversée.

On s'assure que la sensation de la vue est effectivement produite par une image réelle et renversée, au moyen d'une expérience fort simple qui consiste à placer dans une ouverture pratiquée à un volet, l'œil d'un bœuf nouvellement tué. On a d'abord mis à nu la rétine vers la partie postérieure de cet œil, en enlevant la sclérotique et la choroïde. Dans cet état de choses, l'observateur placé dans l'intérieur de la chambre, privée d'ailleurs de toute autre lumière, aperçoit sur la rétine, l'image renversée des objets extérieurs.

Cette expérience, qui paraît concluante, ne serait pas cependant en contradiction avec une hypothèse plus récemment établie par M. Lehot, et suivant laquelle les images se produiraient à trois dimensions dans l'humeur vitrée elle-même. A celle-ci il attribue la propriété de n'être pas inerte, mais au contraire de jouir d'une sensibilité qu'elle communique à la rétine ou épanouissement du nerf optique avec lequel elle est en contact : en effet, cette image étant réelle, serait encore aperçue dans l'expérience précitée, par suite de la transparence de la rétine. Nous n'entrerons pas dans de plus longs détails sur cette hypothèse, notre but n'étant ici que d'expliquer les faits, sans prétendre remonter aux causes premières qui seront longtemps encore un mystère pour les savants qui s'occupent bien plus spécialement que nous des phénomènes de la nature.

272. *Redressement des objets.* En réfléchissant à ce qui se passe dans l'opération de la vision, on reconnaît aisément l'erreur dans laquelle tombent ceux qui disent que les objets nous apparaissent renversés, et qu'ils sont redressés par une sorte de travail de l'esprit auquel on ne fait pas attention, répété qu'il est, à tous les instants de la vie. Ils confondent les objets situés extérieurement avec une sensation intérieure : l'image qui se forme sur notre rétine n'est pas soumise aux effets de la vision ; elle en est le résultat. L'impression produite par un point ou par le cône lumineux qui en émane, arrivant suivant la direction des génératrices de ce cône, notre pensée conçoit immédiatement que l'objet qui a produit cette impression, est situé sur le prolongement des rayons lumineux qui ont éveillé la sensibilité de la rétine. Ce n'est que pour signaler cette erreur, et pour employer une locution consacrée, que nous avons intitulé ce paragraphe, redressement des objets.

273. En nous reportant à ce que nous avons dit des lentilles n° 267, il semblerait résulter que pour une seule distance de l'objet à l'œil, la vision soit bien distincte : situé plus près, l'objet produira une image qui se formerait au delà de la rétine, si elle n'interceptait pas les rayons réfractés en coupant chacun des côtés suivant un petit cercle. Placé au contraire à une distance plus grande, le point lumineux a son foyer en deçà de la rétine qui coupe encore les cônes, c'est-à-dire leurs secondes nappes suivant de petits cercles. Il résulte en effet de là, que dans l'un et l'autre cas, la vue doit se troubler; car tous les points d'un corps produisant de petits cercles, il y aura confusion par suite de leur superposition. C'est en effet ce qui arrive quand les objets sont situés beaucoup trop loin ou beaucoup trop près; mais il est des limites assez étendues, entre lesquelles la vision conserve sensiblement la même netteté. Cela tient à ce que dans de certaines circonstances, le déplacement du foyer est très petit eu égard à celui de l'objet. N'avons-nous pas vu en effet n° 265, qu'entre les deux positions d'un objet à l'infini et à une distance centuple de la distance focale principale, il n'y avait qu'un 99e de déplacement pour le foyer. Ceci ne s'applique pas exactement à ce qui se passe par rapport à l'œil, car il faudrait faire entrer dans la combinaison des formules, les différents indices de réfraction, les rayons de courbure, etc.; mais cela suffit pour justifier ce que nous avons dit qu'entre de certaines limites, il est un espace nommé le *champ de la vision*, dans lequel les corps sont vus distinctement. Nous pourrions peut-être ajouter à ce qui précède que les rayons réfractés ne se rencontrant pas exactement en un point mathématique, mais à une petite distance de ce point, il y en aura toujours quelques-uns qui se croiseront sur la rétine même, lorsque d'autres se couperont en deçà ou au delà.

274. *Estimation de la distance.* L'angle que forment les axes des yeux dirigés sur un même point, augmente ou diminue suivant que le point est plus ou moins rapproché. Cette relation entraîne une estimation instinctive de la distance. Quand un corps est trop près de la personne qui l'examine, celle-ci est forcée de faire trop incliner l'un vers l'autre les axes des yeux, et il en résulte une déviation fatigante qui constitue l'action de loucher. L'angle optique devenant sensiblement nul toutes les fois que l'objet que l'on regarde n'est pas placé trop près, il s'ensuit que l'on commet presque toujours des erreurs grossières en estimant une distance, si du reste on n'est pas guidé par une connaissance préalable des dimensions de l'objet que l'on contemple. La dégradation de lumière aide aussi à apprécier l'éloignement des corps : elle est due d'une part, à l'interposition de l'air, et de l'autre, à ce que le

cône lumineux qui, de chaque point se dirige sur la pupille étant plus ou moins aigu, suivant que la distance est plus ou moins grande, renferme des quantités variables de lumière.

275. *Estimation de la grandeur.* On désigne sous le nom d'*angle visuel*, celui que sous-tend un objet quelconque et dont le sommet est dans l'œil. Cet angle fait estimer la grandeur des corps. Il est évident que, relativement à des objets également éloignés de l'observateur, il les juge double, triple, etc., l'un de l'autre, suivant que les angles visuels correspondants sont dans ce rapport.

On peut dire que l'angle visuel sert aussi à estimer les distances quand il embrasse un objet de dimensions connues à l'avance. Ainsi l'on juge de l'éloignement d'un homme, d'un cheval, etc., par la comparaison de l'angle sous lequel on le voit, avec celui sous lequel on l'a vu en mainte autre circonstance.

276. *Défauts de la vue.* La distance de la vision distincte varie évidemment d'un individu à un autre, en raison de la conformation des yeux. Les presbytes, chez lesquels le cristallin est trop peu convexe, sont obligés d'éloigner de leurs yeux, l'objet qu'ils veulent voir distinctement, sans quoi l'image tendrait à se former au delà de la rétine. Alors elle doit être moins lumineuse. Les yeux des myopes au contraire, font converger trop rapidement les rayons réfractés, de sorte que pour bien voir un corps, ils doivent l'approcher beaucoup de leurs yeux.

277. Pour obvier à ces deux inconvénients, on emploie des lentilles convexes dans le premier cas, et concaves dans le second ; et alors les presbytes et les myopes voient distinctement à la distance ordinaire de la vision distincte.

Nous terminerons ce qui est relatif à la vue, en disant que les presbytes voient mieux que d'autres les objets très éloignés, par la raison que le foyer se rapprochant dans ce cas du cristallin, tend aussi à se former sur la rétine, tandis qu'il est en deçà chez les autres hommes. Quant aux myopes, il est évident que plus ils sont éloignés d'un corps et moins ils le voient.

CHAPITRE V.

INSTRUMENTS EMPLOYÉS POUR MIEUX DISTINGUER LES OBJETS TRÈS PETITS OU TRÈS ÉLOIGNÉS.

278. Les effets produits par la réflexion et la réfraction nous étant connus, nous allons nous occuper de l'application de ces phénomènes aux instruments d'optique.

Les uns, désignés sous le nom de dioptriques, sont fondés sur la réfraction et composés de lentilles : tels sont le microscope simple ou composé, et les différentes espèces de lunettes. Dans d'autres, les catadioptriques, on combine l'effet des miroirs et des lentilles. De ce nombre les télescopes, le microscope solaire et un microscope composé modifié, les chambres noires et la chambre claire.

Les instruments catoptriques enfin, forment la troisième classe, qui comprend toutes les espèces de miroir. Nous n'aurons pas à revenir sur ces derniers. (*Voir* du n° 244 au n° 246).

279. *Microscope simple* ou *loupe*. Une lentille biconvexe est un microscope simple : c'est la loupe usitée pour voir distinctement un petit objet en lui substituant l'illusion d'un autre de plus grandes dimensions placé à une distance convenable de l'œil. En effet, si on le plaçait à la distance de la vision distincte, il serait vu sous un angle trop aigu, produirait une trop petite image sur la rétine, et conséquemment une trop faible impression. En l'approchant beaucoup, l'angle sous lequel on l'apercevra sera plus grand ; mais le cône lumineux partant de chacun des points du corps, sera tellement obtus, que les rayons réfractés par le fait du cristallin et les autres circonstances de l'œil, n'iront former un foyer qu'au delà de la rétine : si même on pouvait le placer en deçà du foyer du cristallin, alors les rayons entreraient divergents dans l'humeur vitrée. Pour obvier à ces inconvénients, on place une lentille biconvexe MN (*fig.* 250) entre l'œil de l'observateur, et le corps AB soumis à son investigation, de manière que celui-ci soit entre la lentille et son foyer principal C'. Nous savons que les rayons, dans cette circonstance, sortent divergents, et qu'ainsi l'œil, qui, placé convenablement, en reçoit une partie, éprouve la sensation d'une image A'B' virtuelle, droite et agrandie. Elle est en effet amplifiée ; car pour voir AB distinctement, il aurait fallu le placer à la distance de l'œil à laquelle se trouve

A'B'. L'angle visuel dans ce cas eût été à AOB ou A'OB' dans le rapport de DO à D'O : tel est donc le rapport du grossissement. Pour construire cette image, nous avons pris, entre tous les rayons émanant d'un point, ceux dont les propriétés nous sont connues : c'est premièrement celui qui, passant par le centre optique, ne dévie pas de sa direction première; puis celui qui, parallèle à l'axe de la lentille avant l'immersion, passe par le foyer principal après l'émergence. Il est encore un avantage qu'il ne faut pas omettre; c'est que l'emploi de la loupe rend l'objet plus lumineux : en effet, une lentille concentrant les rayons qui la traversent, en resserre une plus grande quantité dans le cône dont le sommet est sur l'objet, et qui a la prunelle pour base.

280. *Lunette astronomique.* De tous les instruments destinés à donner une plus grande extension à l'organe de la vue, le plus simple est la lunette astronomique. Elle se compose de deux lentilles enchâssées aux deux extrémités d'un tube variable de longueur, au moyen de tirages intermédiaires. L'un des verres que l'on nomme objectif (c'est-à-dire placé le plus près de l'objet), par opposition à celui qui, situé près de l'œil, est nommé oculaire, a pour but de former une image à son foyer principal, ou du moins en un point qui en est extrêmement rapproché. La grande distance à laquelle se trouve l'objet, permet de considérer comme sensiblement parallèles les rayons qu partent d'un même point: c'est pour cela qu'on est autorisé à dire que l'image se forme au foyer principal. Cette image est réelle, renversée et beaucoup plus petite que le corps lui-même; et néanmoins, si on la regardait à œil nu, elle pourrait paraître plus grande que l'objet, puisqu'étant beaucoup plus rapprochée que lui, elle sous-tendrait un angle visuel plus grand. Nonobstant cela, et pour l'amplifier plus encore, l'oculaire est placé de manière à faire l'office de loupe, c'est-à-dire que son foyer principal est situé un peu au delà de l'image réelle. A celle-ci se trouve donc en définitive substituée une image virtuelle, agrandie et renversée par rapport au corps que l'on contemple. Ce renversement n'a pas d'inconvénient quand on contemple les astres, et n'en offre guère plus lorsque la lunette sert aux opérations géodésiques ou topographiques.

La figure 251 reproduit ce que nous venons de décrire. AB est l'objet, M l'objectif, N l'oculaire, A'B' l'image réelle et renversée au foyer F de l'objectif, F' le foyer de l'oculaire, et A"B" l'image virtuelle produite par la lentille N. Veut-on apprécier maintenant le grossissement, on remarque que l'objet vu à l'œil nu sous-tendrait sensiblement l'angle AOB formé par les rayons venant des extrémités A et B ou son égal comme opposé par le sommet A'OB'. L'œil étant placé près de la loupe, aperçoit l'image virtuelle sous l'angle A"O'B" ou A'O'B'.

La comparaison des angles O et O' nous fournira donc l'expression du grossissement : or on a

$$\text{tang. } \tfrac{1}{2} O = \frac{B'F}{OF}, \quad \text{tang. } \tfrac{1}{2} O' = \frac{B'F}{O'F}$$

ou parce que F et F' sont très voisins,

$$\text{tang. } \tfrac{1}{2} O = \frac{B'F}{F}, \quad \text{tang. } \tfrac{1}{2} O' = \frac{B'F}{F'}$$

de là, $\text{tang. } \tfrac{1}{2} O' = \text{tang. } \tfrac{1}{2} O \frac{F}{F'}$ ou $\tfrac{1}{2} O' = \tfrac{1}{2} O \frac{F}{F'}$ et enfin $O' = O \frac{F}{F'}$

Le grossissement sera donc d'autant plus fort que F sera plus grand et F' plus petit.

Il existe encore une autre construction des lunettes astronomiques : elle consiste à placer un troisième verre convergent entre les deux autres, et pour parler plus exactement entre l'objectif et son foyer. Il a pour but, en raccourcissant la distance focale, d'éviter une aussi grande longueur au tube. On obtiendrait un résultat analogue en perdant toutefois du grossissement : ce serait en donnant plus de courbure à l'objectif ; mais de deux choses l'une, ou on lui conserverait même diamètre, et alors l'image serait peu nette en raison de ce que les rayons frappant sur les bords de la lentille, ne convergeraient pas exactement vers le même foyer, que ceux plus voisins de l'axe : ou l'on diminuerait le diamètre, et alors, on restreindrait trop le champ de la lunette. Ce verre intermédiaire, outre qu'il tend à corriger l'aberration de sphéricité, sert encore, comme nous le verrons plus tard, à détruire l'aberration de réfrangibilité.

281. *Longue-vue, lunette terrestre ou lunette à quatre verres.* Comme dans beaucoup de circonstances, le renversement des objets devient un grave inconvénient, on a modifié l'appareil précédent ainsi qu'il suit. L'objectif M (*fig.* 252) forme comme ci-dessus, une petite image réelle et renversée A'B' : une seconde lentille P, est placée de telle sorte que son foyer principal se trouve aussi en F où est A'B', et les rayons qui se croisent à tous les points de A'B', n'y rencontrant pas d'obstacles, vont au delà sans changer

de direction, jusqu'à ce qu'ils atteignent la surface antérieure de P. Tous les rayons qui se sont croisés en un point de A'B', sortent parallèles entre eux de la seconde lentille, et par conséquent leur direction est déterminée, puisque l'un d'eux passe par le centre optique. De là résulte qu'il n'y a pas de seconde image formée ; mais une troisième lentille Q les reçoit, les concentre de l'autre côté sur la perpendiculaire à l'axe passant par son foyer principal et forme ainsi une image réelle, renversée par rapport à la première, c'est-à-dire droite par rapport à l'objet lui-même. Vient ensuite l'oculaire N qui, ici comme précédemment, joue le rôle d'une loupe, en substituant l'image virtuelle A'''B''' à l'image réelle A''B''.

De ce qui précède il résulte, que si l'objet que l'on observe était toujours placé à une distance infinie, les deux lentilles M et P seraient toujours aussi éloignées d'une quantité égale à la somme de leurs distances focales principales. Ceci peut être regardé comme le minimum de leur écartement ; car, si le corps est sensiblement plus rapproché, le foyer sera un peu plus loin de M : la distance de M à P est donc variable. Il n'en est pas de même de celle de P à Q. Quelle qu'elle soit, une portion des rayons qui sont parallèles avant d'atteindre la lentille, se réunissent au delà sur celui d'entre eux qui passe par son centre optique et à la distance de son foyer principal. Il y aurait un double inconvénient à ce que P et Q fussent trop éloignés l'un de l'autre : le moindre serait d'exiger que la lunette fût plus longue : le second est que dans ce cas, une plus grande partie des rayons après avoir dépassé P, rencontreraient la paroi intérieure du tube, et qu'ainsi, il y aurait d'autant plus de déperdition de lumière. Si même, on n'avait pas le soin de noircir l'intérieur du tube, ces rayons perdus pour la formation de l'image suivante, produiraient encore un autre mal en se réfléchissant sous toutes sortes de directions ; car ils donneraient naissance à une lumière confuse qui paralyserait celle qui doit produire une image A''B''. Enfin, de Q à N la distance est un peu variable à cause des différentes vues auxquelles peut servir l'instrument. En tous cas, elle diffère extrêmement peu de la somme des distances focales de N et Q.

Pour se rendre compte du grossissement, il suffit encore ici comme pour la lunette astronomique, de trouver l'expression du rapport qui existe entre les angles O et O''' : en effet, on conçoit à l'inspection de la figure que l'objet AB serait vu à l'œil nu sous l'angle AOB ou son égal A'OB', tandis que la lunette le présente sous l'angle A''O'''B'' ou A'''O'''B'''.

La comparaison des triangles B'Of, B'O$_ lf$ nous fournit la proportion

$$\text{tang. } \tfrac{1}{2} O' : \text{tang. } \tfrac{1}{2} O :: O f : O'f$$

ou en raison de la petitesse des angles,

$$\tfrac{1}{2} O' : \tfrac{1}{2} O :: O f : O'f$$

et en désignant par F,F',F" : F''' les distances focales des lentilles,

$$O' : O :: F : F'$$

De même, au moyen des triangles A"O"f et A"O'''f,

$$O''' : O'' :: F'' : F'''$$

Si l'on multiplie ces deux proportions terme à terme, en remarquant que les angles O' et O" sont égaux, il vient

$$O''' : O :: F \times F'' : F' \times F''' \qquad \text{d'où} \qquad O''' = O \ \frac{F \times F''}{F' \times F'''}$$

Ainsi le grossissement sera d'autant plus considérable que les premier et troisième verres seront moins courbes, et les deuxième et quatrième plus convexes.

Si enfin, on suppose que les deuxième et troisième aient même distance focale, auquel cas, $F' = F''$, la formule se réduit à celle de la lunette astronomique

$$O''' = O \ \frac{F}{F'''}$$

et le grossissement est en raison directe de la distance focale de l'objectif et en raison inverse de celle de l'oculaire.

282. *Lunette de Galilée.* Pour obvier aux inconvénients des deux lunettes que nous venons de décrire, savoir : le renversement des objets vus à l'aide de la lunette astronomique et la trop grande longueur qu'exige la lunette terrestre, Galilée, profitant d'un fait dû au hasard, et découvert par un opticien de Hollande, imagina de combiner l'emploi de deux verres, l'un biconvexe, l'autre biconcave : le premier jouant toujours le rôle d'objectif, l'autre servant d'oculaire. Nous indiquons (*fig.* 253) les faisceaux de rayons sensiblement parallèles qui émanent des points extrêmes de l'objet que l'on contemple : ils se réfractent pour aller former une image réelle en *ab*, si toutefois leurs directions n'étaient pas modifiées par l'interposition du verre biconcave : celui-ci, de convergents qu'ils étaient, les rend divergents, de telle sorte que ce

sont leurs prolongements qui vont se réunir en deçà de l'oculaire, et par ce moyen, l'image $a'b'$ est redressée pour l'œil rencontré par une partie d'entre eux. Il ne suffit pas que l'oculaire coupe les rayons réfractés avant leur réunion : il y a encore de certaines conditions à satisfaire, pour que l'instrument soit le plus favorablement disposé. Pour s'en rendre compte, il faut reprendre la formule relative aux verres concaves, en y introduisant la modification énoncée au § 267, pour le cas où les rayons arrivent convergents.

La formule est, dans cette circonstance $\frac{1}{F} = \frac{1}{f} + \frac{1}{s}$.

Ici représentons par F la distance focale de l'objectif.

F' celle de l'oculaire.

D la distance entre les deux verres,

et conservons f pour exprimer la distance de l'image $a'b'$ par rapport à l'oculaire : il faudra pour employer ces notations, écrire la formule ci-dessus, ainsi qu'il suit :

$$\frac{1}{F'} = \frac{1}{f} + \frac{1}{F-D} \quad \text{d'où} \quad \frac{1}{F-D} = \frac{f-F'}{fF'}$$

ou encore
$$F - D = \frac{fF'}{f-F'} = \frac{F'}{1 - \frac{F'}{f}} \quad (\alpha)$$

Ce qui indique d'abord que $F - D > F'$ ou $D < F - F'$, c'est-à-dire que le foyer principal de l'oculaire doit être situé entre lui et la position de l'image réelle, ou en d'autres termes, que la lunette ne doit pas être tirée jusqu'au point où l'intervalle qui sépare les deux verres égale la différence de leurs distances focales.

De la formule (α), on tire encore $D = F - \frac{F'}{1 - \frac{F'}{f}} \quad (\varepsilon)$. Pour augmenter le grossissement, il faut évidemment que f croisse aussi : or, dans ce cas, la valeur de D augmente également, puisque $\frac{F'}{f}$ diminue, $1 - \frac{F'}{f}$ augmente, la fraction entière diminue et finalement $F - \frac{F'}{1 - \frac{F'}{f}}$ augmente. Nous pouvons donc dire qu'en allongeant la lunette, on amplifie l'image.

Nous reconnaissons encore à l'inspection de (ε), que D, et par suite le grossissement, croissent en raison directe de F et en raison inverse de F', comme pour les précédentes lunettes.

Pour trouver l'expression du grossissement, il nous suffit de chercher le rapport entre les angles aOb et $aO'b$ (fig. 254) : or, les triangles aOp, $aO'p$ donnent :

$$\text{tang. } \tfrac{1}{2} O = \frac{bp}{F}, \quad \text{tang. } \tfrac{1}{2} O' = \frac{bp}{F-D}$$

d'où $\quad \dfrac{\text{tang. } \tfrac{1}{2} O'}{\text{tang. } \tfrac{1}{2} O} = \dfrac{F}{F-D} \quad$ et enfin $\quad O' = O\,\dfrac{F}{F-D}$.

C'est cet instrument que l'on désigne sous le nom de lorgnette ou lunette de spectacle. Il a l'inconvénient de ne pas produire une image virtuelle aussi lumineuse que la lunette astronomique, parce qu'une petite partie seulement des rayons qui allaient former l'image réelle, peut être embrassée par l'œil. Pour y remédier le plus possible, il faut approcher l'œil de l'oculaire autant qu'on le peut. On augmente aussi par là, le champ de la lunette qui d'ailleurs est très restreint.

283. Nous allons chercher par un moyen pratique, le grossissement des lunettes que nous avons vu être exprimé par $\frac{F}{F'}$, même en quelque sorte pour celle de Galilée, parce que l'effet de l'oculaire, en détruisant la convergence des rayons, les rend très peu divergents, sinon parallèles. Il faut, après avoir mis la lunette à son point, retirer l'objectif et recevoir la lumière par son orifice : il s'en forme une image au delà de l'oculaire et à une distance que l'on mesure avec soin. La position de cette image est le foyer conjugué de l'ouverture de la lunette. On peut donc relativement à l'oculaire qui ne fait plus que fonction d'une lentille convergente, appliquer la formule $\frac{1}{F} = \frac{1}{f} + \frac{1}{s}$ en modifiant convenablement les notations. Si nous conservons F et F' pour représenter les distances focales principales de l'objectif et de l'oculaire ; si nous appelons D la distance à laquelle s'est formée l'image, et si nous nous rappelons enfin que la longueur de la lunette est sensiblement F + F', la formule devra être écrite ainsi :

$$\frac{1}{F'} = \frac{1}{D} + \frac{1}{F+F'} \quad \text{d'où} \quad \frac{1}{D} = \frac{1}{F'} - \frac{1}{F+F'} = \frac{F}{F'(F+F')} \quad \text{et} \quad \frac{F}{F'} = \frac{F+F'}{D}$$

par conséquent le rapport cherché est connu.

284. *Microscope composé.* Les lunettes ont pour but de faire voir sous un plus grand angle visuel, les objets qui sont très éloignés, afin de produire une image qui embrasse une plus grande surface sur la rétine, et cause ainsi une impression plus sensible au cerveau de l'observateur : le microscope composé, dernier des instruments dioptriques que nous nous proposions de décrire, est destiné à amplifier le plus possible les dimensions d'ailleurs très petites de l'objet que l'on veut étudier dans tous ses détails.

Comme la lunette astronomique, il se compose d'un oculaire N et d'un objectif M (*fig.* 255). L'objet AB est placé très près du foyer F de l'objectif ; mais toujours au delà, de sorte que l'image réelle A'B' se forme à une distance beaucoup plus éloignée de M, et est par conséquent amplifiée. L'oculaire, comme toujours, l'amplifie encore en lui substituant une image virtuelle A''B'', sous-tendue par le même angle, mais placée à la distance de la vision distincte.

Plus le corps est près de l'objectif, plus l'image est grande, puisque l'angle sous-tendu est d'autant plus grand et le foyer conjugué plus éloigné. Il est cependant une limite qu'il ne faut pas atteindre, c'est le foyer des rayons parallèles ; car alors il n'y a pas d'image formée. Concluons donc de là que le grossissement est d'autant plus considérable, que l'objectif est d'un plus court foyer. Nous savons qu'il dépend aussi et de la même manière de l'oculaire : donc il est en raison inverse du produit des distances focales des deux verres.

En comparant successivement les triangles semblables ABO et A'B'O d'une part A'B'O' et A''B''O' de l'autre, nous trouvons $AB : A'B' :: pO : qO$ et $A'B' : A''B'' :: qO' : rO'$, multipliant l'une par l'autre et supprimant A'B' facteur commun aux deux termes du premier rapport.

$$AB : A''B'' :: pO \times qO' : qO \times rO' \quad \text{d'où} \quad A''B'' = AB\, \frac{qO \times rO'}{pO \times qO'}$$

Dans la fraction, les facteurs du numérateur sont les distances focales conjuguées de celles qui sont exprimées par les facteurs du dénominateur.

A mesure que le dénominateur diminue, le numérateur augmente, et par ce double motif, le pouvoir amplifiant de l'instrument augmente aussi. Or, les facteurs du dénominateur peuvent décroître d'autant plus que les lentilles sont plus convexes ; donc, nous avions raison de dire, que le grossissement était proportionnel au produit des distances focales des verres.

Appliquons à un exemple numérique. Supposons que $F = 0^m,005$, $F' = 0^m,0035$: que l'objet soit placé à $0^m,0005$ en avant du foyer principal de l'objectif, et que l'on dispose l'oculaire de manière que l'image réelle se forme à $0^m,003$ de l'oculaire.

Nous tirons de $f = \dfrac{Fs}{s-F}$ (n° 264), en l'appliquant d'abord à la lentille M, f ou $qO = 0^m,055$ et ensuite, par rapport à l'oculaire $f = rO' = 0^m,021$.

L'expression du grossissement est donc $\dfrac{55 \times 21}{3 \times 5,5} = \dfrac{1155}{16,5} = 70$,

et en considérant le rapport des surfaces, il est égal à 4900.

Après avoir expliqué la théorie du microscope, nous allons en donner la description. Il se compose d'un tube cylindrique en trois parties A, B et C (*fig.* 256), maintenu dans une position verticale par une tige VST ; l'oculaire est en A et l'objectif en O. Sous ce dernier, et à une distance qu'on peut faire varier, est placé un cercle évidé, maintenu à la tige par une vis de pression, et sur lequel on place le petit corps que l'on veut examiner : il est soutenu dans cette position, par une lame ou entre deux lames de verre très mince. Comme ordinairement il est transparent en raison de son exiguité, on l'éclaire fortement au moyen d'un miroir concave HK, dont la hauteur et l'inclinaison sont variables en raison de la position du corps soumis à l'observation et de la direction des rayons lumineux. Il existe encore, et dans une position intermédiaire, un disque métallique FG, percé de plusieurs trous de diamètres différents et destinés à ne donner passage qu'aux rayons réfléchis qui doivent éclairer l'objet. Si le corps est opaque, on concentre la lumière dessus, à l'aide d'une lentille P maintenue par une charnière C, ou d'un prisme qui remplit le même but.

285. *Microscope catadioptrique.* Sans nous étendre plus qu'il ne convient ici, sur un instrument qui n'a point de rapport avec la topographie et la géodésie, et sans parler de toutes les modifications qu'on y a apportées, nous ne pouvons nous empêcher de dire un mot sur le microscope modifié par le professeur Amici.

Dans celui-ci sont combinés les phénomènes de la réflexion et de la réfraction. Il se compose d'un tube horizontal, à l'une des extrémités duquel est adapté l'oculaire ; tandis qu'à l'objectif on a substitué un miroir concave figure 257 : celui-ci est une portion d'ellipsoïde dont le foyer le plus éloigné est situé au point où doit

se former l'image réelle qu'amplifie l'oculaire. Un petit miroir plan
de forme elliptique incliné de 50ˢ sur l'axe, et présentant sa face
réfléchissante au miroir concave est placé dans l'intérieur et sur
l'axe même du tube. Au-dessous, la paroi du cylindre est percée
de manière à donner passage aux rayons lumineux envoyés par le
petit corps que l'on veut amplifier, et qui se trouve placé en contre-bas. La position de cet objet et du petit miroir plan sont telles,
que l'image virtuelle du premier, produite par le second, est
placée au foyer le plus voisin du miroir concave. Il résulte de là,
qu'à la première image amplifiée par l'objectif et rendue virtuelle
et de même dimension par le petit miroir plan, on substitue une
autre image qu'agrandit encore l'oculaire.

286. *Microscope solaire.* Cet instrument fournit une image réelle
et amplifiée. Il se compose d'un miroir plan PQ dont l'inclinaison est
variable au moyen d'une charnière P (*fig.* 258) et de deux lentilles
M et N, dont l'axe est généralement le même. On incline le miroir de
manière que les rayons solaires qu'il reçoit, soient réfléchis sur la
lentille M parallèlement à son axe, de telle sorte qu'ils convergent
vers son foyer principal. Là, dans une très petite ouverture pratiquée dans le volet d'une chambre privée de toute autre lumière,
on place le petit objet *ab* qui est alors fortement éclairé. Ensuite,
une seconde lentille N, placée en avant de *ab* et un peu au delà de
sa distance focale principale, reçoit la lumière qui en émane, et
produit, de l'autre côté, une image agrandie, réelle et renversée
que l'on peut rendre visible de tous les points de la chambre
obscure, en la recevant sur un corps blanc et uni, tel qu'un grand
carton, un drap, ou un mur, s'il est toutefois à une distance convenable. Si *ab* était opaque, il faudrait modifier l'appareil pour
l'éclairer en avant. Dans ce cas, les axes des lentilles ne se
confondraient plus.

287. *Télescope d'Herschell.* Ce télescope est, comme tous les instruments que nous allons décrire et comme les deux précédents,
catadioptriques, c'est-à-dire qu'on y combine l'emploi des miroirs
et des lentilles. Un miroir concave est placé au fond d'un tube dirigé vers l'astre ou l'objet que l'on veut contempler. Tous les
rayons arrivant parallèles sont concentrés au foyer du miroir, et
l'image est amplifiée par un oculaire. Pour que l'on puisse en faire
usage, pour que la tête de l'observateur ne porte pas obstacle à
l'introduction des rayons lumineux dans le tuyau, le miroir est
placé de façon que son axe soit incliné par rapport à celui du
télescope. De cette disposition, il suit que l'image se forme près

de la surface du tube et non au milieu. Alors l'oculaire est placé latéralement (*fig.* 259).

288. *Télescope de Newton*. Dans celui-ci, un petit miroir incliné à 50^g sur l'axe, intercepte les rayons renvoyés par le miroir concave (*fig.* 260), et les réfléchit dans une direction rectangulaire ; de sorte que l'oculaire est placé en dehors et sur le côté du tube. Le petit miroir plan ne contribue en rien au grossissement que l'on estime en comparant les angles C et O. L'astre serait, en effet, vu à l'œil nu sous l'angle aCb, le télescope le montre suivant $a'Ob'$, et comme $a'b' = ab$, et par suite $b'p' = bp$, on tire de

$$\text{tang. } \tfrac{1}{2} C = \frac{bp}{F}, \text{ et tang. } \tfrac{1}{2} O = \frac{b'p'}{f}$$

l'expression $\text{tang. } \tfrac{1}{2} O = \text{tang. } \tfrac{1}{2} C \dfrac{F}{f}$ ou $O = C \dfrac{F}{f}$;

F est la distance focale du miroir concave, dont C est le centre, et f celle de l'oculaire ; donc plus F est grand et f petit, et plus le grossissement est considérable.

289. *Télescope de Grégory*. Celui-ci évite l'inconvénient de donner, comme les précédents, une image renversée, et diffère de celui de Newton, par la substitution d'un second miroir concave au miroir plan incliné. Il se compose, 1° d'un grand miroir concave M (*fig.* 261) situé au fond du tube. Son centre est en C ; son foyer principal en p. C'est là que se forme l'image réelle renversée ba de l'objet AB. 2° D'un second miroir concave N d'un diamètre beaucoup plus petit que le premier placé dans l'intérieur du tuyau, à une distance de l'image ba un peu plus grande que sa propre distance focale. Son centre est en C', son foyer principal en p'. Il substitue à ba une autre image réelle $a'b'$ renversée par rapport à ba, c'est-à-dire droite par rapport à l'objet lui-même, et de plus très agrandie en raison de la proximité de p et de p'. 3° D'une lentille o placée dans une ouverture pratiquée au centre du miroir M. Cette lentille dont le foyer est en p''', un peu au delà de p'' où se forme $a'b'$, augmente le grossissement en faisant fonction de loupe.

Pour calculer le grossissement en fonction des distances focales des miroirs et de la lentille, désignons par D, la distance entre les deux miroirs.

F la distance focale de M.
F' celle de N.
F'' celle de O.

L'objet, sans le secours de l'instrument, serait vu sous l'angle ACB ou bCa; tandis que le télescope le présente sous l'angle $a'Ob'$. Le triangle $a'Op''$ donne

$$\text{tang. } \tfrac{1}{2} O = \frac{a'b'}{2.Op''}; \quad \text{et le triangle } aCp, \quad \text{tang. } \tfrac{1}{2} C = \frac{ab}{2.Cp}$$

de là

$$O = C \frac{a'b'.Cp}{ab.Op''} = C \frac{F}{Op''} \times \frac{a'b'}{ab}$$

ab et $a'b'$ sont situés à deux foyers conjugués du miroir N, que dans la formule générale nous avons désignés par s et f: de cette même formule, nous avons tiré $\frac{f}{s} = \frac{F'}{s-F'}$, et parce que S=D—F, nous pouvons écrire $\frac{a'b'}{ab} = \frac{F'}{s-F-F'}$, ce qui donne $O = C \frac{F.F'}{Op''(D-F-F')}$

Le numéro 251 nous conduit au même résultat. Si nous substituons F'' à Op'', comme différant très peu, et si nous remarquons que S — F — F' n'est autre chose que pp', la valeur de O peut se présenter sous cette forme $O = C \frac{FF'}{F''.pp'}$.

On conclut de là, que si D reste constant, le grossissement augmente avec F et F', et en raison inverse de F''. L'influence de la variation de F et F' se fait doublement sentir, puisqu'en même temps que le numérateur augmente avec ses facteurs, ceux-ci tendent à diminuer D — F — F' ou pp' au dénominateur.

Si au contraire on suppose F et F' constants, le grossissement deviendra d'autant plus considérable que D diminuera davantage. La limite sera D = F + F', auquel cas O devient infini.

La formule se simplifie en introduisant une condition qui consiste à faire $\frac{F'}{pp'}$ ou $\frac{F'}{D-F-F'} = \frac{F}{F'}$; car alors elle devient $O = C \frac{F^2}{F'F''}$ et exprime que le grossissement est en raison inverse de la distance focale principale du grand miroir M et en raison inverse de celles du second miroir et de la loupe.

L'équation de condition posée ci-dessus fixe alors la valeur de $pp' = \frac{F'^2}{F}$ et indique que F' est moyenne proportionnelle entre F et pp'.

Cette équation résolue par rapport à D devient successivement

$$F'^2 = DF - F^2 - FF', \quad D = \frac{F^2 + F'^2 + FF'}{F}$$

ou encore
$$D = \frac{(F + F')^2 - FF'}{F}$$

290. *Télescope de Cassegrain.* L'avantage des télescopes sur les lunettes, est de pouvoir employer des miroirs aussi grands qu'on veut ; tandis que la difficulté d'exécution des lentilles, ne permet pas d'en obtenir d'un diamètre tant soit peu considérable. Cependant, il reste encore un grand inconvénient attaché à la grande dimension d'un miroir courbe : c'est que les rayons lumineux qui l'atteignent près de son axe, sont les seuls qui convergent très sensiblement vers un point unique, le foyer. A mesure qu'ils s'en éloignent ils se coupent deux à deux en des points situés en dehors de l'axe, et dont l'ensemble forme une surface dont la courbe HFK est une section. Cette surface se désigne sous le nom de *caustique par réflexion* (*fig.* 262 *bis*), et l'erreur est ce qu'on nomme *aberration de sphéricité.* Elle n'aurait pas lieu, s'il était possible de substituer aux miroirs sphériques qui reçoivent des rayons parallèles à l'axe, des miroirs paraboliques qui les réfléchiraient exactement au foyer. On y a songé, on en a même exécuté ; mais ils ont été abandonnés en raison de l'extrême difficulté de construction. Le télescope de Grégory avait été conçu d'abord par son inventeur, composé d'un grand miroir parabolique et d'un petit qui était elliptique. L'un des foyers de celui-ci coïncidait avec le foyer de l'autre, et renvoyait l'image à son second foyer situé d'une manière convenable auprès de l'oculaire.

Cassegrain a imaginé pour détruire l'aberration de sphéricité, de rendre convexe le petit miroir N (*fig.* 263). Nous savons en effet (n° 254), qu'un tel miroir fournit une image réelle dans certains cas où, par une cause étrangère quelconque, les rayons émanés d'un point lui arrivent en convergeant. Le point où se forme le foyer réel et celui où se réuniraient les prolongements des rayons incidents, sont toujours les foyers conjugués. Restreignons néanmoins la loi que nous rappelons ici, en faisant remarquer qu'il faut que le point de convergence soit situé entre le miroir et son foyer principal.

Toutefois donc que les rayons incidents se dirigeront vers un point éloigné du miroir de plus de la moitié de la longueur du rayon, le foyer sera virtuel et distant du miroir d'une quantité qui variera entre r et ∞. C'est du reste, ce que l'on peut voir au tableau n° 256.

Cela posé, il nous reste peu de chose à dire sur la disposition de l'instrument. M (*fig.* 263), est le grand miroir dont le centre est en C et le foyer principal en p. Le centre et le foyer du miroir convexe intérieur N sont en C' et p'. L'image au lieu de se former en ba est reportée en $b'a'$ toujours renversée. Quant au grossissement, on voit que les triangles qui nous serviront à le calculer, sont les mêmes que dans la figure 261. On arrivera donc par les mêmes considérations que pour le télescope de Grégory, à une formule analogue. Voici au surplus le calcul :

$$\text{tang. } \tfrac{1}{2}O = \frac{a'b'}{2F''}, \quad \text{tang. } \tfrac{1}{2}C = \frac{ab}{2F} \qquad \text{d'où} \qquad O = C. \frac{F}{F''} \times \frac{a'b}{ab}$$

mais $\dfrac{a'b'}{ab} = \dfrac{C'p''}{C'p} = \dfrac{r-f}{r-s}$. La formule du miroir convexe est dans le cas présent $\dfrac{1}{F'} = \dfrac{1}{s} - \dfrac{1}{f}$, ce qui donne $f = \dfrac{F's}{F'-s}$: substituant dans le rapport $\dfrac{a'b'}{ab}$, il devient, en remarquant que $2F' = r$

$$\frac{a'b'}{ab} = \frac{2F'(F'-s)+F's}{(F'-s)(2F'-s)} = \frac{F'}{F'-s} \qquad \text{par suite} \qquad O = \frac{F.F'}{F''(F'-s)}$$

à l'inspection de la figure, on reconnaît que $s = F - D$, donc enfin $O = C \dfrac{F.F'}{F''(D-(F-F'))}$.

Il est à remarquer que toujours D, distance entre les deux miroirs, doit être plus grande que $F - F'$, sinon le dénominateur, et par conséquent l'expression de grossissement, seraient négatifs; ce qui exprimerait une absurdité. Nous avons vu pour le télescope de Grégory que la limite du grossissement est déterminée par $D = F + F'$: ici le grossissement devient infini lorsque $D = F - F'$.

Nous pouvons encore transformer la formule de manière à exprimer que le grossissement est en raisons directe de F^2 et inverse de F' et F''. Pour cela, il suffit de faire

$$\frac{F'}{D-(F-F')} = \frac{F}{F'} \qquad \text{ou} \qquad F'^2 = DF - F^2 + FF'.$$

Dès lors la grandeur de D est invariable : elle est fournie par

$$D = \frac{F^2 + F'^2 - FF'}{F} = \frac{(F-F')^2 + FF'}{F}.$$

CHAPITRE VI.

INSTRUMENTS QUI FOURNISSENT LE MOYEN DE TRACER SUR LE PAPIER, LES CONTOURS ET LES DÉTAILS DE L'IMAGE QU'ILS PRODUISENT.

291. *Chambre noire.* Cet instrument est destiné à produire sur une surface blanche telle qu'une feuille de papier, une image réelle des objets qui sont placés d'une manière convenable : et si elle est formée dans un lieu privé d'ailleurs de toute autre lumière, elle est assez nette pour permettre d'en suivre tous les contours, pour donner en quelque sorte le moyen de calquer le tableau que présente la nature.

La chambre noire se compose d'un miroir et d'une lentille. Soit AB (*fig.* 264), un objet situé en présence d'un miroir MN incliné de 50₅ sur l'horizon. Les rayons lumineux qui partent de AB seront réfléchis par le miroir suivant la loi indiquée n° 245. Ils donneraient pour un œil dirigé sur le miroir, l'apparence d'un corps symétrique à AB, et situé autant en arrière du miroir, que ce dernier l'est en avant. Si les rayons réfléchis et divergents viennent à rencontrer une lentille K, ils seront modifiés dans leur direction, et viendront former une suite de foyers dont l'ensemble constituera l'image *ab* de AB. Cette image sera d'autant plus nette que la surface sur laquelle elle se peindra, sera ainsi que la tête de l'observateur, enveloppée par un rideau épais qui empêchera l'introduction de toute autre lumière que celle qui produit l'image.

292. Maintenant on modifie l'appareil, en remplaçant le miroir et la lentille par un prisme qui fait fonction de l'un et de l'autre. Ce prisme (*fig.* 265), dont MNP est une section perpendiculaire à ses arêtes, a une face MN plane et inclinée à 50₅. C'est elle qui fait fonction de miroir et qui réfléchit les rayons qu'envoie l'objet AB. Ces rayons sont rendus moins divergents, quelquefois même convergents, au moment où ils pénètrent dans le prisme par la face antérieure MP qui est un segment de sphère ; puis les rayons réfléchis, en traversant la troisième face NP sphérique aussi, deviennent plus convergents encore, et concourent vers des foyers *a* et *b*. Il est à remarquer que pour ne pas voir l'image renversée, l'observateur doit se placer de manière à tourner le dos à l'objet.

293. Enfin, une autre chambre noire plus portative, se com-

pose d'une boîte rectangulaire dont CDEF (*fig*. 266) est une section longitudinale. Dans la face CD est enchâssée une lentille biconvexe M, dont la distance focale principale est égale à la profondeur de la boîte. Un miroir plan NP incliné à 50$_g$ sur le fond de la boîte, et partant de l'arête supérieure horizontale F intercepte les rayons lumineux : ceux-ci, qui arrivaient convergents, sont réfléchis convergents aussi, et produisent une image *a'b'* au lieu de *ab* qui aurait été formée si l'on n'avait pas placé le miroir. Si donc la portion FG de la face supérieure est remplacée par une glace dépolie, on pourra, en y jetant les yeux, voir une image de AB.

294. *Chambre claire ou camera lucida.* Cet instrument dont le but est analogue à celui du précédent, se compose d'un prisme quadrangulaire : il fait apparaître une image virtuelle qui, pour l'observateur, semble être sur une surface blanche, où il lui est loisible de conserver les contours, en les suivant avec un crayon.

Soit MNPQ (*fig*. 267) un prisme quadrangulaire dont l'angle M soit droit et l'angle en P très obtus : il doit avoir 135° environ. On tourne la face MN verticale vers l'objet A que l'on veut dessiner. Les rayons frappant presque normalement la face MN, éprouvent infiniment peu de réflexion, et ne dévient guère de leur direction première par le fait de la réfraction. Lorsqu'ils atteignent le plan MN très obliquement, ils sont entièrement réfléchis : il en est de même à l'égard de la troisième face PQ ; puis enfin, en repassant dans l'air vers l'arête Q de la face horizontale et supérieure MQ, ils s'écartent par suite de la réfraction, plus qu'ils n'ont fait dans le précédent trajet : d'où il résulte qu'un œil placé vers Q, et regardant en bas, recevra, par l'effet d'un certain nombre de ces rayons, la sensation d'une image virtuelle formée quelque part en *a*. Comme le corps de l'observateur ne peut être posé entre l'objet et le prisme, sous peine d'intercepter tous les rayons, il doit être placé du côté opposé, et c'est pour ce motif que le prisme est quadrangulaire : car c'est l'effet des deux réflexions successives qui redresse l'image. Celle-ci serait plus nette, mais renversée, si l'on employait un prisme triangulaire.

295. Amici, professeur de Modène, a modifié cette première construction imaginée par Wollaston. Parmi les différentes combinaisons qu'il a faites avec un prisme triangulaire et une lame de verre, nous citerons seulement la suivante.

L'une des arêtes d'un prisme triangulaire dont la section (*fig*. 268), est un triangle rectangle et isocèle, est appliquée sur une lame de verre qui fait un angle de 50ᵍ avec la face hypoténuse du prisme. Cette lame est donc parallèle à l'une des faces de l'angle droit, et celle-ci tournée du côté de l'objet que l'on veut reproduire n'est pas verticale, mais placée à peu près comme l'indique la figure. De tout ce qui précède, il suit que des rayons arrivant de A et B, perdent peu de leur intensité en atteignant la face antérieure du prisme : ils sont très peu réfléchis et presque entièrement réfractés; tandis qu'au contraire, parvenus à la face qui fait fonction de miroir, la réflexion est complète. En sortant du prisme par sa troisième face, ils vont se réfléchir de nouveau sur la lame de verre, et arrivent divergents à l'œil, pour lequel il y a alors image virtuelle : puis ensuite et afin qu'elle paraisse se former à la distance convenable pour que la pointe du crayon se voie de la manière la plus nette, on modifie la divergence des rayons en interposant parfois une lentille convexe entre l'instrument et l'œil. On a encore quelquefois recours à un vers coloré, pour tempérer l'éclat de l'image qui peut neutraliser l'impression que doit causer sur la vue, la pointe du crayon.

Il existe encore quelques autres instruments d'optique dont l'emploi est trop étranger à notre sujet, pour que nous en fassions mention. Ceux qui voudraient en connaître les noms, la description et l'usage, devront les chercher dans les ouvrages spéciaux. Quant à la chambre noire et à la chambre claire, il n'en a été question ici que, parce que tel officier peu familiarisé avec l'art du dessin pittoresque, pourra s'estimer heureux d'avoir été mis à même d'employer l'un de ces instruments, s'il est obligé d'annexer la vue de quelque position intéressante, à la reconnaissance dont il a pu être chargé.

———

CHAPITRE VII.

ABERRATION DE RÉFRANGIBILITÉ.

296. Au numéro 243, nous avons énoncé ce fait, qu'un rayon lumineux incolore n'est autre chose que l'assemblage de rayons diversement colorés et doués de réfrangibilités différentes. Les sept nuances en lesquelles on les distingue sont : le violet, l'indigo, le bleu, le vert, le jaune, l'orangé et le rouge. Le rayon violet est celui qui en passant de l'air dans un milieu transparent

plus dense, dévie le plus de sa direction première : le rouge, au contraire, est celui qui s'en écarte le moins. Il ne serait pas exact de dire que le rayon blanc n'est composé que de sept éléments diversement colorés : il est formé par une infinité dont les nuances passent insensiblement de l'une des sept couleurs primordiales à la suivante. Néanmoins nous emploierons la locution consacrée comme plus commode.

Du fait que nous signalons ici, il résulte que chacun des rayons lumineux partant du même point d'un objet, et rencontrant une lentille, se décompose en sept autres qui, ne se réfractant pas de la même manière, se dirigent vers autant de foyers différents, situés à des distances inégales de la lentille. Si l'on interpose une surface blanche entre le verre et les sommets des cônes qui forment les foyers (*fig.* 262), on y apercevra une image dont le centre sera un petit cercle violet, entouré de zones dont l'ordre des couleurs sera celui mentionné plus haut, la dernière zone étant colorée en rouge.

Si au lieu de n'envisager qu'un point lumineux, il était question d'un objet ayant une forme déterminée, des dimensions finies son image aurait dans l'intérieur la teinte de l'objet lui-même, parce que dans cette partie se croiseraient des rayons de toutes nuances reconstituant la lumière blanche; ce serait seulement vers le contour extérieur qu'il y aurait des franges de couleurs différentes, terminées toujours par le rouge.

Dans l'emploi des lentilles pour la construction des lunettes, le phénomène de la décomposition des rayons est un grand inconvénient. Pour y remédier, on a été conduit par les nombreuses recherches des savants les plus distingués, à composer l'objectif de deux lentilles, l'une convergente, l'autre divergente, de matières transparentes, jouissant de certaines propriétés à différents degrés; de telle sorte qu'après le passage au travers des deux, les rayons diversement colorés, concourent vers un foyer unique, où se reproduit la lumière blanche dont ils sont parties intégrantes.

297. Afin de bien comprendre ce qui se passe en cette circonstance, il faut savoir qu'il y a autre chose que la réfraction à considérer dans les corps transparents. Si le rayon était simple, tout se bornerait à énoncer que la réfraction est proportionnelle à la densité du milieu; mais le milieu se décomposant, il y a entre la direction nouvelle des rayons élémentaires extrêmes, le rouge et le violet, une différence de réfraction que l'on nomme dispersion.

et qui n'est pas exactement proportionnelle à la réfraction du rayon moyen (le vert). S'il en était ainsi, on ne pourrait détruire la colorisation des images, sans anéantir aussi la réfraction, et par conséquent, il n'y aurait plus d'images formées.

298. Supposons actuellement qu'un rayon lumineux LM (*fig.* 269) ait traversé un prisme dont ABC soit une section perpendiculaire aux arêtes, le faisceau décomposé sera compris entre les rayons extrêmes NO et PQ, en vertu du pouvoir dispersif du verre, et la direction du rayon moyen sera RS ; mais si à ce prisme, on en accole un second BCD (*fig.* 270), dont le pouvoir dispersif soit beaucoup plus grand que celui du premier, tandis que sa puissance réfractive serait moins sensiblement augmentée, il en résultera que le rayon moyen se relevant d'une certaine quantité, vers la base supérieure BD, les rayons extrêmes s'infléchiront dans le même sens, et cela d'une manière plus sensible de la part du rayon violet que de celle du rouge. Plus l'angle C du second prisme sera petit, plus les rayons réfractés tendront vers le prolongement de la base AC ; mais aussi, moins ils auront pu se rapprocher. Si cet angle C est assez grand, ou si la puissance dispersive du second prisme est assez forte pour que les deux rayons extrêmes se croisent dans l'intérieur, il y a deux circonstances à considérer : en raison de leurs directions, ils peuvent sortir au-dessus ou au-dessous de la normale à la face CD. S'il s'agit du premier cas, les rayons ne se rencontrent pas, et l'aberration de réfrangibilité n'est pas détruite ; car le rayon violet (*fig.* 271), étant devenu supérieur au rouge et s'écartant plus que lui de la normale, ils restent divergents. S'ils sortent comme l'indique la figure 272 au-dessous de la normale, le violet tend à se rapprocher du rouge.

Résumons en disant que, 1° si la direction du rayon incident, l'amplitude des angles B et C des prismes et leurs puissances dispersives sont telles, que les rayons extrêmes ne se croisent pas dans l'intérieur du second prisme, il faut que les rayons en sortent au-dessus de la normale, pour qu'ils puissent se réunir au delà (*fig.* 270), s'ils doivent sortir sous la normale, afin d'être rendus convergents, il faut qu'ils se soient croisés avant leur retour dans l'air (*fig* 272), parce qu'alors le violet plus voisin que le rouge, de la normale, s'en écarte davantage.

299. Ce sont des conditions de ce dernier genre, qu'il faut chercher à remplir, pour arriver à la construction des lentilles achromatiques. En effet, deux lentilles accolées, l'une biconvexe,

l'autre biconcave (*fig.* 273), présentent de l'analogie avec deux prismes rapprochés. Ici les normales venant toujours rencontrer l'axe commun des lentilles au centre de courbure, les rayons lumineux extrèmes pourront toujours se rencontrer, soit qu'ils sortent au-dessus des normales, soit qu'ils arrivent dans l'air au-dessous de ces mêmes normales. Dans le premier cas, il faudra que les rayons ne se croisent pas dans la seconde lentille. Ils devront s'y croiser au contraire, s'ils sont inférieurs aux normales (*fig.* 273). C'est de cette seconde façon, que sont construites les lentilles achromatiques, parce que la face extérieure du verre biconcave est d'une courbure beaucoup moindre que la face antérieure de la lentille biconvexe, afin que malgré tout, le point de réunion des rayons émergents soit sur l'axe des lentilles.

300. On ne corrige l'aberration de réfrangibilité dans les lunettes, que relativement à l'objectif, pour obtenir une image réelle qui ne soit pas altérée. Quant à l'effet produit par l'oculaire, on ne s'en occupe pas, par la raison que l'œil étant placé extrêmement près, reçoit les rayons colorés avant qu'ils se soient séparés d'une quantité notable.

LIVRE V.

GÉODÉSIE.

CHAPITRE PREMIER.

ENSEMBLE DES OPÉRATIONS GÉODÉSIQUES.

301. On a vu en topographie, que pour arriver à la description exacte d'une portion de la terre, on projetait tous ses points sur la surface sphérique des eaux moyennes de la mer, et que l'on calculait leurs ordonnées verticales. On a vu aussi, que pour arriver à la connaissance des projections des différents points, on les supposait unis par des droites formant ainsi un réseau de triangles que l'on résolvait graphiquement. Cette marche est suffisamment exacte lorsqu'on s'occupe d'une portion de terrain de médiocre étendue ; mais quand il s'agit d'une très grande surface, les points ne peuvent plus être considérés comme unis par des droites : ils le sont réellement par des arcs de grands cercles et les triangles sont sphériques. Ces triangles devenant d'ailleurs très nombreux, si l'on procédait, en partant d'un point, du détail à la masse, l'accumulation successive et inévitable des erreurs se ferait sentir à mesure que l'on s'éloignerait du point de départ des opérations, et l'on n'aurait aucun moyen de vérification. Si au contraire les principaux points du terrain à représenter sont fixés d'avance et leurs positions rigoureusement déterminées sur le globe, les détails qui s'y rattacheront, seront susceptibles à chaque instant d'être corrigés des erreurs que l'on ne peut éviter toutes les fois que l'on substitue les constructions graphiques au calcul.

302. La détermination de ces points principaux et le calcul des arcs qui les unissent, sont du ressort de la géodésie. L'ensemble des triangles que l'on imagine lier les points fondamentaux, est ce que l'on appelle le canevas géodésique, et l'on nomme opérations

géodésiques, toutes celles qui sont nécessaires à la confection du canevas.

Chaque point sera déterminé par trois coordonnées : deux serviront à la projection sur la sphère, et la troisième indiquera son élévation au-dessus de cette surface.

303. Les coordonnées de la projection se rapportent à l'équateur et au méridien principal, et se nomment latitude et longitude. La latitude d'un point est l'arc de grand cercle compté sur le méridien du lieu, depuis ce point jusqu'à l'équateur. Sa longitude est la portion de l'équateur comprise entre son méridien et celui qui a été choisi pour origine.

304. Les opérations à faire sur le terrain, consistent à,

1° Mesurer un côté de triangle auquel on donne le nom de base ;

2° Mesurer les angles ;

3° Observer astronomiquement la latitude et la longitude d'un point au moins ;

4° Observer l'azimuth d'un côté, c'est-à-dire l'angle que fait ce côté, avec le méridien de l'une de ses extrémités. Cet azimuth sert entre autres choses à orienter le canevas ;

5° Enfin, faire le nivellement trigonométrique qui donnera les cotes des sommets de triangles.

On verra par quelles méthodes on passe des latitude et longitude d'un point au moyen des angles et des côtés de triangles, aux latitude et longitude de tous les autres points, ainsi qu'aux azimuths des côtés.

305. Lorsqu'on voudra ensuite construire la carte, au moyen des coordonnées obtenues, il faudra, comme la sphère n'est pas une surface développable, faire usage d'un système de projection, celui de Cassini, celui de Flamsteed modifié, ou tout autre.

306. On ne passe pas immédiatement de la construction du grand canevas géodésique à la levée du détail ; car les points seraient trop éloignés et souvent trop inégalement répartis, en raison des difficultés qu'à pu offrir le terrain, pour qu'il s'en trouvât un nombre suffisant dans chacun des rectangles en lesquels on a partagé la carte, pour procéder aux travaux topographiques. De là naît la division des opérations géodésiques en premier, deuxième et troisième ordres.

Le premier ordre s'occupe de couvrir la surface du terrain au moyen de triangles aussi grands que le permettent la force et la précision des instruments d'une part, et la nature du pays de l'autre.

La triangulation du second ordre s'appuyant sur les côtés des grands triangles comme bases, les divise en plus petits dont les sommets servent de stations, et desquels on observe tous les points remarquables qui pourront servir à rattacher les détails topographiques.

Ces derniers sont les points du troisième ordre : ils se déterminent par des triangles dans lesquels on n'observe que deux angles, et l'on conclut le troisième. Pour cette raison, il est indispensable qu'ils soient calculés sur deux bases, c'est-à-dire que chacun d'eux soit le sommet de deux triangles ayant un côté commun.

Tel est l'ensemble des opérations que nécessite la construction d'une carte : on les traitera chacune en particulier, en indiquant les instruments à employer, les corrections dont ils sont susceptibles et les précautions que l'on doit prendre, enfin les calculs à faire.

307. Avant d'entrer en matière, il est bon peut-être de passer en revue de nouveau et avec plus de détail, les différentes parties que nous venons seulement d'indiquer.

La première chose à faire est de parcourir le terrain que l'on doit trianguler.

Le but de cette reconnaissance est de trouver un nombre de stations suffisant pour déterminer tous les points de troisième ordre, si l'on s'occupe de la triangulation de détail. Il faut faire en sorte que ce nombre soit le plus petit possible. Si cependant on opérait dans un pays de plaine et très découvert, il ne faudrait pas abuser de cette faculté d'en voir toute l'étendue de quelques stations seulement, parce qu'alors le temps que l'on aurait cru gagner d'un côté, serait perdu, et peut-être plus encore, à chercher des points très peu visibles, en raison de leur grand éloignement.

308. Il est nécessaire d'avoir, pendant la reconnaissance, un instrument tel qu'un sextant, une boussole, un cercle à réflexion, etc., afin de pouvoir construire un premier canevas provisoire.

309. Pour la triangulation du premier et du second ordre, on fait construire des signaux aux endroits que l'on a adoptés comme points de station.

Les signaux du premier ordre forment observatoire, quand on ne peut observer du sol, et sont plus ou moins hauts suivant les obstacles qu'il faut franchir. Quoique la forme à leur donner ne soit pas absolue, il semble bon d'indiquer ici celle qui, paraissant la meilleure, a été adoptée pour les opérations de la nouvelle carte de la France.

Ils se composent d'un observatoire ou petite chambre soutenue en l'air par quatre arêtiers. Les faces sont percées de fenêtres qui se ferment à volonté au moyen de volets. Le toit a la forme d'une pyramide quadrangulaire au sommet de laquelle s'élève un poinçon supportant une autre petite pyramide renversée, à claire voie, pour donner moins de prise au vent. Au centre, sous le signal, on place une borne destinée à faire retrouver postérieurement l'emplacement où a été érigé ce signal. On a en outre la précaution de placer par dessous du charbon, parce qu'il jouit de la propriété d'être incorruptible. La figure 274 présente le plan et l'élévation d'un de ces signaux.

Dans la triangulation secondaire, on ne choisit pour stations que des édifices tels que tours, clochers, etc., ou des points du sol desquels on puisse observer.

Dans ce cas, le signal consiste en un poteau planté en terre et surmonté de deux faces rectangulaires en bois (*fig.* 275), à claire voie, et d'un mètre environ de côté. Quelquefois le poteau (*fig.* 277) est composé de deux pièces qui forment charnière à peu de distance du sol. Quand le signal est debout, il est maintenu par deux boulons et l'on en retire un, lorsqu'on veut l'abaisser. Cette modification a pour but de pouvoir, lorsqu'on observe les angles, placer l'instrument au centre de la station et éviter par là, une réduction dont nous aurons à parler plus tard. Quelquefois, dans le premier ordre surtout, la grande difficulté, voire même l'impossibilité de faire parvenir les pièces de bois, fait employer des signaux en maçonnerie ou construits en pierres sèches. Leur forme est ordinairement un cône tronqué (*fig.* 276) surmonté d'un cylindre de plus petit diamètre. Ce dernier supporte l'instrument et l'observateur se tient sur la portion de la base supérieure du cône qui déborde le cylindre. On emploie de préférence, lorsqu'il y a lieu, les monuments tels que tours, clochers, etc., tant à cause de leur solidité, que par raison d'économie. Les signaux permettent généralement de mieux prendre les éléments de réduction, et par conséquent les triangles ferment mieux; mais ils sont généralement plus loin des habitations, et les transports deviennent plus longs et plus coûteux. Les flèches trop aiguës sont quelquefois de mauvais points de mire pour les distances zénitales, parce que leurs extrémités disparaissent d'autant plus que les côtés de triangles sont plus longs.

Les signaux doivent être peints en blanc ou en noir suivant qu'ils se projettent sur le terrain ou sur le ciel : ils sont plus constamment favorables dans ce dernier cas. On fait donc en sorte qu'il en soit ainsi ; cependant, comme ils ne peuvent pas toujours satisfaire à cette condition, il est bon de s'assurer de ce qui aura lieu lorsque le signal sera érigé, afin de le faire couvrir de la couleur convenable.

310. Soient donc A et B (*fig.* 278) deux points choisis comme sommets de triangles. On est en A, et sans retourner en B, on veut savoir sous quel aspect on verra le signal A de ce point. On prend la distance zénitale de B, et celle du point C de l'horizon, opposé à B et situé dans le plan vertical qui passe par A et B. Si leur somme est plus petite que 200ᵍ, le point A se projettera en terre pour l'observateur placé en B : le contraire aura lieu, si la somme est plus grande que 200ᵍ. On peut encore calculer la hauteur qu'il faudrait donner au signal A : cependant, dans le cas où les observations ne doivent pas être faites du sol, mais dans un observatoire placé en haut du signal, il faut s'assurer avant, que cet accroissement de hauteur en diminuant la difficulté pour le point B, n'augmentera pas celles que l'on doit éprouver en A, qui plus élevé, pourrait alors voir projetés en terre d'autres signaux qui, sans cette modification se seraient détachés sur le ciel.

311. Pour donner une idée de la marche à suivre, prenons un exemple : on connaît approximativement par le canevas provisoire, les distances AB, AC. Supposons que AB=25,000ᵐ et AC=32,000, BAZ=97ᵍ,50 ; CAZ=99ᵍ.20 d'où BAC= 196,70. On peut résoudre le triangle BAC dans lequel on connaît deux côtés et l'angle compris. La formule 60, § 33 de trigonométrie rectiligne donne le moyen de trouver les angles B et C dont on connaît la somme.

On a donc

$$
\begin{aligned}
\log.\ \text{cotang.}\ \tfrac{1}{2}\ A &= 8.4137 \\
\log.\ \quad (b - c) &= 3.8451 \\
\text{Ct. log.}\ (b + c) &= 5.2441 \\
\hline
\log.\ \text{tang.}\ \tfrac{1}{2}\ (B-C) &= 7.5029
\end{aligned}
$$

Donc $\tfrac{1}{2}$(B—C)=0ᵍ,2150″ et par suite B= 1ᵍ,8550″, C=1ᵍ,4450.

Actuellement, l'un ou l'autre des triangles AEB, ACE dans chacun desquels on connaît un côté et les deux angles adjacents, peut donner la hauteur AE que devrait avoir au moins le signal. Calculons les deux pour qu'il y ait vérification.

Dans AEB, l'angle E = 200 — (A + B, = 100$_g$,6450.

$$\begin{aligned}
\text{log. sin. B (ou 18.8550'')} &= 8.4644 \\
\text{log. 25000} &= 4.3979 \\
\text{Ct. log. sin. E (ou 100,6450)} &= 0.0000 \\
\hline
&2.8623
\end{aligned}$$

Dans AEC , l'angle en E est égal à 200 — (A + C) = 99$_g$.3550

$$\begin{aligned}
\text{et log. sin. (C ou 1$_g$.4450'')} &= 8.3559 \\
\text{log. 32000} &= 4.5051 \\
\text{Ct. log. sin. (E ou 99$_g$.3550)} &= 0.0000 \\
\hline
&2.8610
\end{aligned}$$

Ce logarithme correspond au nombre 726. On voit que dans ce cas, il ne faudrait pas songer à l'érection d'un signal qui pût se projeter sur le ciel : on le ferait donc peindre en blanc.

312. Si l'on ne part pas d'une base connue , il faut en déterminer une , et cette opération exige des instruments et des calculs dont nous parlerons, lorsque nous aurons sommairement passé en revue toutes les autres opérations.

313. *Mesure des angles.* Pour l'obtenir avec la plus grande précision, on se sert d'instruments répétiteurs. Les uns donnent les angles dans le plan des objets. Tel est le cercle répétiteur.

314. *Réduction à l'horizon.* L'emploi du cercle entraîne la nécessité de cette correction , pour ramener les angles observés à l'expression de l'inclinaison, les uns sur les autres, des plans verticaux passant par les objets deux à deux. Un autre instrument, le théodolite, évite cette réduction ; il fournit immédiatement la mesure des angles dièdres, ou la projection à l'horizon des angles que forment les objets.

315. *Réduction au centre de la station.* Les angles ne peuvent toujours pas être observés au centre de la station : de là , une nouvelle réduction à leur faire subir.

316. *Correction de phase.* Les signaux sur lesquels on pointe , pouvant présenter différentes phases suivant la position du soleil, le rayon visuel ne passe pas toujours par l'axe du signal. La correction qui serait la conséquence de ce fait s'effectue très rarement.

317. *Calcul des côtés.* Les angles observés appartiennent à des triangles sphériques. En faisant leur somme , elle dépasse 200^g de ce qu'on nomme l'excès sphérique combiné toutefois avec les erreurs d'observation. On retranche de chaque angle le tiers de cet

excès, et l'on a trois nouveaux angles qui appartiennent à un triangle rectiligne qui, comme le démontre un théorème de Legendre, a les côtés égaux en longueur à ceux du triangle sphérique. Ceci n'est vrai que pour les triangles dont les côtés sont très petits par rapport au rayon de la sphère; et ceux tracés sur la terre, sont dans ce cas.

Dans cet état de choses, on résout au moyen des formules de la trigonométrie rectiligne, et l'on connaît ainsi les angles et les côtés des triangles.

318. Au moyen des distances zénitales qui ont été observées à la suite des angles horizontaux, on calcule les différences de niveau.

319. *Latitudes et longitudes.* Nous avons dit qu'en connaissant un premier azimuth, une première latitude et une première longitude, on calculait les latitudes et longitudes de tous les autres points : nous aurons à nous occuper de la recherche des formules qui résolvent ces problèmes.

320. Il est indispensable, pour avoir une entière confiance dans le résultat des opérations, si la contrée que l'on triangule a une grande étendue, de mesurer plusieurs bases, azimuths, latitudes et longitudes. Les résultats obtenus par l'enchaînement des triangles, devront coïncider avec ceux que donneront les opérations directes.

321. *Forme préférable des triangles.* Nous avons vu, n° 82, que la forme équilatérale était, pour les triangles, la préférable : nous avons, au numéro suivant, vu encore que l'imperfection des angles observés causait sur les côtés opposés, des erreurs d'autant plus considérables que les côtés étaient plus grands.

Nous avons trouvé en effet, que $E > K$ tang. β; E indiquant l'erreur du côté opposé à l'angle B; β celle de cet angle, et K la longueur du côté adjacent.

322. Nous pouvons encore apprécier plus exactement l'influence des erreurs d'observation. Soient α et β celles qui affectent A et B : le triangle fournit la relation $a.$ Sin. $B = b.$ sin. A, et si nous supposons que b soit la base mesurée avec toute la précaution possible, cette équation devrait nous donner la valeur exacte de a; mais l'observation ayant fourni $A + \alpha$, $B + \beta$ au lieu de A et B, il s'ensuit que la résolution de l'équation donnera a à une quantité près que nous désignons par da, et nous aurons

$$(a + da) \sin. (B + \beta) = b \sin. A + \alpha)$$

ou $(a + da)(\sin. B \cos. \beta + \sin. \beta \cos. B) = b (\sin. A \cos. \alpha + \sin. \alpha \cos. A)$

α et β sont assez petits pour que , sans erreur sensible , on substitue l'arc au sinus et l'unité au cosinus : il en résultera

$a \sin. B + a \beta \cos. B + da \sin. B + da \beta \cos. B = b \sin. A + b \alpha \cos. A$

réduisant parce que les premiers termes des deux membres sont égaux , et supprimant $da \beta$, cos. B du deuxième ordre par rapport aux très petites quantités da et β.

$$a \beta \cos. B + da \sin. B = b \alpha \cos. A, \quad da = b \frac{\alpha \cos. A}{\sin. B} - a \beta \; \text{cotang. B}$$

et parce que

$$\frac{b}{\sin. B} = \frac{a}{\sin. A} \qquad da = a (\alpha \; \text{cotang. A} - \beta \; \text{cotang. B})$$

De là nous concluons que da est d'autant plus petit que A et B diffèrent moins entre eux , et que malgré les erreurs angulaires , on obtient exactement a quand A = B.

Le même raisonnement relativement à B et C , fait voir que les erreurs d'observation n'ont aucune influence , lorsque le triangle est équilatéral ; aussi , dit-on d'un tel triangle , qu'il est bien conformé.

323. L'inexactitude d'un côté serait d'une conséquence beaucoup plus grave , et en effet , en admettant que les angles A et B soient exacts , et si au lieu de b, on a trouvé $b + db$, on aura $(a + ad) \sin B = (b + db) \sin. A$.

d'où $a \sin. B + da \sin. B = b \sin. A + db \sin. A$ et $da = db \dfrac{\sin. A}{\sin. B}$

Dans le cas le plus favorable , d'après ce que nous venons de trouver au paragraphe précédent , celui où A = B , l'erreur sera la même sur a que sur b. Si B < A , l'erreur de a sera plus grande que celle de b.

Nous tirons de là cette conséquence qu'il ne faut pas prendre une base b trop courte , ou qu'il ne faut pas faire croître trop rapidement les côtés des triangles , puisqu'alors A étant plus grand que B, on aurait aussi $da > db$, et qu'ainsi les erreurs iraient toujours en augmentant.

324. Nous avons dit que les triangles devaient n'être pas trop petits, pour ne pas multiplier inutilement les stations : cependant

ceux qui s'appuient sur la base devront être tels en vertu de ce qui est dit au paragraphe précédent : ce n'est donc que successivement qu'ils atteindront une dimension convenable ; puis ensuite on les diminuera lentement pour venir s'appuyer sur une base de vérification ; choisie et mesurée dans la région la plus éloignée de la base de départ (*fig.* 279).

325. L'expérience a prouvé que dans une chaîne établie sur ces principes, les erreurs au lieu de s'accumuler, se compensaient en partie : ainsi dans la mesure de l'arc du méridien qui s'étend de Dunkerque à Perpignan, les observateurs avaient mesuré deux bases, l'une près de Melun, l'autre vers Perpignan. Cette dernière conclue du calcul de tous les triangles intermédiaires, fut trouvée égale à la mesure directe à $0^m,3$ près. Ces bases ont été mesurées au moyen de quatre règles en platine de 4^m chacune.

CHAPITRE II.

MESURE DES BASES.

326. Nous avons vu que le calcul d'un réseau de triangles nécessitait la mesure d'une première base. Cette mesure sur laquelle repose l'exactitude de tout le reste de l'opération, doit être faite avec les précautions les plus minutieuses. On choisit pour cela, un terrain uni, on détermine les deux extrémités, et l'on jalonne l'alignement. On dispose dans cette direction des madriers établis sur chevalets, dans toute la longueur, puis on applique dessus bout à bout des règles de métal ou de bois, ou encore, comme l'ont pratiqué des savants anglais, des tubes de verre. Ces règles ayant été disposées horizontalement à l'aide d'un niveau, leur somme donne la longueur de la base ; mais dans le cas le plus général, la température n'est pas constante pendant toute la durée de l'opération : les règles ne peuvent pas toujours être mises horizontales : la base n'est pas en ligne droite : enfin la surface sur laquelle on opère n'est pas au niveau de celle des eaux moyennes de la mer.

De là, quatre corrections distinctes à opérer :

1° Correction due à la variation de température ;
2° Réduction de la base à l'horizon de l'un de ses termes ;
3° Réduction à un arc de grand cercle ;
4° Réduction au niveau de la mer ;

Occupons-nous d'abord du premier cas, qui présente deux circonstances différentes , suivant que l'on connaît ou non la dilatation de la substance dont se composent les règles.

327. *Dilatation connue.* Supposons d'abord que l'on emploie
une règle en fer f pour mesurer la base B. Cette règle dont la
dilatation d est connue (0,0000122 ou $\frac{1}{81800}$ pour un grade du thermomètre centigrade), a été étalonnée à la température de 10ᵍ, sur
un mètre étalon en platine, qui à la température de la glace
fondante, représente le mètre légal égal à 443,296 lignes. L'aplatissement de la terre étant $\frac{1}{334}$, le quart du méridien a été trouvé
de 5,130,740 toises, et l'on en a déduit en divisant par dix millions,
la longueur indiquée ci-dessus pour le mètre.

On aura $B = Kf$; K représentant le nombre de fois que l'on a dû
porter la règle.

La température n'étant pas constante , désignons par t , t',
t'', t''', etc., les indications du thermomètre à chaque fois que l'on
a placé la règle.

Il viendra $\qquad B = f_t + f_{t'} + f_{t''} + \text{etc.}$

Le nombre des termes du second membre est K.

La valeur cherchée de la base , est ainsi exprimée en fonction
d'autant d'inconnues qu'il y a de termes, puisque la longueur de
la règle varie avec la température. Nous allons chercher à réduire
toutes ces inconnues à une seule; puis nous en trouverons la valeur par un moyen subsidiaire.

Si nous désignons par x , la température inconnue pour le
moment, à laquelle la règle de fer est égale à un mètre , il s'ensuivra que

$$f_t = f_x + d(t - x)$$

$$f_{t'} = f_x + d(t' - x) \text{ etc.}$$

et qu'ainsi

$$B = K f_x + d(t + t' + t'' + \text{etc.}) - K\,dx = K(1 \text{ mètre}) + d(t + t' + \text{etc.}) - Kdx.$$

Reste donc à déterminer x : or, nous avons dit que l'étalon de
platine représente à 0 grade le mètre ; donc

$$P_0 = f_x$$

A la température de 10ᵍ, on a eu en étalonnant la règle
de fer,

$$P_{10} = f_{10}$$

Et si nous désignons par d' la dilatation du platine, qui est 0,000008565 ou $\frac{1}{116700}$ pour un grade, il en résultera

$$P_{10} = P_0 + 10\, d' = f_{10} = f_x + d\,(10 - x)$$

d'où $\quad$ $10.\, d' = 10.\, d - dx$ $\quad$ et $\quad$ $x = \dfrac{10\,(d - d')}{}$

Cette valeur de x une fois déterminée, la longueur de la base B est connue. Cherchons l'expression de x au moyen des valeurs numériques connues de d et d', on a

$$x = \frac{10\,(0,0000122 - 0,0000086)}{0,0000122} = \frac{0,000036}{0,0000122} = \frac{36}{12,2}$$

$$\begin{aligned}
\log.\ 36 &= 1,55630125 \\
\log.\ 12,2 &= 1,0863598 \\
\hline
\log.\ x &= 0,4700527 \quad \text{et } x = 2^{\text{g}},9516
\end{aligned}$$

C'est donc à la température de 2^{g},95 que la règle de fer est égale au mètre. On peut, pour vérification, voir si, en partant de cette température pour la règle de fer et de zéro pour celle de platine, on arrive à deux longueurs égales pour les deux règles à 10^{g}.

De 2^{g},95 à 10^{g} il y a 7^{g},05 qui, multipliés par 0,0000122, donnent 0,00008601.

Ainsi la règle de fer à la température 10^{g} est égale à 1^{m},00008601.

Quant à la règle de platine $10.\,d' = 0,00000865 \times 10 = 0,0000865$ qui, ajoutés au mètre, donnent pour sa longueur, la même que celle de la règle de fer.

328. *Dilatation inconnue.* Supposons la règle B mesurée avec des règles en bois. On donne le nom de portée à l'ensemble des règles que l'on emploie : on se sert ordinairement de trois ou quatre et l'on n'observe la température que pour chaque portée.

On aura ainsi, p désignant une portée

$$B = Kp = p_t + p_{t'} + p_{t''} + p_{t'''} + \text{etc.}$$

Si nous désignons par D, la variation de longueur de la portée entière pour un grade, nous diminuerons le nombre des inconnues du second membre en remarquant que

$$B = Kp_0 + D\,(t + t' + t'' + \text{etc.}$$

puisque $\qquad p_t = p_0 + \mathrm{D}t \; ; \quad p_{t'} = p_0 + \mathrm{D}t' , \text{ etc.}$

p_0 ou la longueur de la portée à la température de la glace fondante ne nous est pas connue : il en est de même de la dilatation D, c'est donc de la recherche de ces deux quantités qu'il nous reste à nous occuper.

Pour cela, on plante deux bornes en terre, à une distance un peu plus grande qu'une portée : cette distance comptée de centre en centre est invariable.

On la mesure avec les règles en bois qui composent la portée, et l'on a, en la désignant par E,

$$E = P_t + f_t$$

f ne représente ici qu'une petite portion de la règle de fer que nous savons maintenant être égale au mètre à la température 2^g95, si elle a été construite égale à l'étalon de platine à 10^g.

Mettons en évidence dans la valeur de E les quantités P_0 et D que nous nous proposons de déterminer, c'est-à-dire écrivons p_t en fonction de p_0, nous aurons $p_t = p_0 + \mathrm{D}t$; transformons de même f_t, il viendra

$$f_t = f_{2.95} + f_{2.95}\,(d\,(t - 2.95)) = f_{2.95}\,(1 + d\,(t - 2.95))$$

et par suite, $\qquad E = p_0 + \mathrm{D}t + f_{2.95}\,(1 + d\,(t - 2.95))$

En procédant ainsi, nous avons quatre inconnues au lieu de deux : les nouvelles sont E distance comprise entre les bornes, et d dilatation du fer pour un mètre et pour 1^g ; mais, comme on n'a opéré qu'à une seule température t, on peut obtenir des équations analogues sous l'influence de températures t, t', t'', différentes de t, et obtenir ainsi un nombre d'équations égal ou même supérieur à celui des inconnues. Si nous supposons que l'on se borne aux quatre équations nécessaires, on peut faire les deux premières opérations, comme nous venons de l'indiquer et les dernières en mesurant E avec la règle de fer seulement. Alors en désignant par M. le nombre composé d'entiers et d'une fraction qui indique combien la règle est contenue de fois à une température t''', il viendra

$$E = M_{t'''} = M_{2.95} + M_{2.95}\,(d\,(t''' - 2^g95)) = M_{2.95}\,(1 + d\,(t''' - 2.95))$$

on aura de même, pour une autre température $t_{\textsc{iv}}$

$$E = M'_{2.95} \left(1 + d\left(t^{\textsc{iv}} - 2.95\right)\right)$$

M et M' sont des nombres différents tant que t''' et $t^{\textsc{iv}}$ n'ont pas même valeur.

On voit qu'en opérant à 2^{g}.95 le coefficient de M devient égal à l'unité, et qu'ainsi la formule se réduit à $E = M_{2.95}$, ce que d'ailleurs on sait à l'avance.

Ces deux équations servent à déterminer E et d que l'on substitue dans les précédentes. Celles-ci résolues par rapport à p_0 et D font connaître ces quantités, et mènent ainsi à la connaissance de B.

329. *Réduction de la base à l'un de ses termes.* Soit MM'M''M'''M$^{\textsc{iv}}$ (*fig.* 280) le profil du terrain sur lequel on a mesuré la base, et MN la projection horizontale cherchée. Supposons que α, α', α'', α''', soient les angles d'inclinaison des portions MM', M'M'', M''M''', M'''M$^{\textsc{iv}}$ sur l'horizontale MN. Désignant par MN', N'N'', etc., les différentes projections partielles, on aura la base cherchée B égale à la somme de ces projections partielles.

Le premier triangle rectangle donne MN' = MM'. Cos. α, et si l'on retranche les deux membres de la même quantité MM', on aura MM' — MN' = MM'$(1 - \cos. \alpha) = 2$MM' $\sin.^2 \frac{1}{2}\alpha$.

Le second triangle fournit également M'M'' - N'N'' = 2M'M'', $\sin.^2 \frac{1}{2}\alpha$.

d'où

$$(\text{MM}' + \text{M}'\text{M}'' + \ldots \text{M}'''\text{M}^{\textsc{iv}}) - (\text{MN}' + \text{N}'\text{N}'' + \ldots \text{M}'''\text{N}^{\textsc{iv}}) =$$

$$2\,(\text{MM}' \sin.^2 \tfrac{1}{2}\alpha + \text{M}'\text{M}'' \sin.^2 \tfrac{1}{2}\alpha' + \text{M}''\text{M}''' \sin.^2 \tfrac{1}{2}\alpha'' + \text{M}'''\text{M}^{\textsc{iv}} \sin.^2 \tfrac{1}{2}\alpha''')$$

Dans le cas où l'inclinaison du terrain est constante, la formule se réduit à

$$\text{MM}^{\textsc{iv}} - \text{MN}^{\textsc{iv}} = 2\text{MM}^{\textsc{iv}} \sin.^2 \tfrac{1}{2}\alpha.$$

Il est important de bien faire sentir ici le double but pour lequel on cherche la différence entre la ligne mesurée et sa projection, au lieu de cette projection elle-même, parce que plusieurs fois, pour les mêmes motifs, nous opérerons plus tard de semblables transformations. Dans le choix du terrain, on s'est arrêté à un qui fût, sinon entièrement horizontal, du moins fort peu incliné : ainsi α est toujours un angle très petit. Or, quand les angles approchent de zéro, les cosinus varient très lentement, et leurs valeurs sont inscrites dans les tables par des logarithmes qui ne diffèrent pas ou presque pas entre eux dans les sept premières décimales.

La substitution du sinus est alors très favorable; puisque dans les mêmes circonstances, ils varient très rapidement, et permettent ainsi de tenir compte avec beaucoup de précision de la valeur de α.

Le second avantage est, qu'en calculant par logarithmes $2MM^{IV} \sin.^2 \frac{1}{2} \alpha$, qui est l'expression de la différence, on trouve correspondant au logarithme de ce produit, un nombre qui contient la même quantité de chiffres, quelle que soit la caractéristique : plus celle-ci est petite, plus le résultat est donné avec précision; puisque le nombre de chiffres décimaux qu'il contient est d'autant plus grand. Prenons un exemple numérique pour mieux faire entendre ceci.

Au logarithme 4661853 correspond le nombre 29254 : si la caractéristique est 4, le nombre ne contiendra pas de décimales, et on pourra dire qu'on le connaît, à moins d'une unité près; tandis que, si la caractéristique est zéro, le nombre correspondant ne contiendra qu'un chiffre entier; tous les autres exprimeront une fraction décimale : il sera 2,9254, et sera exact à un dix-millième près.

330. *Réduction de la base à un arc de grand cercle.* Supposons que la base mesurée soit ABC (*fig.* 281), faisant un angle en B. On n'a pas pu prendre de préférence, la droite AC pour base, ou parce que A et C sont invisibles l'un de l'autre, ou qu'il y ait un obstacle entre deux, ou enfin parce qu'une droite DE peu éloignée satisfait mieux à la condition que de ses extrémités, on voit tous les points destinés à être rattachés à la base : le terrain de D en E peut être en même temps plus difficile à mesurer que ABC que l'on peut supposer une grande route ou le bord d'une rivière.

Ayant les côtés AB, BC en mètres, on observe l'angle ABC, et résolvant le triangle, on connaît AC ainsi que les angles qui ont leurs sommets en A et C. A ces deux points on trace AD, CE perpendiculairement à AB, CB; puis par les points D, E, on mène deux lignes DM, EF perpendiculaires sur les prolongements de AC. On résout alors les deux triangles rectangles DMA, ECP dans lesquels on connaît les hypoténuses DA, CE et les angles : en effet, puisque DAB et BCE sont droits, DAM = 100 — BAC et PCE = 100 — BCA : d'ailleurs, les côtés DA, CE ont pu être mesurés immédiatement sur le terrain, ou obtenus par la résolution des triangles ABD, CBE : dans ce cas, étant en B, on aura dû observer les angles ABD et CBE. On obtient par la résolution des triangles MDA, PCE, les valeurs de MA, DM, CP et PE. Cela posé, imaginons par le point D la ligne DG parallèle à AC ; DG sera égal à MP ou MA + AC + OP, comme parallèles comprises entre parallèles : de plus, elle formera l'un des côtés de l'angle droit, dans un triangle rectangle DEG dont l'hypoténuse DE est la nouvelle base cherchée. Le second côté de l'angle droit est EG = EP — DM.

Dès lors on a

$$\overline{DE}^2 = \overline{DG}^2 + \overline{EG}^2 = \overline{DG}^2 \left\{ 1 + \frac{\overline{EG}^2}{\overline{DG}^2} \right\} \quad \text{et} \quad DE = DG \left\{ 1 + \frac{\overline{EG}^2}{\overline{DG}^2} \right\}^{\frac{1}{2}}$$

$$= DG \left\{ 1 + \frac{1}{2} \frac{\overline{EG}^2}{\overline{DG}^2} \right\}$$

On voit que le but que l'on s'est proposé en mettant $\overline{DG}^2$ en facteur commun, est d'avoir, dans la parenthèse, un binôme dont le second terme étant une quantité très petite $\left(\frac{EG}{DG} \right)^2$, on pouvait, après l'extraction de la racine carrée des deux membres, s'en tenir aux deux premiers termes du développement, parce que le troisième terme contenant la quatrième puissance d'une très petite fraction peut être négligé. Actuellement que le but de cette transformation est rempli, on simplifie et l'on a

$$DE = DG + \frac{1}{2} \frac{\overline{EG}^2}{\overline{DG}} \quad \text{ou enfin} \quad DE - DG = \frac{1}{2} \frac{\overline{EG}^2}{\overline{DG}}$$

Ici comme dans le cas précédent, et pour le même motif d'obtenir un résultat plus précis, on voit que l'on cherche la différence des deux bases ABC, DE, de préférence à la valeur immédiate de cette dernière.

331. *Réduction de la base au niveau de la mer.* Dans les deux triangles mixtilignes semblables de la figure 282, qui ont leur sommet commun au centre de la terre, on a la proportion B : b :: R + h : R. R est le rayon de la terre au niveau de la mer ; h la hauteur de la base mesurée B au-dessus de ce niveau, et b la base réduite.

De la proportion ci-dessus, on tire $b = \frac{BR}{R + h}$.

R et R + h étant des nombres différant très peu l'un de l'autre, les tables de logarithmes donneraient trop peu exactement leur rapport qui dans la valeur de b, est le coefficient de B. Pour éviter cet inconvénient, nous chercherons B — b. La même proportion nous donne

$$B - b : b :: h : R \quad \text{et} \quad B - b = \frac{bh}{R}$$

Substituant la valeur que nous venons de trouver pour b, il vient

$$-B - b = \frac{Bh}{R+h}$$

On peut encore, si l'on veut, réduire cette expression en série : pour cela, on divise le numérateur et le dénominateur par R, puis on trouve successivement

$$B - b = \frac{B\frac{h}{R}}{1 + \frac{h}{R}} = B\frac{h}{R}\left(1 + \frac{h}{R}\right)^{-1} = B\frac{h}{R}\left(1 - \frac{h}{R} + \frac{h^2}{R^2} - \frac{h^3}{R^3} + \text{etc.}\right)$$

$$= B\left(\frac{h}{R} - \frac{h^2}{R^2} + \frac{h^3}{R^3} - \frac{h^4}{R^4} + \text{etc.}\right)$$

Nous verrons plus tard, en parlant du nivellement, comment on obtient h.

332. Pour faire voir avec quel degré de précision, on mesure les bases et l'on observe les éléments des triangles, nous allons citer ici quelques résultats des opérations de la nouvelle carte de France.

En 1804, on avait mesuré la base d'Ensisheim, près Colmar, avec trois des quatre règles de platine qui avaient été construites pour les opérations de la mesure de la méridienne, et dont la quatrième depuis lors reste constamment déposée au bureau des longitudes. On la trouva égale à 19044^m,39. Elle devait servir de départ pour la carte de la Suisse. En partant de cette base, on est parvenu par une suite de triangles,

Au côté Strasbourg. — Signal du Donon. . = 43931^m,62

Le même côté, en partant de la base de Melun a été trouvé. . . . . = 43930^m,91

Différence. = 0^m,71

Celle de *Plouescat*, sur les bords de la mer, non loin du Cap Finistère, mesurée avec les mêmes règles, est de 10526^m,91, et calculée par une chaîne de 33 triangles qui la rattachent à la base de Melun, elle a été trouvée identiquement la même chose.

La base de *Gourbera* près Dax (Landes) mesurée avec les règles de platine est. . . . . 12220^m,031
Calculée au moyen des triangles qui la lient à celle de Perpignan, on a trouvé. . . . . 12220^m,769

Différence.   0^m,738

On a reconnu dans cette dernière opération, que l'Océan et la Méditerranée était de niveau.

333. Nous allons dire quelques mots de l'appareil de règles que possède l'école d'application d'état-major, et qui présente une exactitude suffisante pour l'exécution des opérations relatives à la carte d'un pays occupé ou conquis.

Cet appareil est composé de deux règles de 4^m chacune. Les figures 283 et 284 représentent une de ces règles en projections verticale et horizontale. Elles sont en sapin imprégné d'huile bouillante, puis verni. Elles portent à leurs extrémités des talons en cuivre, et à l'une d'elles une languette A, qui a la faculté de glisser dans une rainure à queue d'aronde, pratiquée dans l'épaisseur de la règle. Cette languette est divisée en millimètres. On aurait pu y adapter un vernier afin de pouvoir opérer avec plus de précision. Le talon en B est terminé par une surface arrondie à laquelle vient s'appuyer tangentiellement la languette de la règle qui suit. La longueur de 4^m est comprise entre les points A et B : ainsi les languettes se comptent en plus. Chaque règle est soutenue par deux jambes J et J qui lui sont perpendiculaires, et qui dans le bas, sont garnies de pointes en fer que l'on fixe en terre, en appuyant le pied sur les deux étriers E, E'.

La règle et ses deux jambes sont unies par des doubles manchons M*m*, M'*m*', dans lesquels elles peuvent glisser indépendamment l'une de l'autre. Des vis VV', TT' pressant sur des ressorts, fixent le tout ensemble, lorsque l'appareil est convenablement placé. Chaque règle est établie horizontalement au moyen du niveau SS' qui lui est adapté. On dispose enfin les règles dans une direction déterminée à l'aide d'une alidade et de jalons : puis on tend une corde d'un jalon à l'autre, pour disposer les jambes J, J' dans un même plan vertical.

CHAPITRE III.

MESURE DES ANGLES. — INSTRUMENTS.

Après avoir indiqué les moyens de mesurer une base, nous devons parler de la mesure des angles, et décrire d'abord les instruments qui servent à cet usage.

334. *Cercle répétiteur.* Il est fondé sur le principe suivant : si l'on porte successivement *n* fois la longueur d'un arc sur une circonférence graduée de même rayon, et à partir d'un point fixe, jusqu'à ce que sa seconde extrémité tombe exactement sur une des lignes de division, ou du moins à une quantité près inappréciable, la longueur de cet arc en grades sera égale à l'arc total parcouru, divisé par *n*.

Si, par exemple la circonférence graduée, contenant 4000 parties, l'arc dont nous avons parlé, après avoir été porté 9 fois, a son extrémité sur la 167ᵉ division, au delà d'une circonférence entière, on aura $arc = \frac{4167}{9} = 563$ parties $= 46^g,30'$. Il est clair alors que l'erreur qui a pu être commise sur l'ensemble des longueurs portées à la suite les unes des autres, devra être divisée par 9 pour indiquer l'erreur dont est affecté l'arc dont on voulait connaître l'amplitude. Rien n'empêche d'atténuer encore cette erreur en multipliant davantage les opérations.

335. Le cercle répétiteur, comme nous allons le voir, donne successivement le double, le quadruple, etc., de l'arc cherché, et si l'on suppose que l'on ait répété les observations jusqu'à la 20ᵉ, on aura, en divisant l'arc total par 20, et d'après le principe précédent, l'arc simple, à $\frac{1}{20}$ près de l'erreur totale.

Pour bien concevoir la marche de l'opération, nous allons supposer l'instrument réduit à des lignes mathématiques ; persuadé que, lorsque l'on aura bien compris son principe et ses propriétés, l'inspection d'un cercle suffira pour en faire deviner le mécanisme, qui d'ailleurs varie d'un instrument à un autre.

Concevons un cercle gradué et deux lunettes pivotant autour de son centre, l'une se mouvant sur le plan supérieur du limbe, l'autre sur la face inférieure.

336. Soient D et G les deux objets entre lesquels est compris l'angle que l'on veut mesurer. Fixons la lunette supérieure OA (*fig.* 285) à zéro : amenons-la en faisant tourner tout l'instrument sur l'objet de droite D, si les divisions vont de gauche à droite : ce serait sur l'objet de gauche que l'on dirigerait cette lunette, si le limbe était divisé dans le sens inverse. Portons la lunette inférieure O″B sur l'objet de gauche, au moyen d'un mouvement qui lui est propre : l'angle compris entre les deux lunettes est l'angle cherché ; mais on ne peut le lire, puisque relativement au limbe, c'est la lunette inférieure qui a bougé, tandis que le zéro marqué près de l'oculaire de la lunette supérieure est encore, comme au commencement de l'opération, sur celui du limbe. Actuellement faisons tourner tout le système jusqu'à ce que D soit sur l'axe optique de la lunette inférieure : l'autre, toujours attachée au limbe viendra en A′O′, et l'angle ACA′ sera égal à ACB. Détachons-la pour la diriger sur G, son index parcourra l'arc O′OO″ double de l'angle cherché. Le chiffre indiquant la division qui est en O″, divisé par 2, sera donc l'expression de l'angle formé par les deux objets D et G : ainsi, le double de l'angle s'obtient au moyen de deux observations conjuguées.

Si l'on recommence une nouvelle couple d'observations en ramenant la lunette supérieure, son index restant en O″, sur l'objet D, on arrivera au quadruple de l'angle, et ainsi de suite.

On pourrait facilement obtenir la série 1, 2, 3, etc., des angles : car, si après avoir dirigé la lunette supérieure marquant zéro sur D, on y amène aussi la lunette inférieure qui, dans ce cas, sert de repère, et si l'on rend cette dernière fixe par rapport au limbe, on aura l'angle simple, en rendant libre la lunette supérieure, et la faisant tourner jusqu'à ce qu'elle soit dans la direction de G. En continuant à opérer ainsi, on aura l'angle simple, double, triple, etc. Cette méthode, beaucoup plus longue, n'est guère employée.

337. Le cercle répétiteur sert encore à prendre les distances zénitales des objets, c'est-à-dire l'angle ZAB ou ZAC (*fig.* 278), AZ étant la verticale du lieu de l'observation.

Soit O l'objet observé : plaçons le limbe vertical au moyen d'un fil à plomb : pointons la lunette supérieure sur O, après l'avoir fixée au limbe sur zéro : mettons la lunette inférieure NN′ (*fig.* 278) horizontale, au moyen d'un niveau qui fait corps avec elle : retournons tout l'instrument par un mouvement de 200ᵍ autour de la colonne verticale : la lunette supérieure viendra en *ll′*, son zéro en O′, et sa position nouvelle sera symétrique par rapport au niveau NN′, qui n'aura pas dû cesser d'être horizontal.

S'il s'était décalé dans le retournement, ce qui a presque toujours lieu, plus ou moins, parce que la colonne n'est pas parfaitement verticale, on le remettrait au moyen du mouvement général du limbe. L'angle *l'*CN sera donc égal à L'CN'. Si maintenant on détache la lunette supérieure de manière à ramener l'oculaire de *l* en L sa position première, l'objectif parcourra l'arc *l'*QL' double de la distance zénitale, et l'index, parcourant un arc égal, indiquera le double de l'angle cherché.

Ce résultat s'obtient donc aussi par deux observations conjuguées, et en continuant de la même manière, on a successivement le quadruple, le sextuple, etc., de la distance zénitale.

Il pourrait se faire que les localités ne permissent pas de retourner l'instrument pour la seconde observation conjuguée : on prendrait alors l'angle OCN', complément de la distance zénitale, d'où l'on conclurait immédiatement cette dernière.

On rend les deux lunettes parallèles, en les dirigeant toutes deux sur un objet très éloigné, puis on les établit horizontales, au moyen du niveau qui appartient à l'une d'elles, la lunette supérieure étant toujours à zéro. Alors on dirige celle-ci sur le point O, et l'on a l'angle simple, etc.

338. Il est indispensable de connaître les vérifications auxquelles doit être soumis l'instrument, et les rectifications que l'on peut y apporter : un cercle de $0^m,43$ (16 pouces) de diamètre, suffit pour les opérations les plus délicates de la géodésie : on se contente même, en maintes circonstances, d'un cercle de $0^m,27$ (10 pouces). Le limbe est divisé en 4000 parties ou décigrades. Chaque division représente ainsi 10' centésimales. On adapte à l'index de la lunette supérieure un vernier divisé en 50 parties, embrassant le même espace que 49 divisions du limbe : la différence entre les plus petites parties du limbe et celles du vernier, est donc un 50e de 10' ou 20", c'est-à-dire la 200000e partie du cercle.

Les lunettes sont du genre de celles que l'on nomme astronomiques : à leurs foyers sont placés les réticules. Ce sont des anneaux de métal dont deux diamètres rectangulaires sont représentés par des fils extrêmement déliés.

Le réticule a la faculté de se mouvoir dans le sens de l'axe de la lunette, pour pouvoir être placé exactement au foyer ; et dans son plan, autour de ce même axe, soit pour établir les deux fils horizontal et vertical, soit pour les incliner tous deux de 50_g, l'un à gauche et l'autre à droite de la verticale. Le niveau adapté invariablement à la lunette inférieure, est un tube de cuivre découvrant en partie un autre tube de verre rempli presque entièrement d'alcool et fermé hermétiquement. La bulle d'air qu'il contient et qui varie de longueur en raison des différences de température, se déplace pour marcher dans le sens de la longueur du tube, suivant que l'on modifie son inclinaison. On trace sur la partie supérieure et apparente du tube de verre, des divisions qui peuvent être d'un écartement quelconque ; mais également espacées à partir de son milieu à droite et à gauche. On dit que le niveau est calé, lorsque les deux extrémités de la bulle correspondent à deux divisions symétriques. On comprend que le tube n'est pas tout-à-fait cylindrique, mais légèrement enflé vers son milieu. S'il en était autrement, le niveau étant parfaitement horizontal, la bulle devrait s'allonger sur toute la longueur, et suivant une génératrice du cylindre.

Lorsqu'au contraire la paroi intérieure présente la courbure d'un arc de très grand rayon, le niveau étant horizontal, ses deux extrémités sont au-dessous du milieu d'une quantité égale, et c'est en ce point que vient nécessairement se placer la petite bulle d'air contenu, en raison de sa pesanteur moindre que celle du liquide.

D'après ce qui précède, on voit qu'il faut : 1° que les axes optiques des lunettes déterminés par les centres de réfraction des lentilles et la croisée des fils du réticule soient parallèles au plan du limbe. Pour voir si cette condition est remplie, on se sert d'une lunette d'épreuve comme il a été dit pour le sextant n° 149.

2° Il faut mettre les axes des lunettes et conséquemment le limbe dans le plan des objets. Pour cela, on dirige l'une d'elles sur l'un d'eux ; puis la seconde sur l'autre ; mais pour ne pas procéder par tâtonnements, voici comment on s'y prend, et d'abord en quelques mots, et pour pouvoir nous faire comprendre, disons quels sont les différentes pièces et les divers mouvements du cercle.

Sur le cercle gradué est placée une lunette qui y adhère au moyen d'une pince et d'une vis de rappel : cette dernière produit des mouvements aussi insensibles que possible quand la pince est serrée : lorsqu'elle est libre, on peut donner telle impulsion aussi grande qu'on le veut avec la main seulement. Au-dessous du limbe est placée excentriquement la seconde lunette qui se meut également à l'aide d'une pince et d'une vis de rappel. Sous le limbe se trouve un axe perpendiculaire à son plan, et qui passe dans un cylindre creux au-dessous duquel est un renflement PQ (*fig.* 287), nommé *tambour*, garni d'une pince : il sert à rendre indépendant ou à fixer l'un à l'autre l'axe et le cylindre creux. Celui-ci fait corps avec un axe de rotation AB qui lui est perpendiculaire. AB repose et pivote sur deux supports réunis par leurs parties inférieures au moyen d'une semelle qui ne forme qu'une seule pièce avec eux. Cette partie de l'instrument se nomme la fourche, et est maintenue par deux vis M et N sur une traverse formant T sur la colonne qui est destinée à supporter le tout. La colonne est creuse et descend jusqu'à un cercle horizontal F et F', dit cercle azimutal, qui est fixé à un pied à trois branches. Celles-ci sont traversées par trois vis V, V', V'', qui servent à rendre la colonne verticale ou à modifier son inclinaison : ces vis, à larges têtes plates en cuivre, sont en acier et terminées par des cônes aigus qui, en pénétrant dans de petits cônes creux pratiqués dans des pièces dites *gouttes de suif,* évitent que l'instrument se déplace pendant la durée des observations, parce que les gouttes de suif sont garnies en dessous de petites pointes aiguës en acier trempé, qui entrent dans les pores ou inégalités de la table ou du massif sur lequel est placé l'instrument. Un axe vertical en fer, adhérent au cercle azimutal, pénètre dans le vide de la colonne qui est terminée dans le bas par une branche horizontale à l'extrémité de laquelle est établie une pince. Quand cette pince est serrée, la colonne et tout ce qu'elle supporte fait corps avec le trépied : quand elle est desserrée, le pied ne varie pas ; mais la colonne et la partie supérieure de l'instrument peuvent pivoter autour de l'axe qui remplit le creux de la colonne. Il reste, pour compléter cette description succincte, à dire qu'à l'axe de rotation AB est adapté un quart de cercle KL, qui longe l'un des supports de la fourche, et conserve la position qu'on lui donne par l'effet d'une vis de pression H : que sur l'axe perpendiculaire placé sous le limbe est posé un petit niveau dont le but est de rendre cet axe horizontal, et par conséquent le limbe vertical, quand il s'agit d'observer des distances zénitales : que, pour cette même opération, on a placé un grand niveau sur la lunette inférieure, et qu'enfin la lunette supérieure entraîne avec elle deux et quelquefois quatre verniers placés à angles droits.

Cela posé, disons comment on met le limbe dans le plan des objets.

On dirige deux des vis du pied, V et V' par exemple, vers l'un des objets : on desserre la pince F, et l'on fait tourner la colonne jusqu'à ce que l'axe AB ait pris la même direction : alors on serre bien F, on rend libre l'une des lunettes soit par son mouvement propre, soit par le mouvement général, c'est-à-dire à l'aide de la vis P du tambour. C'est surtout ce dernier moyen que l'on emploie, si les divisions allant de gauche à droite, et le vernier étant placé à zéro, c'est de l'objet de droite qu'il s'agit, et la lunette supérieure dont on fait usage la première. Pour lui donner l'inclinaison convenable, c'est-à-dire faire que le point D soit couvert par la croisée des fils, on se sert des vis V et V' du pied que les deux mains font tourner simultanément et en sens inverse. Ceci fait, on rend libre la lunette inférieure, on l'amène dans le plan vertical passant par l'objet G ; puis on desserre la vis H qui presse sur le quart de cercle KL, et l'on fait tourner le limbe et les lunettes jusqu'à ce que celle de dessous rencontre le point de mire de l'objet de gauche. Quelques instruments ont un mouvement doux, annexé au quart du cercle KL ; mais ce n'est pas bien nécessaire. On doit remarquer que cette seconde partie de l'opération n'a pas dérangé ce qu'on avait fait dans la première : car la lunette supérieure ayant été, à dessein, établie parallèle à l'axe AB, autour duquel vient de se faire le mouvement, décrit une portion de surface cylindrique dont le rayon de la base est la petite distance de l'axe de rotation à la lunette. Celle-ci restant donc parallèle à elle-même, son axe optique ira toujours passer par l'objet D qui est à une distance infiniment grande, comparativement au déplacement de l'axe optique.

339. Nous avons dit que la lunette supérieure entraînait avec elle quatre verniers placés à angles droits, autant qu'a pu le faire le constructeur. Leur but est d'atténuer, en prenant une moyenne entre les quatre indications, les erreurs dues à la lecture et à l'imperfection de l'instrument. Voici comment on opère, pour obtenir l'arc moyen parcouru par un vernier imaginaire moyen.

Supposons qu'au point de départ, les quatre verniers indiquent.

$$0,0000 \quad + 0,0020'' \quad + 0,0030'' \quad - 0,0010''$$

En désignant par + et — la position du zéro de chacun des verniers en avant ou en arrière de 100, 200 et 300$_g$: le départ du vernier moyen sera $\dfrac{+\,50 - 10}{4} = + 10''$

Si, à la fin des observations, on lit

$$
\begin{array}{c}
1451^g,8520 \\
8540 \\
8480 \\
8500 \\
\hline
34040
\end{array}
$$
$$\frac{34040}{4} = 8510''$$

Le vernier moyen indiquerait donc 1451ᵍ, 8510″ ; mais il partait de + 10″.

Au lieu de zéro : on aura donc pour résultat final, l'arc moyen parcouru = 1451ᵍ,8500″.

Afin de mettre beaucoup d'ordre dans les observations que l'on recueille sur les lieux, on a fait des tableaux dans lesquels on inscrit les angles multiples et simples, ainsi que tous les éléments de réduction dont nous parlerons plus tard.

Dans les observations du premier ordre, on prend trois ou quatre séries du même angle, et chacune le donne vingt fois. Une seule série fournissant l'angle décuple, suffit généralement pour le second ordre, et l'on se contente de l'angle sextuple pour les points conclus, quand d'ailleurs la série marche bien. On écrit les angles multiples dans la colonne qui leur est destinée, à mesure qu'on les obtient, et l'on opère immédiatement les divisions par 2, 4, 6, etc., pour voir comment marche la série. Vers la fin de l'opération, les quotients successifs qui expriment l'angle simple doivent différer très peu.

340. Pour observer une distance zénitale, il faut d'abord rendre la colonne verticale, pour deux motifs : le premier, afin que le niveau, étant calé dans la première opération, ne soit pas trop éloigné de l'être encore après le retournement ; ce qui retarderait d'autant : et en second lieu, parce que les angles que l'on observe devant être parcourus dans un plan vertical, le limbe qui dans sa position première aurait été placé verticalement au moyen d'un fil à plomb, ne le serait plus dans la seconde position. Voici comment on procède : on renverse le limbe pour le mettre à peu près d'aplomb : on détache la lunette inférieure et on la rend horizontale au moyen de son grand niveau, en ayant soin de la placer dans la direction de deux des vis du pied. Si après avoir fait tourner le tout autour de la colonne, de 200ᵍ, que l'on apprécie au moyen du cercle azimutal, le niveau est dérangé, on le rétablit moitié avec les deux vis du pied mentionnées plus haut, et moitié par le mouvement propre de la lunette inférieure ou par celui du limbe. Après quelques épreuves, le niveau reste calé dans les deux positions : ce qui prouve déjà que la colonne est située dans un plan vertical perpendiculaire au niveau, et qu'ils forment entre eux, un angle droit. Si ensuite, et encore au moyen du cercle azimutal, on met la lunette inférieure dans un plan perpendiculaire à celui qui la contenait d'abord, on calera le niveau seulement à l'aide de la troisième vis du pied, et l'on arrivera à con-

clure que l'axe de la colonne étant situé à la fois dans deux plans verticaux, est leur commune intersection, et par conséquent est vertical. Enfin, on place le limbe verticalement au moyen d'un fil à plomb : son axe est alors horizontal, et le petit niveau qu'il porte doit être calé, s'il est bien réglé : s'il ne l'est pas, on le règle au moyen du mécanisme qui est destiné à cet usage, et dans les opérations ultérieures, on peut dire que le plan du limbe est vertical lorsque la bulle est dans ses repères. Il y a quelquefois dans l'un des supports AM ou BN, une vis qui sert de buttoir, et que l'on amène jusqu'au contact d'une saillie située vers l'extrémité L du quart de cercle. C'est un second guide qui sert à rendre promptement le limbe vertical.

Pour plus de sûreté dans le pointé, on met alternativement le fil vertical à droite et à gauche de l'axe du signal, quand on observe l'angle entre deux objets ; et quand il s'agit d'une distance verticale, on fait en sorte que le point de mire soit successivement dessus et dessous le fil horizontal ; ou bien on incline les deux fils à 30^s chacun de chaque côté de la vertical. (*Voy.* les *fig.* 287, 287 *bis* et 287 *ter.*)

341. *Correction de l'extrémité des lunettes.* Les lunettes ne sont pas généralement disposées de manière que leurs axes optiques soient des diamètres du limbe. Dans tous les instruments, la lunette inférieure est nécessairement excentrique à cause de l'emplacement qu'occupe l'axe et la douille CP, dans laquelle il se meut. Cherchons quelle correction cela entraîne pour les angles observés. Supposons d'abord deux excentricités ; puis dans l'expression de la correction, nous ferons l'une d'elles égale à zéro, si nous voulons exprimer que la lunette supérieure est, comme presque toujours de fait, établie de telle manière que son axe optique est dans un plan normal à la surface du limbe, et la coupant suivant un diamètre.

Soient AM, BN (*fig.* 288.), les lunettes supérieure et inférieure dont les distances au centre ou excentricités CA, CB, seront représentées par e, e'. Nous supposons les lunettes dirigées sur D et G. Désignons par x l'angle cherché DCG, et par y l'arc BB'A'A, et voyons ce qui se passe dans l'observation. Après avoir fixé le vernier à zéro, les lunettes placées comme nous venons de le dire, on ramène l'inférieure sur D par le mouvement de tout le limbe. Le point A est alors reporté en A'', l'arc AA'' égalant BB' et la lunette supérieure prend la position A''M''. On détache ensuite cette lunette, et on la porta en A'M', de manière qu'elle soit dans la direction de G : le point A décrit donc un arc.

$A'A''=AA'+AA''=BB'+AA'=m$ nous aurons $y=DCA+GCB+x$.

On peut également écrire

$$y = DCB' + GCA' + m - x.$$

d'où $m - 2x = DCA + GCB - DCB' - GCA'$.

Remarquant que dans les triangles DCA, DCB', GCA', GCB, les angles α, α', β, β', sont assez petits pour que l'on prenne leurs tangentes pour eux-mêmes, on aura

$$DCA = 100 - \alpha = 100 - \frac{CA}{AD} = 100 - \frac{e}{D};$$

$$DCB' = 100 - \alpha' = 100 - \frac{CB'}{B'D} = 100 - \frac{e'}{D};$$

$$GCB = 100 - \beta = 100 - \frac{CB}{BG} = 100 - \frac{e'}{G};$$

$$GCA' = 100 - \beta' = 100 - \frac{CA'}{A'G} = 100 - \frac{e}{G}.$$

Substituant ces quatre valeurs dans celle de $m - 2x$, il vient,

$$m - 2x = 100 - \frac{e}{D} + 100 - \frac{e'}{G} - 100 + \frac{e'}{D} - 100 + \frac{e}{G} = \frac{e'-e}{D} + \frac{e-e'}{G}$$

et $m - 2x = \dfrac{(D-G)(e-e')}{DG}$

On voit que nous avons, pour abréger, désigné par D et G, dans cette expression, les distances aux objets de droite et de gauche.

m est l'angle formé par la lunette supérieure dans sa première position sur D et sa dernière sur G : $\frac{m}{2}$ est l'angle entre les deux objets, quand il n'y a pas d'excentricité, ce n'est pas autre chose que x. En divisant par 2 les membres de l'équation ci-dessus, et par sin. 1″, parce que la correction doit être exprimée en secondes, nous trouvons

$$\frac{m}{2} - x = \frac{(D-G)(e-e')}{2.DG.\sin. 1''}$$

Discutons cette expression en faisant différentes suppositions sur e et e'.

Nous voyons d'abord que la correction est nulle, lorsque $e = e'$.

Si maintenant nous supposons $e = 0$, elle devient

$$\frac{m}{2} - x = \frac{(G-D)e'}{2.D.G.\sin. 1''}$$

Il est évident que presque toujours cette correction est négligeable ; car elle se compose d'une très petite fraction. Il est remarquable que la somme des corrections d'excentricité, appliquées aux trois angles d'un triangle est nulle : en effet, nommons A, B, C, les trois angles d'un triangle, et a, b, c ses trois côtés, nous aurons

pour la correction de l'angle A, $\quad \dfrac{e'-e}{2b} - \dfrac{e'-e}{2c}$

en B, $\quad \dfrac{e'-e}{2c} - \dfrac{e'-e}{2a}$

en C, $\quad \dfrac{e'-e}{2a} - \dfrac{e'-e}{2b}$

et la somme égale à zéro.

On a pu remarquer encore que la correction est d'autant plus faible que les côtés sont plus grands.

342. Le *théodolite* est un instrument qui, comme le cercle, sert à observer les angles entre les objets, ainsi que les distances zénitales ; mais qui a sur lui l'avantage de fournir les angles réduits à l'horizon, et d'éviter par là les calculs relatifs à cette correction. Cet instrument se compose de deux limbes concentriques (*fig.* 289 et 289 *bis*), l'un extérieur portant une division, l'autre intérieur portant quatre verniers. Ces deux cercles peuvent se mouvoir ensemble ou séparément : ils sont supportés par deux axes concentriques et coniques, perpendiculaires à leurs plans. L'axe du limbe intérieur est plein, l'autre est creux. Ce dernier porte un autre axe qui lui est perpendiculaire et qui repose sur deux collets adhérents à la colonne qui forme le pied de l'instrument. C'est autour de cet axe que se fait le mouvement qui sert à placer le limbe horizontalement ou verticalement. On arrête ce mouvement au moyen d'une vis pressant sur un quart de cercle vertical fixé au limbe : la vis tient à la colonne qui est aussi composée de deux axes concentriques et coniques servant à faire tourner tout l'instrument sans déranger les pieds, et si le plan du limbe est vertical, à le placer dans le plan de l'azimut cherché. Une division tracée sur le cercle horizontal placé au pied de la colonne, en facilite la recherche. Tout l'instrument est porté par trois vis qui servent à élever ou abaisser le limbe, et à incliner la colonne. Tous les mouvements s'opèrent vite ou lentement, et s'arrêtent au moyen de vis de pression et de rappel combinées.

Il existe deux lunettes, l'une supérieure servant à pointer les objets entre lesquels on mesure l'angle ; l'autre inférieure , attachée à la colonne , et servant à indiquer les dérangements que peut éprouver l'instrument. Ces lunettes ont deux fils en croix à leurs foyers comme celle des instruments précédemment décrits. La lunette supérieure est supportée par un axe perpendiculaire à sa direction , et posant sur deux collets dépendant du limbe intérieur. Elle peut ainsi décrire un plan vertical , quand son axe de rotation est horizontal.

La lunette inférieure peut aussi se mouvoir dans un plan vertical ; mais elle n'a pas de vis de rappel.

Le limbe extérieur est divisé en 400^g, et chaque grade en décigrades ou dizaines de minute centésimale. Chacun des verniers du limbe intérieur comprend 49 divisions du limbe, ou 4^g,90', et est divisé en 50 parties : l'approximation est donc de 20''.

Ainsi, le vernier donne les minutes indiquées par des chiffres placés de 5 en 5 divisions, et ensuite autant de fois 20'' qu'il y a de divisions , depuis la dernière minute jusqu'à la division qui coïncide avec l'une de celles du limbe.

Quatre loupes, correspondant aux verniers, servent à lire avec plus de facilité et de précision. Le limbe intérieur est toujours un peu plus bas que l'autre, de sorte qu'en lisant on projette la division du limbe sur celle du vernier. Cela donne lieu à une parallaxe qui va souvent à plusieurs divisions ; mais on ne saurait mieux faire. Si l'on plaçait les limbes dans le même plan , les deux divisions paraîtraient trop éloignées l'une de l'autre pour pouvoir bien juger de celles qui correspondent le plus exactement , parce qu'on est obligé , pour éviter le frottement , de laisser entre les deux limbes, un vide qui, vu à travers la loupe, paraît plus grand encore.

Pour prendre les angles horizontaux , on place le limbe à peu près horizontal, au moyen des vis du pied ; on tire l'oculaire des lunettes, de manière à voir bien nettement les fils ; puis ensuite on tire ensemble et les fils et l'oculaire, de manière à voir les objets clairement. On cherche un point remarquable et bien visible, sur lequel on dirige la lunette de repère : puis on serre fortement la vis du cercle azimutal.

343. *Moyen de régler le niveau.* Le limbe n'a été mis horizontal qu'à peu près ; il faut actuellement l'y mettre exactement. Pour cela, on se sert d'un niveau mobile (*fig.* 289 *ter*), fait de manière à pouvoir se placer sur l'axe de rotation de la lunette. Ce niveau a d'abord besoin d'être rectifié lui-même, c'est-à-dire qu'il faut s'as-

surer du parallélisme de son axe et de la ligne déterminée par les pieds des supports de ce niveau. Pour cela, on le place sur l'axe de rotation de la lunette, et on le cale au moyen des deux vis du pied de l'instrument qui, à dessein, déterminent une ligne qui lui est à peu près parallèle. Si le bas des supports ou l'axe de rotation sur lequel ils posent est parallèle à l'axe du niveau, c'est-à-dire horizontal, en enlevant le niveau et le retournant bout pour bout, il doit, dans cette nouvelle position, être encore horizontal ; s'il ne l'est pas, c'est parce que ses pieds ne sont pas égaux et que l'axe de rotation est incliné à l'horizon. La correction se fait moitié avec les deux vis du pied susmentionnées, et moitié par le moyen d'une vis placée à l'une des extrémités du niveau, et dont le but est de modifier la longueur relative de ses deux pieds. Cette méthode n'étant que de tâtonnement, il faut souvent plusieurs fois répéter l'opération indiquée avant de trouver la bulle dans ses repères pour les deux positions symétriques du niveau.

344. Le niveau ainsi réglé, il faut placer le limbe horizontal. Le niveau étant horizontal sur l'axe de rotation, le limbe extérieur étant fixe et le vernier correspondant à une division que l'on remarque, on fait décrire 200ᵍ au limbe intérieur. Si dans cette nouvelle position, le niveau se déplace, cela indique que les supports ne posent pas sur un plan horizontal et ne sont pas de même hauteur : on corrige donc partie avec les vis du pied, et partie avec une vis attachée à l'un des montants ; et, comme précédemment, on procède par tâtonnements, jusqu'à ce que le niveau soit horizontal dans les deux positions : ensuite on fait marcher le vernier de 100ᵍ, on cale le niveau avec la troisième vis du pied, et l'on remet le vernier dans l'une des précédentes positions pour s'assurer que l'horizontalité n'a pas changé dans ce sens. Bientôt le niveau reste calé dans les trois positions, et il le sera encore dans la quatrième à 200ᵍ de la troisième, si l'instrument est bien confectionné. Au reste, une différence de quelques divisions sur le tube de verre du niveau est de peu d'importance.

Il faut actuellement vérifier si l'axe optique de la lunette, à l'intersection des fils, est perpendiculaire à l'axe de rotation de cette lunette, de manière à décrire un plan vertical. Cela se fait en plaçant l'intersection des fils sur un objet bien visible, serrant les vis des limbes, enlevant la lunette de dessus les collets, et retournant l'axe de rotation bout pour bout, c'est-à-dire, faisant tourner la lunette de 200ᵍ autour de son axe optique. Si l'intersection des fils ne donne plus sur le même objet, cela prouve que l'axe opti-

que ne fait pas un angle droit avec celui de rotation. On corrige
cette erreur, moitié avec les vis du réticule, moitié avec l'une de
celles des limbes.

345. Si l'on pointait toujours exactement à l'intersection des
fils, peu importerait leur direction ; mais comme on se sert généralement pour pointer de tout le fil vertical, il faut qu'il le soit
exactement. Cela se vérifie en le mettant sur un objet bien
déterminé et faisant mouvoir la lunette autour de l'axe de rotation. Le fil est vertical, si dans le mouvement il reste constamment sur l'objet : s'il n'en est pas ainsi, on desserre la vis qui
fixe le réticule, puis on le fait tourner de manière à redresser
le fil.

346. Quand toutes ces vérifications sont faites, l'instrument est
réglé pour prendre les angles horizontaux. Supposons que les divisions aillent de gauche à droite, et voyons comment on observe
les angles. On met le vernier à zéro ; pour le premier ordre, on
lit les trois autres alidades : on desserre la vis du limbe extérieur,
et l'on fait mouvoir les deux limbes ensemble, de manière à amener la lunette supérieure sur l'objet de droite : on arrête le mouvement au moyen de la pince. On examine si la lunette de repère
n'est pas dérangée : si, contre l'ordinaire, elle l'était un peu, on la
replacerait au moyen de la vis de rappel du cercle azimutal ; puis
ensuite, on remettrait la lunette supérieure sur l'objet de droite
à l'aide de la pince inférieure. On desserre la pince supérieure ;
on fait tourner le limbe intérieur qui entraîne la lunette, jusqu'à ce
qu'elle arrive dans la direction de l'objet de gauche. On examine
encore si la lunette de repère n'a pas varié de position. Si elle
était dérangée, ce serait comme précédemment que l'on y remé-
dierait. Le vernier a, pendant cette opération, parcouru l'arc qui
mesure l'angle réduit à l'horizon : on lit donc et l'on a l'angle simple. Au moyen du mouvement général, on ramène la lunette sur
l'objet de droite, et l'on procède de la même manière que la
première fois. On se contente de lire les observations de deux en
deux.

347. Pour observer les distances zénitales, on retire le niveau
mobile ; on rend la lunette supérieure à peu près parallèle au
limbe, puis on la fixe dans cette position par des procédés qui
peuvent varier d'un instrument à un autre, et en serrant fortement
les vis des collets des tourillons : on desserre une vis située au-
dessous du limbe, et l'on amène celui-ci dans le plan vertical, ensuite de quoi on adapte un contre-poids, pour faire équilibre au

limbe : enfin, on desserre la vis du cercle azimutal. La colonne se trouve à peu près verticale, et on la règle définitivement au moyen d'un niveau qui y est fixé. Pour s'assurer d'abord que l'axe de la colonne et celui du niveau forment un angle droit, on rend le niveau horizontal avec les vis du pied, on lit la division du cercle azimutal, on fait décrire 200ᵍ à l'instrument, et le niveau se retrouve dans une position parallèle à la première. S'il reste calé, c'est signe qu'il est à angle droit sur la colonne, et qu'elle est verticale. S'il n'en est pas ainsi, on corrige l'erreur moitié avec les vis du pied, moitié avec une vis attachée à l'une des extrémités du niveau : on revient à la première position, et après quelques essais, le niveau se trouve horizontal dans deux positions symétriques. Il est donc à angle droit avec l'axe qui se trouve ainsi situé dans un plan vertical. Faisant décrire ensuite 100ᵍ à l'instrument, et calant le niveau avec la vis du pied la plus directe, on parvient après quelques tâtonnements, à mettre le niveau horizontal dans deux directions perpendiculaires : la colonne est donc située dans deux plans verticaux, et par conséquent verticale.

348. On s'occupe alors de rendre le limbe vertical, au moyen d'un fil à plomb. Pour cela, on fixe sur deux points opposés du limbe, deux pinces portant des lignes de repère.

Préalablement on vérifie si les points de contact avec le limbe et les lignes de repère sont équidistants pour les deux pinces ; puis ensuite on s'assure de la verticalité des points de repère, et par conséquent du limbe, au moyen du fil à plomb.

Si le limbe est incliné, on le redresse avec une vis sur laquelle bute le petit arc de cercle qui est situé sous le limbe : quand ce dernier est vertical, on cale un petit niveau qui lui est perpendiculaire, et qui plus tard sert à reconnaître les dérangements, et à y apporter remède, sans se servir encore des pinces et du fil à plomb.

349. Il s'agit ensuite de rendre la lunette parfaitement parallèle au plan du limbe : cela se fait en plaçant la lunette sur un objet, arrêtant les vis des limbes, lisant la division azimutale et tournant l'instrument de 200ᵍ. Le limbe se trouve alors dans une position symétrique à la première. Si la lunette est parallèle au limbe, elle doit porter encore sur le même objet, à la différence du double de la distance de son axe à celui de la colonne, quantité presque nulle, eu égard à l'éloignement de l'objet visé. Si la lunette ne donne plus dessus, après, toutefois pour s'en assurer, avoir ramené vers soi l'oculaire, on corrige la différence, moitié par la vis

de rappel du cercle azimutal, et moitié avec la vis qui fixe la lunette au limbe. En continuant cette opération, on arrive à retrouver aux deux positions, le même objet à la croisée des fils. Quand il y aurait une légère différence dans le retournement, cela affecterait peu le résultat : aussi se contente-t-on, quelquefois, pour obtenir le parallélisme, de mettre à vue le plan du limbe sur un objet, et d'y diriger également la lunette.

Le fil principal avait été placé verticalement pour l'observation des angles, il se trouvera donc maintenant horizontal. Si d'ailleurs il ne l'était pas, on le réglerait comme il a été dit précédemment.

350. L'instrument ainsi réglé est propre à l'observation des distances zénitales. Pour y procéder, on place le vernier à zéro, on desserre la vis du limbe extérieur, on met le plan du limbe dans la direction de l'objet, le limbe étant à droite de la colonne, si les divisions vont de gauche à droite; on serre la pince, et l'on vise exactement avec sa vis de rappel, après avoir examiné si le niveau n'est pas dérangé. On tourne ensuite l'instrument de 200ᵍ, et si la bulle du niveau n'est plus dans ses repères, on l'y replace avec la vis la plus directe du pied : on desserre celle du limbe intérieur, on ramène la lunette sur l'objet, et dans ce mouvement, l'objectif a parcouru le double de la distance zénitale cherchée. En multipliant de semblables opérations, on aura le double, le quadruple, etc.

351. Lorsque dans un édifice, l'ouverture par laquelle on observe n'est pas assez grande pour pouvoir placer le limbe dans les deux positions à 200ᵍ, on peut encore obtenir les distances zénitales d'un seul côté. Il y a pour cette circonstance, une marche analogue à celle décrite pour le cercle répétiteur à la fin du n° 337.

352. *Cercle à réflexion.* Il nous reste à parler de cet instrument. Nous ne répéterons pas ce que nous avons établi n° 145, des propriétés de la lumière sur lesquelles est fondée la théorie des instruments à réflexion. Celui dont nous allons parler a beaucoup d'analogie avec le sextant. Comme lui, il est armé d'une lunette et de deux miroirs : l'arc gradué est remplacé par une circonférence entière. Ici l'alidade qui porte la lunette EF (*fig.* 290) et le petit miroir MN, est mobile : soit PQ le grand miroir mobile aussi, et passant par le centre C. Le vernier tracé à l'une des extrémités de son alidade est mis d'abord en O à zéro du limbe au moyen d'une vis de rappel.

Le limbe est divisé en 800 parties ou demi-grades qui, pour la mesure de l'angle que forment deux directions, exprimeront des grades ; quelquefois même, chaque partie étant divisée en deux, ces plus petites divisions fournissent les demi-grades de l'angle observé. Supposons le vernier divisé en dix, et embrassant neuf petites divisions du limbe, l'estimation sera, comme nous le savons calculer déjà, de cinq minutes. Cela posé, si d'ailleurs l'instrument est divisé de droite à gauche, on vise l'objet de droite avec la lunette EF, puis on fait tourner le grand miroir, la lunette qui le porte et qui d'avance a été mise à zéro, et enfin le limbe lui-même, jusqu'à ce que la position de ce grand miroir PQ soit telle, qu'il fasse coïncider la seconde réflexion de G avec le rayon ED qui vient directement de l'objet de droite. On fixe alors au limbe, et au moyen d'une vis de pression, la lunette qui, jusque-là, en avait été indépendante : on la dirige sur l'objet de gauche, en imprimant à tout l'instrument un mouvement de droite à gauche. Il est évident que les deux miroirs conservant encore leurs positions relatives, l'observateur apercevrait à la fois le point G et un point à sa gauche, de la même quantité angulaire que D l'est vers la droite : si l'on desserre la vis qui fixait l'alidade au limbe, on pourra, en la faisant tourner, amener le miroir PQ à être parallèle à MN ; le zéro du vernier aura atteint alors le chiffre qui exprime l'angle des deux objets, en ne parcourant cependant réellement que l'angle des deux miroirs. On pourrait donc lire l'angle simple ; mais, puisque tel n'est pas le but, on continue le mouvement que l'on a imprimé à l'alidade, jusqu'à ce que le miroir PQ renvoie la seconde réflexion de D dans la direction de l'axe optique de la lunette. La lecture donne alors le double de l'angle que forment les directions CD, CG. Pour obtenir plus de précision, en multipliant les observations, on rend libre la lunette que l'on dirige de nouveau sur D, et l'on continue comme précédemment.

Les conditions auxquelles doit satisfaire cet instrument, sont :

1° Que l'axe de la lunette soit parallèle au plan du limbe ;

2° Que les miroirs soient perpendiculaires au limbe.

Le moyen de s'en assurer étant donné au n° 149, nous nous abstenons de le reproduire ici.

353. On se sert encore de cet instrument pour mesurer les hauteurs des objets au-dessus de l'horizon. En mer, on prend l'angle entre l'astre dont on veut connaître la hauteur et le point de l'horizon situé dans son plan vertical. Sur terre, on emploie

un horizon artificiel, qui est formé par du mercure contenu dans une boîte : sa surface est toujours réfléchissante et horizontale. L'horizon artificiel est placé en M (*fig.* 291), en avant de l'œil qui y aperçoit directement l'image A' de l'astre, et qui, au moyen du cercle, reçoit la seconde réflexion de A dans la direction OA'. On obtient ainsi l'angle AOA' qui diffère trop peu de AMA', pour que l'on tienne compte de la différence. On a par conséquent la hauteur de l'astre au-dessus de l'horizon, en prenant la moitié de l'angle observé.

Si l'on n'avait pas d'horizon artificiel, on pourrait encore obtenir la distance zénitale d'un astre ou d'un objet élevé au-dessus de l'horizon, par un procédé qui, du reste, est commun à tout autre instrument qui aurait un cercle gradué et une lunette ; car nous ne ferons ici aucun usage des miroirs. Ce procédé consiste à fixer, au moyen d'un étrier, un niveau au prolongement du diamètre qui porte le grand miroir : en effet, fixons le vernier L de la lunette (*fig.* 292) sur le zéro du limbe, et visons l'objet O. L'alidade AC du grand miroir a été rendue libre, et a pris une position verticale dont on est assuré par l'état du niveau à bulle *nn'*. Le chiffre du limbe auquel correspond le diamètre vertical, exprime la distance zénitale de l'objet ; si, au lieu d'opérer ainsi, on a fixé d'avance ce diamètre sur la graduation 100, et laissé la lunette libre, ce sera le vernier de celle-ci qui marquera la hauteur de l'objet par rapport à l'horizon. Dans le premier cas, si l'on veut répéter l'angle, il suffit de faire faire une demi-révolution au limbe, autour de son diamètre vertical, qui doit lui rester fixé, et de rendre libre la lunette pour lui donner sa position première et ramener l'oculaire vers l'œil : c'est alors au vernier de l'oculaire qu'on lit le double de la distance zénitale.

CHAPITRE IV.

CALCULS RELATIFS A LA RÉSOLUTION DES TRIANGLES.

354. *Réduction des angles à l'horizon.* Quand on observe les angles au moyen du théodolite, ils sont tout réduits à l'horizon ; mais ils doivent subir une correction lorsqu'ils sont mesurés avec le cercle.

Soient O (*fig.* 293) le centre de la station, D et G les deux objets entre lesquels on a observé l'angle : leurs distances zénitales seront CA et CB, que l'on désigne par d et d' : l'angle observé est mesuré par l'arc AB. Si l'on suppose décrits avec le même rayon qui est quelconque, et que l'on peut, pour simplifier, supposer égal à l'unité; les deux arcs CA, CB, l'angle réduit à l'horizon sera l'angle C du triangle, et sa mesure ou celle de l'angle dièdre formé par les deux plans verticaux, sera bien l'arc A'B' compris dans le plan A'OB' perpendiculaire à leur intersection commune OC.

La question est donc ramenée à la résolution d'un triangle dans lequel on connaît les trois côtés. La trigonométrie sphérique nous fournit les formules

$$\sin \tfrac{1}{2} C = \sqrt{\frac{\sin \tfrac{1}{2}(c+b-a)\sin \tfrac{1}{2}(c+a-b)}{\sin a . \sin b}}$$

$$\cos \tfrac{1}{2} C = \sqrt{\frac{\sin \tfrac{1}{2}(a+b+c)\sin \tfrac{1}{2}(a+b-c)}{\sin a . \sin b}}$$

$$\tan \tfrac{1}{2} C = \sqrt{\frac{\sin \tfrac{1}{2}(c+b-a)\sin \tfrac{1}{2}(c+a-b)}{\sin \tfrac{1}{2}(a+b+c)\sin \tfrac{1}{2}(a+b-c)}}$$

Nous avons expliqué n° 58, pourquoi la troisième est généralement préférable. Ici il y aurait, pour les deux premières, l'inconvénient d'avoir sous le radical, un dénominateur formé du produit de deux sinus qui varient très lentement, puisqu'ils appartiennent à des angles d et d' différant toujours peu de 100ˢ : quant à la troisième, elle aurait l'inconvénient commun aux deux autres, d'être composée de facteurs qui marchent suivant une loi trop peu sensible entre les limites zéro et l'unité. On a donc préféré pour obtenir plus de précision, employer une méthode déjà usitée en d'autres circonstances qui, au lieu de C, donnât la différence $C - c$, et qui en même temps contenant des tangentes et cotangentes au lieu de sinus, fut beaucoup plus rigoureuse dans la pratique, puisque la moindre différence sur un angle fait bien plus varier ces nouveaux facteurs qui de 0 à 100ˢ, prennent toutes les grandeurs comprises entre zéro et l'infini. Un autre avantage de la formule que nous allons démontrer, est la possibilité de la réduire en tables. Cette considération est d'une grande importance pour des calculs tels que les réductions qui se reproduisent si souvent dans les calculs géodésiques.

Pour y arriver, reprenons la formule

$$\cos C = \frac{\cos c - \cos a \cos b}{\sin a \sin b}$$

36

de laquelle avaient été déduites les précédentes. Désignons par x la différence cherchée, et nous aurons

$$\cos. C = \cos. (c + x) = \cos. c \cos. x - \sin. c \sin. x$$

Nous pouvons dégager x de ses lignes trigonométriques, au moyen des développements en série, et négliger toutes les puissances supérieures à la première, en raison de la petitesse de x qui sera justifiée plus tard : remplaçons aussi a et b par leurs compléments d et d', et égalons les deux valeurs de C; nous aurons

$$\cos. c - x \sin. c = \frac{\cos. c - \sin. \alpha \sin. \beta}{\cos. \alpha \cos. \beta}$$

Le but de l'introduction de α et β a été de substituer des arcs très petits, dont les lignes trigonométriques pourront encore être remplacées avec avantage par les développements en série, nous remarquerons cependant que α et β ayant presque toujours des valeurs notablement plus grandes que celle de x, nous devrons conserver les seconds termes qui sont de deuxième puissance dans les séries : la formule deviendra

$$\cos. c - x \sin. c = \frac{\cos. c - \alpha\beta}{\left(1 - \frac{\alpha^2}{2}\right)\left(1 - \frac{\beta^2}{2}\right)} = \frac{\cos. c - \alpha\beta}{1 - \frac{1}{2}(\alpha^2 + \beta^2)} =$$

$$(\cos. c - \alpha\beta)(1 - \tfrac{1}{2}(\alpha^2 + \beta^2))^{-1}$$

et parce que le second terme $\frac{1}{2}(\alpha^2 + \beta^2)$ est très petit, et que l'on peut s'en tenir aux deux premiers du développement de la puissance

$$\cos. c - x \sin. c = (\cos. c - \alpha\beta)(1 + \tfrac{1}{2}(\alpha^2 + \beta^2))$$

On arrive au même résultat, indépendamment du développement du binôme, en multipliant le numérateur et le dénominateur par $1 + \frac{\alpha^2 + \beta^2}{2}$; car alors le dénominateur devient $(1 - \tfrac{1}{2}(\alpha^2 + \beta^2))$ $(1 + \tfrac{1}{2}(\alpha^2 + \beta^2))$, c'est-à-dire le produit d'une somme par une différence ou la différence des carrés : or, nous avons dit que nous négligions les termes de troisième puissance, et à plus forte raison de quatrième puissance; il en résulte donc que $1 - \left(\frac{\alpha^2 + \beta^2}{2}\right)^2$ se réduit à l'unité et que le second membre de l'équation est encore ce que nous avons trouvé par la première méthode.

Effectuant les opérations indiquées et négligeant le quatrième terme $-\frac{\alpha\beta}{2}(\alpha^2 + \beta^2)$ du produit, comme de quatrième ordre ; puis supprimant cos. c commun aux deux membres, changeant tous les signes et divisant par sin. c.

$$x = \frac{\alpha\beta - \frac{1}{2}(\alpha^2 + \beta^2)\cos. c}{\sin. c}$$

Le rayon ayant toujours été, comme dans tous les calculs trigonométriques, supposé égal à l'unité, on peut modifier la valeur de x, ainsi qu'il suit, en remarquant que

$$\cos. c = \cos.^2\tfrac{1}{2}c - \sin.^2\tfrac{1}{2}c$$

$$\sin. c = 2\sin.\tfrac{1}{2}c\cos.\tfrac{1}{2}c$$

et $\qquad$ R^2 $\qquad$ OU $\qquad$ $1 = \sin.^2\tfrac{1}{2}c + \cos.^2\tfrac{1}{2}c$

$$x = \frac{\alpha\beta(\sin.^2\tfrac{1}{2}c + \cos.^2\tfrac{1}{2}c) - \frac{1}{2}(\alpha^2 + \beta^2)(\cos.^2\tfrac{1}{2}c - \sin.^2\tfrac{1}{2}c)}{2\sin.\tfrac{1}{2}c\cos.\tfrac{1}{2}c}$$

Réunissant d'une part les termes du numérateur qui contiennent sin.$^2\tfrac{1}{2}c$, et de l'autre, ceux qui contiennent cos.$^2\tfrac{1}{2}c$.

$$x = \frac{(\alpha\beta + \tfrac{1}{2}\alpha^2 + \tfrac{1}{2}\beta^2)\sin.^2\tfrac{1}{2}c - (\tfrac{1}{2}\alpha^2 + \tfrac{1}{2}\beta^2 - \alpha\beta)\cos.^2\tfrac{1}{2}c}{\sin.\tfrac{1}{2}c\cos.\tfrac{1}{2}c}$$

Le coefficient du premier terme est la moitié du carré de $\alpha + \beta$: la parenthèse, dans le second, renferme la moitié du carré de $\alpha - \beta$, ainsi :

$$x = \frac{\tfrac{1}{2}(\alpha + \beta)^2\sin.^2\tfrac{1}{2}c - \tfrac{1}{2}(\alpha - \beta)^2\cos.^2\tfrac{1}{2}c}{2\sin.\tfrac{1}{2}c\cos.\tfrac{1}{2}c} =$$

$$\left(\frac{\alpha + \beta}{2}\right)^2\tan.\tfrac{1}{2}c - \left(\frac{\alpha - \beta}{2}\right)^2\cot.\tfrac{1}{2}c.$$

La correction x ne représente ni un solide, ni une surface, mais une ligne donnée en parties de la circonférence, c'est-à-dire un nombre de secondes ; donc son expression doit d'abord être du premier degré, et si celle que nous venons de trouver, contenant deux termes du troisième degré, présente une absurdité, elle n'est qu'apparente, et tient à ce qu'on a fait le rayon égal à l'unité.

Examinons actuellement ce qu'il faut faire pour que la valeur de x soit donnée en secondes. Remarquons que $(\alpha + \beta)^2$ et $(\alpha - \beta)^2$, peuvent s'écrire sous la forme $(\alpha + \beta)(\alpha + \beta)$ et $(\alpha - \beta)(\alpha - \beta)$;

que chacun de ces quatre facteurs est la somme ou la différence de deux nombres de grades, minutes et secondes. Si, laissant subsister l'un des deux tel qu'il est, on rend l'autre un nombre abstrait, le produit multiplié par tang. $\frac{1}{2}c$ ou cotang. $\frac{1}{2}c$, qui ne sont que des rapports, sera un nombre de secondes : or, on sait que

$$A : A'' :: R : R'' \qquad \text{d'où} \qquad A = \frac{A''R}{R''}$$

Ce qui signifie que pour transformer un arc en longueur, il faut le multiplier par $\frac{R}{R''}$ ou par sin.1''; puisque R'' n'indiquant rien autre chose que le nombre de fois que l'arc d'une seconde est contenu dans le rayon recourbé sur la circonférence, on a $R = R''$ arc 1''; mais pour 1'', l'arc et le sinus se confondent sensiblement, donc $\frac{R}{R''} = \sin, 1''$. En général, on peut se contenter de dire plus simplement, qu'en divisant une ligne par le sinus de 1'', on a le nombre de secondes contenues, et qu'ainsi la ligne est ramenée à une portion de la circonférence; et que réciproquement, connaissant le nombre de secondes contenues dans une ligne, si l'on multiplie par l'arc d'une seconde ou par son sinus, on a la longueur de cette ligne. Introduisant donc dans les deux termes du second membre, le facteur sin. 1'', et remplaçant par $100 - d$ et $100 - d'$ les angles α et β, la formule devient en définitive

$$x = \left(\frac{200 - (\delta + \delta')}{2}\right)^2 \sin. 1'' \text{ tang } \tfrac{1}{2} c - \left(\frac{\delta - \delta'}{2}\right)^2 \sin. 1'' \text{ cotang. } \tfrac{1}{2} c.$$

Les deux termes sont toujours de signes contraires, par la raison que C étant toujours plus petit que 200^g, $\frac{1}{2}c$ est toujours moindre qu'un angle droit, et ses tangente et cotangente sont toujours positives : de plus, les quantités renfermées dans les parenthèses étant élevées au carré sont aussi positives.

On peut calculer les deux termes par logarithmes, ou employer des tables qui les donnent plus promptement. Dans le premier, on entre avec l'angle observé, et l'on trouve sur la même ligne horizontale et dans deux colonnes verticales différentes intitulées *tangentes* et *cotangentes*, deux nombres de secondes dont l'un est positif et l'autre négatif. Dans la seconde table, entrant avec les arguments $200 - (d + d')$ et $d - d'$, on trouve successivement deux nombres qui, placés sous les premiers et multipliés par eux, donnent deux produits que l'on retranche l'un de l'autre pour avoir x.

355. *Réduction au centre de la station.* Il est souvent impossible d'observer au centre même de la station : dans ce cas, l'angle observé est susceptible d'une correction : or, on a, par rapport au triangle IOD (*fig.* 294), l'angle extérieur

$$DIG = IDO + IOD$$

De même en considérant le triangle GCI,

$$DIG = IGC + ICG$$

d'où

$$IDO + IOD = IGC + ICG \quad \text{ou} \quad \alpha + O = \beta + C \quad \text{ou encore} \quad C - O = \alpha - \beta.$$

Dans le triangle CDO, on a la proportion

$$\sin. \alpha : \sin. (O + y) :: CO : CD :: r : D.$$

Le triangle CGO donne également

$$\sin. \beta : \sin. y :: CO : CG :: r : G$$

Des deux proportions on tire les valeurs

$$\sin. \alpha = \frac{r \sin. (O + y)}{D} \quad \text{et} \quad \sin. \beta = \frac{r \sin. y}{G}$$

On voit que nous désignons par D et G, les distances aux objets de droite et de gauche, par r la distance au centre, et par y, l'angle observé entre le centre et l'objet de gauche. Si nous remarquons les valeurs de sin. α et sin. β, nous voyons qu'elles sont de très petites quantités, puisque le numérateur commun r est divisé par des quantités D et G infiniment plus grandes que lui, et qu'en outre ces fractions sont multipliées par des sinus qui toujours sont plus petits que l'unité, maximum de grandeur qu'ils puissent atteindre. Nous pourrons donc substituer les sinus aux arcs dans la valeur de C — O qui deviendra

$$C - O = \frac{r \sin. (O + y)}{D} - \frac{r \sin. y}{G}$$

Cette correction de l'angle observé doit être donnée en secondes ; mais chacun des termes représentant une longueur, il faut réduire un de ses facteurs en secondes, en le divisant par sin. $1''$, ce qui donne pour résultat final

$$C - O = \frac{r \sin. (O + y)}{D \sin. 1''} - \frac{r \sin. y}{G \sin. 1''}$$

Il faudra dans cette formule avoir égard aux signes qui dépen-

dront de ceux de sin. $(O + y)$ et sin. y. Les distances D et G influent aussi sur la correction ; car à mesure que D augmente, le
premier terme diminue, ainsi que la correction qui tend même à
devenir négative : dans ce cas, O est plus grand que C. Ce sera
l'effet contraire, si c'est C que l'on suppose augmenter.

L'usage est de compter l'angle y à partir de l'objet de gauche
de zéro à 400^g, toujours dans le même sens. Pour l'obtenir il est
inutile de remettre le vernier à zéro : Les observations multiples
de l'angle étant terminées et la lunette supérieure se trouvant sur
l'objet de gauche, on la fait mouvoir jusqu'à ce qu'elle soit dans
la direction du centre. Le vernier indique alors $nO + y$; n représentant le nombre de fois que l'angle a été répété.

y n'a pas besoin d'être connu très exactement ; mais r la distance
au centre, à cause de son influence dans la formule doit être mesuré avec le plus grand soin.

Lorsque les points observés sont des astres, les distances D et G
devenant infinies, la réduction est nulle. Elle le serait encore dans
le cas particulier où les quatre points C, O, D et G se trouveraient
situés sur une même circonférence ; puisqu'alors les angles C et O
seraient égaux, comme ayant leurs sommets sur cette circonférence, et embrassant une portion commune entre leurs côtés.

356. Si l'on a observé plusieurs angles O, O', O'', O''', O^{IV} (*fig.*
295) formant un tour d'horizon, la correction à faire à l'un quelconque de ces angles, devra être égale à la somme de toutes les
autres et de signe contraire. Soient C, C', C'', C''', C^{IV}, les angles
corrigés ; e, e', e'', e''', e^{IV} les corrections correspondantes : nous
aurons

$$c = o + e, \quad c' = o' + e', \quad c'' = o'' + e'', \quad c''' = o''' + e''', \quad c^{IV} = o^{IV} + e^{IV}$$

d'où

$$c + c' + c'' + c''' + c^{IV} = (o + o' + o'' + o''' + o^{IV}) + (e + e' + e'' + e''' + e^{IV})$$

mais

$$c + c' + c'' + c''' \, c^{IV} = 400^g, \quad o + o' + o'' + o''' + o^{IV} = 400^g$$

donc

$$e + e' + e'' + e''' + e^{IV} = o \quad \text{et par suite} \quad e^{IV} = -(e + e' + e'' + e''')$$

Quand on opère avec le cercle, l'angle au centre est pris sans
changer la position du limbe : ainsi, les quatre points C, O, G, D
sont bien dans le même plan, comme le suppose la démonstration : il est donc indifférent de commencer par le calcul de la
réduction au centre, ou par celui de la réduction à l'horizon.

357. L'angle y et la distance r ne sont pas toujours très faciles à obtenir dans la pratique. Voici quelques-uns des cas qui se présentent quelquefois.

Supposons que l'on soit placé en O (*fig.* 296) extérieurement à la tour ronde TZT′Z′ : on imagine, pour avoir y, deux tangentes TO,T′O et l'on observe les angles qu'elles font avec l'objet de gauche G. Soient y' et y'' ces angles, on aura $y = \frac{y'+y''}{2}$. On peut encore prendre deux distances égales OX, OX′ sur ces deux tangentes, et joignant X à X′, diviser la ligne qui les unit en deux parties égales au point M qui appartient à la direction qui passe par le centre.

Pour avoir r, on mesure OZ, et l'on y ajoute le rayon CZ de la tour, que l'on obtient en mesurant la circonférence, ou que l'on mesure immédiatement, si l'intérieur de la tour est accessible. Si quelque raison s'opposait à l'emploi de ces deux méthodes, on se rappellerait que

$$\overline{OT}^2 = Oz \times Oz' \quad \text{d'où} \quad Oz' = \frac{\overline{OT}^2}{Oz} \quad \text{et} \quad 2R = \frac{\overline{OT}^2}{Oz} - Oz = \frac{\overline{OT}^2 - \overline{Oz}^2}{Oz}$$

R représente le rayon de la tour, tandis que r exprime la distance au centre

$$r = Oz + \tfrac{1}{2} zz' = Oz + R = Oz + \frac{\overline{OT}^2 - Oz^2}{2Oz} = \frac{\overline{OT}^2 + \overline{Oz}^2}{2Oz}$$

Supposons maintenant que C soit le centre d'une tour carrée ABDE (*fig.* 297). Si de O, les extrémités A, D d'une diagonale sont visibles, on imagine les droites qui unissent ces points au lieu de l'observation, et à partir de ce dernier, on porte deux longueurs Oa, Od proportionnelles à OA, OD qui sont mesurables. Le milieu de AD appartiendra à la direction OC. Une autre méthode consiste à abaisser OP perpendiculairement sur la face AE ou sur son prolongement. On suppose Cm perpendiculaire aussi sur AE, et l'on a deux triangles semblables Cmq, Opq, qui fournissent la proportion suivante

$$Cm : mq :: Op : pq \quad \text{ou} \quad Cm : mq :: Cm + Op : mq + pq$$

de là
$$mq = \frac{Cm \times mp}{Cm + Op}$$

et tout est connu dans le second terme. m est à égale distance de A et E ; la position de q est donc déterminée ; puis en prenant l'angle entre OG et Oq, on aura y.

Pour obtenir la distance au centre r. on a

$$r = Oq + Cq = Oq + \sqrt{\overline{Cm}^2 + \overline{mq}}$$

ou encore

$$Cq : Oq :: Cm : Op, \quad Cq = \frac{Cm.\,Oq}{Op};$$

$$r = Oq + Cq = Oq + \frac{Cm.Oq}{Op} = Oq \left(1 + \frac{Cm}{Op}\right) = \frac{Oq}{Op} (Op + Cm)$$

Quand la base sera un polygone irrégulier, on emploiera, pour arriver à la connaissance des éléments de réductions, les procédés que peut fournir la géométrie ; mais si la recherche devenait trop difficile ou trop incertaine, il faudrait faire choix d'un autre point de station et abandonner celui-là.

Ce serait ici le lieu de parler de la correction de phase ; mais comme elle très rarement employée, nous nous abstiendrons de nous en occuper. Nous nous bornerons à dire qu'elle est due à ce que le signal que l'on observe étant éclairé par le soleil et son axe n'étant pas visible, on pointe sur le milieu de la partie éclairée, et alors, le rayon visuel ne passe généralement pas par l'axe du signal.

358. *Calcul des triangles.* Après avoir fait subir aux angles observés les corrections, relatives aux réductions au centre et à l'horizon, ils appartiennent aux triangles définitifs que l'on doit calculer pour trouver les côtés : s'ils sont encore affectés d'erreurs, elles ne sont dues qu'à l'incertitude du pointé et de la lecture, ainsi qu'à l'imperfection de l'instrument. Si plus tard, nous avons le moyen de calculer l'excès sphérique d'un triangle, nous le comparerons à l'excès de la somme des trois angles corrigés sur deux droits, et la différence sera l'erreur dont nous venons d'indiquer les causes.

Ce qui se présente le plus naturellement à l'esprit pour la résolution du triangle, c'est l'emploi des formules enseignées par la trigonométrie sphérique, et en particulier, celle qui établit une relation entre les sinus des angles et ceux des côtés ; mais la conversion en arc du côté connu en mètres, l'introduction de la valeur du rayon de la terre ; puis enfin le retour des côtés trouvés par leurs sinus à leurs expressions en mètres, et tous les calculs intermédiaires, rendent cette opération beaucoup plus longue que la substitution d'un triangle rectiligne à celui que l'on doit résoudre ; substitution fondée sur un théorème de Legendre dont tout à l'heure nous allons donner la démonstration.

Il existe une autre méthode qui permet encore l'emploi de la trigonométrie rectiligne : c'est celle dans laquelle on résout le triangle formé par les cordes qui sous-tendent les côtés du triangle sphérique : c'est celle que Delambre et Mechain ont employée, lorsqu'ils ont calculé la chaîne de triangles qui a servi à la détermination d'un arc de méridien de Dunkerque à Bayonne. Nous n'entrerons dans aucun détail à son égard, parce qu'ainsi que la première, elle est abandonnée, et qu'on ne fait plus actuellement usage que de celle qui s'appuie sur le théorème dont voici l'énoncé.

359. *Théorème de Legendre.* Lorsque les côtés d'un triangle sphérique sont très petits par rapport au rayon de la sphère, on peut le résoudre comme un triangle rectiligne dont les côtés ont même longueur, et dont les angles sont respectivement égaux à ceux du triangle sphérique, diminués chacun du tiers de l'excès sphérique. Les quantités que l'on néglige dans ce cas (car l'énoncé n'est pas rigoureusement exact), ne sont que du quatrième ordre, relativement aux fractions qui représentent les rapports des côtés du triangle au rayon de la sphère.

Soient A , B , C , a , b , c , les éléments du triangle à résoudre ; A', B', C', a, b, c, ceux du triangle qu'on lui veut substituer : il s'agit de trouver les différences qui existent entre A et A', B et B', C et C'. Désignons-les par x, x', x'', et nous aurons A $=$ A' $+ x$, d'où

$$\cos. A = \cos. (A' + x) = \cos. A' \cos. x - \sin. A' \sin. x.$$

La différence x étant très petite, comme nous aurons occasion de le reconnaître par la suite de la démonstration, nous pourrons, en remplaçant sin. x et cosin. x par leurs développements en séries, négliger les termes contenant des puissances de x supérieures à la première, il en résultera

$$\cos. A = \cos. A' - x \sin. A'$$

Si maintenant nous supposons menés du centre de la terre les rayons qui aboutissent aux sommets A,B,C, ils perceront une sphère concentrique à la terre et d'un rayon égal à l'unité, en trois points qui formeront un triangle semblable au triangle donné : désignons ses côtés par α, β, γ, qui ne sont autre chose que $\frac{a}{r}$, $\frac{b}{r}$, $\frac{c}{r}$ et ses angles par les mêmes lettres A, B, C; puisqu'ils sont formés par les mêmes plans qui déterminent ceux du triangle tracé sur la surface du globe.

Nous aurons donc ce nouveau triangle

$$\cos. \alpha = \cos. \beta \cos. \gamma + \sin. \beta \sin. \gamma \cos. A.$$

Les rapports que représentent α, β, γ, sont très petits; nous aurons donc une exactitude plus que suffisante, en conservant les quatre puissances dans les développements de leurs lignes trigonométriques : il viendra ainsi, en mettant en évidence les côtés donnés a, b, c.

$$\left(\frac{b}{r} - \frac{b^3}{6r^3}\right)\left(\frac{c}{r} - \frac{c^3}{6r^3}\right) \cos. A = \left(1 - \frac{a^2}{2.r^2} + \frac{a^4}{24r^4}\right) -$$

$$\left(1 - \frac{b^2}{2r^2} + \frac{b^4}{24.r^4}\right)\left(1 - \frac{c^2}{2r^2} + \frac{c^4}{24.r^4}\right)$$

Ou en effectuant les multiplications indiquées et ne conservant que les termes du quatrième ordre

$$\frac{bc}{r^2}\left(1 + \frac{b^2 + c^2}{6r^2}\right) \cos. A = 1 - \frac{a^2}{2r^2} + \frac{a^4}{24.r^4} -$$

$$1 + \frac{c}{2r^2} - \frac{c^4}{24.r^4} + \frac{b^2}{2r^2} - \frac{b^4}{24.r^4} - \frac{b^2 c^2}{4r^4}$$

Réduisant et dégageant cos. A de son coefficient

$$\cos. A = \frac{1}{bc}\left(\frac{b^2 + c^2 - a^2}{2} - \frac{b^4 + c^4 - a^4 + 6b^2 c^2}{24.r^2}\right)\left(1 + \frac{b^2 + c^2}{6r^2}\right) - 1$$

Dans le développement du dernier facteur, il est inutile d'aller au delà du deuxième terme, puisque le troisième étant de quatrième puissance par rapport à b et à c, donnerait en effectuant ensuite le produit indiqué, des termes de puissances que nous avons regardées comme négligeables : ce développement se réduit donc à $1 + \frac{b^2 + c^2}{6r^2}$ et la valeur de cos. A devient

$$\cos. A = \frac{1}{bc}\left(\frac{b^2 + c^2 - a^2}{2} - \frac{b^4 + c^4 - a^4 + 6b^2 c^2}{24.r^2} + \frac{b^4 + b^2 r^2 + b^2 c^2 + c^4 - a^2 b^2 - a^2 c^2}{12.r^2}\right)$$

ou en réduisant

$$\cos. A = \frac{b^2 + c^2 - a^2}{2bc} + \frac{a^4 + b^4 + c^4 - 2(a^2 b^2 + a^2 c^2 + b^2 c^2)}{24.bc.r^2}$$

Mais en vertu du n° 30, livre I, chap 6, cos. A′ $= \frac{b^2 + c^2 - a^2}{2bc}$.

Donc ,

$$\cos. \text{A} = \cos. \text{A}' + \frac{a^4+b^4+c^4-2(a^2b^2+a^2c^2+b^2c^2)}{24.b.c.r^2} = \cos. \text{A}' + \text{M}.$$

Nous avons posé plus haut

$$\cos. \text{A} = \cos. \text{A}' - x \sin. \text{A}', \quad \text{donc} \quad \text{M} = - x \sin. \text{A}'.$$

En nous rappelant que $\sin.^2 \text{A}' = 1 - \cos.^2 \text{A}'$, nous pouvons écrire

$$\sin.^2 \text{A}' = 1 - \left(\frac{b^2+c^2-a^2}{2bc}\right)^2 = \frac{4b^2c^2-a^4-b^4-c^4-2b^2c^2+2a^2b^2+2a^2c^2}{4b^2c^2} =$$

$$- \frac{a^4+b^4+c^4-2(a^2b^2+a^2c^2+b^2c^2)}{4.b^2c^2}$$

ou encore

$$- bc. \sin.^2 \text{A}' = \frac{a^4+b^4+c^4-2(a^2b^2+a^2c^2+b^2c^2)}{4.bc}$$

Cette valeur est , comme on peut le remarquer, égale à M multiplié par $6r^2$, donc $\text{M} = \frac{-bc \sin.^2 \text{A}'}{6.r^2}$, et par suite , en égalant les deux valeurs de M,

$$x \sin.^2 \text{A}' = \frac{bc. \sin.^2 \text{A}'}{6.r^2} \quad \text{ou enfin} \quad x = \tfrac{1}{3} \frac{bc. \sin. \text{A}'}{2r^2}.$$

Supposons , pour trouver ce qu'exprime cette valeur de x, que la figure 298 représente le triangle rectiligne équivalent au sphérique tracé sur la sphère dont le rayon est l'unité : ses côtés seront $\frac{a}{r}$, $\frac{b}{r}$, $\frac{c}{r}$, sa surface sera $s = \frac{1}{2} \frac{c}{r} h$; mais $h = \frac{b}{r} \sin. \text{A}'$ donc $\text{S} = \tfrac{1}{2} \frac{bc}{r^2} \sin. \text{A}'$.

Si l'on avait cherché x' et x'', on aurait trouvé les expressions analogues $\tfrac{1}{3} \frac{ac. \sin. \text{B}'}{2r^2}$, $\tfrac{1}{3} \frac{ab. \sin. \text{C}'}{2r^2}$ qui représentent également la surface du même triangle. Nous concluons d'abord de ce fait que $x = x' = x''$, et qu'ainsi

$$\text{A} + \text{B} + \text{C} = \text{A}' + \text{B}' + \text{C}' + 3x \quad \text{ou} \quad 3x = \text{A} + \text{B} + \text{C} - 200g.$$

Il est donc démontré que la correction est la même pour les trois angles , et de plus que $3x$ étant l'excès sphérique que nous savons (n° 51), exprimer la surface du triangle tracé sur la sphère qui a l'unité pour rayon, les deux triangles sont équivalents en surface. La même relation existera évidemment entre celui qui est formé sur la terre et le triangle rectiligne analogue.

Il découle encore un avantage de ce qui précède, c'est de pouvoir trouver l'excès sphérique sans l'emploi des trois angles; mais bien au moyen de l'un d'eux et des côtés qui le comprennent, ou au moyen des trois côtés. Comparant donc l'excès ainsi obtenu avec l'excédant des trois angles sur deux droits, la différence sera l'erreur commise dans les observations.

Nous avons négligé la seconde puissance de x dans la valeur de cos. A, en faisant pressentir que cela n'apporterait pas d'inexactitude sensible dans les résultats : nous sommes actuellement en mesure de la justifier, puisque x étant du deuxième ordre par rapport aux très petites fractions $\frac{a}{r}$, $\frac{b}{r}$, $\frac{c}{r}$, son carré serait du quatrième ordre. Pour faire mieux sentir encore le peu d'importance de cette manière d'agir, prenons un exemple numérique : supposons que les côtés soient d'environ 40000^m. C'est, à quelques rares exceptions près, la plus grande dimension qu'ils aient. Le rapport d'une telle longueur à celle du rayon du globe qui est 6366000^m, est représenté par 0,00628, dont la quatrième puissance est déjà réduite à 0,00000000155, quantité inappréciable.

Voici une autre démonstration du même théorème, due à M. le colonel Puissant. Soient a, b, c, A, B, C les côtés et les angles d'un triangle sphérique : soient a, b, c, A', B', C', les éléments d'un triangle rectiligne.

La même notation pour les côtés des deux triangles exprime suffisamment que nous les supposons de mêmes longueurs.

On peut toujours prendre A' et B' tels qu'ils diffèrent l'un et l'autre d'une même quantité x, de leurs correspondants A et B. Nous allons déterminer x, et nous trouverons que sa valeur est aussi celle de C — C'.

Dans le triangle rectiligne, nous aurons $\frac{a}{b} = \frac{\sin. (A - x)}{\sin. (B - x)}$ et $\frac{\sin. a}{\sin. b} = \frac{\sin. A}{\sin. B}$ dans le triangle sphérique.

Nous savons que a étant un arc de grand cercle sur le globe, on a

$$\frac{\sin. a}{r} = \frac{a}{r} - \frac{a^3}{6.r^3} + \frac{a^5}{120.r^5} - \text{etc. ou } \frac{a}{r} = \frac{\sin. a}{r} + \frac{a^3}{6r^3} = \frac{\sin. a}{r}\left(1 + \frac{a^2}{6r^2}\right)$$

en négligeant les termes supérieurs à la quatrième puissance.

Cette dernière transformation qui n'est pas rigoureusement exacte, n'entraîne à sa suite aucune erreur appréciable, quand il s'agit d'un arc dont le rapport au rayon du globe est assez petit pour que les deux extrémités de cet arc soient visibles l'un de l'autre.

Nous pourrons, en vertu de ce qui précède, transformer la première équation, de la manière suivante

$$\frac{\sin. a \left(1 + \frac{a^2}{6r^2}\right)}{\sin. b \left(1 + \frac{b^2}{6r^2}\right)} = \frac{\sin. (A - x)}{\sin. (B - x)} = \frac{\sin. A \cos. x - \sin. x \cos. A}{\sin. B \cos. x - \sin. x \cos. B} =$$

$$\frac{\sin. A}{\sin. B} \times \frac{1 - \tan. x \cot. A}{1 - \tan. x \cot. B}$$

ou encore, parce que $\dfrac{\sin. a}{\sin. b} = \dfrac{\sin. A}{\sin. B}$ et x égale sensiblement tang. x.

$$\frac{1 + \frac{a^2}{6r^2}}{1 + \frac{b^2}{6r^2}} = \frac{1 - x \cotang. A}{1 - x \cotang. B}$$

Résolvons par rapport à x, en négligeant les termes de quatrième puissance, nous aurons successivement

$$\left(1 + \frac{a^2}{6.r^2}\right)(1 - x \cotang. B) = \left(1 + \frac{b^2}{6r^2}\right)(1 - \cotang. A)$$

$$1 + \frac{a^2}{6.r^2} - x \cotang. B = 1 + \frac{b^2}{6r^2} - x \cotang. A$$

$$\frac{a^2 - b^2}{6.r^2} = x (\cotang. B - \cotang. A)$$

et enfin
$$x = \frac{a^2 - b^2}{6.r^2} \left(\frac{1}{\cotang. B - \cotang. A}\right)$$

On sait que $\sin. (A - B) = \sin. A. \cos. B - \sin. B. \cos. A$, et par conséquent

$$\frac{\sin. (A - B)}{\sin. A \sin. B} = \cotang. B - \cotang. A.$$

Donc enfin,
$$x = \frac{a^2 - b^2}{6.r^2} \times \frac{\sin. A \sin. B}{\sin. (A - B)}.$$

Nous voici parvenus à une valeur de x en fonction de quatre éléments du triangle sphérique : ce que nous nous proposons actuellement, c'est de faire voir que cette expression représente le tiers de la surface du triangle proposé.

Soit T celle du triangle rectiligne, nous savons que $T = \frac{1}{2} \frac{bc}{r^2} \sin. A'$, d'ailleurs

$$\frac{b}{c} = \frac{\sin. B'}{\sin. C'} = \frac{\sin. B'}{\sin. (A'+B')} \text{ d'où } b = \frac{c. \sin. B'}{\sin. (A'+B')} \text{ et } T = \frac{1}{2} \frac{c^2 \sin. A' \sin. B'}{r^2 \sin. (A'+B')}$$

de $\frac{a}{r} : \frac{b}{c} : \frac{c}{r} :: \sin. A' : \sin. B' : \sin. C'$,

on tire $\frac{a^2}{r^2} - \frac{b^2}{r^2} : \frac{c^2}{r^2} :: \sin.^2 A' - \sin.^2 B' : \sin.^2 C'$

ou encore $a^2 - b^2 : c^2 :: \overline{\sin.^2 A' - \sin.^2 B'} : \sin.^2 (A'+B')$

par conséquent

$$c^2 = (a^2 - b^2) \frac{\sin.^2 (A' + B')}{\sin.^2 A' - \sin.^2 B'} = (a^2 - b^2) \frac{\sin.^2 (A' + B')}{\sin.(A'+B') \sin. (A'-B')}$$

$$= (a^2 - b^2) \frac{\sin. (A'+B')}{\sin. (A'-B')}$$

Il résulte de là, en introduisant cette valeur de C^2 dans celle de T, que

$$T = \frac{1}{2} . \frac{a^2 - b^2}{r^2} . \frac{\sin. A'. \sin. B'}{\sin. (A'-B')} .$$

A cela près que A' et B' remplacent A et B, on voit que la valeur de T est le triple de celle trouvée précédemment pour x ; et si l'on remarque que les sinus de ces angles diffèrent très peu, puisque les angles eux-mêmes sont égaux à quelques secondes près : qu'en outre ils sont et dans T et dans x, multipliés par la différence des carrés des forts petits rapports $\frac{a}{r}$ et $\frac{b}{r}$.

On pourra dire que l'expression de la surface du triangle rectiligne est aussi celle du triangle sphérique, et qu'ainsi x en est le tiers ; mais nous savons (n° 51), que la surface du triangle sphérique $= A + B + C - (A' + B' + C')$.

D'ailleurs, parce que nous venons de trouver $A + B + C - (A' + B' + C') = 2x + x''$ et $2x = \frac{2}{3}$ surface du triangle, il suit que $x'' = \frac{1}{3}$ surface triangle $= x = C - C'$.

361. Supposons que l'on ait recueilli sur le terrain, tous les

éléments des formules de réduction que nous avons démontrées : voici quelle est la marche des calculs.

La réduction des angles à l'horizon se fait au moyen des deux tables dont nous avons parlé.

Pour la réduction au centre, on est obligé de calculer les côtés qui entrent aux dénominateurs des termes de la correction. Ceci supposant les angles connus, semblerait indiquer un cercle vicieux; mais comme il suffit d'avoir ces côtés d'une manière approchée, on se sert des angles observés que l'on réduit à valoir 200^g les trois, en retranchant de chacun le tiers de l'excédant ; puis on les calcule provisoirement d'après la relation des côtés proportionnels aux sinus des angles opposés. Dans ces calculs provisoires, on prend les logarithmes à 4 ou 5 décimales pour le premier ordre, et à 3 seulement pour le second et le troisième. On peut même se contenter de la longueur approximative des côtés fournis par un canevas fait avec soin.

On passe ensuite aux calculs de réduction au centre pour lesquels on peut employer différentes méthodes. Ce sera à l'aide des tables de logarithmes, ou avec des tables analogues à celles de réduction à l'horizon, ou d'une manière graphique au moyen d'une figure imaginée par le colonel Epailly, ou enfin assez simplement, au moyen d'une table de logarithmes à 3 décimales en une feuille : elle contient les logarithmes des sinus de 0^g à 100$_g$ diminués de celui de sin. 1$''$; puis ceux des nombres naturels de 0 à 400, qui peuvent appartenir à des nombres beaucoup plus grands, en mettant la caractéristique convenable. Cette table préparée par le capitaine Poudra, nous paraît être ce qu'il y a de plus commode.

Les angles étant corrigés, on fait leur somme pour chaque triangle, et l'on retranche de chacune le tiers de l'excédant sur 200^g. De cette manière, l'erreur d'observation est comprise implicitement dans la quantité qu'on retranche de chaque angle. Quand on veut connaître le degré de précision avec lequel on opère, on calcule à part l'excès sphérique dont l'expression est $\frac{bc. \sin. A'}{2.r^2 \sin. 1''}$: on le compare à la quantité dont la somme des trois angles surpasse 200^g et la différence est l'erreur due aux observations.

Celle-ci dépend de l'imperfection des instruments, de l'incertitude du pointé et de la lecture; enfin, de quelque inexactitude dans les éléments de réduction. Elle est, au surplus, toujours peu considérable.

Ayant les angles corrigés, on calcule les côtés définitifs en partant de la base connue : on prend les logarithmes avec 7 décimales pour le premier et le deuxième ordre, et à 5 pour le troisième.

362. Nous avons résolu graphiquement en topographie, n°s 94, 95, 96, 97 et 98, un problème qui a pour but la détermination d'un point au moyen de trois autres : ce problème se présentant aussi parfois en géodésie, nous allons en donner la solution analytique.

Soit ABCD un quadrilatère dans lequel on veut déterminer la position de D (*fig.* 299) connaissant les trois côtés a, b, c, et les angles α et β observés en D. Deux voies conduisent également au résultat : on peut chercher les angles x et y, puis résoudre les deux triangles ACD, BCD pour obtenir les côtés AD, BD, CD ; ou bien chercher directement ces côtés.

Les deux triangles ACD, BCD donnent deux valeurs du côté commun CD : les égalant, il vient

$$\frac{b.\sin.x}{\sin.\beta} = \frac{a.\sin.y}{\sin.\beta} \qquad \text{ou} \qquad b\sin.\alpha\sin.x + a\sin.\beta\sin.y. \qquad (1)$$

La somme des quatre angles du quadrilatère est égal à 400^g; on a donc

$$\alpha + \beta + \gamma + x + y = 400^g \quad \text{et} \quad y = 400 - (\alpha + \beta + \gamma) - x$$

a, β et γ sont connus : faisons $400 - (\alpha + \beta + \gamma) = d$, nous aurons $y = \delta - x$ (1) valeur$_1$ qui, substituée dans l'équation (1), la transformera en la suivante

$$b\sin.\alpha\sin.x - a\sin.\beta\sin.(\delta - x) = 0$$

ou

$$b.\sin.\alpha\sin.x - a\sin.\beta\sin.\delta\cos.x + a\sin.\beta\cos.\delta\sin.x = 0$$

puis en divisant par $\sin.x$

$$b.\sin.\alpha - a\sin.\beta\sin.\delta\cotang.x + a\sin.\beta\cos.\delta = 0$$

de là,

$$\cotang.x = \frac{b\sin.\alpha + a\sin.\beta\cos.\delta}{a\sin.\beta\sin.\delta} = \cotang.\delta + \frac{b\sin.\alpha}{a\sin.\beta\sin.\delta}$$

et enfin, en mettant cotang. δ en facteur commun

$$\cotang.x = \cotang.\delta\left(1 + \frac{b\sin.\alpha}{a\sin.\beta\cos.\delta}\right)$$

En suivant une marche analogue, on trouvera

$$\text{cotang. } y = \text{cotang. } \delta \left(1 + \frac{a \sin. \beta}{b \sin. \alpha \cos. \delta} \right)$$

Il suffira pour cela, de remplacer dans (1), sin. x par sa valeur sin. $(\delta - y)$, fondée sur l'équation (2), qui d'abord avait donné y en fonction de x.

La seconde méthode donne d'abord les côtés : puis ensuite c'est en résolvant les triangles ADC, BDC, que l'on détermine x et y.

Si nous imaginons une circonférence passant par les trois points A, B, D, et si nous prolongeons la droite DC jusqu'à ce qu'elle coupe la circonférence en E, nous voyons que les angles EAB, EDB sont égaux, comme ayant pour mesure commune la moitié de l'arc BE : il en est de même de ADE, ABE.

Ainsi, dans le triangle ABE, on connaît le côté AB ou C, et les angles EAB ou α, EBA ou β, et en le résolvant, on trouve les côtés AE, BE. Maintenant, on résout le triangle BEC, dans lequel sont connus les deux côtés BC, BE, et l'angle compris $\beta - $ B; et l'on connaît ainsi, l'angle CEB ou DEB.

Des six éléments du triangle BDE, on a deux angles α, E; puis le côté BE opposé à l'un d'eux; donc on peut déterminer les trois autres qui sont l'angle y et les distances DB, DE. On aurait trouvé de la même manière, l'angle x et les côtés DA, DE. Ce dernier, commun aux deux triangles, devient ainsi un moyen de vérification. Si l'on en retranche enfin CE calculé précédemment, on a CD.

CHAPITRE V.

PROJECTION DES POINTS.

363. Lorsque le réseau géodésique est complétement calculé, on n'a pas encore tous les éléments nécessaires pour assigner la place qu'occupent les sommets sur le globe. Il faut connaître aussi les latitude et longitude d'un point de départ et l'azimuth d'un premier côté, c'est-à-dire l'angle qu'il fait avec le méridien qui passe par l'une de ses extrémités.

L'observation astronomique de ces trois éléments suffirait à la rigueur; car ayant placé exactement la base, on pourrait, connaissant la longueur des côtés, rapporter tous les autres points par

les intersections successives d'arcs de cercles ; mais d'abord ce
moyen devrait être rejeté, quand bien même la terre serait plane,
à cause de l'accumulation successive des erreurs : à plus forte raison quand le réseau est d'une grande étendue, puisqu'alors il embrasse une calotte sphérique qui n'est pas développable. On place
les points isolément, soit par leurs distances à la méridienne et à la
perpendiculaire, soit par leurs latitudes et longitudes. Pour employer ce dernier moyen adopté aujourd'hui pour la nouvelle carte
de France, il faut déduire les latitudes et longitudes de tous les
points du réseau, de celles d'un premier point et de l'azimut de
l'un des côtés. Bientôt nous donnerons les formules nécessaires à la
résolution de ce problème ; mais en attendant, nous pouvons faire
voir ici, que si la terre était sphérique, la question se réduirait à
la résolution d'un triangle.

364. Soit AB (*fig.* 300) la base, on connaît par l'observation la
latitude AA' et par suite son complément AP, l'arc AB et l'azimuth ou l'angle PAB $= Z - 200^s$. En résolvant donc le triangle
PAB, on déterminera au moyen des analogies de Neper, les deux
angles B et P. Le premier est le supplément à l'azimut de AB
par rapport au méridien de B, le second n'est autre chose que la
différence en longitude mesurée par A'B'. Enfin la proportion des
quatre sinus fournit BB' complément de la latitude de B.

A l'aide du nouvel azimut et des éléments du triangle suivant,
on arrivera de même aux latitude et longitude d'un troisième
point et ainsi de suite. Les choses ne se passent pas aussi simplement sur le sphéroïde terrestre, et nécessitent des formules dont la
recherche est beaucoup plus compliquée.

Lorsqu'on connaît ainsi les coordonnées qui précisent la position
des points sur la terre, il faut pour pouvoir les utiliser à la confection de la carte, imaginer le globe divisé par certaines lignes
principales, adopter une hypothèse en vertu de laquelle on les
projette sur un plan et rapporter les points sur cette projection.

Parmi tous les systèmes de projection imaginés jusqu'à ce jour,
nous allons parler de deux des principaux : celui que Cassini avait
adopté pour sa carte de France, et celui de Flaamsteed modifié et
employé au dépôt général de la guerre, pour la confection de la
nouvelle carte du royaume. (*Voir*, pour plus de détails, le ch. X,
qui traite des *projections*, n° 410 et suivants.)

365. Dans la projection de Cassini, on imagine le méridien
principal SN (*fig.* 301), partagé en parties égales : par chaque
point de division et par le diamètre OE, on fait passer des plans

perpendiculaires à celui de SN. On divise de même le grand cercle OE, et par chaque point on mène des plans parallèles à celui de SN. Alors tous les points d'intersection tels que M, peuvent être déterminés par les deux coordonnées MA, AP, que l'on désigne sous le nom de distance à la méridienne et à la perpendiculaire. Dans la projection, on développe la méridienne SN et la perpendiculaire OE en lignes droites, suivant S'N', O'E' (*fig.* 302). Sur chacune de ces lignes, on porte des degrés respectivement égaux à ceux du globe, et par les points de division on trace des parallèles aux projections de la méridienne et de la perpendiculaire : ces parallèles sont considérés comme projections des arcs de cercles.

Le point M' correspondant à M, a pour coordonnées rectangulaires A'M', A'P'. Si par exemple le méridien principal et l'équateur sont supposés divisés de grade en grade, c'est-à-dire si les divisions ont 100 mille mètres, les coordonnées de M' seront 200000^m et 300000^m.

Pour obtenir les coordonnées des points qui tombent dans l'intérieur de l'un des quadrilatères, il faut déterminer les corrections à faire à celles de l'un quelconque des angles de ce quadrilatère, et l'on y arrive par les résolutions de triangles rectangles, ou plutôt encore la latitude et la longitude d'un point de départ étant observés, on les traduit en mètres, ce qui fixe les coordonnées de ce point.

Occupons-nous de placer les sommets des triangles sur la projection, au moyen des longueurs de côtés et d'un premier azimut, c'est-à-dire, de trouver les valeurs des coordonnées A'M', A'P', en fonction de ces données. Si donc P'M' est un côté connu, le triangle M'P'A' fournira les relations suivantes

$$A'P' = P'M' \cos. \, A'P'M' ; \quad A'M' = P'M' \sin. \, A'P'M'$$

ou en désignant le côté par K et les droites N'S', O'E', comme les axes des coordonnées x et y ;

$$x = K \cos. \, A'P'M' \qquad y = K \sin. A'P'M'$$

L'angle A'P'M' est connu en fonction de z : comment exprimera-t-on ses lignes trigonométriques en fonction de z? C'est ce que nous allons voir en supposant le point M successivement placé dans les quatre angles droits que forment entre eux les axes des x et des y. D'abord, laissons le point en M', et rappelons-nous que les azimuts se comptent depuis 0^g jusqu'à 400^g, en partant du sud et se dirigeant vers l'ouest.

$$A'P'M' = z - 200^g; \quad \sin. \, A'P'M' = - \sin. \, z; \quad \cos. \, A'P'M' = - \cos. \, z$$

ainsi $\qquad x = -\,\mathrm{K}\cos.\,z\,;\quad y = -\,\mathrm{K}\sin.\,z.$

Dans l'angle opposé, le triangle $\mathrm{A''P'M''}$ donne

$$\mathrm{A''P} = \mathrm{K}\cos.\,\mathrm{A''P'M''}\quad\text{et}\quad \mathrm{A''M''} = \mathrm{K}\sin.\,\mathrm{A''P'M''}$$

c'est-à-dire $\qquad x = +\,\mathrm{K}\cos.\,z\quad\text{et}\quad y = +\,\mathrm{K}\sin.\,z.$

Pour $\quad \mathrm{M'''}\,;\quad \mathrm{A'P'} = \mathrm{K}\cos.\,\mathrm{A'P'M'''}\,;\quad \mathrm{A'M'''} = \mathrm{K}\sin.\,\mathrm{A'P'M'''}\,;$

mais $\mathrm{A'P'M'''} = 200 - z$, donc $\sin.\,\mathrm{A'P'M'''} = +\sin.\,z\,;\ \cos.\mathrm{A'P'M'''} = -\cos.\,z$

d'où $\qquad x = -\,\mathrm{K}\cos.\,z\quad\text{et}\quad y = +\,\mathrm{K}\sin.\,z$

Enfin, considérant la dernière position $\mathrm{M^{IV}}$, nous voyons que $x = +\,\mathrm{K}.\cos z\,;\ y = -\,\mathrm{K}.\sin.\,z$. En ayant égard aux signes des coordonnées, on ne pourra donc pas se tromper sur la région dans laquelle doit être placé le point calculé.

Cette règle des signes est une conséquence de la convention établie pour la manière de compter les azimuts.

L'extrême facilité du calcul des distances à la méridienne et à la perpendiculaire, a pu faire adopter ce mode de projection, lorsque toutefois la surface à décrire n'est pas très considérable. Cassini l'avait choisie pour la France, par la raison que ce pays est plus étendu du nord au sud que de l'est à l'ouest, et que c'est dans ce dernier sens que l'altération est la plus sensible comme on peut en juger à la simple inspection de la figure 301.

366. Pour la nouvelle carte de la France, on s'est servi d'une projection plus exacte : celle de Flaamsteed modifiée. Voici en quoi elle consiste : on suppose l'équateur et le méridien principal divisés en parties égales : on imagine des méridiens passant par tous les points de division de l'équateur et des parallèles à l'équateur par toutes les divisions du méridien principal. Pour en avoir la projection, on trace sur le papier, le grand axe CX qui représente le méridien principal rectifié. D'un point C de cette droite comme centre et d'un rayon égal à la cotangente du parallèle moyen de la portion du globe que l'on veut décrire, de celui du 50ᵉ grade, par exemple, s'il s'agit de la France, on décrit une portion de circonférence BAE. Tous les autres parallèles sont représentés par des arcs concentriques décrits du même point C, à une distance l'un de l'autre égale à la partie rectifiée du méridien comprise entre ces parallèles sur la terre : on prend ensuite, sur chacun des parallèles, les degrés de longitude, tels que les donne la loi de

décroissement de l'équateur aux pôles, c'est-à-dire proportionnels aux rayons de ces parallèles ou aux cosinus de leurs latitudes. Enfin, on fait passer par chaque série de points correspondants, une ligne courbe qui représente un méridien, et tous les autres s'obtiennent de la même manière.

Soit A (*fig.* 305) un point dont la latitude est 50ᵍ, et AC une tangente au méridien MP passant par ce point : AC est évidemment la tangente de l'angle AOP complément de la latitude : elle est donc la cotangente qui, comme nous l'avons dit plus haut, doit être le rayon de la projection du parallèle moyen. Dans le cas particulier que nous considérons, elle est égale au rayon de la terre, puisque dans le triangle AOC rectangle en A, l'angle O étant de 50ᵍ, l'angle C lui est égal.

La même figure fait voir encore que le rayon FD d'un parallèle quelconque sur le globe, n'est autre chose que le cosinus de sa latitude. Enfin, AF étant rectifié sur AC, le point F vient en F', et CF' est le rayon de la projection de ce parallèle.

Dans la pratique, il est souvent impossible de tracer ces arcs de cercles d'une manière continue. Ainsi le rayon de la terre supposée sphérique étant 6366198ᵐ, pour une carte de la France à l'échelle de 0,00001, le rayon du parallèle moyen est égal à 63ᵐ,662. Afin de remédier à cet inconvénient, on a imaginé de calculer pour chaque parallèle, la position sur le plan de projection, d'une suite de points également espacés, et assez rapprochés pour que le petit arc compris entre deux points consécutifs, puisse être sans erreur sensible, considéré comme une droite. On rapporte cette position aux axes CX et CY (*fig.* 304). Le premier est le méridien principal, le second est une droite perpendiculaire passant par le centre commun C.

Proposons-nous de déterminer la position d'un point tel que F, en supposant la terre sphérique et sa circonférence égale à 40 millions de mètres.

Soient R = 6366198ᵐ le rayon de la terre.

        L, la latitude du parallèle moyen BAE, que pour généraliser la question, nous ne supposerons pas celui de 50ᵍ, mais quelconque,

        l, la latitude du parallèles FDK,

        P, la longitude du point F.

Cherchons CG, FG ou x et y en fonction de P et de *l*, longitude et latitude de F. On a, en désignant l'angle FCG par α,

$$x = \text{CF}.\cos.\alpha, \quad y = \text{CF}.\sin.\alpha.$$

Mais $CF = CD = CA - AD = R \text{ cotang. } L - AD.$

AD est le développement de l'arc $l - L$ du méridien, compris entre le parallèle moyen et le parallèle FDK. Cet arc sera évalué en mètres; d'après la relation, 1 grade en latitude = 100000 mètres.

En appelant M le nombre de mètres contenus dans AD, nous aurons

$$CF = R \text{ cotang. } L - M$$

Pour déterminer l'angle α correspondant à une longitude P sur le parallèle qui a pour latitude l, nous ferons remarquer qu'un arc quelconque de ce parallèle est, dans le développement, représenté par un autre arc de même longueur, mais de rayon différent, et qu'ainsi les amplitudes de ces arcs sont en raison inverse des rayons (*) : or, l'arc du parallèle qui contient un nombre de grades marqué par P, a pour rayon R. cos. l. L'arc du développement qui a même longueur et qui contient un nombre de grades désigné par α, a pour rayon R. cotang. $L - M$: donc, on a la proportion

$$R \text{ cotang. } L - M : R \cos. l :: P : \alpha \qquad \text{d'où} \qquad \alpha = P \frac{R. \cos. l}{R. \text{ cotang. } L - M}$$

Substituons les valeurs de CF et de α dans celles de x et de y, et nous aurons

$$x = (R \text{ cotang. } L - M) \cos. \frac{P.R. \cos. l}{R \text{ cotang. } L - M}$$

$$y = (R \text{ cotang. } L - M) \sin. \frac{P.R. \cos. l}{R \text{ cotang. } L - M}$$

Réciproquement, connaissant les coordonnées x et y de la position sur le plan de projection d'un point F, il serait facile de dé-

---

(*) Les arcs DF, AB (fig. 306) sont supposés de même longueur: nous voulons faire voir que les angles qu'ils sous-tendent, sont en raison inverse des rayons. D'abord AB : DE :: AC : CD; on a aussi DF : DE :: DCF : DCE. D'ailleurs AB = DF, donc AB : DE :: DCF : DCF, et à cause du rapport commun DCF : DCE :: AC : CD.

Les angles DCF, DCE étant mesurés par les arcs AB, DF, il s'ensuit que le nombre de grades compris dans chacun de ces arcs ou leurs amplitudes sont en raison inverse des rayons avec lesquels ils sont décrits.

terminer sa latitude et sa longitude ; car on a $CF = CD = \dfrac{Y}{\sin. \alpha} = \dfrac{X}{\cos. \alpha}$ et l'angle α peut être déterminé par la relation tang. $\alpha = \dfrac{Y}{X}$. Ensuite on a M ou $CA - CD = R$ cotang. $L - \dfrac{Y}{\sin. \alpha}$ qui, converti en arc, au moyen de ce que 1^s vaut 100000^m, fera connaître la différence de latitude entre le parallèle moyen et celui sur lequel se trouve le point considéré, et par suite la latitude de ce point.

Enfin tirant la valeur de P de l'équation $\alpha = P \dfrac{R. \cos. l}{R \text{ cotang. } L - M}$ nous aurons $P = \alpha \dfrac{R \text{ cotang. } L - M}{R. \cos. l}$ et tout est connu dans le second membre.

Les valeurs des coordonnées x et y des points d'intersection de tous les méridiens et parallèles de décigrades en décigrades, ont été calculées et mise sous forme de table par *Plessis*. Elle fournit donc le moyen de passer des latitudes et longitudes aux distances à la méridienne et à la perpendiculaire, et cela en tenant compte de l'aplatissement $\frac{1}{309}$, et non comme nous l'avons fait dans la théorie précédente, en considérant la terre comme sphérique.

Pour placer sur la projection un point O qui tomberait dans l'un des quadrilatères ABCD (*fig* 307), dont les sommets ont été déterminés au moyen des tables, il suffit dans la marche que nous nous sommes tracée, d'exécuter une double interpolation graphique : ainsi, par exemple, soient pour le point O, latitude $= 50^s,0536''$; longitude $= 0^s,0520$: on prendra sur AC et BD considérés comme unités des parties DE, CF, proportionelles à 0,520, on joindra les points F et E, G et H, et l'intersection O donnera la position du point d'une manière très approchée. (*Voir*, pour plus de détails, chap. X, n° 429 et 430.)

CHAPITRE VI.

NOTIONS DE GÉOMÉTRIE ANALYTIQUE INDISPENSABLES A L'INTELLIGENCE DES FORMULES DE LATITUDE ET DE LONGITUDE.

Recherche des équations de la ligne droite, des courbes du second degré, et de la tangente et de la normale à l'ellipse.

367. Nous avons fait voir plus haut de quelle simplicité serait la recherche des formules de latitude et longitude, si la terre

était sphérique ; mais sa forme n'est pas telle : le globe est un solide de révolution aplati vers les pôles. Il peut donc être considéré comme engendré par une ellipse tournant autour de son petit axe qui est la ligne des pôles. Ici les normales aux trois sommets A, B, P (*fig.* 300) du triangle ne se rencontrent plus en un même point. Elles ne forment plus comme dans la sphère, les trois arêtes d'une pyramide qui a pour base le triangle, et son sommet au centre. Nous verrons plus tard, que pour arriver à la formule qui donne la latitude de B en fonction de celle de A, il faut prendre en considération, la normale et la sous-normale. Il faut donc chercher l'expression de ces lignes en fonction de quantités constantes et de la latitude comme seule variable : de sorte, qu'en donnant toutes les valeurs possibles à la latitude, on obtienne les longueurs de toutes les normales et sous-normales correspondantes. Les constantes seront le grand et le petit axe de l'ellipse qui a engendré le globe terrestre, c'est-à-dire la ligne des pôles et le diamètre de l'équateur.

Cette recherche reposant sur la connaissance de la géométrie analytique, il est indispensable de placer ici quelques notions de cette branche des mathématiques.

L'analyse appliquée a pour but d'exprimer par des équations, les positions respectives des points et des lignes, de manière à trouver toutes les relations qui peuvent exister entre eux, en combinant ces équations d'une manière convenable.

La géométrie analytique traite les questions relatives aux lignes, aux surfaces et aux solides. Les premières seulement nous étant nécessaires, nous ne nous occuperons pas des autres. Elle les considère situées dans l'espace ou dans un plan : cette dernière circonstance nous est seule nécessaire ; ce sera donc elle seulement que nous traiterons ; car ce n'est point un cours d'analyse appliquée que nous faisons ici : nous n'en parlons que comme d'une chose nécessaire à ce qui suit.

Soient AX, AY, deux droites rectangulaires fixes et données dans un plan (*fig.* 308) ; M un point quelconque dont il s'agit de déterminer la position dans ce plan. Si de ce point on abaisse les perpendiculaires MP, MQ, il est clair que M sera fixé dès que l'on connaîtra les longueurs des deux côtés contigus AP, AQ, du rectangle APMQ, puisqu'il suffira de mener par les points P et Q parallèlement aux axes AX, AY, deux lignes dont l'intersection sera le point cherché M. Les distances mesurées sur AX sont les abscisses, et celles comptées sur AY les ordonnées : elles portent aussi le nom collectif de coordonnées. Enfin, le point A en est dit l'origine, parce que c'est à partir de ce point que se comptent les distances.

368. *Équations d'un point.* Le caractère de tout point considéré sur l'axe des y est $x = o$, puisque cette équation indique que la distance du point à cet axe est nulle. De même, tout point placé sur l'axe des x satisfait à $y = o$: donc, l'ensemble des deux équations $x = o$, $y = o$ appartient à l'origine A des coordonnées; car, pour ce point seulement, elles ont lieu en même temps. En général, $x = m$, $y = n$ considérées simultanément, caractérisent un point situé à une distance m de l'axe des y, et n de celui des x. On les nomme les équations du point.

Les signes indiquent dans lequel des quatre angles se trouve situé le point : sans eux les valeurs absolues m et n appartiendraient indifféremment à quatre points placés symétriquement par rapport aux axes : en effet, $x = m$ exprime deux droites parallèles à l'axe des y situés l'une à sa droite, et l'autre à sa gauche. $y = n$ convient de même à tous les points de deux parallèles à l'axe des abscisses; donc, l'ensemble de ces deux équations sera indifféremment résolu, lorsque pour le point cherché, on prendra l'une des quatre intersections des deux systèmes de parallèles (*fig.* 309).

Les axes ne sont pas toujours rectangulaires : quelquefois les questions que l'on traite, obligent à passer d'un système de coordonnées rectangulaires, à un système de coordonnées obliques ou réciproquement ; mais les premières qui donnent en général, les équations les plus simples, sont les seules que nous ayons besoin de considérer, pour ce que nous proposons.

Pour compléter la théorie du point, cherchons l'expression analytique de la distance entre deux points donnés dans un plan. Menons les ordonnées MP, M'P' (*fig.* 310), de M et M', et tirons M'R parallèle à AX, le triangle rectangle MRM' donne, en désignant par D l'hypoténuse,

$$D^2 = \overline{MR}^2 + \overline{M'R}^2 = (y' - y'')^2 + (x' - x'')^2 \quad \text{ou} \quad D = \sqrt{(y' - y'')^2 + (y' - y'')^2}.$$

Si l'un des points est situé à l'origine, de manière que ses coordonnées soient $x'' = o$, $y'' = o$.

L'équation ci-dessus devient $D = \sqrt{y'^2 + x'^2}$.

369. *Équation d'une droite.* Soit une droite BMM'M'' (*fig.* 311) indéfinie et située à volonté dans un plan. Prenons deux axes rectangulaires OX, OY dans ce plan : menons de différents points

M , M', M''', les ordonnées MP, M'P', M''P'', etc. Cela posé, désignant par b et c les quantités constantes OC, OB, nous aurons pour l'un quelconque des points de la droite, pour M par exemple, deux triangles semblables MPB, COB desquels nous tirerons la proportion

$$MP : BP :: CO : BO, \quad \text{c'est-à-dire} \quad y : c + x :: b : c$$

de là
$$y = \frac{bx + bc}{c} = \frac{b}{c} x + b$$

Dans le triangle rectangle BCO, $\frac{b}{c}$ exprime la tangente de l'angle en B, désignons cet angle par α, et sa tangente par a, nous aurons

$$y = ax + b. \quad \ldots \text{(1)}$$

Telle sera l'équation de la droite ; car cette relation aura lieu entre les coordonnées d'un tout autre point, aussi bien qu'entre celle de M. Les constantes a et b déterminent la position de la droite, puisqu'elles précisent son inclinaison et un point C par lequel elle doit passer.

L'équation ci-dessus est donc la représentation analytique de la droite, en ce sens que, si, au moyen de cette équation, on veut retrouver les différents points de la ligne, il suffit de donner à x, une suite de valeurs que l'on porte de A en P, P', P'', etc. : menant ensuite par ces derniers points des parallèles à AY, et prenant dessus des parties PM, P'M', P''M'', etc., égales aux valeurs correspondantes de y tirées de l'équation (1), on aura ainsi la position d'autant de points qui tous appartiennent à la droite. Si elle doit passer par l'origine, l'équation pour être satisfaite, quand on fait $x = o$, doit donner $y = o$, c'est-à-dire que b est nul, et que l'équation se réduit à $y = ax$.

Si dans l'équation (1), on fait $y = o$, elle donne $x = \frac{-b}{a} = \frac{-b}{\tan g. \alpha}$: ce qui se vérifie de suite dans le triangle OBC qui donne OB ou $x : OC :: \cos. \alpha : \sin. \alpha$ et $x = \frac{b}{\tan g. \alpha}$, quant au signe —, il indique que c'est à gauche de l'origine que la droite coupe l'axe des x.

Si l'on voulait exprimer que deux droites coupent l'axe des y en un même point, il faudrait dans les deux équations $y = ax + b$, $y = a'x + b'$, faire $b = b'$.

Si les deux droites doivent se rencontrer au point C sur l'axe des x (*fig.* 312), il faut, en faisant $y = o$ dans les deux équations, que les deux valeurs de x correspondantes soient égales. On a d'une part $ax + b = o$, de l'autre $a'x + b' = o$ d'où $\frac{b}{a} = \frac{b'}{a'}$ ou $a'b = ab'$. C'est ce qu'on reconnaît en effet, en considérant les deux triangles rectangles CAB, CAB' de chacun desquels on peut déduire la valeur de CA.

Si enfin l'on veut exprimer que deux droites sont parallèles, il faut que $a = a'$.

Pour trouver l'angle que forment deux droites, remarquons que $a' = a + M$ (*fig.* 313), donc

$$\text{tang. } M = \text{tang. } (\alpha' - \alpha) = \frac{\text{tang. } \alpha' - \text{tang. } \alpha}{1 + \text{tang. } \alpha' \text{ tang. } \alpha} = \frac{a' - a}{1 + aa'}$$

On trouve encore ici la condition pour que deux droites soient parallèles ; puisque, dans ce cas, l'angle qu'elles font est nul, sa tangente nulle aussi, et le dénominateur de la fraction qui la représente, égal à zéro ; c'est-à-dire $a = a'$.

Si les deux droites doivent être perpendiculaires, la tangente de l'inclinaison de l'une sur l'autre est infinie, et pour cela il faut que le dénominateur soit nul ; que l'on ait $aa' + 1 = o$ ou $a' = \frac{1}{a}$. Dans ce cas, si la première équation est $y = ax + b$, il faut que celle de la seconde droite soit $y = \frac{-1}{a} x + b'$.

370. *Équation du cercle.* Soit un cercle d'un rayon r quelconque (*fig.* 314) dont le centre est en O. Désignant par p et q les coordonnées du centre, et par x et y celles d'un point M de la circonférence, nous aurons en vertu de ce que nous avons vu plus haut, relativement à la distance entre deux points

$$r^2 = (x - p)^2 + (y - q)^2$$

Cette relation caractérisant tous les points de la circonférence, est l'équation du cercle. Elle devient plus simple quand on place l'origine au centre : dans ce cas, $p = o$, $q = o$, et l'équation se réduit à $r^2 = x^2 + y^2$,

Si l'on résout l'équation générale du cercle par rapport à x, il en résulte $x = p \pm \sqrt{r^2 - (y - q)^2}$ pour que les valeurs de x soient réelles, il faut que $r^2 - (y - p)^2$ ne soit pas négatif : à la limite $r = y - q$ ou $y = r + q$ et alors $x = \pm p$. Quand $y = q$, l'expression sous le radical est la plus grande possible et les valeurs correspondantes de x sont un maximum et un minimum de la forme $x = p + r$ et $x = p - r$: c'est ce qui a lieu pour les points D et D′ situés sur la parallèle à l'axe des X passant par le centre. Si l'on avait résolu par rapport à y, on aurait trouvé $y = q \pm \sqrt{r^2 - (x - p)^2}$: à $x = p$ correspondent $y = q + r$ et $y = q - r$. Ces ordonnées sont celles des points E,E′.

S'il s'agit de savoir où le cercle coupe l'axe des x et celui des y, il faut dans l'équation faire successivement $y = o$ et $x = o$. Dans la première supposition, il vient $x = p \pm \sqrt{r^2 - q^2}$. Cette expression donne deux valeurs de x lorsque le radical n'exprime pas une quantité imaginaire, c'est-à-dire quand $r^2 - q^2$ ou $(r + q)$ $(r - q)$ est positif : cette condition n'est pas satisfaite dans la *fig.* 314, mais elle l'est dans la *fig.* 315. Si c'est x que l'on égale à zéro, on trouve pour les ordonnées correspondantes $y = q \pm \sqrt{r^2 - p^2} = q \pm \sqrt{(r - p)(r + p)}$. Ici nous voyons encore que si $p > r$, il n'existe pas de valeur réelle de y, ce qui exprime que la courbe ne rencontre pas l'axe des y, et c'est ce qui arrive *fig.* 314 et 315. Quand $r > p$, on a deux valeurs pour y. On voit (*fig.* 316), que lorsque le cercle rencontre les axes, les points d'intersection sont placés symétriquement par rapport aux points où les coordonnées du centre coupent les axes.

371. *Construction et équation de l'ellipse.* Cette courbe jouit de cette propriété remarquable, que si l'on joint l'un quelconque de ses points à deux points fixes nommés foyers, et situés dans son intérieur, la somme des deux distances est une quantité constante.

Pour construire cette courbe d'après sa définition, prenons le milieu O (*fig.* 317) de la ligne qui unit les deux foyers FF′, et à partir de ce point, portons la moitié de 2A, somme constante de deux rayons vecteurs tels que FM et F′M, de O en R et en R′. Ces points appartiendront à la courbe : en effet, il résulte de cette construction que RF′ = R′F, et qu'ainsi,

$$RF' + RF = R'F + RF = RR' = 2A.$$

De même, si des points F et F′ comme centres, on décrit avec un rayon égal à A, deux arcs, ils se couperont en deux points S et S′, qui seront encore évidemment sur l'ellipse ; puisque FS + F′S = 2A et FS′ + F′S′ = 2A, S et S′ sont également sur la perpendiculaire élevée par le milieu de RR′.

Pour obtenir des points intermédiaires, marquons sur RR′, et entre F et F′, un point quelconque L ; puis, des foyers comme centres et avec des rayons égaux à RL et R′L, décrivons deux circonférences qui se coupent en M et *m*, nous aurons deux nouveaux points de la courbe et ainsi de suite.

On peut encore décrire l'ellipse d'un mouvement continu, en fixant aux foyers les extrémités d'un fil dont la longueur égale 2A, et en faisant ensuite glisser un crayon qui tienne ce fil toujours tendu.

L'ellipse ainsi déterminée de forme, recherchons son équation, c'est-à-dire, une relation entre les coordonnées de chacun de ses points, rapportées à deux axes fixes.

Soient $\quad$ OP $= x$, MP $= y$; FF′ $= 2$C, RR′ $= 2$A ; FM $= z$; F′M $= z'$

Les équations de deux cercles qui ont leurs centres sur l'axe des x, en F et F′ à droite et à gauche de l'origine, seront en leur donnant z et z' pour rayons

(1) $y^2 + (x-c)^2 = z^2$ $\quad$ (2) $y^2 + (x+c)^2 = z^2$ $\quad$ et de plus on a $\quad z + z' = 2$A $\quad$ (3)

Éliminons z et z' entre ces trois équations pour en avoir une seule qui, ne contenant que les variables x et y et les constantes A et C, appartiendra à l'ellipse, puisqu'elle satisfera à tous les points tels que M.

Retranchant (2) de (1), il vient,

(4) 4C$x = z'^2 - z^2 = (z' + z)(z' - z)$ $\quad$ d'où $\quad z' - z = \dfrac{4\text{C}x}{z' + z}$

et en vertu de (3), $z' - z = \dfrac{4\text{C}x}{2\text{A}} = 2\,\dfrac{\text{C}x}{\text{A}}$. Des somme et différence de z et z', nous tirons $z' = \text{A} + \dfrac{\text{C}x}{\text{A}}$, $z = \text{A} - \dfrac{\text{C}x}{\text{A}}$; mais l'une seulement nous suffit.

Substituons la valeur de z dans (1) qui devient

$$y^2 + x^2 + \text{C}^2 - 2\text{C}x = \text{A}^2 + \frac{\text{C}^2}{\text{A}^2}\, x^2 - 2\text{C}x ;$$

Réduisant et chassant le dénominateur

$$\text{A}^2 y^2 + \text{A}^2 x^2 + \text{A}^2 \text{C}^2 = \text{A}^4 + \text{C}^2 x^2 \quad \text{ou} \quad \text{A}^2 y^2 + (\text{A}^2 - \text{C}^2)\, x^2 = \text{A}^2 (\text{A}^2 - \text{C}^2)$$

Puisque FF′ ou 2C est plus petit que RR′ ou 2A, il s'ensuit que $\text{A}^2 - \text{C}^2$ est toujours positif, et si on le fait égal à B², l'équation de l'ellipse devient enfin

$$\text{A}^2 y^2 + \text{B}^2 x^2 = \text{A}^2 \text{B}^2.$$

Le triangle F'CO dans lequel l'hypothénuse égale A et F'O = C fait voir que CO = B , puisque $\overline{CF'}^2 - \overline{OF'}^2 = \overline{OC}^2$ ou $A^2 - C^2 = B^2$. On voit de suite que A et B sont les moitiés du grand et du petit axe, c'est-à-dire les distances du centre aux points où la courbe rencontre les axes des x et des y ; car en faisant $y = o$, il vient $B^2 x^2 = A^2 B^2$ ou $x^2 = A^2$ et $x = \pm A$. Cette double valeur de x indique que les deux points d'intersection de la courbe avec l'axe des x sont placés symétriquement à droite et à gauche de l'origine.

On tire une conséquence analogue de la supposition $x = o$, qui réduit l'équation à $A^2 y^2 = A^2 B^2$, d'où $y = \pm B$.

En résolvant successivement l'équation par rapport à y et à x, on voit que les plus grandes valeurs de ces coordonnées sont $y = \pm B$, $x = \pm A$: en effet, dans l'équation $y = \pm \dfrac{B}{A} \sqrt{A^2 - x^2}$, il faut, pour que y soit une quantité réelle, que le binôme sous le radical soit positif, c'est-à-dire que $x < A$. La plus grande valeur que puisse prendre x est donc $\pm A$, auquel cas y devient nul. On voit de même, au moyen de $x = \pm \dfrac{A}{B} \sqrt{B^2 - y^2}$, qu'à $x = o$ correspondent pour y deux *maxima* positif et négatif qui sont $y = \pm B$.

Si les deux axes de l'ellipse deviennent égaux, si l'on a A = B, l'équation devient $A^2 y^2 + A^2 x^2 = A^4$ ou $y^2 + x^2 = A^2$: ce qui indique que la courbe se réduit à un cercle dont le rayon égale A, et puisque l'on avait $A^2 - C^2 = B^2$, il faut que C = o, ou en d'autres termes, que les deux foyers viennent se confondre avec le centre.

372. *Équation d'une tangente à l'ellipse.* Proposons-nous maintenant de mener une tangente à l'ellipse. Pour résoudre cette question, nous allons prendre l'équation d'une droite, la modifier de manière qu'elle exprime que la droite passe par deux points appartenant à la courbe, c'est-à-dire qu'elle est une sécante. Nous la rendrons ensuite tangente, en faisant confondre les deux points en un seul.

Soient $y = ax + b$ l'équation de la droite,

x', y', x'', y'', les coordonnées des deux points de l'ellipse.

Pour exprimer que la droite passe par ces deux points, il faut que l'on ait à la fois,

$$y = ax + b, \quad y' = ax' + b, \quad y'' = ax'' + b$$

D'où l'on tire

$$y - y' = a(x - x') \quad \text{et} \quad y' - y'' = a(x' - x'').$$

Cette dernière fournit la valeur de a qui, substituée dans la première, donne pour équation de la droite

$$y - y' = \frac{y' - y''}{x' - x''} (x - x'). \quad . \text{ (1)}.$$

Il faut deux conditions pour déterminer la position d'une droite. L'équation générale indiquait à quelle distance de l'origine, la droite coupait l'axe des y, et quel angle elle formait avec l'axe des x. Dans l'équation (1), ces deux conditions sont remplacées par deux autres dont elles sont la conséquence, savoir : celles de passer par deux points déterminés de position. Pour exprimer aussi que l'ellipse passe par les deux points, il faut que son équation soit encore satisfaite quand on y introduit les coordonnées x', y', x'', y'' ; il faut donc que

$$A^2 y'^2 + B^2 x'^2 = A^2 B^2 \quad \text{et} \quad A^2 y''^2 + B^2 x''^2 = A^2 B^2$$

De là, nous tirons en retranchant la seconde de la première et en décomposant les différences de carrés en leurs facteurs,

$$A^2 (y'^2 - y''^2) + B^2 (x'^2 - x''^2) = 0, \quad A^2 (y' - y'')(y' + y'') + B^2 (x' - x'')(x' + x'') = 0$$

d'où

$$\frac{y' - y''}{x' - x''} = \frac{-B^2}{A^2} \frac{x' + x''}{y' + y''}$$

En substituant cette valeur dans (1), l'équation qui en résultera, sera bien celle d'une sécante, puisqu'elle naîtra d'une combinaison des équations de la droite et de l'ellipse.

Cette équation sera

$$y - y' = \frac{-B^2}{A^2} \frac{(x' + x'')}{(y' + y'')} (x - x'). \quad . . \text{ (2)}$$

Supposons actuellement que les deux points se confondent en un seul, leurs coordonnées x' et x'', y' et y'', deviendront les mêmes, et (2) se transformera en

$$y - y' = \frac{-B^2 x'}{A^2 y'} (x - x').$$

Telle est l'équation de la tangente à l'ellipse : on peut lui conserver cette forme ou la transformer ainsi qu'il suit : en chassant d'abord le dénominateur, on a

$$A^2 y' (y - y') = -B^2 x' (x - x'); \quad A^2 yy' - A^2 y'^2 = -B^2 xx' + B^2 x'^2;$$

$$A^2 yy' + B^2 xx' = A^2 y'^2 + B^2 x'^2 \quad \text{et enfin} \quad A^2 yy' + B^2 xx' = A^2 B^2$$

parce que $\qquad\qquad A^2 y'^2 + B^2 x'^2 = A^2 B^2$

On trouve très facilement l'équation de la tangente à l'ellipse, au moyen des plus simples notions de calcul différentiel. La marche en est si simple, que nous croyons pouvoir l'indiquer ici.

L'équation d'une tangente à une courbe quelconque, pour un point dont les coordonnées sont x' et y' est $y - y' = \frac{dy}{dx}(x - x')$. C'est de l'équation différenciée de la courbe que l'on tire la valeur de $\frac{dy}{dx}$ coefficient de x. Or l'équation de l'ellipse est $A^2y^2 + B^2x^2 = A^2B^2$; différenciée elle donne

$$2A^2ydy + 2B^2xdx = 0 \qquad \text{d'où} \qquad \frac{dy}{dx} = -\frac{B^2x}{A^2y}$$

et par conséquent en substituant, nous trouvons comme précédemment $y - y' = \frac{-B^2x'}{A^2y'}(x - x')$.

373. *Équation d'une normale à l'ellipse.* S'il s'agit de mener par le point de tangence, une droite perpendiculaire à la tangente, son équation sera de la forme $y - y' = a'(x - x')$.

Mais nous avons vu que la condition que deux droites soient perpendiculaires, est $aa' + 1 = 0$ ou $a' = \frac{-1}{a}$: or, l'équation de la tangente donne $a = \frac{-B^2x'}{A^2y'}$, donc $a' = \frac{A^2y'}{B^2x'}$ et l'équation de la normale est $y - y' = \frac{A^2y'}{B^2x'}(x - x')$.

Équations de la tangente et de la normale au cercle. Cette courbe n'étant qu'une circonstance particulière de l'ellipse pour laquelle $A = B = r$, on peut déduire ces deux équations de celles que nous venons de trouver, en faisant disparaître les facteurs communs au numérateur et au dénominateur, ou les chercher directement, par une marche entièrement analogue à celle que nous avons employée.

Elles sont, $y - y' = \frac{-x'}{y'}(x - x')$ ou $yy' + xx' = r^2$ pour la tangente et $y - y' = \frac{y'}{x'}(x - x')$ ou $y = \frac{y'}{x'}x$ pour la normale : ces dernières confirment ce que nous savons déjà que les normales au cercle passent toutes par le centre, puisqu'en y faisant $x = 0$, on trouve $y = 0$ et réciproquement.

374. *Autres sections coniques.* Quoi que l'on n'ait besoin de connaître que l'équation de l'ellipse et de sa normale pour résoudre les problèmes des latitudes et longitudes, il nous paraît convenable de dire ici quelques mots des deux autres courbes, la parabole et l'hyperbole. Ces courbes et l'ellipse sont le résultat de la section d'un cône par un plan. Le cône est un solide engendré par un triangle rectangle qui tourne autour de l'un des côtés de l'angle droit comme axe. Si l'on imagine que deux triangles rectangles semblables ABC, A′B′C′ (*fig.* 318), soient placés de telle sorte que les deux côtés homologues AC, A′C soient sur le prolongement l'un de l'autre, la rotation des deux hypoténuses engendrera ce que l'on nomme les deux nappes du cône. AA′ est l'axe, C le sommet, BB′ la génératrice, et le cercle dont AB est le rayon, la directrice. Si l'on coupe cette surface par un plan qui rencontre toutes les génératrices, on aura une courbe fermée qui sera un cercle, si le plan est perpendiculaire à l'axe dans le cas où le cône est droit, ou en général quand le plan est parallèle à la base : la courbe sera une ellipse, lorsque le plan sera incliné sur la base.

Si ce plan est parallèle à l'une des génératrices, il ne rencontrera, comme dans le cas précédent, qu'une des génératrices, et formera une courbe non fermée, composée de deux branches qui se prolongeront à l'infini, si la nappe du cône n'est pas limitée par une base. Cette courbe se nomme *parabole* (*fig.* 319).

Si enfin l'inclinaison du plan sécant par rapport à celui de la base, augmente encore, on obtiendra une courbe à quatre branches que l'on appelle *hyperbole* (*fig.* 320).

Nous allons, comme pour l'ellipse, en chercher la construction par points, puis les équations.

375. *Parabole.* La distance de chacun des points tels que M de la courbe à un point fixe F (*fig.* 321), est égale à celle de ce même point M, à une droite OQ nommée directrice.

Pour la construire graphiquement, on trace OF perpendiculaire à OY, et le point A milieu de OF satisfaisant à la condition prescrite, est déjà un point de la parabole, puisque OA = OF. Au delà de A, on élève une droite MP parallèle à OY, et dont tous les points sont par conséquent distants de cette ligne d'une quantité OP. Puis de F comme centre et d'un rayon égal à OP, on trace un arc de cercle qui rencontre MP en M et en M′. Pour ces deux points, on a donc MQ = MP, M′Q′ = M′P′. C'est ainsi que l'on construit la parabole par points.

S'il s'agit de la tracer d'une manière continue, on place le côté BC d'une équerre sur la directrice : on fixe à son angle D et au foyer F (*fig.* 322), les deux extrémités d'un fil de la longueur du côté CD de l'équerre : ensuite, on la fait glisser sur la directrice, en tenant le fil tendu sur CD. Quand le fil forme une ligne droite de D en F, le point D est sur un point M de la courbe, puisque CM = CF. Dans une autre position, D étant descendu en D', le point M' sur C'D' appartient encore à la parabole, puisque de CD = DF, on retranche de part et d'autre M'D', et qu'il reste ainsi pour satisfaire à l'énoncé, C'M' = M'F.

Pour obtenir l'équation, plaçons l'origine des coordonnées au sommet A de la courbe.

Désignant par p la distance OF (*fig.* 323), du foyer à la directrice, nous aurons $AF = OA = \frac{p}{2}$.

La circonférence décrite du point F, donne entre les coordonnées d'un point M quelconque, la relation $\overline{FM}^2 = \overline{MP}^2 + \overline{FP}^2$ ou

$$z^2 = y^2 + \left(x - \frac{p}{2}\right)^2 = y^2 + x^2 + \frac{p^2}{4} - px$$

et d'ailleurs

$$\text{FM} \quad \text{ou} \quad z = OP = x + \frac{p}{2} \quad \text{d'où} \quad z^2 = x^2 + \frac{p^2}{4} + px.$$

Egalant ces deux valeurs de z^2, il vient

$$x^2 + \frac{p^2}{4} + px = y^2 + x^2 + \frac{p^2}{4} - px \qquad \text{et enfin} \qquad y^2 = 2px.$$

Telle est la relation qui existe entre les coordonnées d'un point de la parabole.

Discutons cette équation. D'abord nous aurons $y = o$, en faisant $x = o$ ce qui coïncide avec la condition établie que nous prenions le sommet de la courbe pour origine.

En extrayant la racine carrée, $y = \pm \sqrt{2px}$. A chaque valeur de x correspondent donc deux valeurs égales et de signes contraires de y. x négatif donne pour y des valeurs imaginaires, ce qui indique que la courbe est entièrement située à droite de l'axe des y. Si l'on fait $x = \frac{p}{2}$, on a pour les ordonnées correspondantes qui aboutissent au foyer $y^2 = p^2$ et $y = \pm p$. Ainsi la double ordonnée MM' passant par le foyer est égale à la distance de la directrice à ce foyer.

376. *Hyperbole.* On demande l'équation d'une courbe telle que si l'on joint chacun de ses points M (*fig.* 324) à deux points fixes F, F', la différence F'M — FM soit égale à une ligne donnée 2A.

Cette courbe est l'hyperbole : **F**, **F′** en sont les foyers, et **FM**, **F′M** les rayons vecteurs.

Pour la tracer par points, on porte sur la droite qui passe par les foyers, à partir de son milieu **O** , deux longueurs **OA** , **OB** égales chacune à **A** : prenant un point **L** quelconque au delà de **F**, on trace des points **F** et **F′** comme centres avec des rayons égaux à **AL**, **BL** des arcs de cercles qui se coupant deux à deux, donnent quatre points **M** , **M′**, **M″**, **M‴** qui appartiennent à la courbe, puisque d'après la construction , la différence des deux rayons vecteurs, pour chacun d'eux , égale la constante 2Λ.

Pour trouver l'équation de l'hyperbole , on prend **OB** et **OC** pour axes des x et des y; on a

$$OP = x; \; MP = y, \; OF = OF' = C, \; FM = z, \; F'M = z'.$$

Pour **M**, les deux cercles dont les centres sont **F** , **F′**, ont pour équations

$$(1) \quad z^2 = y^2 + (c-x)^2 = y^2 + x^2 + c^2 - 2cx, \quad z'^2 = y^2 + (c+x)^2 = y^2 + x^2 + c^2 + 2cx$$

retranchant, on obtient $z'^2 - z^2 = (z' + z)(z' - z) = 4Cx$,

et puisque $z' - z = 2\Lambda$, il vient $z + z' = \dfrac{4Cx}{2\Lambda} = 2\,\dfrac{Cx}{A}$

par conséquent $\quad z' = A + \dfrac{Cx}{A}, \; z = \Lambda - \dfrac{Cx}{A}$.

Substituons pour z sa valeur dans (1), et nous aurons

$$\frac{C^2 x^2}{A^2} + A^2 = y^2 + x^2 + C^2, \quad A^2 y^2 + A^2 x^2 + A^2 C^2 = A^4 + C^2 x^2$$

et $\qquad A^2 y^2 + (A^2 - C^2)\, x^2 = A^2 (A^2 - C^2)$

C est plus grand que **A**, ainsi $A^2 - C^2$ est négatif : faisons $C^2 - A^2 = B^2$, et l'équation deviendra

$$A^2 y^2 - B^2 x^2 = - A^2 B^2$$

Elle ne diffère de celle de l'ellipse que par le signe de **B**.

Si l'on fait $y = o$, il vient $x = \pm A$, ce qui indique que la courbe coupe l'axe des x, à égale distance , à droite et à gauche de l'origine. Si $x = o$, on a $y \pm \sqrt{-B^2} = \pm B\sqrt{-1}$ quantité imaginaire : la courbe ne rencontre donc pas l'axe des y.

L'équation résolue par rapport à y, devient

$$y = \pm \frac{B}{A} \sqrt{x^2 - A^2} = \pm \frac{B}{A} \sqrt{(x + A)\,(x - A)}.$$

On a donc deux valeurs de y égales et de signes contraires, pour une valeur de x, et l'on retrouve les mêmes, quand on change seulement le signe de x. Ainsi, à une même ordonnée y, correspondent deux abscisses qui ne diffèrent que par le signe ; de même que deux ordonnées égales et de signes contraires appartiennent à deux points de la courbe qui ont même abscisse. On voit encore, par la dernière forme sous laquelle nous avons mis l'équation, que toute valeur de x plus petite que A, n'a pas d'ordonnée correspondante. Les plus grandes valeurs de x qui ne rendent pas y imaginaire, le rendent nul : ce sont $x = + A$ et $x = - A$.

Dans ces notions très élémentaires et très incomplètes de géométrie analytique, nous avons dépassé ce qui nous est rigoureusement nécessaire ; mais nous avons pensé qu'il ne serait pas tout-à-fait inutile de faire voir de quelle ressource est l'analyse pour trouver la solution de toute espèce de problème.

———

CHAPITRE VII.

EXPRESSIONS ANALYTIQUES DE QUELQUES LIGNES REMARQUABLES DU SPHÉROÏDE TERRESTRE : FORMULES DE LATITUDE, LONGITUDE ET AZIMUT.

377. *Grande et petite normales.* Soit M un point situé sur le globe (*fig.* 325), et dont le méridien est PME. La normale à ce point est MR que l'on désigne par N ou grande normale, par opposition à MQ que l'on nomme n ou petite normale. L'angle MQE est la latitude L de M : c'est aussi l'inclinaison de la normale sur l'axe des x.

Nous verrons plus tard, qu'il nous est indispensable de connaître les expressions de ces deux lignes, en fonction de la latitude comme seule variable, et de quantités constantes qui sont le grand et le petit axe de l'ellipsoïde, c'est-à-dire du solide engendré par la révolution de l'ellipse autour de son petit axe.

Prenons l'équation de l'ellipse

$$A^2 y^2 + B^2 x^2 = A^2 B^2 \quad \text{ou} \quad \frac{x^2}{A^2} + \frac{y^2}{B^2} = 1 . . (1)$$

Celle de la normale est (n° 372),

$$y - y' = \frac{A^2 y'}{B^2 x'} (x - x')$$

x' et y' sont les coordonnées du point de rencontre de la droite et de la courbe : $\frac{A^2 y'}{B^2 x'}$ représente la tangente de l'angle MQE ou L.

Donc   tang. $L = \frac{A^2 y'}{B^2 x'}$ ou $B^2 x'$ tang. $L = A^2 y'. \ldots (2)$

Nous pouvons nous abstenir d'accentuer les coordonnées du point de tangence, actuellement que nous n'avons plus à nous servir de l'équation de la normale. En construisant les deux triangles rectangles MFQ, MRS, nous trouvons que

MF   ou $y = n$ sin. $L. \ldots (3)$ et   RS   ou $x = N$ cosin. $L. \ldots (4)$

Si nous substituons successivement ces deux valeurs de x et de y dans l'équation (2), nous trouvons

$B^2 x$ tang. $L = A^2 n$ sin. L d'où $x = \frac{A^2}{B^2} n \cos. L. \ldots (5)$

$B^2 N \cos. L$ tang. $L = A^2 y$ $y = \frac{B^2}{A^2} N$ sin. $L. \ldots (6)$

En introduisant dans (1) les valeurs de x et y en fonction de N tirées de (4) et (6) ; puis ensuite celles de ces mêmes coordonnées telles que les donnent (3) et (5) en fonction de n, nous aurons deux équations qui détermineront N et n.

$$\frac{N^2 \cos.^2 L}{A^2} + \frac{B^2}{A^4} N^2 \sin.^2 L = 1 \quad \text{ou} \quad N^2 \left(\frac{\cos.^2 L}{A^2} + \frac{B^2}{A^4} \sin.^2 L \right) = 1$$

$$\frac{n^2 A^2 \cos^2 L}{B^4} + \frac{n^2 \overline{\sin.}^2 L}{B^2} = 1 \quad \text{ou} \quad n^2 \left(\frac{A^2}{B^4} \cos.^2 L + \frac{\sin.^2 L}{B^2} \right) = 1.$$

Chassant les dénominateurs

$N^2 (A^2 \cos.^2 L + B^2 \sin.^2 L) = A^4$ $n^2 (A^2 \cos.^2 L + B^2 \sin.^2 L) = B^4$,

et en remplaçant cos.^{2} L. par $1 - \sin.^2 L$

$N^2 (A^2 - (A^2 - B^2) \sin.^2 L) = A^4$, $n^2 (A^2 - (A^2 - B^2 \sin.^2 L)) = B^4$.

On désigne par e le rapport de la distance focale C au demi-grand axe A, de manière que

$e^2 = \frac{C^2}{A^2} = \frac{A^2 - B^2}{A^2}$ et que $A^2 - B^2 = A^2 e^2$, et $B^2 = A^2 (1 - e^2)$

Substituons ces expressions dans les dernières valeurs de N et n, et nous aurons

$$N^2 = \frac{A^4}{A^2 - A^2 e^2 \sin.^2 L}, \quad \text{et} \quad n^2 = \frac{A^4 (1 - e^2)^2}{A^2 - A^2 e^2 \sin.^2 L}$$

ou plutôt

$$N = \frac{A}{(1 - e^2 \sin.^2 L)^{\frac{1}{2}}}, \quad n = \frac{A (1 - e^2)}{(1 - e^2 \sin.^2 L)^{\frac{1}{2}}}$$

378. *Sous-normales.* La sous-normale CR se déduira facilement de ce qui précède, et des relations qui existent entre les éléments du triangle CQR (*fig.* 325) : en effet, la sous-normale ou ·

$$CR = RQ \sin.CQR = RQ \sin.L = (N-n)\sin.L = \frac{A - A(1-e^2)}{(1 - e^2\sin.^2 L)^{\frac{1}{2}}} = \frac{A e^2. \sin. L}{(1 - e^2\sin.^2 L)^{\frac{1}{2}}}$$

On trouverait de même que $CQ = \dfrac{A e^2 \cos. L}{(1 - e^2 \sin.^2 L)^{\frac{1}{2}}}$

379. On peut aisément vérifier l'exactitude des expressions qui représentent les normales et sous-normales, pour le cas où l'ellipsoïde devient une sphère, auquel cas $A = B$ et $e^2 = o$; car alors on trouve comme cela doit être, $N = n = A$; $CR = CQ = o$.

380. *Rayon de la terre en fonction de la latitude.* Un rayon quelconque tel que CA ou CB (*fig.* 325), que nous représenterons par R est lié aux coordonnées de son extrémité par l'équation $R^2 = y^2 + x^2$. Mettons pour x et y les valeurs fournies par (4) et (6), il viendra

$$R^2 = \frac{B^4}{A^4} N^2 \sin.^2 L + N^2 \cos.^2 L$$

et en remplaçant N par l'expression que nous venons de trouver plus haut

$$R^2 = \frac{B^4 \sin.^2 L}{A^2 (1 - e^2 \sin.^2 L)} + \frac{A^2 \cos.^2 L}{(1 - e^2 \sin.^2 L)} =$$

$$\frac{B^4 \sin.^2 L + A^4 \cos.^2 L}{A^2 (1 - e^2 \sin.^2 L)} = \frac{A^4 - (A^4 - B^4) \sin.^2 L}{A^2 (1 - e^2 \sin.^2 L)}$$

Nous savons que $B^4 = A^4 (1 - e^2)^2$, ou par suite

$$A^4 - B^4 = A^4 (2e^2 - e^4).$$

d'où en divisant par A^2 haut et bas,

$$R^2 = \frac{A^2 (1 - (2e^2 - e^4) \sin.^2 L)}{1 - e^2 \sin.^2 L}$$

ou en supprimant le terme en e^4 sin.² L

$$R^2 = \frac{A^2 \, (1 - 2e^2 \sin.^2 L)}{1 - e^2 \sin.^2 L}$$

et en faisant passer le dénominateur au numérateur, en lui donnant l'exposant — 1, développant et s'en tenant au second terme, parce que le troisième serait du quatrième ordre par rapport à e.

$$R^2 = A^2 \, (1 - 2e^2 \sin.^2 L)(1 + e^2 \sin.^2 L)$$

ou

$$R^2 = A^2 \, (1 + e^2 \sin.^2 L - 2e^2 \sin.^2 L - 2e^4 \sin.^4 L) = A^2 \, (1 - e^2 \sin.^2 L - 2e^4 \sin.^4 L)$$

et enfin, supprimant le terme en e^4, $R^2 = A^2 \, (1 - e^2 \sin.^2 L)$ ou $R = A \, (1 - e^2 \sin.^2 L)^{\frac{1}{2}}$. Concluons de cette valeur du rayon et de celle de la grande normale que $NR = A^2$, c'est-à-dire que dans le sphéroïde terrestre, et pour un point quelconque, le rayon de l'équateur est moyen proportionnel entre la normale et le rayon.

Si l'on voulait avoir le rayon corresponndant à la latitude moyenne 50ᵍ, on remarquerait que dans ce cas sin. = cosin., sin.² = cosin.² = 1 — sin.², sin.² = $\frac{1}{2}$. Désignant donc par R' ce rayon, on aurait

$$R'^2 = A^2 \; \left(1 - \frac{e^2}{2}\right)$$

381. *Rapport entre un rayon quelconque et celui de 50ᵍ.* Au moyen des valeurs de R^2 et R'^2 que nous venons de trouver, il vient successivement

$$\frac{R^2}{R'^2} = \frac{1 - e^2 \sin.^2 L}{1 - \frac{e^2}{2}} = (1 - e^2 \sin.^2 L) \left(1 - \frac{e^2}{2}\right)^{-1} = (1 - e^2 \sin.^2 L)\left(1 + \frac{e^2}{2}\right)$$

$$\frac{R^2}{R'^2} = 1 - e^2 \sin.^2 L + \frac{e^2}{2} - \frac{e^4}{2} \sin.^2 L =$$

$$1 - e^2 \sin.^2 L + \frac{e^2}{2} = 1 + \frac{e^2}{2} \, (1 - 2 \sin.^2 L)$$

et enfin

$$\frac{R^2}{R'^2} = \left(1 + \frac{e^2}{2} \cos. 2L\right)$$

Tel est le rapport des carrés des rayons : quant à celui des rayons eux-mêmes,

il sera

$$\frac{R}{R'} = \left(1 + \frac{e^2}{2} \cos. 2L\right)^{\frac{1}{2}}$$

Si nous voulons établir ici numériquement le coefficient de

cos. 2L , en vertu de l'aplatissement qui a été trouvé $\frac{1}{309}$, nous écrirons $B = A (— \frac{1}{309})$, d'où

$$B^2 = A^2 - \frac{2A^2}{309} + \frac{A^2}{(309)^2} \quad \text{et} \quad \frac{A^2 - B^2}{A^2}$$

ou
$$e^2 = \frac{2}{309} - \frac{1}{(309)^2} = \frac{617}{95481} = 0{,}00646202$$

Nous aurons donc

$$\frac{\sqrt{A^2 - B^2}}{A} = \frac{C}{A} = e = 0{,}0804 \quad \text{et} \quad \frac{e^2}{2} = 0{,}00323101$$

correspondant à

$$\frac{A - B}{A} = \frac{1}{309} = 0{,}003236 \quad \text{et} \quad \frac{R}{R'} = (1 + 0{,}00323 \; \cos. \; 2L.)^{\frac{1}{2}}$$

382. *Expression des rayons vecteurs pour un point quelconque.* Nous avons vu n° 371 que l'expression des rayons vecteurs est

$$z^2 = y^2 + (x \pm c)^2 = y^2 + x^2 \pm 2cx + c^2$$

Nous avons aussi trouvé n° 377

$$y = \frac{B^2}{A^2} \, N \sin. \, L, \quad x = N \cos. \, L$$

Ainsi,

$$z^2 = \frac{B^4}{A^4} N^2 \sin.^2 L + N^2 \cos.^2 L + A^2 e^2 \pm 2AeN \cos. L =$$

$$\frac{N^2}{A^4} (B^4 \sin.^2 L + A^4 \cos.^2 L) + A^2 e^2 \pm 2AeN \cos. L$$

ou
$$z^2 = \frac{N^2}{A^4} (A^4 - (A^4 - B^4) \sin.^2 L) + A^2 e^2 \pm 2AeN \cos. L$$

et parce que
$$A^4 - B^4 = A^4 (2e^2 - e^4)$$

$$z^2 = N^2 (1 - (2e^2 - e^4) \sin.^2 L) + A^2 e^2 \pm 2AeN \cos. L$$

introduisant la valeur de N,

$$z^2 = \frac{A^2 (1 - (2e^2 - e^4) \sin.^2 L)}{1 - e^2 \sin.^2 L} + A^2 e \pm 2A^2 \frac{e \cos. L}{(1 - e^2 \sin.^2 L)^{\frac{1}{2}}}$$

Réduisons les deux premiers termes au même dénominateur

$$z^2 = \frac{A^2 (1 - 2e^2 \sin.^2 L + e^4 \sin.^2 L + e^2 - e^4 \sin.^2 L)}{1 - e^2 \sin. L} \pm \frac{2A^4 e \cos. L}{(1 - e^2 \sin. L)^{\frac{1}{2}}}$$

$$z^2 = \frac{A^2 (1 + e^2 - 2e^2 \sin.^2 L)}{1 - e^2 \sin.^2 L} \pm \frac{2A^2 e \cos. L}{(1 - e^2 \sin.^2 L)^{\frac{1}{2}}}$$

$$z^2 = A^2 \left((1+e^2)(1-2\sin^2 L)(1-e^2\sin^2 L)^{-1} \pm \frac{2e\cos L}{(1-e^2\sin^2 L)^{\frac{1}{2}}} \right)$$

$$z^2 = A^2 \left((1+e^2\cos 2L)(1-e^2\sin^2 L)^{-1} \pm \frac{2e\cos L}{(1-e^2\sin^2 L)^{\frac{1}{2}}} \right)$$

et enfin, en prenant les deux premiers termes du développement de la puissance — 1, effectuant le produit et négligeant le terme en e_4.

$$z^2 = A^2\left((1+e^2\cos 2L + e^2\sin^2 L \pm \text{etc.}) = A^2(1+e^2(\cos 2L + \sin^2 L) \pm \text{etc.} \right.$$

et parce que

$$\cos 2L = \cos^2 L - \sin^2 L, \quad z^2 = A^2\left(1 + e^2\cos^2 L \pm \frac{2e\cos L}{(1-e^2\sin^2 L)^{\frac{1}{2}}} \right) \quad (u)$$

Nous pouvons aisément vérifier cette double valeur de z, en supposant d'abord $L = o$, d'où $\sin L = o$, $\cos L = 1$, ce qui réduit la formule à

$$z^2 = A^2(1+e^2 \pm 2e) = A^2(1\pm e)^2, \quad \text{et} \quad z = A(1\pm e) = A \pm Ae = A \pm C.$$

C'est ce qui a lieu en effet dans l'ellipse, pour les extrémités du grand axe.

Si nous supposons $L = 100^g$, alors $\sin L = 1$ et $\cos L = o$.

Nous trouvons, comme cela doit être, $z = \pm A$.

Pour la latitude du parallèle moyen, on a $\sin^2 50 = \cos^2 50 = \frac{1}{2}$, et par conséquent

$$z^2 = A^2 \left(1 + \frac{e^2}{2} \pm \frac{2e\sqrt{\frac{1}{2}}}{1 - \frac{e^2}{2}} \right) = A^2 \left(1 + \frac{e^2}{2} \pm \frac{2e\sqrt{2}}{2 - e^2} \right)$$

On peut encore simplifier l'expression de z^2 fournie par (u) : en effet, en chassant le dénominateur du troisième terme dans la parenthèse, par le moyen employé déjà si souvent, ce terme devient $2e\cos L(1 + \frac{1}{2}e^2\sin^2 L)$, et peut se réduire à $2e\cos L$; puisque le terme que l'on néglige $e^2\cos L\sin^2 L$ est du troisième ordre par rapport à e, et contient deux autres facteurs plus petits que l'unité. Nous sommes donc en droit d'écrire

$$z^2 = A^2((1+e^2\cos^2 L) \pm 2e\cos L) = A^2(1\pm e\cos L)^2 \quad \text{et} \quad z = A(1\pm e\cos L)$$

On y trouve également

pour $L = o$, et cos. $L = 1$ que $z = A (1 \pm e)$

pour $L = 100$, cos. $= 0$ que $z = A$

pour $L = 50$, cos. $= \sqrt{\tfrac{1}{2}}$ $\Big\{$ $z = A (1 \pm e \sqrt{\tfrac{1}{2}})$

            et $z^2 = A^2 (1 + \tfrac{1}{2}e^2 \pm 2e \sqrt{\tfrac{1}{2}})$

383. *Autre méthode pour déterminer les rayons vecteurs.* Nous pouvons encore déduire la valeur de z d'une autre considération puisée dans les relations qui existent entre les différentes lignes de la figure 325 : en effet, le triangle OMF dans lequel les côtés sont R, Z et C, et dont nous désignerons, pour abréger, l'angle en C par λ, nous fournit l'équation $Z^2 = R^2 + C^2 - 2RC.\,\text{Cos.}\,\lambda$ ou plutôt $Z^2 = R^2 + C^2 \pm RC.\,\text{Cos.}\,\lambda$ (1), parce qu'en considérant le triangle OMF' pour avoir le second rayon vecteur, il n'y aurait que le signe du cosinus à changer, en raison de ce que l'angle en C, dans cette seconde circonstance, serait le supplément de celui que nous avons considéré d'abord.

Le triangle OMP nous indique que R cos. $\lambda = x$, et nous trouvons encore dans MRS que N. cos. $L = x$, d'où N. cos. $L = R$. cos. λ. Nous allons substituer cette valeur dans (1), tout en déduisant en passant, cette conséquence, que le rayon et la normale d'un point quelconque du globe, sont réciproquement proportionnels à leurs inclinaisons sur l'équateur.

Revenons à Z^2 qui devient $Z^2 = R^2 + C^2 \pm 2NC.$ cos. L.

Remplaçons R, C et N par leurs valeurs, et il viendra

$$z^2 = A^2 (1 - e^2 \sin.^2 L) + A^2 e^2 \pm \frac{2A^2 e \cos. L}{(1 - e^2 \sin.^2 L)^{\frac{1}{2}}} =$$

$$A^2 \left(1 + e^2 \cos.^2 L \pm \frac{2e \cos. L}{(1 - e^2 \sin.^2 L)^{\frac{1}{2}}} \right)$$

RÉSUMÉ.

$$N = \frac{A}{(1 - e^2 \sin.^2 L)^{\frac{1}{2}}}, \quad n = \frac{A (1 - e^2)}{(1 - e^2 \sin.^2 L)^{\frac{1}{2}}},$$

$$sN = \frac{Ae^2 \sin. L}{(1 - e^2 \sin.^2 L)^{\frac{1}{2}}}, \quad sn = \frac{Ae^2 \cos. L}{(1 - e^2 \sin.^2 L)^{\frac{1}{2}}}.$$

$$R = A (1 - e^2 \sin.^2 L)^{\frac{1}{2}}, \quad NR = A^2, \quad R\,(50s) = A \left(1 - \frac{e^2}{2} \right)^{\frac{1}{2}},$$

$$z = A (1 \pm e \cos. L), \quad \frac{R}{R'} = (1 + 0,00323 \cos. 2L)$$

CHAPTRE VIII.

FORMULES DE LATITUDE, LONGITUDE ET AZIMUT.

384. *Latitude.* Soient P le pôle, PA et PB (*fig.* 326) deux méridiens. AN et BO les normales aux points A et B : on suppose connu l'angle ANH, qui est la latitude L de A, et l'on demande L′, celle de B située à l'extrémité de l'arc AB ou K, obtenu par la résolution des triangles. Pour trouver L — L′ ou la différence d'inclinaison sur l'équateur, des normales AN, BO qui ne sont pas situées dans un même plan, unissons B et N par une droite qui formera avec l'équateur, un angle que nous désignerons par λ ; puis cherchons L — λ, λ — L′, et éliminons λ.

Si du point N, comme centre, et d'un rayon égal à l'unité, nous décrivons une sphère, elle sera coupée suivant les trois arcs de cercle pa, pb, ab, par les deux plans méridiens et par celui dans lequel sont situés AN et AB.

pa sera le complément de **L**, pb celui de λ, et ab que nous représenterons par φ, sera le rapport de K à la normale du point A; car l'arc AB est assez petit, eu égard aux dimensions du globe, pour pouvoir dire qu'il se confond sensiblement dans toutes ses parties avec son cercle osculateur qui aurait son centre en N et AN pour rayon. Cette portion du cercle osculateur et ab sont deux arcs concentriques proportionnels à leurs rayons : ainsi il est donc vrai de dire que $\varphi = \dfrac{K}{N}$ (N désignant la normale de A).

Désignons L — λ par x, et nous aurons

$$x = 100 - pa - (100 - pb) = pb - pa \quad \text{ou} \quad pb = pa + x. \ . \ . \ (1)$$

Le triangle sphérique pab fournit la relation

$$\cos. pb = \cos. pa \cos. ab + \sin. pa \sin. ab \cos. a.$$

Il est donc naturel de chercher une autre valeur de cos. pb, en la déduisant de (1) : car en les égalant pour faire disparaître cos. pb, il restera une relation entre x et des quantités connues.

De (1) nous tirons

$$\cos. pb = \cos. pa \cos. x - \sin. pa \sin. x$$

et alors

$$\cos. pa \cos. x - \sin. pa \sin. x = \cos. pa \cos. ab + \sin. pa \sin. ab \cos. a$$

puisque

$$pa = 100 - L, \quad a = 200 - x \quad \text{et} \quad ab = \varphi$$

nous pouvons écrire

$$\sin. L \cos. x - \cos. L \sin. x = \sin. L \cos. \varphi - \cos. L \sin. \varphi \cos. z$$

x et φ sont des quantités très petites, nous pourrons donc employer avec avantage les développements en séries, pour faire disparaître leurs lignes trigonométriques, et négliger dans ces développements tous les termes de puissances supérieures à la seconde : il vient alors

$$\sin. L - \frac{x^2}{2} \sin. L - x \cos. L = \sin. L - \frac{\varphi^2}{2} \sin. L - \varphi \cos. L \cos. z$$

ou en supprimant sin. L commun aux deux membres et changeant tous les signes

$$\frac{x^2}{2} \sin. L + x \cos. L = \frac{\varphi^2}{2} \sin. L + \varphi \cos. L \cos. z.$$

Au lieu de résoudre cette équation suivant la méthode générale usitée pour le deuxième degré, et pour ne pas arriver à une valeur irrationnelle de x, nous allons, parce que x et φ sont très petits, supprimer les termes qui contiennent leurs secondes puissances, afin d'arriver à une première valeur approximative

$$x = \varphi. \cos. Z.$$

Celle-ci substituée à x^2, ramène l'équation à n'être que du premier degré et de la forme

$$\frac{\varphi^2}{2} \cos.^2 z \sin. L + x \cos. L = \frac{\varphi^2}{2} \sin. L + \varphi \cos. L \cos. z$$

ou

$$x = \varphi \cos. z + \frac{\varphi^2}{2} \text{tang.} L (1 - \cos.^2 z) = \varphi \cos. z + \frac{\varphi^2}{2} \text{tang.} L \sin.^2 z$$

Telle est la valeur de x ou $L - \lambda$.

Cherchons actuellement celle de $\lambda - L'$. BO étant la normale du point B, l'angle OBN est précisément la différence de λ à L'. Par le point N, élevons NM perpendiculaire à BO jusqu'à son prolongement en M, et remarquons d'abord que dans le triangle BMN rectangle en M, on a $\sin. MBN = \dfrac{MN}{BN}$ ou, comme l'angle est très petit, en prenant la valeur du sinus pour celle de l'arc,

$$B = \lambda - L' = \frac{MN}{BN}$$

Mais $MN = NO.$ cos. MNO et $MNO = L'$, puisque les côtés qui embrassent ces angles, sont respectivement perpendiculaires, donc,

$$\lambda - L' = \frac{NO}{BN} \, \cos. \, L'$$

D'ailleurs, $NO = MC - OC$ ou la différence des sous-normales de A et B : quant à BN, sensiblement égal à AN, nous le remplacerons par la valeur de cette dernière ligne, et nous aurons

$$\lambda - L' = \frac{(1 - e^2 \sin.^2 L)^{\frac{1}{2}}}{A} \left(\frac{ae^2 \sin. L}{(1 - e^2 \sin.^2 L)^{\frac{1}{2}}} - \frac{ae^2 \sin. L'}{(1 - e^2 \sin.^2 L')^{\frac{1}{2}}} \right) \cos. L'.$$

Nous pouvons beaucoup simplifier cette expression, en remarquant que les dénominateurs sont sensiblement les mêmes : en effet, ils contiennent les carrés des deux sinus peu différents l'un de l'autre et multipliés tous deux par e^2 que nous avons vu (n° 381), être égal à 0,00646.

Nous pourrons donc écrire

$$\lambda - L' = e^2 \, (\sin. \, L - \sin. \, L') \cos. \, L'$$

Remplaçons la différence des deux sinus, comme l'indique la formule 15 de trigonométrie rectiligne,

$$\lambda - L' = 2e^2 \, \cos. \, \tfrac{1}{2} (L + L') \sin. \, \tfrac{1}{2} (L - L') \cos. \, L'$$

On sait que le double du sinus de la moitié d'un arc est égal à la corde qui sous-tend cet arc, et lorsque ce dernier est aussi petit que $L - L'$, il se confond avec sa corde; nous pourrons donc dire que $2 \sin. \, \tfrac{1}{2} (L - L') = L - L'$, et écrire

$$\lambda - L' = e^2 \, (L - L') \cos. \, \tfrac{1}{2} (L + L') \cos. \, L'$$

Ici encore, il se présente des réductions qui ne sont pas rigoureusement exactes, mais que justifie la nature des quantités qui entrent dans l'expression : ainsi le premier facteur e^2, est une très petite fraction; le second est aussi très petit, puisque relativement aux dimensions du globe, la distance est bien peu considérable entre A et B, qui doivent être visibles l'un de l'autre. Par la même raison, cos. $\tfrac{1}{2} (L + L')$ doit peu différer de cos. L et de cos. L'. De tout cela, il résulte que

$$\lambda - L' = e^2 \, (L - L') \cos.^2 L$$

Ajoutant membre à membre cette équation et celle qui fournit $L - \lambda$, il vient

$$L - L' = e^2 \, (L - L') \cos.^2 L + \varphi \cos. \, z + \frac{\varphi^2}{2} \, \text{tang. } L \sin.^2 z$$

ou momentanément pour abréger

$$L - L' = (L - L')\, e^2 \cos^2 L + X$$

d'où

$$(L - L')(1 - e^2 \cos^2 L) = X$$

et encore

$$L - L' = \frac{X}{(1 - e^2 \cos^2 L)} = X\,(1 - e^2 \cos^2 L)^{-1} = X\,(1 + e^2 \cos^2 L),$$

et maintenant,

$$L - L' = \varphi\,(1 + e^2 \cos^2 L) \cos z + \frac{\varphi^2}{2}\,(1 + e^2 \cos^2 L)\, \tan L \sin^2 z$$

Nous savons que

$$\varphi = \frac{AB}{AN} = K\,\frac{(1 - e^2 \sin^2 L)^{\frac{1}{2}}}{A \sin 1''},$$

donc

$$L - L' = K\,\frac{(1 - e^2 \sin^2 L)^{\frac{1}{2}}}{A \sin 1''}\,(1 + e^2 \cos^2 L) \cos z +$$

$$K^2\,\frac{(1 - e^2 \sin^2 L)}{2A^2 \sin^2 1''}\,(1 + e^2 \cos^2 L)\, \tan L \sin^2 z.$$

On a fait pour abréger

$$\frac{(1 - e^2 \sin^2 L)^{\frac{1}{2}}}{A \sin 1''}\,(1 + e^2 \cos^2 L) = P, \quad \frac{(1 - e^2 \sin^2 L)}{2A^2 \sin^2 1''}\,(1 + e^2 \cos^2 L)\, \tan L = Q.$$

La formule s'écrit alors

$$L' = L - P.K \cos z - Q.K^2 \sin^2 z.$$

On a calculé et mis en table les différentes valeurs de P et Q en fonction de L.

385. *Longitude.* Soit ABC (*fig.* 327) le triangle sphérique obtenu précédemment en décrivant une sphère de N, extrémité de la normale du point qui, sur la terre, correspond à A, et d'un rayon égal à l'unité. La différence en longitude des points correspondant à A et B, est mesurée par l'angle C. Le triangle ABC donne

$$\sin C = \frac{\sin A}{\sin a}\, \sin c.$$

c est ce que nous avons désigné par φ. Cette quantité étant très petite ainsi que C, nous pouvons les substituer à leurs sinus, et écrire

$$C = \frac{\sin A}{\sin a}\, \varphi$$

A est le supplément de l'azimut Z et $a = 100 - \lambda$, d'où sin. $A =$ sin. Z et sin. $a =$ cos. λ.

Si nous désignons par M et M' les longitudes, nous aurons

$$C = M - M' = \frac{\sin. z}{\cos. \lambda} \varphi$$

Ici, on remplace cos. λ par cos. L', et voici comment on justifie cette opération.

Nous avons trouvé que

$$\lambda = L' + e^2 \cos.^2 L \, (L - L')$$

L—L' est comme nous savons très petit : e^2 l'est également : enfin, un cosinus étant moindre que l'unité, son carré est plus petit encore, et le produit de ces trois facteurs, donne pour la différence de λ à L', une fraction peu appréciable. Ce sont d'ailleurs les cosinus que nous substituons l'un à l'autre, et l'on sait qu'ils diffèrent entre eux, moins que les arcs eux-mêmes.

Nous écrirons donc en remplaçant φ par sa valeur, et parce que $\frac{1}{\cos.} =$ sécante

$$M - M' = K \frac{(1 - e^2 \sin.^2 L)^{\frac{1}{2}}}{A \sin. 1''} \text{ sécante } L' \sin. z.$$

Ajoutons, pour justifier davantage l'artifice de calcul que nous avons employé, que cela a lieu au dénominateur de la très petite fraction qui représente M—M'. Connaissant donc la longitude d'un point, on trouvera celle d'un autre point, au moyen de la formule ci-dessus, et ainsi de suite, de proche en proche. On a calculé et mis en table $\frac{(1 - e^2 \sin.^2 L)^{\frac{1}{2}}}{A \sin. 1''}$ que l'on représente par R. La formule s'écrit ainsi qu'il suit :

$$M' = M - RK \text{ séc. } L' \sin., z.$$

386. *Azimut.* Il s'agit actuellement de passer de l'azimut Z du côté AB, observé en A, à son azimut Z' compté sur le méridien de B (*fig.* 327). On se sert pour cela de l'analogie de Neper

$$\text{tang. } \tfrac{1}{2}(A + B) = \text{cotang. } \tfrac{1}{2} C \frac{\cos. \tfrac{1}{2}(a - b)}{\cos. \tfrac{1}{2}(a + b)}$$

En raison de la petitesse du côté c, le supplément de B ne diffère de A que d'une très petite quantité que nous désignerons par y : nous pourrons donc écrire

$$B = 200 - (A + y), \tfrac{1}{2}(A + B) = 100 - \tfrac{1}{2} y, \text{ tang. } \tfrac{1}{2}(A + B) = \text{cotang. } \tfrac{1}{2} y,$$

d'où il résulte

$$\text{cotang. } \tfrac{1}{2} y = \text{cotang. } \tfrac{1}{2} C \frac{\cos. \tfrac{1}{2} (a - b)}{\cos. \tfrac{1}{2} (a + b)}$$

Les angles $\tfrac{1}{2} y$ et $\tfrac{1}{2} c$ étant très petits, leurs cotangentes sont très grandes ; mais leurs tangentes, dans ce cas, se confondant pour ainsi dire avec les arcs, on peut renverser la formule ci-dessus, et elle devient alors

$$\text{tang. } \tfrac{1}{2} y = \text{tang. } \tfrac{1}{2} C \frac{\cos. \tfrac{1}{2} (a+b)}{\cos. \tfrac{1}{2} (a-b)} \quad \text{ou} \quad \tfrac{1}{2} y = \tfrac{1}{2} C \frac{\cos. \tfrac{1}{2} (a+b)}{\cos. \tfrac{1}{2} (a-b)}$$

Substituons actuellement à a, b et C, leurs notations géodési-ques, pour mettre en évidence les données du problème.

$$\left. \begin{array}{l} a = 100 - L' \\ b = 100 - L \\ C = M - M' \end{array} \right\} \quad \begin{array}{l} \tfrac{1}{2} (a+b) = 100 - \tfrac{1}{2} (L+L'), \\ \tfrac{1}{2} (a-b) = \tfrac{1}{2} (L-L'), \end{array} \quad \begin{array}{l} \cos. \tfrac{1}{2} (a+b) = \sin. \tfrac{1}{2} (L + L') \\ \cos. \tfrac{1}{2} (a-b) = \cos. \tfrac{1}{2} (L-L'). \end{array}$$

Nous aurons donc

$$\tfrac{1}{2} y = \tfrac{1}{2} (M - M') \frac{\sin. \tfrac{1}{2} (L + L')}{\cos. \tfrac{1}{2} (L - L')}.$$

Nous avons posé

$$y = 200 - (A + B) = 200 - (200 - z) - (z' - 200) = 200 + z - z'$$

Substituant cette valeur de y, multipliant par 2, et remarquant que l'on peut négliger le dénominateur $\cos. \tfrac{1}{2} (L - L')$ sensiblement égal à l'unité, nous aurons en définitive

$$z' = 200 + z - (M - M') \sin. \tfrac{1}{2} (L + L')$$

Cet azimut z' est nécessaire pour arriver à connaître celui d'un autre côté et calculer ensuite les latitude et longitude de l'extré-mité C d'un nouveau côté K' (*fig.* 328) : en effet, nous aurons be-soin pour employer les formules de latitude et longitude pour le point C, de connaître l'azimut SBC, et nous voyons par la figure, qu'il est égal à Z', diminué de l'angle B connu du triangle ABC.

Dans la pratique, les latitudes et longitudes étant calculées de deux manières, se vérifient par cela même : ainsi, connaissant celles de A et B (*fig.* 329), on se sert des premières, puis de celles de B, pour trouver les coordonnées géographiques de C. On con-naît pour cela, les azimuts des côtés AC et BC par rapport aux méridiens de B et de C. Ensuite, à l'aide de la dernière formule que nous avons démontrée, on détermine les azimuts des mêmes côtés par rapport au méridien de C. Ici, la vérification consiste à retrancher l'azimut du côté de gauche, de celui de droite, et la différence doit être précisément l'angle C du triangle ABC (*fig* 330).

Quand l'azimut de droite est plus petit que celui de gauche, il faut pour rendre la soustraction possible, lui ajouter 400ᵍ, et la différence est toujours, comme l'indique la figure 331, l'angle C du triangle.

CHAPITRE IX.

NIVELLEMENT GÉODÉSIQUE ET BAROMÉTRIQUE.

387. Nous avons passé en revue tout ce qui est nécessaire au calcul de la projection des points du canevas : il nous reste à trouver les ordonnées verticales de ces points : c'est ce qui constitue le nivellement géodésique.

Il est évident que la différence de niveau BB' de deux points A et B (*fig.* 332), est fonction des distances zénitales ZAB, Z'BA, et du côté AB ; mais ces distances observées sont affectées d'erreurs qu'il faut d'abord détruire.

388. *Réduction des distances zénitales aux sommets des signaux.* Généralement l'instrument n'est pas placé précisément au point de mire, c'est-à-dire au point visé des autres stations. Il s'ensuit que la distance zénitale doit être corrigée d'une première erreur qui est la conséquence de cette disposition.

Supposons que A et B (*fig.* 333) soient les deux points de mire : les deux distances zénitales réciproques sont ZAB, Z'BA, que nous désignerons par δ et δ'. Si l'on a été obligé de se placer en a au-dessous de A, l'angle observé ZaB, que nous pouvons représenter par Δ, est plus petit que δ, de la quantité angulaire ABa ou α : en effet, en considérant δ comme extérieur au triangle ABa, on trouve $\delta = \Delta + \alpha$. Le même triangle fournit la proportion

$$\text{sin. } \alpha : \text{sin. } \Delta :: \text{A}a : \text{AB} \qquad \text{d'où} \qquad \text{sin. } \alpha = \text{A}a\ \frac{\text{sin. } \Delta}{\text{AB}}$$

AB est le côté connu : c'est ce que déjà nous avons représenté par K. Désignons Aa par dH, c'est la distance de l'instrument à la

mire du signal ; et parce que l'angle α est très petit, prenons
l'expression de son sinus pour l'angle, et nous écrirons

$$\alpha = \frac{dH \sin. \Delta}{K}$$

Telle est la formule au moyen de laquelle on détermine la correction, après toutefois, l'avoir rendue homogène. α doit être
exprimé en secondes, et puisque le second membre de l'équation
représente une longueur, il faut, comme nous l'avons fait déjà en
maintes circonstances semblables, le diviser par sin. 1″, ce qui
donne

$$\alpha = \frac{dH \sin. \Delta}{K \sin. 1''}$$

Enfin, nous dirons que dans la pratique, on néglige sin. Δ,
comme différant très peu de l'unité : on calcule donc la correction
au moyen de

$$\alpha = \frac{dH}{K \sin. 1''}$$

Pour justifier cette simplification, il suffit de remarquer que Δ
diffère toujours trop peu de 100ᵍ, pour qu'on ne puisse pas prendre son sinus pour le rayon ou l'unité, surtout quand il est le
coefficient d'une fraction aussi petite que $\frac{dH}{K}$.

Dans le cas le plus général, celui où l'instrument est au-dessous
du point de mire, la correction est additive, comme l'indique la
figure : elle se retranche dans le cas contraire, et est presque
toujours bien moindre dans cette dernière circonstance : en effet,
dans le premier cas, elle dépend de la distance plus ou moins
grande à laquelle la disposition de l'édifice ou du signal, permet de
placer l'instrument par rapport au point de mire. Le second cas
ne se présente que pour des monuments terminés par une plate-
forme ou une balustrade, ou pour des signaux construits en pierre
et dont la forme est celle d'un cône tronqué. En visant des autres
stations, on a fait coïncider le fil horizontal de la lunette avec la
ligne horizontale suivant laquelle on aperçoit la plate-forme, la
balustrade ou la base supérieure du cône tronqué. Quand ensuite
on s'y transporte, pour faire les observations, l'instrument est
placé sur la partie visée, et le dH n'est autre chose que la hauteur
de l'instrument.

389. Il n'est pas toujours facile de mesurer immédiatement dH.

Alors, on peut prendre une base CB (*fig.* 334) partant du pied de l'édifice : du point B observer les distances zénitales de A et *a* : se servir de leurs compléments pour résoudre les deux triangles rectangles CBA, CB*a*, dont les deux côtés verticaux sont les hauteurs du point de mire A et de l'instrument *a* au-dessus du sol. Leur différence donne *d*H.

Nous avons supposé horizontal le terrain sur lequel repose le signal. S'il est incliné, il faudra d'abord réduire la base à l'horizon.

Si l'on ne pouvait aborder C, projection du point de mire, on prendrait, sur un terrain favorable, et à une distance arbitraire, une base BB' (*fig.* 335), que l'on mesurerait avec soin. Des extrémités on observerait les distances zénitales de A, qui seraient les compléments des angles ABC, AB'C, puis les angles ABB', AB'B. Au moyen de ces deux derniers et de la base, on obtiendrait les longueurs de AB et de AB', par la résolution du triangle ABB' : puis ensuite, pour trouver AC et si l'on veut BC et B'C, on calculerait les deux triangles rectangles ABC, AB'C, dans lesquels on connaîtrait l'hypoténuse et l'un des angles aigus. La hauteur AC serait d'autant mieux déterminée, qu'elle serait donnée par deux calculs. On agirait de même à l'égard du point *a*.

Voici encore une méthode que l'on peut employer lorsque l'on est dans une flèche peu aiguë. On mesure deux rayons AO, DE (*fig.* 336) à une distance OE ou H, que l'on mesure aussi : les triangles semblables ABO, DBE, donnent

$$\text{AO}:\text{DE}::x+\text{H}:x \quad \text{ou} \quad \text{AO}-\text{DE}:\text{DE}::h:x \quad \text{d'où enfin} \quad x = \frac{\text{H}.\text{DE}}{\text{AO}-\text{DE}}.$$

390. *Erreur de réfraction.* La seconde cause d'erreur est due à la réfraction. On sait qu'un rayon lumineux en passant successivement dans des milieux qui augmentent de densité, s'infléchit, parce que l'angle que fait sa direction avec la normale, diminue sans cesse (Livre IV, n° 243). C'est effectivement ce qui a lieu dans l'atmosphère en raison de l'accroissement progressif de densité. Si l'on est placé plus près du sol que le point visé, le rayon lumineux qui en a produit la sensation, se rapproche constamment de la normale, en raison de ce que la densité de l'air augmente. Le contraire a lieu, c'est-à-dire que l'angle que fait ce rayon lumineux avec la normale, s'ouvre de plus en plus, quand le point visé est moins élevé que la personne qui le contemple. Dans l'un et l'autre cas, la courbe que fait le rayon lumineux présente sa concavité à la terre. Ainsi, pour l'observateur qui, placé en A, voit le point B (*fig.* 337), ce n'est pas le rayon lumineux partant de

B et dirigé d'abord suivant BA, qui a produit la sensation ; car il s'est courbé et a rencontré la terre en deçà de A : c'est donc un rayon représenté par une courbe dont AB est la corde, et l'observateur juge le point B en B′ suivant la tangente au premier élément de la courbe. L'angle ZAB′ qu'il observe, n'est par conséquent pas la vraie distance zénitale. Nous allons voir comment on calcule l'erreur angulaire BAB′ dont elle est affectée, après avoir remarqué en passant, et comme nous le justifierons plus tard, qu'elle n'a d'influence que sur les différences de niveau calculées à l'aide d'une seule distance zénitale.

Nous allons d'abord faire voir que l'état de l'atmosphère étant le même, l'erreur de réfraction est proportionnelle à l'angle au centre O. Si les distances des points A et B au centre du globe, différaient beaucoup l'une de l'autre, il est évident que les accroissements successifs de O produiraient des accroissements beaucoup plus rapides pour la trajectoire ; mais il en serait de même aussi de AB ou K, et l'on ne pourrait pas dire que cette ligne mesure l'angle au centre : cette circonstance ne se présente pas. Les plus grandes différences de niveau que peuvent atteindre les aspérités du globe, sont toujours ; pour deux points visibles l'un de l'autre, telles qu'il n'y a pas $\frac{1}{10000}$ de différence entre AO et BO. S'il s'agit de deux points dont la différence de niveau soit très grande, 500m par exemple, il n'y aura que $\frac{1}{13733}$ entre AO et BO. De là, nous pouvons déjà conclure que la trajectoire est proportionnelle à l'arc terrestre correspondant ; mais une autre conséquence que nous pouvons en tirer encore, c'est que la trajectoire se confond très sensiblement dans toute son étendue avec son cercle osculateur : ainsi, nous dirons que l'angle r ou BAB′, a pour mesure la moitié de la trajectoire : l'angle r est donc proportionnel à cette courbe, il l'est donc enfin à l'angle au centre.

Nous voici en droit d'écrire $r = nO$; le coefficient n étant constant pour un même état de l'atmosphère, et variant toutes les fois qu'il y a quelque changement dans les causes qui influent sur la densité de l'air.

391. En déduisant la valeur de n coefficient de la réfraction, des observations faites avec une valeur particulière de K, elle sera la même pour les corrections à faire à toutes les distances zénitales observées dans un état analogue de l'atmosphère.

Pour atteindre ce but, remarquons, qu'eu égard au triangle ABO, nous avons (*fig.* 338)

$$\Delta + r = B + O, \quad \Delta' + r' = A + O$$

d'où
$$\Delta + \Delta' + r + r' = A + B + O + O = 200^g + O$$

Pour ne conserver que les inconnues r et r' dans un membre de l'équation, et en supposant les distances zénitales observées simultanément, auquel cas $r = r'$, nous écrirons en divisant le tout par 2,

$$r = 100 + \frac{O}{2} - \frac{\Delta + \Delta'}{2}$$

Telle est l'erreur causée par la réfraction dans ce cas particulier ; mais au moyen de ce que $n = \frac{r}{O}$, nous trouvons

$$n = \frac{100 + \frac{O}{2} - \frac{\Delta + \Delta'}{2}}{O}$$

Si les observations ne sont pas faites au même instant, la valeur trouvée pour l'erreur de réfraction est une moyenne entre r et r' ; mais on peut s'en contenter, parce que ces quantités diffèrent peu l'une de l'autre.

Il est à remarquer que O doit être exprimé en secondes pour que l'expression de n soit homogène : elle sera alors un nombre abstrait, puisque le numérateur et le dénominateur exprimeront des quantités de même nature. La valeur de O que nous devrons substituer sera donc $\frac{K}{R.\ \sin.\ 1''}$

et la formule deviendra

$$n = \frac{100^g - \frac{\Delta + \Delta'}{2} - \frac{K}{2R.\ \sin.\ 1''}}{\frac{K}{R.\ \sin.\ 1''}}$$

ou en réduisant

$$n = \frac{\left(100 - \frac{\Delta + \Delta'}{2}\right) R.\ \sin.\ 1''}{K} + \frac{1}{2}$$

Appliquons la formule ci-dessus à un exemple, et supposons

$K = 28504^m,75$ $\delta = 100^g,2728''$ $\delta' = 99^g,9596''$ alors $100 - \frac{\Delta + \Delta'}{2} = -1192''$

$$\begin{array}{lll}
\log.\ (-1192'') &=& -\ 3.0762763 \\
\log.\ R. &=& 6.8045305 \\
\log.\ \sin.\ 1'' &=& 4.1961199 \\
Ct.\ \log.\ K &=& 5.5450828 \\
\hline
& & -\ 9.6220095
\end{array}$$

Ce logarithme appartient au nombre 0,4188 qui, retranché de $\frac{1}{2}$ ou 0,50, donne $n = 0,0812$ ou 0,08, et enfin $r = 0,08 \times O$.

Telle est la valeur moyenne du coefficient de la réfraction : rarement il descend à 0,07 ou monte à 0,10.

Nous n'avons opéré ainsi que pour appliquer la formule dans toute sa généralité ; car on procède d'une manière beaucoup plus simple, en se rappelant qu'une seconde centésimale sur le globe, vaut 10^m, et qu'ainsi il suffit de retrancher un chiffre vers la droite dans le nombre qui représente K, pour le transformer en secondes, et par conséquent avoir O.

Ainsi, en reprenant les données précédentes, nous aurions trouvé que le numérateur de l'expression n est égal à 233″, et le dénominateur à 2850″,47.

$$
\begin{array}{ll}
\log. \ 233 & = \ 2.3673559 \\
\text{Cl. log. } 2850,47 & = \ 6.5451765 \\
\hline
& \ \ \ 8.9125324
\end{array}
$$

Ce logarithme correspond à 0,0817 ou 0,08, que nous avons également trouvé pour n par la méthode précédente.

Nous pouvons, connaissant le coefficient de la réfraction, trouver facilement l'amplitude de la trajectoire ; car ayant posé $r = \frac{1}{2}$ trajectoire, et sachant que $r = 0,08 \times O$, il s'ensuit que l'amplitude de la trajectoire est égale aux 0,16 de l'angle au centre.

Si, par exemple $O = 50'$, on aura la trajectoire égale à 8′. Tout à l'heure, nous avons supposé $K = 2850″$: dans ce cas, l'amplitude de la trajectoire est 456″.

Puis ensuite si l'on veut connaître le rayon de courbure de la trajectoire, on remarque qu'elle est sensiblement de même longueur que l'arc correspondant K, et qu'ainsi les rayons sont en raison inverse de l'amplitude de l'arc, d'où le rayon de la trajectoire est égal à 39788735 mètres.

Puisque l'erreur causée par la réfraction, est fonction de l'angle au centre, ou en d'autres termes de K, on ne doit en tenir compte qu'autant qu'elle n'est pas très petite par rapport à l'approximation que donne l'instrument dont on se sert. L'arc d'une seconde sur la terre ayant 10 mètres de longueur, il s'ensuit que si

$$
\begin{array}{lll}
K = 100^m, & r = 0,08 \times 10″ & = 0″,8 \\
K = 1000, & r = 0,08 \times 100 & = 0^s,0008″ \\
K = 10000, & r = 0,08 \times 1000 & = 0^s,0080″ \\
K = 50000, & r = 0,08 \times 5000 & = 0^s,04′
\end{array}
$$

On voit par là, que cette correction est presque toujours superflue dans les opérations topographiques, à moins que la distance entre les points ne soit de 10000ᵐ environ, et que l'on emploie un éclymètre donnant la minute.

392. *Calcul de la différence de niveau entre deux points au moyen des distances zénitales réciproques.* Nous avons actuellement toutes les données nécessaires au calcul des différences de niveau, soit que l'on emploie deux distances zénitales, soit que l'on ne puisse faire usage que d'une seule : dans ce dernier cas, en effet, on doit tenir compte de l'erreur de réfraction. Dans le premier, il suffit de rendre réciproques, les distances zénitales, en les réduisant aux sommets des signaux, et d'employer Δ et Δ', angles observés : car c'est leur différence qui, comme nous le verrons bientôt, entre dans la formule. Or, nous avons vu que $\Delta = \delta - r$ et $\Delta' = d' - r$, d'où il résulte $\Delta - \Delta' = \delta - \delta'$.

Soient A et B les deux points dont on veut connaître la différence de niveau BC (*fig.* 339) ou dN. Considérons le triangle ABC dans lequel AC est la corde qui sous-tend l'arc de cercle compris entre les verticales des points A et B : il fournit la proportion

$$\sin. B : \sin. A :: AC : BC \quad \text{de laquelle on tire} \quad dN = K \frac{\sin. A}{\sin. B} \quad (1)$$

Nous connaîtrons dN lorsque nous aurons déterminé A et B. D'abord, en appelant A', l'angle BAO pour ne pas le confondre avec BAC que nous avons désigné par A, nous avons, $A = A' - A''$ en représentant aussi par une lettre unique A'', l'angle CAO qui a de même son sommet en A.

A' est le supplément de δ : A'' appartient au triangle isocèle CAO et est par conséquent égal à $100 - \frac{O}{2}$; nous pouvons donc écrire

$$A = 200 - \delta - \left(100 - \frac{O}{2}\right) = 100 + \frac{O}{2} - \delta.$$

Si ensuite nous nous reportons au triangle ABO dans lequel $A' = 200 - \delta$, $B = 200 - \delta'$, nous voyons que $A' + B + O = 200$ ou $200 - \delta + 200 - \delta' + O = 200$.

En réduisant $200 + O = \delta + \delta'$ et $100 + \frac{O}{2} = \frac{\delta + \delta'}{2}$; substituons dans la valeur de A, et nous aurons pour résultat

$$A = \frac{\delta' - \delta}{2}$$

Pour trouver B, remarquons à l'aide du triangle ABO que

$$B = 200^g - A' - O; \quad \text{mais} \quad A' = A + A'' = \frac{\delta' - \delta}{2} + 100 - \frac{O}{2}$$

donc

$$B = 200 - \frac{\delta' - \delta}{2} - 100 + \frac{O}{2} - O$$

et en réduisant

$$B = 100 - \frac{O}{2} - \frac{\delta' - \delta}{2}$$

Substituons ces valeurs de A et B dans l'équation (1), elle deviendra

$$dN = K \frac{\sin. \left(\frac{\delta' - \delta}{2}\right)}{\sin. \left(100 - \left(\frac{O}{2} + \frac{\delta' - \delta}{2}\right)\right)} = K \frac{\sin. \frac{\delta' - \delta}{2}}{\cos. \left(\frac{O}{2} + \frac{\delta' - \delta}{2}\right)} =$$

$$= K \frac{\sin. \frac{\delta' - \delta}{2}}{\cos. \frac{O}{2} \cos. \frac{\delta' - \delta}{2} - \sin. \frac{O}{2} \sin. \frac{\delta' - \delta}{2}}$$

ou en mettant cos. $\frac{O}{2}$ cos. $\frac{\delta' - \delta}{2}$ en facteur commun.

$$dN = K \frac{\sin. \left(\frac{\delta' - \delta}{2}\right)}{\cos. \frac{O}{2} \cos. \frac{\delta' - \delta}{2} \left(1 - \text{tang.} \frac{O}{2} \text{tang.} \frac{\delta' - \delta}{2}\right)} \quad (2)$$

On se débarrasse autant qu'on le peut des dénominateurs, dans les formules destinées à être mises en pratique, afin d'éviter d'avoir à prendre des compléments de logarithmes. Pour faire disparaître les trois facteurs de celui de dN, nous effectuons l'opération indiquée par la division du sinus par le cosinus, ce qui donne la tangente, c'est-à-dire que nous écrivons tang. $\frac{\delta' - \delta}{2}$.

Nous remarquons que $\dfrac{1}{\cos. \frac{O}{2}}$ = sécante $\frac{O}{2}$ et enfin, que nous

pouvons multiplier haut et bas par $\left(1 + \text{tang.} \frac{O}{2} \text{tang.} \frac{\delta' - \delta}{2}\right)$. Le

dénominateur devient alors $1 - \text{tang.}^2 \frac{O}{2} \text{tang.}^2 \left(\frac{\delta' - \delta}{2}\right)$ ou plus simplement l'unité, car le second terme est du quatrième ordre par rapport aux très petites quantités tang. $\frac{O}{2}$ et tang. $\frac{\delta - \delta'}{2}$ et en considérant séc. $\frac{O}{2}$ comme l'unité, l'équation se réduit à

$$dN = K \text{ tang.} \tfrac{1}{2} (\delta' - \delta)$$

Si l'on s'en tient à cette formule approximative, il est plus simple de la déduire de (2), en remarquant que l'on peut négliger comme très petite, la quantité tang. $\frac{O}{2}$ tang. $\frac{\delta'-\delta}{2}$ qui entre au dénominateur.

393. Cette formule peut encore s'obtenir de la manière suivante : dans le triangle ABO, on a

$$\sin. A : \sin. B :: R + dN : R.$$

Les sinus de A et δ sont égaux, puisque ces arcs sont suppléments l'un de l'autre : il en est de même de ceux de B et δ', par conséquent

$$\sin. \delta : \sin. \delta' :: R + dN : R$$

et

$$dN = R. \frac{\sin. \delta - \sin. \delta'}{\sin. \delta'}$$

ou encore

$$dN = R \frac{2 \sin. \tfrac{1}{2} (\delta - \delta') \cos. \tfrac{1}{2} (\delta + \delta')}{\sin. \delta'}.$$

Nous avons trouvé

$$\frac{\delta+\delta'}{2} = 100 + \frac{O}{2} \quad \text{donc} \quad \cos. \frac{\delta+\delta'}{2} = \cos. \left(100 + \frac{O}{2}\right) = - \sin. \frac{O}{2}$$

La valeur de dN se transforme en

$$dN = \frac{- 2R \sin. \tfrac{1}{2} (\delta-\delta') \sin. \frac{O}{2}}{\sin'. \delta}$$

ou parce que sin. $x = -$ sin. $(-x)$,

$$dN = 2R \frac{\sin. \tfrac{1}{2} (\delta' - \delta) \sin. \frac{O}{2}}{\sin. \delta'}$$

et parce que 2R sin. $\frac{O}{2} = K$,

$$dN = K \frac{\sin. \tfrac{1}{2} (\delta' - \delta)}{\sin. \delta'}.$$

On pourrait conserver la valeur de dN sous cette forme très simple, et en faire usage, en négligeant même le dénominateur que l'on considérerait comme égal à l'unité ; mais nous pouvons la ramener à être identiquement celle trouvée par la première méthode. Pour cela, uous emploierons la valeur de B indiquée plus haut,

$B = 100 - \left(\dfrac{O}{2} + \dfrac{\delta' - \delta}{2} \right)$ que nous déduirons également de cette considération

$$B = \delta - O \quad \text{et} \quad B = 200 - \delta'$$

d'où en les ajoutant

$$2B = 200 - (\delta' + \delta) - O \qquad \text{et} \qquad B = 100 - \left(\dfrac{O}{2} + \dfrac{\delta' - \delta}{2} \right)$$

et puisque sin. $B =$ sin. δ', nous pouvons modifier le dénominateur de la valeur de dN, et écrire

$$dN = K \frac{\sin. \left(\dfrac{\delta' - \delta}{2} \right)}{\sin. \left(100 - \left(\dfrac{O}{2} + \dfrac{\delta' - \delta}{2} \right) \right)} =$$

$$= K \frac{\sin. \left(\dfrac{\delta' - \delta}{2} \right)}{\cos. \dfrac{O}{2} \cos. \dfrac{\delta' - \delta}{2} \left(1 - \tan. \dfrac{O}{2} \tan. \dfrac{\delta' - \delta}{2} \right)} = \text{etc.}$$

394. *Calcul de la différence de niveau au moyen d'une seule distance zénitale.*

On peut bien avoir les deux distances zénitales réciproques pour tous les points du premier et du second ordres, parce qu'on y fait station ; mais il n'en est pas ainsi pour les points conclus : il faut donc trouver une formule dans laquelle il n'entre qu'une distance zénitale. Ici, il est nécessaire de corriger l'erreur de réfraction. Si les points étaient très rapprochés l'un de l'autre, on se servirait de la formule $dN = K.$ Cotang. δ (Livre III, n° 177) ; mais pour peu que le côté K soit d'une dimension un peu plus étendue, il faut pour avoir égard à la sphéricité de la terre et à la réfraction, modifier cette formule. On ne peut plus considérer la base AC (*fig.* 340), comme se confondant dans toute son étendue avec sa tangente AC′ menée par le point A. C'est alors BC et non BC′, qui représente la différence de niveau.

La convergence des verticales de A et B est assez petite pour permettre de négliger la différence de longueur de la perpendiculaire BC′ à l'oblique BC″.

Il reste donc CC″ à calculer : or, nous avons trouvé (Livre III, n° 164) que cette quantité qui est la différence du niveau vrai au niveau apparent, est exprimée par $\dfrac{K^2}{2R+CC''}$ ou plus simplement $\dfrac{K^2}{2R}$.

La valeur de dN devient ainsi $dN = K \text{ cotang. } \delta + \dfrac{K^2}{2R}$.

- Il reste à introduire la correction de l'erreur de réfraction. La distance zénitale donnée par l'observation étant trop petite, la valeur de dN est trop grande et la correction doit être négative.

Pour trouver BB', on considère comme rectangle en B, le triangle ABB' dans lequel l'angle en A est ce que précédemment nous avons désigné par r. On tire de ce triangle $BB' = AB. \text{ tang. } r$ ou, à cause de la petitesse de r.

$$BB' = Kr: \qquad \text{d'ailleurs} \qquad r = nO \qquad \text{et} \qquad O = \frac{K}{R}$$

donc $$BB' = n \frac{K^2}{r} = 0{,}08 \frac{K^2}{2}$$

d'où

$$dN = K \text{ cot. } \delta + \frac{K^2}{R}\left(\tfrac{1}{2} - 0{,}08\right) = K \text{ cot. } \delta - \frac{K^2}{R}(0{,}50 - 0{,}08)$$

et enfin

$$dN = K \text{ cotang. } \delta - 0{,}42. \frac{K^2}{R} \quad (2)$$

Le rayon moyen de la terre exprimé en mètres, a pour logarithme. 6,80556

Celui de 0,42 = 9,62325

Donc log. $\left(\dfrac{0.42}{R}\right) = \overline{2{,}81869}$

Tel est le logarithme constant indiqué en tête des tableaux employés pour le calcul des cotes des points conclus de la carte de France.

Il faut bien remarquer l'avantage de la formule $dN = K. \text{ tang } \frac{1}{2}(\delta' - \delta)$ sur la dernière trouvée : c'est que l'on n'a pas besoin de s'occuper de l'effet de la réfraction, puisque $(\delta + r) - (\delta' + r') = \delta - \delta'$, et qu'ainsi peu importe les variations que peuvent apporter à r, les changements survenus dans l'atmosphère. Il n'en est pas de même de la formule (2); mais on en tire encore parti, pour déterminer ce coefficient, quand on connaît d'avance la valeur de dN : dans ce cas, en effet, on la met sous la forme

$$(dN - K \text{ cotang. } \delta) \frac{R}{K^2} = 0{,}5 - n \quad \text{d'où} \quad n = 0{,}5 - (dN - K \text{ cot. } \delta) \frac{R}{K^2}.$$

395. *Calcul de la cote d'un point duquel on aperçoit l'horizon de la mer.*

Soit A ce point (*fig.* 341) et DAZ = δ la distance zénitale : le triangle ADO fournira la proportion sin. A : sin. D :: DO : AO ; mais l'angle en D est droit, parce que le rayon visuel AD a été dirigé tangentiellement à la surface de la mer. Si donc nous désignons AB par h, nous aurons, en remarquant que sin. A = sin. δ, puisque A = 200 — δ, sin. δ : 1 :: R : R + h,

d'où
$$h = \frac{R(1 - \sin. \delta)}{\sin. \delta}.$$

Si l'on veut rendre la formule applicable aux logarithmes, il faut transformer le facteur $(1 - \sin. \delta)$, et pour cela on remarque que $\delta = 100 + O$, d'où sin. δ = cos. O.

Ce qui permet d'écrire

$$h = \frac{R(1 - \cos. O)}{\sin. \delta} = \frac{2R. \sin.^2 \frac{1}{2} O}{\sin. \delta} = 2R. \text{coséc.}\ \delta \sin.^2 \tfrac{1}{2}(\delta - 100).$$

396. *Nivellement barométrique.*

On sait qu'en plongeant dans un bain de mercure, un tube fermé dans sa partie supérieure et dans lequel on a fait préalablement le vide, le métal s'y élève jusqu'à ce que son poids fasse équilibre à la pression qu'exerce l'atmosphère sur la portion de mercure qui reste dans la cuvette.

On a tiré parti de cette propriété pour trouver la hauteur au-dessus du niveau de la mer d'un point quelconque du globe.

397. Avant de nous occuper de la formule que l'on emploie à cet usage, nous allons dire quelques mots des baromètres les plus remarquables, ceux de Fortin et de Gay-Lussac, qui jouissent de deux propriétés essentielles : ils sont assez portatifs et très exacts.

Le premier se compose d'un tube de verre cylindrique, bien calibré, fermé par l'une de ses extrémités et d'une cuvette contenant du mercure. On remplit le tube de la même matière, et on le retourne de manière à ce que son ouverture plonge dans la cuvette. Le mercure, en s'abaissant dans le tube, jusqu'à ce que son poids fasse équilibre à celui de la colonne d'air qui pèse sur la cuvette, laisse vide la partie supérieure du tube. Si donc par une cause quelconque, la pression de l'air vient à augmenter, la hauteur correspondante de la colonne de mercure, ne sera altérée par aucune résistance. Il n'en serait pas ainsi, s'il s'y était introduit quelque peu d'air.

Le tube de verre est renfermé presque entièrement dans une

enveloppe de cuivre qui sert à le protéger. Le long de ce tube est appliquée une échelle graduée de bas en haut, et portant à sa partie inférieure, une petite pointe d'ivoire I (*fig.* 342), dont l'extrémité indique le zéro, et à l'affleurement de laquelle on amène la surface OO' du mercure, au moyen d'une vis V qui pousse le fond de la cuvette. On est assuré que la pointe touche cette surface en examinant sa réflexion dans le mercure. Un anneau de cuivre MM', nommé *curseur*, embrasse le baromètre : au bas est adapté un vernier qui doit donner au moins le dixième de la plus petite division de l'échelle, qui est ordinairement un millimètre. Enfin, un thermomètre très sensible BB', est appliqué immédiatement au tube de verre.

Tout l'appareil est suspendu par un crochet à une tête *p* supportée par trois pieds PC, PC', PC'', qui sont construits de manière à ne former, étant rapprochés, qu'une très forte canne, dans laquelle est enfermé le baromètre.

398. Celui de Gay-Lussac, du genre des baromètres à syphons, est formé de deux tubes de verre de même calibre, disposés dans le même axe, l'un au-dessus de l'autre, et réunis par un tube capillaire dont les deux extrémités sont recourbées de manière à présenter la forme indiquée par la figure 343.

Les deux extrémités sont fermées, mais on pratique un petit trou T à $0^m,02$ ou 0^m03, du haut du tube inférieur. La hauteur OO' de la colonne barométrique est appréciée au moyen d'une échelle mobile ou fixe. Si elle est mobile, on amène son zéro sur l'horizontale O*m* et l'on a la hauteur comptée à partir de ce point au moyen d'un vernier curseur attaché à l'échelle. Si elle est immobile, on se sert de deux verniers, dont l'un indique le niveau inférieur, et l'autre le niveau supérieur. La différence des deux nombres qu'ils donnent, fournit la hauteur de la colonne, dans le cas où le zéro de l'échelle est au-dessous du niveau inférieur : c'est la somme dans le cas contraire.

L'appareil est encore enfermé dans une canne, pour le rendre portatif, lorsqu'on le change de station. On a soin alors de le renverser bout pour bout, avec beaucoup de précaution, afin que le choc du mercure ne brise pas le tube. Dans cette position, le mercure remplit le grand tube et le tube capillaire ; et il en tombe un peu dans le fond du troisième (*fig.* 344).

Dans quelques baromètres, l'extrémité A (*fig.* 345) est ouverte ; mais on peut la fermer au moyen d'un bouchon C attaché à un fil de fer, et qui, par sa pression, force le mercure à remplir l'extrémité vide du tube vers B. En ce point, on a pratiqué un étranglement dont le but est d'amortir la violence du choc du mercure.

Ces instruments bien conçus, la manière de les employer est très simple. Nous avons dit que la pression atmosphérique fait monter le mercure dans le tube : cette pression variant nécessairement avec l'élévation du point de station, la hauteur de la colonne variera également. Plus on s'élève, plus le poids de l'air diminue et plus aussi le mercure s'abaisse. C'est de la recherche de la formule qui exprime ce rapport, que nous allons nous occuper.

399. Si en deux points de la surface de la terre, assez rapprochés l'un de l'autre, deux personnes observent simultanément le thermomètre et le baromètre, il faut, de ces observations, conclure la différence de niveau entre deux points. Tel est l'énoncé du problème à résoudre.

Supposons l'atmosphère divisée en couches horizontales d'une épaisseur égale et assez petite pour que l'on puisse considérer la densité comme uniforme dans chacune d'elles. Soient C, C', C'', C''', etc. (fig. 346) des points appartenant aux surfaces de contact des couches, nous aurons, $OC'=2.OC$, $OC''=OC'+OC=3.OC$; $OC'''=OC''+OC=4.OC$, etc., et en désignant par m, m', m'', etc., les mètres ou parties de mètres qui mesurent l'élévation de C, C', C'', etc., au-dessus de zéro, on aura la progression arithmétique

$$\div o. \; m. \; m'. \; m''. \; m'''. \; \text{etc.}$$

Désignons par p le poids de l'atmosphère pour une base d'une surface quelconque : par p' celui de l'atmosphère moins la couche inférieure : par p'' le poids de l'atmosphère diminué des deux premières couches, etc., $p-p'$, $p'-p''$ etc., représenteront évidemment les poids de la première, de la seconde, etc., couches. Appelons d, d', d'', d''' etc., les densités de ces mêmes couches. Dans un corps, le poids est égal au volume multiplié par la densité, ce que l'on exprime par $P = VD$.

Pour un autre corps, on aurait $P' = V'D'$.

Les couches atmosphériques ayant, d'après notre hypothèse, même volume, si nous leur appliquons les deux égalités ci-dessus énoncées.

Nous aurons

$$V = \frac{P}{D} = \frac{P'}{D'} = \frac{P''}{D''} = \text{etc.,}$$

c'est-à-dire que les poids seront proportionnels aux densités :

ainsi nous pourrons écrire

$$p - p' : p' - p'' :: d : d'$$

D'ailleurs, l'air étant compressible, comme tous les fluides élastiques, il s'ensuit que sa densité doit être proportionnelle aux poids comprimants.

Les densités des deux premières sont $d : d'$; les poids comprimants sont p', p'', donc

$$d : d' :: p' : p''$$

et à cause du rapport commun entre cette proportion et la précédete

$$p - p' : p' - p'' :: p' : p''$$

d'où $p : p' :: p' : p''$ on aurait de même $p' : p'' :: p'' : p'''$

donc $\div p : p' : p'' : p''' : p^{\mathrm{iv}} :$ etc.

Nous déduisons de là, que pour des élévations diverses qui croissent en progression arithmétique, les poids de l'atmosphère décroissent en progression géométrique. Ces poids sont les mêmes que ceux des colonnes de mercure correspondantes : ceux-ci sont proportionnels aux volumes des colonnes, la densité du mercure étant regardée d'abord comme constante ; mais le volume est égal au produit de la base par la hauteur : la base est toujours la même ; donc enfin, les hauteurs du mercure dans le baromètre suivent une progression géométrique décroissante.

En supposant la densité du mercure la même pour toutes les hauteurs, nous avons admis une température et une force de pesanteur constantes : cela n'est pas exact ; mais plus tard, nous apporterons les modifications nécessaires. Désignons par H, h, h', h'', etc., les hauteurs barométriques, et écrivons en regard, les deux progressions

$$\div o.\ m.\ m'.\ m''.\ m'''.\ \text{etc.}$$

$$\div\!\div H : h : h' : h'' : h''' :\ \text{etc.}$$

Il existe entre elles une relation analogue à celle qui lie les nombres à leurs logarithmes. Nous devons nous rappeler qu'en effet, les logarithmes sont les exposants indiquant les puissances auxquelles il faut élever la base, pour obtenir la suite des nombres. Les logarithmes forment une progression par différence dont le premier terme est zéro, tandis que les nombres en forment une par quotient, ayant l'unité pour premier terme.

Transformons la seconde de nos progressions pour rendre

l'analogie plus complète, et commençons par la rendre croissante, ce qui revient à diviser l'unité par tous les termes. Elle se trouve transformée en celle-ci.

$$\div \frac{1}{H} : \frac{1}{h} : \frac{1}{h'} : \frac{1}{h''} : \text{etc.}$$

Pour que le premier terme soit l'unité, multiplions tous ceux de la progression par H, et nous aurons

$$\div 1 : \frac{H}{h} : \frac{H}{h'} : \frac{H}{h''} : \frac{H}{h'''} : \text{etc.}$$

Nous pouvons dire maintenant que

$$m = \log.\ \frac{H}{h} = \log.\ H - \log.\ h; \quad m' = \log.\ \frac{H}{h'} = \log.\ H - \log.\ h';$$

$$m'' = \log.\ \frac{H}{h''} = \log.\ H - \log.\ h'',$$

Ou pour avoir la différence de niveau entre deux points C^n et C'

$$C^n - C' = \log.\ H - \log.\ h^n - \log.\ h' + \log.\ h' = \log.\ h' - \log.\ h^n.$$

Il est à remarquer que nous ignorons à quel système de logarithmes appartiennent ceux-ci, mais que pour passer d'un système à un autre, il suffit de multiplier par une constante, les logarithmes du premier pour avoir ceux du second.

400. Cherchons la constante par laquelle il faut multiplier les logarithmes des tables, pour qu'ils puissent être introduits dans la formule.

En général, on aura $x = C (\log.\ H - \log.\ h)$.

En désignant par x, la différence de niveau des deux stations, par C la constante, et par H et h, les colonnes de mercure aux stations inférieure et supérieure. En appliquant cette formule à un certain cas particulier, nous allons la ramener à ne contenir d'inconnue que C qui se trouvera ainsi déterminée

On a reconnu que le thermomètre étant à zéro, le baromètre marquant $0^m,76$, sous la latitude de 50^g et l'air parfaitement sec, le mercure était 10467 fois plus dense que l'air. Supposons que l'épaisseur des couches atmosphériques soit 10467 centimillimètres, et que le baromètre soit situé à la partie supérieure de celle pour laquelle il indique $0^m,76$; supposons qu'ensuite on le descende à la surface inférieure de la même couche, la différence de niveau pour ces deux stations voisines ou x sera $0^m,10467$: la colonne barométrique aura dû s'allonger de $0^m,00001$, et voici comment : l'augmentation de poids est la même pour l'air et le mercure, c'est-à-dire que $P^a = V^a.D^a = P^m = V^m.D^m$, en désignant par l'indice a ce qui se rapporte à l'air, et par m ce qui est relatif au mercure.

De là, $V^a.D^a = V^m.D^m$, mais $D^m = 10467.D^a$, donc $V^a.D^a = 10467.V^m.D^a$ ou $V^a = 10467\,V^m$.

Les bases des colonnes d'air et de mercure sont égales, leurs volumes sont donc proportionnels à leurs hauteurs. Ainsi, $H_a = 10467.H^m$;

et puisque $H^a = 0^m,10467$, $H^m = \dfrac{0^m 10467}{10467} = 0,00001$.

A la station supérieure, le baromètre marquait $0^m,76$, il indiquera donc $0^m,76001$ à la station inférieure. La formule deviendra alors

$$0^m,10467 = C\,(\log. 0^m,76001 - \log. 0^m,76)$$

d'où
$$C = \frac{0^m,10467}{\log. 0,76001 - \log. 0^m,76}$$

$$
\begin{array}{ll}
\log. 0,76001 = & 9.88081930292 \\
\log. 0,76000 = & 9.88081359228 \\
\hline
\text{Différence} & 0.00000571064
\end{array}
$$

$$
\begin{array}{ll}
\log. 0,10467 = & 9.0194071 \\
\log. \text{de la différence} = & 4.7566817 \\
\hline
& 4.2627254 \ \ \log. \text{ de } 18312 = \dot{C}.
\end{array}
$$

La formule est donc ramenée à $x = 18312\,(\log. H - \log. h)$.

Mais elle ne convient qu'à la circonstance particulière, qui nous a fait connaître la valeur du coefficient C. Il faut la généraliser maintenant, pour que l'on puisse en faire usage sous une latitude quelconque, à des températures et sous des pressions aussi quelconques.

401. *Correction relative à la température de l'air et aux vapeurs qu'il contient.*

Comme tous les fluides élastiques, l'air se dilate de $\dfrac{1}{266,66}$ $0,00375$ de son volume pour chaque grade de température. Nous avons trouvé la formule dans l'hypothèse de 0^s : le volume de l'air ou sa hauteur x cherchée devra donc, pour une température n, être augmenté de $0,00375$ répété autant de fois qu'il y a de grades contenus dans n, c'est-à-dire de 0,00375. n. Ainsi, la hauteur qui correspond à la différence de longueur du baromètre $H - h$, n'est plus x, mais $x(1 + 0,00375. n)$. n est la température moyenne de la portion de l'atmosphère qui contient les deux stations : il est probable que la température croît ou décroît à peu près uniformément d'une station à l'autre, de sorte que $n = \dfrac{t + t'}{2}$; t et t' étant les températures de l'air aux deux stations, la formule devient

$$x = 18312 \left(1 + 0,00375 \, \frac{t + t'}{2}\right)(\log. \; H - \log. \; h).$$

Nous avions supposé l'air parfaitement sec ; mais il n'en est pas ainsi : toujours il contient des vapeurs aqueuses en plus ou moins grande quantité. Généralement même, elles sont d'autant plus abondantes que la température est plus élevée. Elles sont plus légères que l'air, et conséquemment diminuant sa densité : elles motiveront une correction proportionnelle à la température. *Laplace* a pensé que ce serait en tenir compte convenablement, que de changer le chiffre 0,00375 en 0,00400, ce qui rend le facteur dans lequel il entre $1 + 0,004 \dfrac{t + t'}{2}$ ou $1 + 0,002 \, (t + t')$ et par suite

$$x = 18312 \, (1 + 0,002 \, (t + t'))(\log. \; H - \log. \; h).$$

402. *Correction relative à la différence de température des deux baromètres.*

Pour pouvoir comparer les colonnes de mercure aux deux stations, nous avons dû supposer qu'elles avaient même densité ; mais il est deux causes qui tendent sans cesse à la faire varier : la différence de température du mercure aux deux stations, et la différence d'action qu'exerce sur lui la pesanteur, en raison du plus ou moins grand éloignement du centre de la terre.

Occupons-nous d'abord de la première. Pour pouvoir comparer H et h, il faut les ramener à la même température. On sait que pour 1ᵍ. le mercure se dilate de $\frac{1}{5550}$ ou, 0,0001802 de son volume. Si T et T' représentent les températures du mercure des deux baromètres aux stations inférieure et supérieure, la différence de température sera $T - T'$, et pour comparer h à H, il faudra lui ajouter $0,00018 \, (T - T') \, h$, en supposant, comme il arrive ordinairement, que $T - T'$ soit positif, c'est-à-dire qu'il fait moins chaud à la station supérieure qu'à l'inférieure. h était trop petit, $\frac{H}{h}$ était donc trop grand, ainsi que log. H — log. h et par suite x. On pourrait tout aussi bien réduire H à la température de T' en le remplaçant par H (1 — 0,00018 (T — T')).

Ce serait encore atteindre le même but que de retrancher de H et h 0,00018. T et 0,00018. T', puisqu'en ramenant ainsi à zéro, les volumes et les densités du mercure aux deux stations, on les aurait encore rendus comparables. En vertu de la modification que nous venons d'apporter à h, la formule est

$$x = 18312 \,(1 + 0,002\,(t + t'))\,(\log.\ H - \log.\ (h\,(1 + 0,00018\,(T - T'))))$$

403. *Correction relative à la différence d'action de la pesanteur sur les baromètres.*

Passons à la correction motivée par la seconde cause signalée au paragraphe précédent. On sait que l'action de la pesanteur s'exerce en raison inverse du carré des distances, c'est-à-dire par exemple, qu'à une distance double du centre de la terre, elle agit quatre fois moins. Le mercure sera donc spécifiquement plus léger dans cette proportion à la station supérieure.

Soient R le rayon de la mer (*fig. 347*), I la station inférieure, S la station supérieure, a la hauteur IM de I au-dessus de la mer, et x la différence de niveau entre les points S et I. Les distances au centre seront R + a en I et R + a + x en S. On aura donc en désignant par d et d', les densités du mercure en I et S

$$d : d' :: (R + a + x)^2 : (R + a)^2 \qquad \text{d'où} \qquad d' = d\left(\frac{R+a}{R+a+x}\right)^2$$

Les volumes sont en raison inverse des densités, les hauteurs du mercure sont proportionnelles à son volume : donc l'expression primitive H doit être multipliée par

$$\left(\frac{R+a+x}{R+a}\right)^2 \quad \text{ou } h \text{ par} \left(\frac{R+a}{R+a+x}\right)^2.$$

La correction très faible qu'apporte ce facteur dans la différence des colonnes de mercure, a une influence assez sensible sur la valeur de x, en raison de la grande différence de densité de l'air et du mercure. On a trouvé qu'il est inutile d'effectuer le calcul chaque fois, et que la correction moyenne à introduire est $\frac{1}{381,5}$ ou plus simplement $\frac{1}{382}$ environ, c'est-à-dire qu'il suffit d'augmenter le coefficient 18312 de 48 : il devient alors 18360.

404. *Correction analogue relative à l'effet que produit la pesanteur sur l'air.*

Ce décroissement dans l'action de la pesanteur fait encore que la densité de l'air est moindre dans la région où l'on opère qu'au niveau de la mer : c'est là que le baromètre marque $0^m,76$ comme nous l'avons supposé d'abord ; et c'est pour ce point aussi que la distance au centre est égale à R. $R + a + \frac{x}{2}$ sera la distance au centre de la moyenne entre les deux stations : il faudra donc augmenter x dans le rapport des carrés des deux distances, ce qui reviendrait à le multiplier par $\left(\frac{R+a+x}{R}\right)^2$ ou

$$\frac{R^2 + a^2 + \frac{x^2}{4} + 2Ra + Rx + ax}{R^2} = 1 + \frac{2a+x}{R} + \left(\frac{a + \frac{x}{2}}{R}\right)^2$$

et plus simplement en négligeant le dernier terme qui est extrêmement petit, comme ayant R^2 pour dénominateur $1 + \frac{2a+x}{R}$. Cette correction est fonction de x qui cependant est l'inconnue.

On emploie néanmoins ce facteur en donnant à x une valeur approchée. On a reconnu, au surplus, qu'il suffisait, pour tenir compte de cette correction, d'ajouter encore 10 au facteur numérique qui devient **18370**.

405. *Correction relative à la variation de pesanteur en latitude.*

Nous avons dit plus haut que l'action qu'exerce la gravité sur les corps, est inversement proportionnelle aux carrés de leurs distances au centre de la terre, et que par suite, leurs densités étant fonctions de la gravité, doivent être soumises à la même loi.

En appliquant ce principe à une certaine portion de l'atmosphère, il est évident que pour qu'elle fasse équilibre à une même quantité de mercure, il faudra que son volume augmente ou diminue, et par conséquent sa hauteur, puisque la base est constante, suivant que l'observation sera faite plus près de l'équateur ou du pôle. En désignant par g' la gravité correspondant à R', rayon de la latitude moyenne 50^g, et par x' la différence de niveau que la formule ne nous donne encore que pour l'hypothèse $L = 50^g$: par g, R et x, les quantités analogues et relatives à un point quelconque du globe, le rapport de g et g' sera le carré de celui trouvé entre R et R', n° 381.

Nous aurons donc

$$\frac{g}{g'} = \frac{R'^2}{R^2} = 1 + 0,00323 \cos. 2L$$

mais

$$\frac{g'}{g} = \frac{V}{V^1} = \frac{x}{x^1} \qquad \text{donc} \qquad x = x^1 \frac{1}{(1+0,00323. \cos.2L)}$$

ou $\qquad x = x^1 (1 + 0,00323. \cos. 2L)^{-1} = x^1 (1 - 0,00323. \cos. 2L)$

en s'en tenant aux deux premiers termes du développement de la puissance — 1, en raison de la très petite valeur de 0,00323. cos. 2 L.

Le signe du second terme du nouveau facteur à introduire dans l'expression de x, variera avec celui de cos. 2 L. Lorsque L $>$ 50, alors 2 L $>$ 100, et cos. 2 L étant négatif, le second terme devient positif.

Si au contraire L $<$ 50, on a 2 L $<$ 100 et cosinus 2 L positif; d'où il suit que le signe ne change pas.

Nous devons dire ici, qu'on néglige ce facteur, quand on opère sous des latitudes qui ne diffèrent que de quelques grades de la latitude moyenne 50.

Quoiqu'il en soit, la formule, dans toute sa généralité, est

$$x = 18370 \left((1 + 0,002 (t + t')) (1 - 0,00323. \cos. 2L) \right)$$

$$\left\{ \log. H - \log. h \ (1 + 0,00018 (T - T')) \right\}$$

406. Cette formule peut se calculer par logarithmes; mais il existe des tables insérées dans l'*Annuaire du bureau des longitudes* et qui abrègent le calcul. Elles sont au nombre de quatre. La table première dans laquelle on entre avec l'argument H en millimètres, donc un nombre de mètres que nous désignerons par a: on y cherche également le nombre b correspondant à h.

Avec T — T' comme argument, on trouve c dans la table deuxième.

$a - b - c$ sera la hauteur approchée, si T — T' $>$ 0. Ce sera $a - b + c$ quand T — T' sera négatif.

Pour avoir la correction dépendant de la différence de température des couches de l'atmosphère, il faudra multiplier la millième partie de la hauteur approchée par 2 $(t + t')$. La correction sera du même signe que $t + t'$, qui est la somme des indications fournies par les thermomètres libres.

La correction due à la latitude et à la diminution de pesanteur dans le sens de la verticale, sera fournie par la table 3, à double entrée.

Le nombre qui correspond verticalement à la latitude et horizontalement à la hauteur approchée, est cette correction toujours additive.

Enfin la table 4 donne la correction qu'il faudrait faire si la station inférieure était très élevée au-dessus du niveau de la mer. Cette correction qui est toujours additive, s'obtient avec l'argument H.

407. Disons actuellement comment on opère sur le terrain et les précautions que l'on doit prendre. Les observations sont recueillies par deux observateurs placés chacun à l'une des stations. Ils ont des montres bien d'accord, et des baromètres et thermomètres qui sont comparés à l'avance et bien réglés. Ils font des opérations simultanées qu'ils répètent de quart d'heure en quart d'heure, et dont le nombre dépend de la régularité de leurs marches. On note la hauteur du baromètre, sa température et celle de l'air fournies par les instruments que l'on a soin de consulter aux heures convenues.

Après dix ou douze observations, on se réunit, on s'assure que les instruments sont encore bien réglés; puis chacun prend une moyenne entre tous ses résultats. Quand un observateur doit opérer seul, il faut qu'il obtienne par un très grand nombre d'observations, la hauteur moyenne du baromètre et la température moyenne pour chacune de ses deux stations : après quoi, il calcule avec ces données, comme si elles résultaient d'observations simultanées.

On a trouvé que la hauteur du baromètre est $0^m,7629$ au niveau de l'Océan, sous la latitude de 55^g555, et à la température moyenne de $12^g,8$. On sait également qu'au niveau des eaux moyennes de la Seine sous le Pont-Royal, la hauteur moyenne du baromètre est de $0^m,76$ à la température de 12^g. On peut à l'aide de ces données, conclure la hauteur verticale au-dessus de la mer ou de la Seine, de tel point que l'on voudra, en y faisant un grand nombre d'observations.

L'heure de midi par un temps calme, est la plus favorable aux observations.

408. *Calcul approximatif des côtés d'un réseau de triangles au moyen du baromètre.*

L'emploi combiné d'un baromètre et d'un instrument propre à mesurer les distances zénitales, fournit le moyen de calculer d'une manière approchée, la distance entre deux stations : en effet, la formule des différences de niveau étant

$$h = \mathrm{K}. \text{ tang. } \tfrac{1}{2} (\delta' - \delta) \quad \text{on en tire} \quad \mathrm{K} = h \text{ cotang. } \tfrac{1}{2} (\delta' - \delta)$$

On calcule h au moyen des observations barométriques, on connaît δ et δ', et l'on en conclut le côté K.

CHAPITRE X.

PROJECTIONS.

409. La surface sphérique de la terre n'est pas développable, et l'on ne peut reproduire exactement sur un plan, les détails qui s'y rencontrent, dès qu'on s'occupe, du moins, d'une portion un peu étendue du globe. (*Voir* Livre III, Chap. 1, n° 75.) Il a fallu substituer des équivalents, créer certains systèmes parmi lesquels les meilleurs sont ceux qui altèrent le moins les formes et les dimensions des objets que l'on veut représenter.

Il existe néanmoins des motifs, comme on le verra plus tard, pour les cartes marines, qui font préférer des modes de projection qui devraient être rejetés, si l'on n'avait pas d'autre but que la reproduction fidèle des lignes tracées sur le sphéroïde terrestre.

Les projections sont perspectives ou par développement. Les premières qui ne sont guère usitées que pour les mappemondes, que pour la représentation d'un hémisphère, se subdivisent en *projections stéréographiques* et en *projections orthogonales* ou *orthographiques*. Ces dernières sont quelquefois employées pour les cartes géographiques, de grandes contrées, de vastes États.

Les projections par développement sont *coniques* ou *cylindriques* : elles servent de préférence à la construction des cartes chorographiques et topographiques.

410. Dans les *projections stéréographiques* ou *perspectives*, l'œil est supposé à une distance finie, et tous les rayons visuels dirigés sur les points du globe percent le plan du tableau en des points qui, liés entre eux, produisent la perspective de la terre.

Le point de vue peut être placé sur le globe même, en dehors ou en dedans : le plan du tableau passe par le centre de la sphère, et est perpendiculaire au rayon sur lequel se trouve le point de vue. On ne peut reproduire que la moitié de la sphère qui est située en arrière du plan du tableau, excepté cependant dans la circonstance où le point de vue serait en dehors ; auquel cas il serait possible, si on le voulait, de projeter l'hémisphère antérieur en prolongeant les rayons visuels, jusqu'au plan de projection ; mais ce dernier mode serait très défectueux, en raison de la grande divergence des rayons visuels.

On ne projette pas par cette méthode tous les points de l'hémisphère, mais seulement les méridiens et les parallèles, de sorte que les quadrilatères sphériques qu'ils forment sur la terre sont représentés par des quadrilatères curvilignes ou mixtilignes : puis ensuite pour tracer les contours des continents, et tous autres détails, on les rapporte par coordonnées aux côtés des quadrilatères qui les renferment.

S'il s'agissait de représenter une très petite partie de la sphère, on pourrait employer la projection centrale, c'est-à-dire supposer le point de vue au centre, et projeter sur le plan tangent au point milieu du terrain à représenter ; tous les grands cercles seraient projetés suivant des droites, et les petits cercles par des portions d'ellipses, et pour éviter le tracé de ces dernières, on pourrait supposer la sphère divisée par des méridiens et des grands cercles qui leur seraient perpendiculaires, au lieu de prendre comme habituellement des méridiens et des plans parallèles à l'équateur. Dans un seul cas, les parallèles se projetteraient suivant des cercles : c'est celui où le plan de projection serait tangent au pôle.

Parmi les positions diverses que l'on peut attribuer au point de vue, on est dans l'usage de le placer sur la sphère, soit à l'un des pôles, et le plan projetant est l'équateur, soit sur l'équateur, et l'on projette sur un méridien, soit enfin en un point quelconque et dans ce cas, la projection se fait sur l'horizon rationnel.

On dit que la projection stéréographique est *équatoriale*, *méridienne* ou *horizontale*, suivant que l'on emploie la première, la seconde ou la dernière de ces méthodes.

411. *La projection orthographique* ou *orthogonale* ne diffère de la précédente, qu'en ce que le point de vue est supposé à une distance infinie de la sphère, toujours sur le prolongement du rayon normal au plan du grand cercle sur lequel a lieu la projection. Ici, c'est l'hémisphère antérieur que l'on projette, et il en résulte que la figure projetée est droite par rapport à la nature, et non symétrique comme dans la projection stéréographique.

Comme pour celle-ci, on projette sur l'équateur, sur un méridien, ou sur l'horizon du lieu que l'on veut qui occupe le centre de la carte.

412. *Projection stéréographique sur l'équateur.* Elle est la plus simple de toutes à construire, puisque tous les méridiens sont projetés suivant des droites, et les parallèles par des cercles (*fig.* 348). L'œil est situé au pôle P, l'équateur est figuré par LQ, et les parallèles par AB, DF, GH, etc. Pour avoir les rayons des projections de ces derniers, on mène les rayons visuels PA, PD, etc., qui percent l'équateur en *a*, *d*, etc.: C*a*, C*d*, etc., sont les rayons qui servent à tracer les projections des parallèles correspondants.

Cette projection a l'inconvénient d'altérer inégalement les formes et conséquemment les surfaces des objets qui y sont retracés, et d'autant plus que l'on approche davantage du centre de la carte : c'est ce dont on peut facilement se rendre compte à la simple inspection de la figure.

Ici, comme dans les figures suivantes, nous séparons les projections horizontales et verticales, ainsi que les rabattements lorsqu'il y a lieu d'en faire : notre but est de mieux faire voir les opérations diverses ; mais avec un peu d'habitude, le tout s'exécute sur le même cercle, parce que les projections et rabattements des grands cercles de la sphère donnent toujours la même figure.

413. Si l'on avait à tracer la projection d'un grand cercle incliné d'une manière quelconque sur le tableau, tel qu'un horizon ou l'écliptique, la projection serait toujours un cercle (n° 415), ayant deux points communs à l'équateur, et de plus, son rayon serait égal à la cotangente de l'inclinaison sur l'équateur. Pour le démontrer, imaginons la sphère coupée par un plan PEP'Q (*fig.* 348 *bis*) perpendiculaire à l'intersection projetée en P, de l'équateur et du cercle à projeter HO. Le diamètre de sa projection est *ho* = *h*C + C*o*.

Si de P comme centre, et avec PC pour rayon, nous décrivons les deux arcs consécutifs C*h* et C*k*, nous voyons que les lignes C*h* et C*o*, sont les tangentes des angles HPP', P'PO, qui ont pour mesure d'ailleurs $\frac{1}{2}$ HP' et $\frac{1}{2}$ P'O.

Donc,
$$ho = h\mathrm{C} + \mathrm{C}o = \text{tang.}\ \tfrac{1}{2}\ \mathrm{HP'} + \text{tang.}\ \tfrac{1}{2}\ \mathrm{P'O} ;$$
mais
$$\mathrm{P'O} = 200^g - \mathrm{PO} = 200^g - \mathrm{HP'} \quad \text{et} \quad \text{tang.}\ \tfrac{1}{2}\ \mathrm{P'O} = \text{cotang.}\ \tfrac{1}{2}\ \mathrm{HP'}$$
d'où
$$ho = \text{tang.}\ \frac{\mathrm{HP'}}{2} + \text{cotang.}\ \frac{\mathrm{HP'}}{2}$$

or on sait que

$$\text{tang. } x + \text{cotang. } x = \frac{\sin. x}{\cos. x} + \frac{\cos. x}{\sin. x} =$$

$$\frac{\overline{\sin.}^2 x + \overline{\cos.}^2 x}{\sin x \cos x} = \frac{2}{\sin. 2x} = 2 \text{ séc. } 2x$$

Nous pouvons donc écrire $ho = 2$ séc. **HP'**.

et parce que **HP'** est le complément de **HE** ou l'inclinaison du plan sur l'équateur $ho = 2$. Coséc. de *l'inclinaison*, et enfin, *le* $rayon = \dfrac{ho}{2} = cos\acute{e}c.$ *de l'inclinaison.*

C'est par cette méthode que nous avons tracé sur la figure 348 (projection horizontale) l'horizon de Paris. On pouvait, au surplus, le déterminer sans cela, puisqu'on en connaissait trois points, savoir : les extrémités x et y du diamètre commun à l'équateur, et le point z dont la latitude est la même que celle de Paris.

414. *Projection stéréographique sur un méridien.* L'avantage que l'on trouve dans cette projection à mettre le point de vue précisément sur l'équateur, tient à cette propriété remarquable que tous les méridiens et les parallèles se projettent suivant des cercles toujours plus faciles à construire que les projections elliptiques que fournirait la position de l'œil en dehors ou au dedans de la sphère.

Il faut, avant de passer outre, démontrer la propriété que nous venons de mentionner.

Les méridiens et les parallèles sont les bases circulaires de cônes obliques, coupés par le méridien principal, et dont le point de vue est le sommet commun. Soit SAB (*fig.* 350) une section faite dans un cône oblique, suivant les deux génératrices qui sont le plus et le moins inclinées sur la base, ou en d'autres termes, par un plan passant par l'axe et perpendiculaire à la base : prenons sur SB prolongé un point A', tel que SA' = SA : puis par A', faisons passer un plan incliné sur la génératrice SB, de la même manière que la base AB l'est sur SA ; nous déterminerons ainsi une section dite *antiparallèle*, qui coupera le cône suivant un cercle égal à celui qui est projeté dans la figure sur AB : et en effet, les deux courbes ont une corde commune C, autour de laquelle on peut faire tourner le plan A'B', jusqu'à ce que A' coïncide avec A, et B' avec B. La section conique A'B' a donc quatre points communs avec le cercle AB, donc elle est elle-même un cercle. Ajoutons à cela que les sections par des plans parallèles étant des courbes semblables, tout plan MN parallèle à A'B', c'est-à-dire antiparallèle à la base, donnera une figure semblable à celle qu'a produite le plan A'B', et par conséquent un cercle.

Cela posé, rien de plus simple que de faire voir que dans la projection méridienne, les méridiens se projettent suivant des cercles. Soit VMAN (*fig.* 351) le plan de l'équateur, V le point de vue, MN la trace du plan du tableau, et RS celle d'un autre méridien dont la moitié RC seulement doit figurer sur la projection. Imaginons le cône dont ce dernier cercle est la base et qui a son sommet en V : ce cône RVS est coupé par le plan de projection suivant FQ ; mais il est facile de voir que le plan FQ est antiparallèle à la base RS : l'un et l'autre sont perpendiculaires au plan de l'équateur ; puis on voit que l'angle MQV a pour mesure $\frac{\text{MV}-\text{NS}}{2}$, tandis que VRS $= \frac{\text{VS}}{2}$: or MV — NS $=$ VS, puisque si au moyen de la parallèle ST on supprime de MV l'arc MT qui est égal à NS, il reste VT $=$ VS.

Tous les cercles qui projettent les méridiens ont deux points communs situés dans le plan de projection ; ce sont les deux pôles de la terre : ils seront donc complétement déterminés, si l'on peut obtenir leurs centres. Ceux-ci doivent être sur l'intersection du plan de projection et de l'équateur, puisque ce dernier coupe symétriquement tous les cônes comme contenant tous leurs axes. Si maintenant nous remarquons que les rayons de ces cercles pour un point commun P (*fig.* 352), sont perpendiculaires aux tangentes respectives menées par ce point, et qu'ils font entre eux, les mêmes angles qu'elles, et par suite que les méridiens correspondants, nous conclurons, qu'il suffit de tracer par P des droites qui fassent avec CP, rayon du méridien principal, et entre elles des angles égaux à la différence en longitude des méridiens qui doivent être tracés sur la projection : leurs rencontres en G, H, K, etc. avec EQ, seront les centres cherchés.

On peut encore trouver la longueur des rayons des méridiens projetés sans avoir recours à une construction graphique : ils sont égaux aux cosécantes de leurs différences en longitude avec le méridien qui sert de tableau : en effet, soient AB la trace de ce méridien, MN celle d'un autre quelconque, et V le point de vue (*fig.* 352 *bis*). Le cercle suivant lequel se projette MN, a pour diamètre *mn* : or, nous voyons comme au paragraphe précédent et pour une opération analogue, que $mn = m\text{C} + \text{C}n =$ tang. $\frac{1}{2}$ MD +

tang. $\frac{1}{2}$ ND ; mais DN $=200-$DM; tang. $\frac{1}{2}$ ND $=$ tang $(100-\frac{1}{2}$MD$)$ $=$ cotang. $\frac{1}{4}$ MD. Donc, $mn =$ tang. $\frac{1}{4}$ MD $+$ cot. $\frac{1}{4}$ MD, $mn =$ 2. Séc. DM $=$ 2. Coséc. AM, et le rayon cherché qui est la moitié de mn est bien égal à la cosécante de la différence en longitude.

Quelques-uns des cercles ne peuvent être tracés par cette méthode, parce que les centres s'éloignent trop rapidement de la figure que l'on veut construire; mais alors on joint le point F (*fig.* 350), qui appartient à la projection du méridien RS et est sur l'équateur, aux deux pôles par deux lignes qui font entre elles précisément l'angle dont est capable le segment que l'on veut tracer : on ouvre sous cet angle une fausse équerre dont, en appuyant les deux côtés sur les deux pôles, le sommet appartient toujours à l'arc de cercle que l'on veut tracer et le détermine ainsi complétement.

Les projections des parallèles sont aussi des cercles que l'on construit d'une manière analogue aux méridiens.

Soit V (*fig.* 353) le point de vue, VQ l'équateur, et VPQP′ le méridien qui passe par le point de vue : PCP′ est la trace du plan de projection et DE celle d'un parallèle quelconque. Le cône projetant ce parallèle rencontre le plan du tableau suivant une courbe limitée entre L et B : de plus, cette courbe est un cercle, si le plan projetant est antiparallèle à la base DE; mais cette circon-

stance a lieu en effet, puisque PBE $= \dfrac{PE+P'V}{2}$, DVQ $= \dfrac{PD+PQ}{2}$,

PL $=$ PD, P′V $=$ PQ et LDE $=$ LVQ comme correspondants. Les deux génératrices VL, VE du cône percent le plan du tableau en deux points B,L (*fig.* 353), ou B′,L′ (*fig.* 354): de plus les points A′ et A″ de cette figure, projetés en A dans la figure précédente appartiennent également au cercle, donc avec ces quatre points, on peut le construire, soit en prenant le milieu O de B′L′, si cette distance n'est pas trop considérable, soit en élevant des perpendiculaires sur le milieu des cordes A′B′, A″B′, soit encore, comme plus haut, en formant avec les deux branches d'une fausse équerre, un angle égal à A′B′A″.

Si l'on veut, comme pour les méridiens, trouver l'expression des rayons des parallèles projetés, il faut chercher la valeur de sr (*fig.* 353 *bis*). En décrivant avec VC pour rayon un arc CK, on voit que

Sr $=$ Cr $-$ Cs $=$ tang. $\frac{1}{2}$ DR $-$ tang. $\frac{1}{2}$ DS $=$ tang. $\frac{1}{2}$ DR $-$ tang. $\frac{1}{2}$ VR;

mais   tang. $\frac{1}{2}$ DR $=$ tang. $\frac{1}{2}$ (200 $-$ VR) $=$ cot. $\frac{1}{2}$ VR ·

donc, le rayon cherché ou

$$\tfrac{1}{2} sr = \tfrac{1}{2} \left(\cot. \tfrac{1}{2} \text{VR} - \text{tang.} \tfrac{1}{2} \text{VR}\right) = \tfrac{1}{2} \left(\frac{\cos.}{\sin.} - \frac{\sin.}{\cos.}\right) =$$

$$\left(\frac{\cos.^2 \tfrac{1}{2} \text{VR} - \sin.^2 \tfrac{1}{2} \text{VR}}{2.\sin. \tfrac{1}{2} \text{VR} \cos. \tfrac{1}{2} \text{VR}}\right) = \frac{\cos. \text{VR}}{\sin. \text{VR}} = \text{cotang. VR},$$

ou cot. latitude du parallèle.

Dans cette projection, il y a encore disproportion entre la forme et la surface des différentes parties de la figure, comme dans celle sur l'équateur : c'est vers le centre que se trouve ici la plus grande altération, tandis qu'elle est d'autant moindre qu'on approche davantage de la circonférence. Elle a encore un inconvénient de plus, c'est que les lieux situés sous la même latitude, compris dans la même zone, ne sont pas comparables, puisque les projections des parallèles ne sont pas concentriques.

La figure 355 représente une projection méridienne complète.

415. *Projections stéréographiques méridienne et équatoriale modifiées.*

Pour éviter le premier des deux inconvénients que l'on vient de signaler, on peut diviser en parties égales la trace de l'équateur, faire passer des arcs de cercle par ces points de division et les pôles, et l'on obtient par ce moyen, beaucoup moins de dissemblance entre les subdivisions centrales et extrêmes (*fig.* 356).

On pourrait, par le même motif, modifier d'une manière analogue, la projection équatoriale, en substituant aux traces des cônes qui projettent les parallèles, des cercles équidistants, qui rendraient les distances en latitude, comparables de l'équateur au pôle (*fig.* 349).

416. *Projection stéréographique sur l'horizon.*

Soit O (*fig.* 357) la projection de l'œil, AMBN celle de l'horizon, P et Q celles des pôles : il s'agit, comme précédemment, de trouver les projections des méridiens et des parallèles, et pour nous occuper d'abord des premiers, cherchons leurs perspectives sur le plan de l'horizon. Pour cela, imaginons le méridien principal AB rabattu sur le plan du tableau, en le faisant tourner autour du diamètre AB, et nous aurons la figure 358, dans laquelle A'B' représente le diamètre AB, O' le sommet des cônes perspectifs. P' et Q' les deux pôles. Les génératrices O'P' et

O'Q' vont percer le plan du tableau figuré ici par A'B', et son prolongement en deux points p' et q', qui, reportés en p et q sur la figure 357, donnent deux points par lesquels doivent passer toutes les perspectives des méridiens : la ligne pq est donc une corde commune à toutes ces courbes, qui sont des cercles, comme nous allons le démontrer, et la perpendiculaire RS élevée sur le milieu de pq, est évidemment le lieu géométrique de tous leurs centres. Pour les trouver, nous allons tracer les tangentes pD, pE, aux méridiens perspectifs pour le point commun p ($fig.$ 357), et nous élèverons les perpendiculaires respectives pD', pE', qui rencontreront RS en des points D', E', centres des cercles correspondants.

417. Démontrons actuellement qu'ici, comme dans la projection sur un méridien, les courbes perspectives des méridiens sont des cercles. Si ensuite nous connaissions les angles qu'elles font entre elles, nous mènerions leurs tangentes pD, pE, par le pôle qui leur est un point commun : ces tangentes ont aussi la même inclinaison, les unes par rapport aux autres, et il en est de même des normales pD', pE', qui ne sont autre chose que les rayons des cercles, et qui par leurs rencontres avec la droite RS, détermineront tous les centres D', E', etc. Réciproquement, D, E, etc., sont les centres des cercles qui ont pour tangentes pD', pE', etc.

La figure 351 représentant le rabattement d'un grand cercle passant par le point de vue V, perpendiculairement à l'intersection C de l'horizon MN et de l'équateur RS, nous pouvons comparer les deux triangles VRS, VFQ : ils sont semblables et les angles en R et en Q sont égaux ; car R a pour mesure la moitié de l'arc VS, tandis que la mesure de Q est $\frac{1}{2}$ MV $- \frac{1}{2}$ NS ou $\frac{1}{2}$ MV $- \frac{1}{2}$ MT $= \frac{1}{2}$ VT, et que VT $=$ VS.

Les sections du cône par les plans RS et FQ, sont donc antiparallèles n° 414, l'une RS est un cercle ; donc l'autre en est également un.

418. Si l'on voulait construire une telle projection perspective à une grande échelle, il pourrait se faire que cette opération devînt impossible, en raison de la grande distance à laquelle seraient situés certains centres. Pour parer à cet inconvénient, il faudrait trouver un troisième point de chacun des méridiens perspectifs, puisqu'en ayant déjà deux communs, les pôles p et q, on ferait passer un cercle par les trois points de chaque projection.

Imaginons par le point de vue un plan perpendiculaire à celui du tableau : il coupera tous les cônes suivant deux génératrices. En construisant les points où elles percent le plan du tableau, nous aurons des points appartenant aux sections des cônes par le plan du tableau, c'est-à-dire les points qui doivent permettre de construire les méridiens perspectifs sans le secours de leurs centres.

Rabattons le plan de construction que nous venons d'imaginer, sur celui du tableau, en faisant tourner le premier autour de l'intersection commune MN (*fig.* 357), et nous avons ce qu'indique la figure 359. M'N' est la trace du plan du tableau, et O'' la nouvelle projection du point de vue.

Les méridiens sont coupés par ce plan suivant des droites CF, CG, CH, qui toutes passent par le centre de la sphère.

Unissant leurs extrémités F, G, H avec O'', nous avons une génératrice de chacun des cônes correspondants. Ces génératrices rencontrent le tableau en T, U, V. etc., et si maintenant on suppose redressé le plan de construction, pour en revenir à la figure 356, où il est représenté par la droite MN, les points T, U, V, prendront les positions T', U', V', et l'on aura atteint le but que l'on se proposait.

419. Il reste à savoir quelle est l'inclinaison respective des traces des méridiens sur le plan du tableau oblique à leur intersection commune. Représentons par ACB, le plan du tableau (*fig.* 360), par C le centre de la terre, et par P le pôle : l'angle que fait CP avec le plan ACB, est évidemment égal à la latitude L du point de vue. Les lignes PA et PB étant des tangentes à deux méridiens, sont inclinées l'une sur l'autre d'une quantité M qui est la différence en longitude des deux méridiens en question. Prolongées jusqu'en A et B, si l'on unit ces points au centre C, on forme un angle ACB que nous désignons par M', et qui est l'inclinaison correspondant à M, des traces des plans méridiens sur celui du tableau.

Cherchons la relation qui existe entre M et M'.

Le triangle ABP rectangle en A donne tang. $M = \dfrac{AB}{AP}$.

On trouve aussi dans APC rectangle en P sin. $L = \dfrac{AP}{AC}$.

donc $\qquad$ tang. $M \times$ sin. $L = \dfrac{AB}{AC}$

Mais dans le troisième triangle ACB, rectangle en A, on a

$$\tan. M' = \frac{AB}{AC} \qquad \text{donc enfin} \qquad \tan. M' = \tan. M \times \sin. L.$$

C'est-à-dire, qu'en multipliant les tangentes trigonométriques des angles que forment tous les méridiens avec l'un d'eux pris comme origine par le sinus de la latitude, on trouve les tangentes trigonométriques des angles, et par suite les angles eux-mêmes qu'il faut former autour de C (*fig.* 359), pour avoir la position convenable des traces telles que CF, CG, CH, etc.

420. Il faut actuellement s'occuper des parallèles, et démontrer d'abord que leurs perspectives sur le plan du tableau sont des cercles.

V représente le point de vue (*fig.* 361) : ADEF est une section de la sphère passant par le point de vue, et perpendiculaire au tableau qui alors est représenté ici par la droite DF.

Si AB indique la trace d'un parallèle quelconque dont AB se trouve être un diamètre, le cône auquel il sert de base, et dont la section est AVB, sera coupé par le plan du tableau suivant une courbe projetée suivant *ab*, et que nous allons démontrer être un cercle tout aussi bien que la base du cône. Il nous suffit pour cela, de faire voir que les plans du tableau et de la base du cône sont antiparallèles. En effet,

$$Vba = \frac{VF + DB}{2} = \frac{VF + DE + EB}{2} = \tfrac{1}{4} \text{circ.} + \frac{BE}{2}$$

de même

$$VAB = \frac{VDE + BE}{2} = \tfrac{1}{4} \text{circ.} + \frac{BE}{2}$$

Donc, $Vba = VAB$; donc, ce que nous avons avancé se trouve démontré.

421. Pour tracer les cercles perspectifs des parallèles, il suffit d'opérer pour chacun d'eux comme nous venons de faire pour AB ; car, pour celui-ci, les points *a* et *b* sont les extrémités d'un de ses diamètres.

Cette construction est indiquée sur les figures 357 et 358.

Lorsque les parallèles approchent du point de vue, il devient impossible d'obtenir graphiquement le point où l'une des deux génératrices extrêmes du cône projetant perce le plan du tableau. C'est ce qui a lieu pour les portions *ab* et *de*, situées dans l'hémisphère où se trouve le point de vue O' (*fig.* 358) : on n'a donc que e point c pour l'un, et f pour l'autre, qui sont reportés sur la figure 357 par des parallèles à OO', en c' et f'. Pour compléter la détermination des projections de ces parallèles, on remarque qu'elles ont deux points représentés (fig. 358) par b pour l'une, et e pour l'autre : que ces points appartenant également à la sphère seront connus de position. Si par b et e on trace perpendiculairement à l'axe de rotation, deux droites qui viennent couper la sphère (fig. 357) en g, h, k, l, on obtient trois points pour chacun des deux cercles, de manière qu'en les unissant par des cordes sur le milieu desquelles on élève des perpendiculaires, les centres qui d'ailleurs, et c'est une garantie de bonne exécution, doivent se trouver sur AB prolongés, sont connus, et le problème est entièrement résolu.

Comme les précédentes projections, celle-ci a l'inconvénient de n'offrir pas un rapport constant dans toutes ses parties.

422. *Projections orthographiques.* Quoique ces projections soient plus imparfaites encore que les précédentes, il convient d'en parler ici, parce qu'elles ont été quelquefois, quoique rarement employées. Au surplus, si l'on ne voulait pas s'en servir pour la reproduction d'un hémisphère entier, mais seulement pour une petite portion de sphère dont le plan de tangence serait perpendiculaire à la direction des lignes projetantes, elle serait très bonne et préférable à la projection stéréographique : et en effet, dans ce petit espace, le plan tangent s'écartant à peine de la surface courbe, les figures projetées et leurs projections seraient égales.

On a vu n° 412, que le point de vue était supposé à une distance infinie, sur la normale au centre du tableau. Celui-ci peut, comme pour là projection stéréographique être l'équateur, ou un méridien ou l'horizon.

423. *Projection orthorgonale sur l'équateur.* Le point de vue étant placé sur le prolongement de la ligne des pôles, c'est-à-dire sur l'intersection commune à tous les méridiens, leurs traces passeront par la projection du point de vue qui n'est autre chose que le centre du tableau : elles feront aussi entre elles des angles égaux évidemment à l'inclinaison des méridiens les uns sur les autres.

Les parallèles bases de cylindres droits seront coupés par l'équateur suivant des cercles concentriques égaux aux parallèles qu'ils représentent (fig. 362).

Les rayons de ces parallèles sont, comme on le reconnaît à la simple inspection de la figure, égaux aux cosinus des latitudes correspondant à chacun d'eux. Nous pouvons ajouter ici, en passant, que des arcs de même amplitude étant proportionnels à leurs rayons de courbure, le rapport d'un degré en longitude mesuré sur l'équateur et sur un parallèle, est le même que celui du rayon de la sphère au cosinus de la latitude ; et, si l'on considère ce rayon comme l'unité, le rapport est égal au cosinus de la latitude.

424. *Projection orthographique sur un méridien.* Ici le point de vue est situé dans le plan de l'équateur. Les méridiens sont les bases circulaires de cylindres obliques, et leurs sections par le tableau perpendiculaires aux génératrices, sont des ellipses. Toutes passent par les deux pôles ; car ces deux points sont communs aux méridiens, et à leurs projections. Cette ligne est, pour chacun des méridiens, le seul diamètre projeté en véritable grandeur : c'est le grand axe commun à toutes les projections elliptiques. Les petits axes perpendiculaires aux grands, seront tous sur la trace du plan abaissé du point de vue perpendiculairement à tous les méridiens, c'est-à-dire sur la trace de l'équateur : et comme on ne s'occupe que d'un seul hémisphère, celui qui est en avant du tableau, il suffit de trouver les extrémités antérieures des petits axes. Soit AC la trace sur l'équateur (*fig.* 363) de la moitié d'un méridien : elle se projettera en A'C', qui sera la moitié cherchée du petit axe. En projetant de même les extrémités des autres méridiens analogues à A, on sera à même de construire toutes les ellipses, d'une manière continue. Il faut pour cela, connaître les deux foyers ; mais comme on sait que la somme des deux rayons vecteurs est une quantité constante égale au grand axe, il suffira de prendre un fil de cette longueur, de fixer son milieu sur le sommet du petit axe, et de tendre ses deux parties jusqu'à ce que les extrémités s'appuient exactement sur le grand axe. Les deux foyers seront ainsi déterminés, et rien ne s'opposera plus au tracé continu de l'ellipse.

Quant aux parallèles qui sont les sections de la sphère par des plans parallèles à l'équateur, ils se projettent suivant des droites (*fig.* 363). On peut remarquer que les projections sur l'équateur et sur un méridien sont exactement ce qu'en géométrie descriptive on nommerait les projections horizontale et verticale de la sphère.

425. *Projection orthographique sur l'horizon.*

VAP'BP représente une section suivant le méridien d'un point V, AB (*fig.* 364), la trace de l'horizon de ce point, et PP' la ligne des pôles : on se propose de trouver les projections des méridiens

sur l'horizon. Toutes passent par les projections p, p' des pôles (*fig.* 365), et sont des ellipses comme intersections de cylindres plus ou moins inclinés et à bases circulaires. L'horizon étant
un grand cercle de la sphère, coupe les méridiens suivant des
diamètres qui sont les grands axes des ellipses.

Nous avons trouvé n° 419, en parlant de la projection stéréographique sur l'horizon, la relation qui existe entre l'inclinaison
des traces sur l'équateur et sur l'horizon : elle est, en les désignant
par M et M', fournie par l'équation tang. M' = tang. M. sin. L.
Nous pourrons donc nous en servir ici, et prendre, si nous voulons, pour premier méridien, celui qui passe par le point V, et
qui de tous est le seul qui se projette suivant une droite A'B' (*fig.*
365). L'ellipse se réduit ici à une droite, parce que le cylindre qui
a pour base ce premier méridien, se réduit lui-même au plan qui le
contient. Il n'est au reste pas indispensable de partir de ce méridien
plutôt que de tout autre. Toujours est-il que l'on sait projeter les
grands axes de toutes les ellipses : quant aux petits axes, ils leur
seront respectivement perpendiculaires, mais ils varieront de
longueur, en raison de l'inclinaison des plans méridiens sur celui
de l'horizon. Ils seront d'ailleurs les projections des diamètres
perpendiculaires à ceux qui se confondent avec leurs projections
comme situés dans le plan du tableau, qui, par ce motif, sont les
grands axes des ellipses, et dont nous venons de parler un peu
plus haut.

Pour obtenir l'un de ces petits axes, supposons que GH (*fig.* 365)
soit la trace d'un méridien quelconque : il n'est pas difficile de
trouver l'inclinaison de ce plan sur l'horizon, puisque nous con-
naissons aussi sa trace verticale PP', qui est celle de tous les méridiens.

Imaginons, pour cela, par un point de la trace verticale, P par
exemple, un plan vertical perpendiculaire au méridien dont la
trace horizontale est GH : les traces de ce plan seront PE, pK,
côtés de l'angle droit d'un triangle rectangle, dans lequel l'angle
aigu en K mesurera l'inclinaison du méridien dont nous nous occupons, sur l'horizon. Pour construire ce triangle, nous rapportons
PE en PN, par le simple procédé qu'enseigne la géométrie descriptive : nous traçons l'hypoténuse NK, et pKN est l'angle cherché. Par le centre C de la sphère, faisons passer CL parallèle à
KN, projetons le point L en M sur CM perpendiculaire à GH
grand axe de l'ellipse, et CM en sera le petit axe. Nous ne répéterons pas ici ce que nous avons dit au n° 424, sur la manière

de tracer une ellipse dont on connaît les deux axes : nous rappellerons seulement que toutes doivent passer par les points p et p',
si on les décrit entières, ou tout au moins que les demi-ellipses
apparentes dans cette projection se coupent au point p.

426. Il reste, pour compléter cette projection, à déterminer
les parallèles qui sont aussi des ellipses, résultant de la section de
cylindres obliques à bases circulaires par des plans. Soit
EP'QP (*fig.* 366), la section de la sphère par le plan méridien
perpendiculaire à l'horizon dont la trace est BH : AB celle d'un
parallèle dont le diamètre parallèle au plan du tableau se projette
en F. Ce diamètre se projette en véritable grandeur : il faut donc
abaisser de F une perpendiculaire sur HB, la prolonger jusqu'au
rabattement *chc'b*, et porter *ff'* égal à AB. C'est le grand axe
de l'ellipse suivant laquelle se projette le parallèle AB. Pour déterminer le petit axe, il suffit de projeter les points A et B en
a et b.

Nous avons dans cette figure représenté l'équateur EQ, le parallèle VD passant par le pôle de l'horizon, et celui AB qui est
tangent à cet horizon. La figure 367 représente une telle projection complète.

427. Il est facile de reconnaître à l'inspection des figures, que
les projections stéréographique et orthographique ont des défauts
contraires. Tandis que la première altère considérablement les
parties centrales, la seconde, au contraire, dénature de plus en
plus tout ce qui s'éloigne du centre, à tel point même qu'elle n'est
presque pas usitée. On conçoit donc qu'il ait pu venir à l'idée de
trouver sur la perpendiculaire au plan du tableau, un point de
vue tel que les rayons qui percent ce plan en partant de points
également distants sur le globe, donnent des projections également espacées.

Supposons que V (*fig.* 368) soit ce sommet des cônes : désignons
par x, sa distance VP à la terre, par na un certain nombre de divisions du méridien, et par nh le même nombre de divisions correspondantes sur l'équateur, égales entre elles, et voyons si nous
arrivons à une valeur constante de x.

Les triangles semblables GFV, DCV, donnent

$$CV : FV :: GF : DC$$

ou $$x + r : x + r + \sin na :: nh : \cosin na$$

d'où nous tirons

$$(x + r) \, \text{cosin.} \, na = (x + r + \text{sin.} \, na) \, nh$$

Et enfin, successivement

$$(x + r)(\text{cosin.} \, na - nh \, \text{sin.} \, na) = nh \, \text{sin.} \, na$$

$$x = \frac{nh \, \text{sin.} \, na}{\text{cosin.} \, na - nh \, \text{sin.} \, na} - r \quad \text{et enfin} \quad x = \frac{1}{\dfrac{\text{cot.} \, na}{nh} - 1} - r$$

Cette valeur de x variant avec na, c'est-à-dire avec n, prouve qu'il n'y a pas de position pour V, qui remplisse complétement le but que nous nous proposions d'atteindre.

Nous pouvons tout au moins chercher à satisfaire le mieux possible à la condition qu'on ne rencontre ni dans la projection stéréographique, ni dans la projection orthographique. Pour cela, prenons l'expression générale d'un rayon projeté de parallèle en fonction de la latitude et de la position du point de vue.

En désignant ces quantités par h, L et x, la figure 368 et la même comparaison des triangles semblables que ci-dessus, fournit :

$$h : r \cos. \, L :: x + r : x + r + r \sin. \, L$$

$$h = \frac{(x + r) \, r \cos. \, L}{x + r + r \sin. \, L} = \frac{r. \cos. \, L}{1 + \dfrac{r \sin. \, L}{x + r}}$$

Si $x = 0$, nous rentrons dans la projection stéréographique, et le rayon du parallèle projeté est

$$h = \frac{r. \cos. \, L}{1 + \sin. \, L}$$

Si $x = \infty$, ce qui correspond à la projection orthographique,

$$h = \frac{r. \cos. \, L}{1 + \dfrac{1}{\infty}} = r. \cos. \, L$$

Dans ce dernier cas, h varie trop peu, lorsque L est voisin de 0^g. Dans le précédent, la valeur du sinus qui entre au dénominateur, prenant des accroissements d'autant plus rapides que le cosinus décroît plus lentement, non-seulement détruit l'inconvénient qui existe dans la projection orthographique, mais encore lui substitue le défaut contraire, dans une proportion cependant moins défavorable.

Si l'on supposait $x = r$, la formule deviendrait

$$h = \frac{r.\cos. L}{1 + \frac{1}{2}\sin. L}$$

L'expérience a prouvé qu'on détruisait ainsi un peu trop l'action du sinus, et *Lahire* a pensé que ce qu'il y avait de mieux à faire était de prendre $x = \sin. 50_8 = \frac{1}{\sqrt{2}} r$ (*fig.* 369) ce qui donne

$$h = \frac{r.\cos. L.}{1 + \dfrac{r.\sin L.}{r \left(1 + \dfrac{1}{\sqrt{2}}\right)}} = \frac{r.\cos. L}{1 + \dfrac{\sin. L}{1 + \sqrt{2}}\sqrt{2}} = \frac{r.\cos. L}{1 + \frac{111}{211}\sin. L}$$

et enfin,

$$h = \frac{r.\cos. L}{1 + 0,585\sin. L} \qquad \text{c'est-à-dire environ} \qquad \frac{r.\cos. L}{1 + \frac{3}{8}\sin. L}$$

Malgré l'avantage de cette méthode, on a continué à se servir de la projection stéréographique, parce qu'elle seule jouit de la propriété de projeter les cercles de la sphère par des cercles.

428. *Projections par développement.* — *Développement du cône tangent.* Lorsqu'il ne s'agit que de représenter une petite portion seulement de la terre, comme un royaume, une province, etc., on se sert de projections qui altèrent moins les formes et les dimensions. Pour cela, on imagine une surface de révolution développable et tangente au globe vers le milieu de l'espace à reproduire, suivant le parallèle moyen. Cette surface différant peu de la portion correspondante de la terre, coupée par les plans des méridiens et des parallèles, se trouve divisée en quadrilatères mixtilignes qui représentent les quadrilatères curvilignes, et que l'on peut regarder comme leurs équivalents. Soit CQTP (*fig.* 370) la section d'un quart de la sphère par le méridien moyen de la surface à projeter. TD est la trace du parallèle moyen, et BE, AF, celles des parallèles extrêmes. Imaginons la surface conique engendrée par la tangente OT : elle se raccorde avec la sphère suivant le parallèle dont TD est le rayon, et les plans des parallèles extrêmes la coupent suivant les circonférences projetées ici en bE et aF. Les sections par les plans méridiens sont des génératrices du cône. Pour développer la portion nécessaire de la surface conique, on décrit un arc de cercle avec TO pour rayon, on porte dessus des parties égales aux divisions du parallèle moyen, et l'on trace les génératrices correspondantes ; puis ensuite on complète la projection en décrivant du même centre et avec Oa, Ob,

pour rayons des portions de circonférences qui sont les projections des parallèles.

Nous trouvons dans ce procédé que les quadrilatères sont rectangulaires comme sur la sphère, et que tous les détails situés sous la même latitude, sont comparables; mais, pour d'égales différences de latitude, nous voyons qu'elles décroissent de plus en plus rapidement, à mesure que l'on approche du pôle, tandis qu'elles augmentent sans cesse vers l'équateur. Dans ce cas, elles sont projetées plus grandes qu'elles ne sont sur le globe, et plus petites dans le premier cas. Un second inconvénient consiste en ce que les différences en longitude sont toutes plus grandes sur la surface conique que sur la sphère.

La figure 371 indique ce développement.

429. *Projection conique.* Pour que les latitudes ne soient pas altérées, on a imaginé de porter, à partir de T (*fig.* 370), sur TO, des longueurs Ta', Tb', égales aux différences rectifiées de latitude des divers parallèles ; puis ce sont les distances Oa', Ob', que l'on a prises pour rayons des projections de parallèles : ces projections sont exprimées par les arcs ponctués sur la figure 371. Il n'y a plus, par ce moyen, d'erreurs en latitude, et les distances en longitude sont déjà moins grandes que précédemment, comme l'indique la comparaison des arcs pleins et des arcs ponctués sur la même figure.

430. Pour détruire complétement les erreurs en longitude, on a modifié cette projection en agissant à l'égard de tous les parallèles, comme on l'a fait précédemment, pour le parallèle moyen, c'est-à-dire, que pour chacun d'eux on a porté sur sa projection des longueurs précisément égales à celles qui séparent les méridiens. Si, par exemple, ceux-ci sont distants d'un grade, on a porté sur les arcs qui représentent les parallèles des longueurs qui décroissent successivement, et comme on le sait, proportionnellement aux cosinus des latitudes : ceux-ci étant en effet égaux au rayon de la terre multiplié par le cosinus de la latitude correspondante : la figure 372 présente cette projection ainsi modifiée. On y reconnaît, bien que les distances en longitude ou suivant les parallèles, sont précisément égales à ce qu'elles sont sur le globe; mais on y remarque en même temps, que l'on a un peu altéré, dans un autre sens, les résultats que présentait la projection conique avant la modification. En effet, les quadrilatères étaient rectangulaires comme sur le globe, et les distances en latitude n'étaient pas entachées de la plus petite erreur, tandis que dans la projection nouvelle, ces conditions sont d'autant moins remplies, qu'on s'écarte davantage du centre de la carte. Quoiqu'il en soit, et parce que ces défauts ne sont pas aussi saillants que celui que l'on a fait disparaître, surtout quand il ne s'agit pas de projeter une très grande portion du globe, on a dans ces derniers temps adopté cette projection que l'on désigne sous le nom de *projection du dépôt de la guerre*. C'est elle que l'on emploie pour la plus belle œuvre topographique des temps modernes, *la nouvelle carte de France*.

431. Nous ne répéterons pas ici ce qui a été dit au n° 366, sur la nécessité de déterminer les points d'intersection des méridiens et des parallèles, lorsque l'échelle de la projection est trop grande pour que l'on puisse, à l'aide d'un compas, tracer les parallèles d'une manière continue.

Nous avons trouvé que les coordonnées de ces points d'intersection étaient fournies par les formules

$$y = (r . \cot. L - M^m) \sin. P \frac{r . \cos in. l}{r . \cot ang. L - M^m}$$

$$x = (r . \cot. L - M^m) \cos in. P \frac{r . \cos. l}{r . \cot ang. L - M^m}$$

L représentant la latitude du parallèle moyen.

l celle du parallèle sur lequel est le point cherché.

P la différence en longitude du méridien principal et de celui sur lequel se trouve le point cherché.

r le rayon de la sphère.

Et M, l'arc rectifié et compté en mètres, du méridien compris entre le parallèle moyen et l'autre.

On pourrait encore trouver facilement tous les points d'un même parallèle, en combinant l'une des deux formules ci-dessus, servant à déterminer x et y avec l'équation du cercle rapporté à l'origine des coordonnées (n° 370), $r^2 = x^2 + y^2$, ou

$$y = \pm \sqrt{(r + x)(r - x)}.$$

Chaque valeur attribuée à x, en donneraient deux égales et de signes contraires pour y.

Ce qui vient d'être dit, supposait la terre sphérique : dans ce cas, des tables calculées à l'aide des formules ci-dessus, fourniraient un moyen très simple de construire la projection. La mesure de différents arcs de méridiens exécutée sous diverses latitudes, ayant prouvé que telle n'était pas la figure de la terre; mais qu'elle s'approchait beaucoup plus de la forme d'un ellipsoïde de révolution , il a été nécessaire d'apporter aux formules les modifications qu'exigent les dimensions reconnues du globe.

D'abord , le rayon du parallèle moyen développé TP (*fig.* 376) qui, dans la sphère, est égal à *r*. cotang. L, doit être modifié par la substitution de la grande normale TB au rayon de la terre. Ce qui donne

$$\frac{a. \text{ cotang. L}}{(1 - e^2 \sin.^2 L)^{\frac{1}{2}}}$$

Au surplus, on peut le déduire de la comparaison des triangles TPA , TBA , qui sont semblables comme ayant les côtés respectivement perpendiculaires. Les angles côtés (1) sont égaux : les angles (2) le sont également : on a donc

$$AB : TB :: AT : TP = \frac{TA \times TB}{AB}$$

mais

$$TA = N. \cos. L = \frac{a. \cos. L}{(1 - e^2 \sin.^2 L)^{\frac{1}{2}}} \qquad TB = N = \frac{a}{(1 - e^2 \sin.^2 L)^{\frac{1}{2}}}$$

$$AB = AC + BC = y + s. N = \frac{b^2}{a^2} N. \sin. L + \frac{ae^2 \sin. L}{(1 - e^2 \sin.^2 L)^{\frac{1}{2}}}$$

et $$AB = \frac{b^2 \sin. L}{a (1 - e^2 \sin.^2 L)^{\frac{1}{2}}} + \frac{a^2 e^2 \sin. L}{a (1 - e^2 \sin.^2 L)^{\frac{1}{2}}} = \frac{(b^2 + a^2 e^2) \sin. L}{(1 - e^2 \sin.^2 L)^{\frac{1}{2}}}$$

mais

$$TA \times TB = \frac{a^2 \cos. L}{(1 - e^2 \sin.^2 L)}$$

donc ,

$$TP = \frac{a^3 \cos. L}{(1 - e^2 \sin.^2 L)^{\frac{1}{2}} (b^2 + a^2 e^2) \sin. L}$$

en vertu de ce qu'on a fait $\frac{a^2 - b^2}{a^2} = e^2$ (n° 377), $b^2 = a^2 (1 - e^2)$,

il vient

$$TP = \frac{a^3 \cos. L}{(1 - e^2 \sin.^2 L)^{\frac{1}{2}} (a^2 (1 - e^2) + a^2 e^2) \sin. L}$$

et enfin, comme nous l'avions annoncé ,

$$TP = \frac{a. \text{ cotang. L}}{(1 - e^2 \sin.^2 L)^{\frac{1}{2}}}$$

On arrive plus simplement au même résultat, en comparant les deux triangles semblables aussi TPA , BCR ; car ils fournissent

$$TP : TB :: sn : sN$$

$$TP = \frac{a}{(1 - e^2 \sin.^2 L)^{\frac{1}{2}}} \times \frac{ae^2 \cos. L}{(1 - e^2 \sin.^2 L)^{\frac{1}{2}}} \times \frac{(1 - e^2 \sin.^2 L)^{\frac{1}{2}}}{ae^2 \sin. L}$$

et en effectuant les réductions,

$$TP = \frac{a . \cotang. L}{(1 - e^2 \sin.^2 L)^{\frac{1}{2}}}$$

Dans le cas particulier de la carte de France ou de toute autre pour laquelle on prend pour parallèle moyen celui du 50° grade, cette formule se simplifie et devient

$$TP = \frac{a}{\left(1 - \frac{e^2}{2}\right)^{\frac{1}{2}}} = \frac{a}{(0,99677)^{\frac{1}{2}}}$$

$$
\begin{aligned}
\log. (a = 6375737^m) &= 6.8045305 \\
Ct. \tfrac{1}{2} \log. (0.99677) &= 0.0006025 \\
\log. TP = (6384588^m) &= 6.8051330
\end{aligned}
$$

6384588^m est donc le rayon du développement du parallèle du 50° grade sur la terre considérée comme un ellipsoïde de révolution.

Pour avoir maintenant les rayons des projections des autres parallèles, on ne peut plus considérer tous les grades du méridien, depuis 0^g jusqu'à 100^g comme égaux entre eux et à 100000^m. Il faut tenir compte de l'aplatissement de la terre, qui fait croître la longueur des grades, à mesure que la latitude augmente.

Remarquons que les arcs du méridien se confondent avec les éléments des cercles osculateurs correspondants ; que toujours les arcs de même amplitude sont proportionnels à leurs rayons, et qu'ainsi la détermination du rayon de courbure en fonction de la latitude, fera connaître la loi que suivent les variations des arcs de même amplitude sur le méridien. Nous nous occuperons de cette recherche au numéro prochain ; mais comme les théories sur lesquelles nous nous appuierons peuvent n'être pas familières à toutes les personnes qui auront cet ouvrage entre les mains, nous plaçons ici un tableau contenant les longueurs en mètres, des arcs de 1^g, du 30e au 70e de latitude.

Ce tableau est extrait d'un mémoire sur la projection du dépôt de la guerre, calculé dans l'hypothèse adoptée par la commission des poids et mesures que l'aplatissement égale $\frac{1}{334}$. Les résultats diffèrent donc un peu de ce que fourniraient les formules, en prenant $\frac{1}{309}$ pour l'aplatissement. Ce mémoire a été publié, en 1810, par M. Henry, colonel au corps impérial des ingénieurs géographes.

LATITUDES.	LONGUEURS des grades.	DIFFÉRENCES.	LATITUDES.	LONGUEURS des grades.	DIFFÉRENCES.	LATITUDES.	LONGUEURS des grades.	DIFFÉRENCES.	LATITUDES.	LONGUEURS des grades.	DIFFÉRENCES.
g	m.		g	m.		g	m.		g	m.	
30	99741,9		40	99867,5		50	100006,2		60	100144,6	
		11,6			13,5			14,1			13,3
31	99753,5		41	99881,0		51	100020,3		61	100157,9	
		11,8			13,6			14,1			13,1
32	99765,3		42	99894,6		52	100034,4		62	100171,0	
		12,1			13,7			14,0			13,0
33	99777,4		43	99908,3		53	100048,4		63	100184,0	
		12,3			13,8			14,0			12,8
34	99789,7		44	99922,1		54	100062,4		64	100196,8	
		12,5			13,9			13,9			12,6
35	99802,2		45	99936,0		55	100076,3		65	100209,4	
		12,7			14,0			13,9			12,3
36	99814,9		46	99950,0		56	100090,2		66	100221,7	
		13,1			14,0			13,7			12,2
37	99827,8		47	99964,0		57	100103,9		67	100233,9	
		13,1			14,0			13,7			12,0
38	99840,9		48	99978,0		58	100117,6		68	100245,9	
		13,2			14,1			13,6			11,6
39	99854,1		49	99992,1		59	100131,2		69	100257,5	
		13,4			14,1			13,4			11,5

432. *Détermination du rayon de courbure d'un ellipsoïde de révolution.* Cette théorie aurait été mieux placée au VIIᵉ chapitre, dans lequel nous avons réuni les expressions de quelques unes des lignes principales du sphéroïde terrestre ; mais ce n'est qu'après l'impression de ce chapitre que nous avons résolu de parler des projections.

Le cercle osculateur est le plus grand de tous ceux qui, rencontrant la courbe en un même point sans la couper, ont leurs centres placés sur la normale au point du contact. Nous allons, comme nous l'avons fait pour plusieurs autres lignes remarquables (Chapitre VII, nᵒˢ 377, 378.... 383), en chercher l'expression en fonction d'une seule variable, la latitude et de quantités constantes.

Pour cela, nous prendrons les équations de l'ellipse et du cercle ; puis, nous les combinerons de manière à éliminer les coordonnées du centre et du point de contact, afin d'arriver à une expression du rayon du cercle indépendante de ces quatre variables.

Soit $(x - \alpha)^2 + (y - \beta)^2 = \gamma^2$, l'équation du cercle osculateur, dans laquelle α et β représentent l'abscisse et l'ordonnée du cercle, et γ son rayon.

Différencions deux fois cette équation, et nous aurons

$$(x - \alpha) + (y - \beta) \frac{dy}{dx} = 0$$

$$1 + \left(\frac{dy}{dx}\right)^2 + (y - \beta) \frac{d^2y}{dx^2} = 0 ;$$

représentant $\frac{dy}{dx}$ par p, $\frac{d^2y}{dx^2}$ par q, il vient

$$y - \beta = \frac{1 + p^2}{q}, \quad x - \alpha = \frac{p(1 + p^2)}{q} \text{ et } \gamma = \frac{(1 + p^2)^{\frac{3}{2}}}{q}$$

Pour faire voir que les deux courbes se confondent dans un espace infiniment petit, nous allons tirer aussi de l'équation de l'ellipse les valeurs de $\frac{dy}{dx}$ et $\frac{d^2y}{dx^2}$ et nous les égalerons à celles trouvées ci-dessus, ou, ce qui revient au même, nous les substituerons à p et q dans la valeur de γ.

L'équation de l'ellipse est $a^2y^2 + b^2x^2 = a^2b^2$. En la différenciant, nous trouvons

$$a^2ydy + b^2xdx = 0 \qquad \text{d'où} \qquad \frac{dy}{dx} = - \frac{b^2x}{a^2y}$$

C'est la tangente trigonométrique de l'inclinaison de la tangente à l'ellipse sur l'axe des x : c'est donc la cotangente de la latitude correspondante.

Nous pouvons donc écrire

$$\frac{dy}{dx} = p = \text{cotang. L}$$

Prenons la différentielle seconde : il viendra

$$b^2dx + a^2 \frac{dy^2}{dx} + a^2y \frac{dxd^2y - dy\,d^2x}{dx^2} = 0$$

ou

$$1 + \frac{a^2}{b^2} \left(\frac{dy}{dx}\right)^2 + \frac{a^2y\,d^2y}{b^2\,dx^2} - \frac{a^2y\,dy\,d^2x}{b^2\,dx^3} = 0$$

Et en négligeant le quatrième terme comme différentiel du troisième ordre.

$$1 + \frac{a^2}{b^2} \text{cotang.}^2 L + \frac{a^2}{b^2} y\,q = 0$$

mais $\dfrac{a^2}{b^2}\, y = N \sin. L$ (n° 377)

donc ,

$$1 + \frac{a^2}{b^2}\, \text{cotang.}^2\, L + N \sin. L \, q = 0 \qquad \text{ou} \qquad q = - \frac{1 + \dfrac{a^2}{b^2}\, \cot.^2\, L}{N.\, \sin. L}$$

Il n'y a pas à tenir compte de ce signe *moins* ; c'est la valeur absolue que l'on introduit dans celle de γ. Le signe *moins* en avant de $L \dfrac{d^2 y}{dx^2}$ indique que la courbe présente sa convexité à l'axe des x, tandis qu'affectée du signe *plus* , cette expression fait voir que la partie convexe est tournée vers l'axe des abcisses.

En introduisant p et q dans γ, nous trouvons

$$\gamma = \frac{(1 + \text{cotang.}^2\, L)^{\frac{3}{2}}}{1 + \dfrac{a^2}{b^2}\, \text{cotang.}^2\, L}\, N \sin. L = \frac{\text{séc.}^3\, L}{\dfrac{b^2 \sin.^2\, L + a^2 \cos.^2\, L}{b^2 \sin.^2\, L}}\, N.\, \sin. L$$

$$\gamma = \frac{b^2\, N}{b^2 \sin.^2\, L + a^2 \cos.^2\, L} = \frac{b^2 N}{a^2 (1 - \sin.^2\, L) + b^2 \sin.^2\, L} =$$

$$= \frac{a^2\, N\, (1 - e^2)}{a^2 (1 - e^2 \sin.^2\, L)}$$

et enfin

$$\gamma = \frac{a\, (1 - e^2)}{(1 - e^2 \sin.^2\, L)^{\frac{3}{2}}}$$

parce que

$$b^2 = a^2\, (1 - e^2) \qquad \text{et} \qquad N = \frac{a}{(1 - e^2 \sin.^2\, L)^{\frac{1}{2}}}$$

433. Nous allons donner ici quelques applications numériques de la formule qui détermine le rayon de courbure.

Cherchons d'abord γ, en supposant $L = 0^g$.

Le dénominateur devient nul , et la formule se réduit à

$$\gamma = a\, (1 - e^2)$$

Prenons $a = 6376606^m$, comme l'indique *Laplace*, quoiqu'il suppose l'applatissement égal à $\frac{1}{310}$: nous savons que

$$e^2 = 0,006462 \quad \text{d'où} \quad 1 - e^2 = 0,993538$$

$$\begin{aligned}
\log.\ a &= 6.8045896 \\
\log.\ (1 - e^2) &= 9.9971845 \\
\hline
\log.\ a\, (1 - e^2) &= 6.8017743
\end{aligned}$$

donc $\gamma = 6335400^m$.

Faisons $L = 30^g$, nous aurons, pour trouver la valeur correspondante de γ, les calculs suivants :

log. e^2	$= 7.8103670$
2 log. sin. 30-	$= 9.3140936$
log e^2 sin. 30^g	$= 7.1244606$

e^2 sin.^{2} 30^g	$= 0.0013319$
$1 - e^2$ sin.^{2} $30g$	$= 0.9986681$

log. $(1 - e^2$ sin.^{2} $30^g)$	$= \overline{1}.9994597$
log. $(1 - e^2$ sin.^{2} $30^g)^{\frac{3}{2}}$	$= \overline{1}.9991298$

donc

log. $a (1 - e^2)$	$= 6.8017743$
log. $(1 - e^2$ sin^2 $30g)^{\frac{3}{2}}$	$= \overline{1}.9991298$
log. γ	$= 6.8026445$
et γ	$= 6348109^m$

Pour $L = 50^g$, le sin.^{2} $L = \frac{1}{2}$ et la formule devient

$$\gamma = \frac{a(1 - e^2)}{\left(1 - \frac{e^2}{2}\right)^{\frac{3}{2}}} \qquad \text{or} \qquad \frac{e^2}{2} = 0,003231 . \quad 1 - \frac{e^2}{2} = 0,9967690$$

et log. $\left(1 - \frac{e^2}{2}\right) = \overline{1}.9985946$ donc log. $\left(1 - \frac{e^2}{2}\right)^{\frac{3}{2}} = \overline{1}.9978919$

et

log. $a (1 - e^2)$	$= 6.8017743$
log. $\left(1 - \frac{e^2}{2}\right)^{\frac{3}{2}}$	$= \overline{1}.9978919$
log. γ	$= 6.8038824$
et γ	$= 6366227^m$

Pour la latitude $L = 70^g$.

log. e^2	$= 7.8103670$
2. log. sin. $70g$	$= 9.8997618$
log. e^2 sin.^{2} $70g$	$= 7.7101288$

e^2 sin.^{2} $70g$	$= 0.0051801$
$1 - e^2$ sin.^{2} $70g$	$= 0.9948699$

log. $(1 - e^2$ sin.^{2} $70g)$	$= \overline{1}.9977664$
log. $(1 - e^2$ sin.^{2} $70g)^{\frac{3}{2}}$	$= \overline{1}.9966496$
log. $a (1 - e^2)$	$= 6.8017743$
log. γ	$= 6.8051247$

$$\gamma = 6384460^m$$

Rien de plus facile actuellement que de calculer la longueur du grade aux latitudes 0^s, 30^s et 70^s, en partant de sa longueur 100000^m, sous la latitude 50^s.

Nous aurons, en effet : γ (50^s) : γ (30^s) :: 100000^m : x.

$$\log. \; 100000 = 5.0000000$$
$$\log. \; \gamma \; (50^s) = 6.8038824$$
$$\overline{}$$
$$\overline{2}.1961176$$

$$\log. \; \gamma \; (30^s) = 6.8026443$$
$$\log. \; (1^s \text{ à la latitude } 30^s) = 4.9987619$$

$$1^s \text{ à la latitude } 30^s = 99733^m$$

De même,

$$\overline{2}.1961176$$
$$6.8051247$$
$$\overline{}$$
$$5.0012423$$

$$1^s \text{ à la latitude } 70^s = 100028^m,5$$

$$\overline{2}.1961176$$
$$\log. \; \gamma \; (0^s) \; 6.8017743$$
$$\overline{}$$
$$4.9978919$$

$$1^s \text{ vers l'équateur} = 99516^m$$

Nous devons d'ailleurs dire ici, que plusieurs ouvrages, et entre autres, l'excellent *Traité de Topographie* de M. le colonel Puissant, et le *Mémoire sur la projection des Cartes*, du colonel Henry, contiennent, le premier, sous le n° 3, l'amplitude des arcs de parallèles projetés correspondant à 1^s de longitude, pour les latitudes de 30^s à 70^s ; et le second, dans la Table XI, les longueurs en mètres de 1^s en longitude sur le sphéroïde terrestre, aussi de 30 à 70^g de latitude.

434. *Construction d'une carte.* On la divise en un certain nombre de rectangles égaux dont les côtés sont respectivement parallèles aux lignes qui ont été prises pour axes des coordonnées : ce sont le méridien principal développé et la perpendiculaire passant par le centre commun des parallèles. Quelquefois, au lieu de ce dernier, c'est à partir du parallèle moyen que l'on compte les abscisses des intersections des méridiens et des parallèles, ainsi que celles des angles des rectangles ; et cela, dans le but d'avoir à employer des nombres moins grands. On voit que, quant à la difficulté d'exécution, il importe peu que l'on emploie l'une ou l'autre de ces méthodes.

Si la latitude du point est plus grande que la latitude moyenne, la somme des abscisses comptées suivant les deux systèmes est égale au rayon du parallèle moyen développé : si cette latitude est au contraire plus faible, il y a entre les deux abscisses, une différence toujours égale à ce même rayon.

Pour continuer à expliquer les opérations à faire, et parce qu'on agit ainsi au dépôt de la guerre, adoptons pour axe des y, la tangente au parallèle moyen de la carte (*fig.* 377). Le rapport des côtés de rectangles est évidemment arbitraire : cependant, comme il a fallu s'arrêter à quelque chose, le dépôt de la guerre a choisi le rapport de 5 à 8 comme présentant une figure agréable à l'œil, et commode lorsqu'on veut faire usage de la carte. Les feuilles ont 0^m,5 de hauteur, et 0^m, 8 de largeur,

Pour reconnaître dans laquelle des quatre régions formées par les axes sont placées les feuilles, et leurs positions dans ces régions, on est convenu de numéroter les feuilles comme l'indique la figure 377. Les chiffres placés sur deux côtés d'un rectangle indiquant les distances de ces côtés aux axes qui leur sont respectivement parallèles. De plus, la position de ces chiffres exprime aussi la région à laquelle appartient la feuille. Si ces chiffres sont inscrits près des côtés *sud* et *est*, la feuille dépend de la région nord-ouest. Placés sur les côtés *nord* et *ouest*, ils dénotent que la feuille appartient à la région sud-est : il en est de même pour les deux autres positions que peut occuper la feuille.

Si l'échelle est celle de $\frac{1}{20000}$, chaque côté *est* ou *ouest* représente 10000^m, et les côtés *nord* et *sud* représentent 16000.

A l'échelle de $\frac{1}{50000}$, les côtés valent 25000^m et 40000^m : à l'échelle de $\frac{1}{80000}$, ils correspondent à 40000^m et 64000^m.

Les coordonnées des angles de tous les rectangles sont donc immédiatement connues, ainsi que celles des subdivisions de décimètre en décimètre.

Ces préliminaires établis, il n'y a aucune difficulté à placer un point dont les coordonnées ont été calculées par la méthode indiquée n°s 430 et 431.

On reconnaît d'abord dans quel rectangle, et même dans laquelle de ses subdivisions tombe le point. On divise les côtés *nord* et *sud* de ce petit rectangle, proportionnellement à la différence qui existe entre l'ordonnée du point et celle du côté *ouest* du cadre : soient n et n' (*fig.* 378) les points de division : de même, on cherche m et m' qui divisent les côtés *ouest* et *est* proportionnellement à la quantité qu'il faut ajouter à l'abscisse du côté *sud*, pour compléter celle du point M. L'intersection des droites mm', nn' est la projection cherchée de M.

On peut voir (*fig.* 377) l'ensemble des projections des méridiens et des parallèles qui seraient ainsi tracés en unissant leurs points d'intersection isolément construits.

435. On ne calcule pas habituellement, et comme nous venons de l'indiquer plus haut, les coordonnées des points d'intersection ; mais on se sert des tables de *Plessis*, calculées de décigrade en décigrade, en latitude et en longitude, pour l'applatissement de $\frac{1}{334}$.

Ces tables donnent les valeurs de x et y. Quant aux points intermédiaires, leurs coordonnées s'obtiennent par une double interpolation qui s'effectue au moyen des corrections fournies par les colonnes qui suivent celles de x et y, et qui contiennent les différences premières et secondes de ces quantités. Peut-être ne nous saura-t-on pas mauvais gré d'essayer à faire comprendre la signification et l'importance des termes, tout en rendant notre langage aussi élémentaire que possible.

Soit une droite MM' (*fig.* 380), x et y les coordonnées de l'un de ses points : supposons que x augmente de Δx, et y de Δy; les nouvelles coordonnées $x + \Delta x$, $y + \Delta y$, correspondent à un certain point M', dont la tangente trigonométrique de l'inclinaison sur l'axe des y est $\frac{\Delta x}{\Delta y}$.

Si nous imaginons une courbe MM'' s'écartant trop sensiblement de la droite, pour regarder M' et M'' comme confondus en un seul point, il y a entre ces deux points, une distance qui est à peu près à Δx, ce que Δx est à x. Désignant M''P par X, et M'M'' par $\Delta_2 x$, nous avons ,

$$X = x + \Delta x + \Delta^2 x$$

Au lieu de considérer M' et M'' sur la même perpendiculaire M''P, si par un motif quelconque, ils doivent se trouver sur une ligne inclinée (*fig.* 381), à la valeur ci-dessus de X, correspond

$$Y = y + \Delta y - \Delta^2 y$$

puisque le petit triangle M''M't, rectangle en t, a pour côtés de l'angle droit, les petits accroissements de Δx et Δy.

Admettons actuellement que l'on ait calculé les valeurs de x et y de décigrade en décigrade pour toutes les latitudes et longitudes, et qu'on ait formé une table à double entrée, ayant pour arguments la latitude et la longitude. On inscrit dans deux colonnes , ces valeurs de x et y calculées au moyen des formules que nous avons données n° 366 , et modifiées en vertu des considérations énoncées n° 430 : dans des colonnes contiguës se placent les valeurs de Δx, $\Delta^2 x$, Δy, $\Delta^2 y$, correspondant à la dixième partie d'un décigrade , c'est-à-dire à dix minutes centésimales. Lorsqu'ensuite on veut appliquer les formules, on multiplie successivement Δx et Δy, par les coefficients 2, 3, 4.... 8, 9, pour avoir les intersections des méridiens et parallèles de minute en minute, ou encore par 0 , 1 ; 0 , 2.... ; 0 , 9 ; 1 , 1 ; 1 , 2...; 1 , 9 , si l'on veut figurer les méridiens et parallèles de dix en dix secondes, tant en latitude qu'en longitude.

C'est lorsque ces interpolations sont effectuées par le calcul, qu'on peut en faire de graphiques pour placer les points qui appartiennent à l'un des quadrilatères, en divisant ses côtés proportionnellement au nombre de dizaines de secondes, et même de secondes.

Si nous désignons par n le coefficient de Δx (c'est le nombre de secondes qu'il faut ajouter à la latitude du parallèle inférieur, formant l'un des côtés du quadrilatère), et par n', celui de Δy, nous voyons sur la figure 381 , que $M''t$ ou $\Delta(VM)$, ou encore $\Delta(n\Delta x)$ varie nécessairement en raison de la grandeur de VM ou $n'\Delta y$, puisque la courbe MM'' s'écarte d'autant plus de MM', que MV est plus considérable. Ainsi , $M''t = n'\Delta(n\Delta x) = nn'\Delta x$: de même $M't = nn'\Delta^2 y$.

Jusqu'ici , nous avons supposé que nous connaissions les coordonnées d'un point M appartenant au même parallèle développé que M' : cela n'est pas, et il s'agit d'une double interpolation.

Soit A' (*fig.* 382), le point dont on cherche les coordonnées, son abscisse $X = ep = cp + Ac + Ae = x' + Ac + Ae$.

Ac est $\Delta x'$ répété n fois : c'est $n\Delta x'$: Ae est l'accroissement de Ap ou x , d'autant plus grand que A' s'élève plus au-dessus de A, en raison de la plus grande différence en longitude de ces points : c'est donc $n'\Delta x$. En ajoutant à ces différentes quantités, le terme en Δ^2 dont l'explication vient d'être donnée, on a

$$X = x' + n\Delta x' + n'\Delta x + nn'\Delta^2 x.$$

Nous trouvons de même que

$$Y = y + A'e ; \quad y = y' - cn = y' - ny' , \quad A'e = n'\Delta y - nn'\Delta^2 y$$

et enfin ,

$$Y = y' - n\Delta y' + n'\Delta y - nn'\Delta^2 y$$

Les grades et décigrades qui correspondent à x et x', y et y' font connaître en même temps Δx, $\Delta x'$, Δy, $\Delta y'$, $\Delta^2 x$ et $\Delta^2 y$.

436. *Projection cylindrique.* Ce mode de représenter une portion de la surface du globe, est certainement le plus défectueux, lorsqu'on n'apporte pas quelque modification à son principe. Il consiste à imaginer un cylindre tangent à la sphère, suivant l'équateur. Les génératrices tangentes aux méridiens (*fig.* 383), les représentent dans le développement du cylindre sur un plan. Les parallèles sont alors représentés par les droites, perpendiculaires aux méridiens, qui sont les développements des cercles suivant lesquels les plans des parallèles coupent le cylindre. Ce n'est que pour une zone très restreinte au nord et au sud de l'équateur, que cette projection est admissible : au delà, les altérations vont sans cesse en augmentant. Elles sont d'ailleurs dues à une double cause, le décroissement des distances en latitude et leur accroissement en longitude. Il suffit de jeter un coup d'œil sur la figure 384 pour s'en rendre compte.

Lorsqu'il s'agit de représenter une portion de zone qui n'est pas contiguë à l'équateur, on imagine le cylindre inscrit dont la génératrice est FG (*fig.* 385), ou celui qui est circonscrit, et qui a pour génératrice AB, ou mieux, celui qui serait décrit par la droite DE passant par la latitude moyenne M de la zone. Dans la projection cylindrique, les aires des zones sont égales sur la sphère et sur le développement; et par conséquent, sur ce dernier, les hauteurs des rectangles varient en raison inverse de l'accroissement relatif des bases.

437. *Carte plate.* On peut détruire l'une des deux causes d'erreur, en modifiant d'une manière analogue à celle qu'on a employée pour la projection de *Flamsteed*, c'est-à-dire en supposant les méridiens rectifiés sur les génératrices qui les représentent. Alors les distances mesurées sur la carte dans le sens de la latitude ont même longueur que sur le globe, et la projection se trouve composée d'autant de rectangles qu'il y a de quadrilatères sur la sphère (*fig.* 386). C'est ce que l'on nomme *carte plate.*

Les formes et les surfaces ne sont pas sensiblement altérées dans le sens de l'*est* à l'*ouest*; ainsi, pour une contrée qui serait beaucoup plus étendue dans ce sens que du nord au midi, on pourrait sans inconvénient employer ce mode de projection.

438. *Projection de Cassini.* Celle-ci n'est réellement qu'une modification de la précédente. Pour l'exposer, il suffit d'appliquer au méridien ce que nous avons dit de l'équateur, et réciproquement.

On suppose un cylindre tangent à la sphère suivant le méridien principal : par les divisions de l'équateur, des plans parallèles au méridien, et par celles du méridien des grands cercles qui ont un diamètre commun situé dans le plan de l'équateur. Ce diamètre est dans la projection de Cassini, ce qu'est la ligne des pôles dans la précédente. On imagine ensuite le cylindre développé et les génératrices passant par les divisions du méridien représentant les grands cercles perpendiculaires au méridien, tandis que les petits cercles qui lui sont parallèles ont pour projections, les développements des intersections du cylindre par leurs plans (*fig.* 386 et 387).

Ici, ce sont les dimensions voisines du méridien qui ne sont pas défigurées dans la projection, tandis que dans le sens de l'équateur, les quadrilatères diminuant de plus en plus de surface, et devenant de plus en plus obliques, sont fort mal représentés par les rectangles de la carte. Sans doute la configuration de la France un peu plus étendue du nord au sud que de l'est à l'ouest, a été l'un des motifs qui ont déterminé *Cassini* à employer ce système pour l exécution de sa carte de France.

Dans cette projection, les points ont été rapportés par leurs distances à la méridienne et à la perpendiculaire de l'observatoire de Paris, et nous avons indiqué (n° 365), avec quelle facilité on passait successivement à celles de tous les sommets du canevas géodésique au moyen des éléments des triangles et de l'azimut d'un premier côté. Les coordonnées de chaque point peuvent être, comme vérification, déterminées par deux calculs qui les rattachent aux deux autres sommets déjà calculés d'un triangle : dans ce cas, nous ferons observer, que pour former les azimuts des deux côtés qui, avec eux, sont les éléments connus des triangles rectangles à calculer, il faut ajouter l'angle B (*fig.* 389, 390, 391, 392), à l'azimut Z pour le point B qui est à gauche, par rapport au sommet à déterminer C, tandis qu'il faut pour l'objet de droite, retrancher l'angle A de l'azimut Z'. Ce dernier azimut est évidemment égal à Z augmenté de 200s.

439. *Carte réduite.* Les cartes marines n'ont pas pour but de présenter exactement la configuration des diverses parties du globe ; mais de permettre au navigateur de tracer avec une précision presque toujours suffisante, le chemin parcouru par son navire. Les *données* sont les *distances* et les *directions* : les premières sont les hypoténuses d'autant de triangles rectangles dont les côtés de l'angle droit sont les méridiens et les parallèles. Pour

ne pas commettre d'erreurs dans les opérations graphiques, il faut que partout sur la carte, il y ait entre les degrés de latitude et de longitude, le même rapport que sur la terre, et que de plus, les projections des méridiens et des parallèles soient toujours rectangulaires. Cette dernière condition n'est pas remplie dans les projections stéréographique et orthographique, si ce n'est dans le cas particulier où l'équateur est le plan du tableau; mais on ne pourrait y tracer facilement *la loxodromie*, ou courbe suivant laquelle marche un vaisseau soumis à une même impulsion du vent : cette courbe, jouissant de la propriété de couper tous les méridiens sous un même angle, est représentée par une ligne droite sur les cartes où les méridiens sont parallèles.

Les cartes plates ne satisfont pas à la première condition énoncée plus haut, puisque l'on y fait tous les degrés de longitude égaux, tandis qu'en réalité ils décroissent proportionnellement au cosinus de la latitude. On pare à cet inconvénient, en divisant les degrés du méridien par ce même cosinus de la latitude, ou en les multipliant par sa sécante, de sorte, qu'alors, les degrés des méridiens croissent dans le même rapport que ceux des parallèles. Cette nouvelle projection connue sous le nom de *carte réduite* (*fig.* 388), n'a plus d'échelle constante : les divisions de cette échelle croissent comme les degrés tracés sur les méridiens projetés. On a construit des tables *des latitudes croissantes* qui fournissent immédiatement la longueur du degré et de ses subdivisions, pour toutes les latitudes. On peut encore tracer une semblable projection, lorsqu'il s'agit d'opérer à une petite échelle, en décrivant un quart de circonférence d'un rayon égal à un degré, ou à l'un de ses multiples, en divisant cette circonférence en degrés, ou par le même multiple, et prenant toutes les sécantes successives entre 0° et 90°, ou entre 0^g et 100^g. Il serait plus exact d'opérer, s'il était nécessaire, en calculant par logarithmes.

440. Nous terminerons ici ce qui est relatif aux projections, en disant quelques mots seulement de celle de *Lorgna*. Elle consiste à représenter un hémisphère par un cercle d'égale surface.

Désignant par R et r les rayons de la sphère et du cercle, il faut qu'on ait $\pi.r^2 = 2.R^2$, et par conséquent $r = R\sqrt{2}$. La valeur de r se trouve aussi très facilement au moyen d'une construction graphique très simple; car, de $r^2 = 2R^2$, on conclut que r est l'hypoténuse d'un triangle isocèle rectangle APC (*fig.* 393), c'est-à-dire la corde AP qui sous-tend le quart de la circonférence, ou encore en d'autres termes, le double du sinus de 50ᵍ. On voit (*fig.* 379) la projection de l'hémisphère sur le plan de l'équateur. Dans ce cas, les méridiens sont projetés suivant des droites, et les parallèles par des circonférences dont les rayons ont, avec ceux des parallèles eux-mêmes, le même rapport $\sqrt{2}$.

S'il s'agissait de projeter sur un méridien, la figure 393 indiquerait que l'on a imaginé la sphère divisée comme pour la projection de Cassini, par des plans parallèles au méridien principal, et par des plans perpendiculaires à ce même méridien. Toute la différence consiste en ce que Cassini a pris le plan de projection perpendiculaire à celui du méridien principal, tandis qu'ici, c'est lui qui est le plan du tableau.

La même figure 393 convient à la projection sur l'horizon, dans la supposition où tous les petits cercles sont parallèles au plan de l'horizon, et où les grands sont des cercles azimutaux. Les petits cercles dans ce cas, se distinguent sous le nom d'*almicantarats*.

CHAPITRE II.

SUITE DE TABLEAUX DESTINÉS A L'INSCRIPTION DES ANGLES OB-
SERVÉS ET DES ÉLÉMENTS DE RÉDUCTION, AINSI QU'AUX DIFFÉ-
RENTS CALCULS GÉODÉSIQUES.

TABLEAU PREMIER.

On recueille dans ce premier tableau, les angles et les distances zénitales multiples, ainsi que les divers éléments de réductions au centre, à l'horizon et au sommet du signal.

Les angles multiples se placent dans la colonne nO, à côté des chiffres 2, 4, 6, etc., les quotients par ces mêmes chiffres s'écrivent dans la 3e colonne O, et la comparaison des différents résultats indique la marche de la série. C'est le dernier quotient qui doit servir dans le calcul des triangles.

Les distances zénitales multiples sont inscrites dans la colonne $n\Delta$, et les quotients correspondants dans la colonne contiguë Δ.

Pour obtenir l'élément de réduction y, on se dispense de remettre le vernier à zéro. Au moment où l'observation d'un angle est terminée, la lunette supérieure est dirigée sur l'objet de gauche et le vernier marque nO : on la rend libre pour la pointer sur l'axe du signal; l'angle qu'on lit ensuite et qui sur le tableau est désigné par V, se composant de $nO + y$, il suffit d'en retrancher nO pour connaître y.

STATION à

ANGLE { D
ENTRE { G

On pointe sur

n	nO	O	n	$n\Delta$	Δ
2					
4			2		
6			4		
8			6		
10					

$nO=$		$O=$			
$V=$		$y=$	2		
$y=$		$O+y=$	4		
$r=$		$dH=$	6		

ANGLE { D
ENTRE { G

On pointe sur

n	nO	O	n	$n\Delta$	Δ
2					
4					
6			2		
8			4		
10			6		

$nO=$		$O=$			
$V=$		$y=$	2		
$y=$		$O+y=$	4		
$r=$		$dH=$	6		

TABLEAU II.

Calcul des triangles provisoires.

Ces calculs ont pour objet la détermination approximative des côtés de triangles qui entrent comme données indispensables dans la formule de réduction au centre.

Il suffit de prendre les logarithmes à 3 décimales. On pourrait à la rigueur se dispenser des calculs provisoires, en faisant avec soin le canevas au moyen des angles observés. On y prendrait graphiquement les longueurs des côtés. Néanmoins, ces calculs ont un autre but encore, celui de servir de vérification aux calculs définitifs.

NOMS des SOMMETS.	ANGLES OBSERVÉS.	LOGARITHMES des sinus des ANGLES.	CALCUL des CÔTÉS.	COTÉS en MÈTRES.
(S)	g " ,	,	l.DG , c. l. sin. S , l. sin. D ,	m ,
(D) :	,	,	l.S.G ,	,
			l. DG+ ⎫ c. l. sin. S ⎬ , l. sin. G ,	•
(G)	,	,	l.SD ,	,
(S) :	g " ,	,	l.DG , c. l. sin. S , l. sin. D ,	m. ,
(D)	,	,	l.SG ,	,
			l. DG+ ⎫ c. l. sin. S ⎬ , l. sin. G ,	
(G)	,	,	l. SD ,	,
(S)	g s	,	l. DG , c. l. sin S , l. sin. D ,	m. ,
(D)	,	,	l. SG ,	,
			l. DG+ ⎫ c. l. sin. S ⎬ , log. sin. G ,	
(G)	,	,	l. SD ,	,

TABLEAU III.

Réductions des angles observés à l'horizon et au centre, et des distances zénitales aux sommets des signaux.

La réduction à l'horizon n'a lieu que lorsque les angles sont observés avec le cercle répétiteur. Le théodolite les donne tout réduits.

Ces réductions peuvent se calculer au moyen des tables de logarithmes, en se bornant à 3 décimales, ou avec des tables que M. le colonel Puissant a insérées dans son Traité de géodésie sous les numéros 1 et 2. On entre dans la table 1 avec l'angle observé O, et l'on trouve les nombres correspondants aux premiers facteurs des deux termes de la correction, dans les colonnes intitulées *tangentes* et *cotangentes*. La table 2 donne les seconds facteurs, et les arguments sont $200 — (\Delta + \Delta')$, et $\Delta — \Delta'$: on multiplie et l'on fait la somme algébrique des deux termes.

La réduction au centre s'effectue au moyen des logarithmes ou d'une table semblable à celles indiquées ci-dessus, et comprise sous le n° 1 dans l'instruction sur la disposition et la tenue des registres de calculs, publiée anciennement par le dépôt de la guerre.

La réduction des distances zénitales est positive quand $d\mathrm{H}$ est positif; c'est-à-dire, lorsque l'observation se fait au-dessous du point de mire : elle est négative dans le cas contraire.

Quand on calcule les différences de niveau des points du troisième ordre, on ne rapporte pas la distance zénitale au sommet du signal : on emploie Δ : mais alors il faut corriger la hauteur obtenue de la quantité $d\mathrm{H}$, puisque l'on part de la cote du sommet et non de celle du lieu de l'observation. Ainsi, lorsque l'on opère au-dessous du point de mire, il faut retrancher $d\mathrm{H}$ du résultat obtenu, et l'ajouter dans le cas beaucoup plus rare où l'instrument est au-dessus de la mire. Ceci n'a lieu que pour des édifices terminés par une plate-forme ou une balustrade; ou bien encore pour les signaux construits en pierre.

On peut aussi calculer de la même manière les points du second ordre : on fait deux calculs différents avec chacune des distances zénitales réciproques non corrigées.

STATION A

NOMS des OBJETS.	RÉDUCTION A L'HORIZON. $$\text{tang.}\ \frac{O}{2}\ \text{sin.}1''\cdot\left(200^g-\left(\frac{\Delta+\Delta'}{2}\right)\right)^2 - \text{cotang.}\ \frac{O}{2}\ \text{sin.}1''\left(\frac{\Delta-\Delta'}{2}\right)^2$$	RÉDUCTION AU CENTRE. $$C=O+\frac{r.\sin.(O+\gamma)}{D.\sin.1''}-\frac{r.\sin.\gamma}{G.\sin.1''}$$	RÉDUCTION DES DISTANCES ZÉNITALES. $$\frac{d\,H}{K.\sin.1''}$$
d.—	$\Delta=$, $\Delta'=$,	$O+\gamma=$, $\gamma=$,	$\Delta=$, ^{n} Réduction $=$ ^{g}
		$\ell.\,D=$, ^{n} $\ell.\,G=$,	1er $\mu^e=$ — ^{n} 2^e $\mu^e=$ — ^{n}
		Réduction C = — ^{n}	$\delta=$, ^{g}
g.—	$\Delta+\Delta'=$, $\Delta-\Delta'=$ +	$O=$, ^{g}	$\Delta'=$, ^{g} Réduction $=$ ^{g}
		Réduction C = —	
		Réduction $h=$ —	
	Réduction $h=$ —	$r=$, ^{m}	$\delta=$, ^{g}
	$d\,H=$, $d\,T=$,	Angle observé = , Angle réduit = ,	$\delta'=$, ^{g}
d.—	$\Delta=$, ^{n} $\Delta'=$, ^{n}	$O+\gamma=$, ^{g} $\gamma=$,	$\Delta=$, ^{g} Réduction = ,
	$\Delta+\Delta'=$, $\Delta-\Delta'=$, ^{n}	$\ell.\,D=$, $\ell.\,G=$,	1er $\mu^e=$ — ^{n} 2^e $\mu^e=$ — ^{n}
g.—	$\Delta=$, ^{g} $\Delta'=$, ^{n}	$O+\gamma=$, ^{g} $\gamma=$,	Réduction = ,
	Réduction $h=$ — ^{n}	Réduction C = — Réduction $h=$ —	$\delta=$, ^{g}
	$d\,H=$, $d\,T=$,	Angle observé = Angle réduit =	$\Delta'=$, ^{g} Réduction = ,
g.—	Réduction $h=$ — ^{n}	$C+h=$ —	$\delta'=$, ^{g}

TABLEAU IV.

Calcul des triangles définitifs.

Les logarithmes des côtés de triangles du premier et du deuxième ordres, c'est-à-dire ceux dont les trois angles ont été observés, se prennent à sept décimales. Cinq suffisent pour les triangles du troisième ordre. On nomme ainsi ceux dans lesquels un angle est conclu : on n'a pas fait station à ce troisième angle. Les points ainsi obtenus doivent être calculés sur deux bases.

La seconde colonne du tableau IV, contient les angles réduits au centre et à l'horizon. Si le triangle était rectiligne, et s'il n'y avait pas d'erreur dans les observations, la somme des trois angles devrait être précisément 200ᵍ. La différence que l'on trouvera sera donc due, d'une part, à l'excès sphérique, et de l'autre, aux erreurs de pointé, de lecture et à celle causée par l'imperfection de l'instrument. Si l'on veut savoir avec quel degré de précision l'on a opéré, on calcule à part l'excès sphérique que l'on sait être égal à la surface du triangle réduite en secondes, dont l'expression est $\frac{1}{2} bc. \frac{\sin.A'}{r.^2\sin.1''}$.

En préparant ces calculs, il est bon de transcrire les deux premiers chiffres des logarithmes des sinus, d'après le calcul des triangles provisoires : cela évite de commettre des erreurs, en prenant parfois des cosinus pour des sinus et réciproquement.

Les triangles doivent fermer à 15″ environ. L'erreur est souvent beaucoup moindre : quelquefois, quand les côtés sont petits, elle peut aller jusqu'à 40″.

On doit trouver la longueur des côtés du second ordre à 2ᵐ près au plus. Pour le troisième ordre, l'erreur va parfois jusqu'à 4ᵐ, rarement cependant.

NOMS des SOMMETS.	ANGLES RÉDUITS.	ANGLES CORRIGÉS.	LOGARITHMES DES SINUS des angles corrigés.	CALCUL des CÔTÉS.	CÔTÉS en MÈTRES.
(s)	»	»	»	$l.\,D\,G$	»
(d)	»	»	»	$c.\,l.\,\sin.\,S$	»
(g)	»	»	»	$l.\,\sin.\,D$	m
	»	»	»	$l.\,S.\,G$	»
	»	200,0000	»	$l.\,D\,G + c.\,l.\,\sin.\,S =$	»
	»	»	»	$l.\,\sin.\,G$	»
	»	»	»	$l.\,S\,D$	»

Erreur dont il faut corriger la somme des trois angles en la répartissant par tiers.

TABLEAU V.

Différences de niveau.

Points du premier et du deuxième ordre.

Les distances zénitales de ces points doivent être rapportées aux sommets des signaux. Les corrections qui sont de la forme $\pm \dfrac{dH}{K.\sin. 1''}$ ont dû être calculées dans la dernière colonne du troisième tableau.

La formule qui détermine les différences de niveau est

$$dN = K. \text{ tang. } \tfrac{1}{2}(\delta' - \delta).$$

δ' et δ représentent ici les distances zénitales corrigées des erreurs de réfraction ; mais comme celle-ci est la même pour les deux observations, il s'ensuit que l'on peut n'en pas tenir compte, puisqu'elle disparaît comme affectée successivement des signes $+$ et $-$.

$$\delta = \Delta + r, \quad \delta' = \Delta' + r, \text{ donc } \delta' - \delta = \Delta' - \Delta.$$

Les logarithmes se prennent avec 5 décimales.

Il faut calculer chaque cote de deux manières au moins. Souvent on prend la moyenne entre cinq ou six résultats, parce qu'il est nécessaire d'être bien sûr de l'exactitude de cotes qui servent ensuite à déterminer celles des points conclus.

N. V.

NOMS des POINTS.	DISTANCES ZÉNITALES rapportées aux sommets des signaux.	CALCUL DES DIFFÉRENCES DE NIVEAU $dN = K$ tang. $\frac{1}{2}(\Delta' - \Delta)$.	ALTITUDES DES POINTS de mire.	DES SOLS.
Point dont la hauteur est connue.	$\Delta =$, g	$\frac{1}{2}(\Delta' - \Delta) =$ — ; Log. K = — ; Log. tang $\frac{1}{2}(\Delta' - \Delta) =$ — ;	$N =$ m	
— — — —	$\Delta' =$, g	Log. $dN =$;	$dN =$ — m	
Point cherché.	$\Delta =$, g	Log. $dN =$;	$N' =$ m	
— — — —	$\Delta'' =$, g	$\Delta' - \Delta =$ — ; $\frac{1}{2}(\Delta' - \Delta) =$ — ; Log. K = ; Log. tang $\frac{1}{2}(\Delta' - \Delta) =$;	$N =$ m ; $dN =$ m	
— — — —	$\Delta' =$, g	Log. $dN =$;	$N'' =$	

TABLEAU VI.

————

Différences de niveau.

Points du troisième ordre.

Les cotes de ces points se calculent sur deux bases. Quelque-fois cependant, la nature du terrain force à en admettre quel-ques-uns sur lesquels on n'a pu prendre qu'une distance zénitale, et qui néanmoins ne peuvent être rejetés comme indispensables au nivellement topographique.

Ces cotes se déterminent au moyen d'une seule distance zéni-tale. Le tableau V peut également servir pour les points de sta-tion, et c'est dans ce cas seulement qu'il y a lieu d'employer la dernière colonne. Alors on n'a pas besoin de rapporter la distance zénitale au point de mire; mais elle doit être corrigée de l'erreur de réfraction et de celle due à la sphéricité de la terre.

Le second terme de la formule renferme cette double cor-rection.

Le signe du premier terme dépend de celui de la cotangente qui est positive, lorsque $\Delta < 100^g$ et négative dans le cas con-traire.

Le second terme est toujours positif : on le calcule fort sim-plement en ajoutant le double du logarithme de K à celui de la constante q. On peut encore le trouver directement dans les ta-bles publiées, il y a quelques années, par le dépôt de la guerre, et destinées à faciliter le calcul des différences de niveau dans les opérations topographiques.

N° VI.

NOMS des OBJETS.	ÉLÉMENTS du CALCUL.	DIFFÉRENCES DE NIVEAU :		HAUTEURS ABSOLUES des points de mire, des sols.	
		$d\,N = K.$ cotang. $\Delta + q\,K^2.$	log. $q = 2,81869.$		
Point dont on cherche la cote.	$\Delta = $,	Log. K = ,	2 log. K = ,	1er tme= — m	N = . m
	$d\,H = $ m	Log. cot. $\Delta = $,	Log. $q = $,	2e tme= + ,	
	$d\,T = $,	Log. 1er tme= ,	Log. 2^e tme= ,	$d\,N = $,	
Point connu.	$\Delta' = $,			$d\,H = $,	$d\,N = $,
	$d\,H' = $,	Log. 1er tme= ,	Log. 2^e tme= ,	$d\,N = $,	N' ,
	$d\,T' = $,				
	$\Delta = $,	Log. K = ,	2 log. K = ,	1er tme= — m	N = m
	$d\,H = $ m	Log. cot. $\Delta = $,	Log. $q = $,	2^e tme= + ,	
	$d\,T = $,	Log. 1er tme= ,	Log. 2^e tme= ,	$d\,N = $,	
	$\Delta' = $,			$d\,H = $,	$d\,N = $,
	$d\,H' = $,			$d\,N = $,	N' = ,
	$d\,T' = $,				

TABLEAU VII.

Latitudes, longitudes, azimuts.

Les formules

$$L' = L - K \frac{(1 - e^2 \sin.^2 L)^{\frac{1}{2}}}{a \sin. 1''} (1 + e^2 \cos.^2 L) \cos. z +$$

$$+ \tfrac{1}{2} K \frac{2(1 - e^2 \sin.^2 L)}{a^2 \sin.^2 1''} (1 + e^2 \cos.^2 L) \tang. L \sin.^2 z$$

$$M' = M + K \frac{(1 - e^2 \sin.^2 L)^{\frac{1}{2}}}{a \sin. 1''} \sin. z \; \séc. L'$$

$$z' = 200^g + z - (M - M') \sin. \tfrac{1}{2}(L + L')$$

On a fait par abréviation

$$P = \frac{(1 - e^2 \sin.^2 L)^{\frac{1}{2}}}{a \sin. 1''} (1 + e^2 \cos.^2 L)$$

$$Q = \tfrac{1}{2} \frac{(1 - e^2 \sin.^2 L)}{a^2 \sin.^2 1''} (1 + e^2 \cos.^2 L) \tang. L \qquad R = \frac{(1 - e \sin.^2 L)^{\frac{1}{2}}}{a \sin. 1''}$$

Ces expressions ne renfermant pas d'autre véritable que la latitude L, du point de départ, on a construit des tables donnant de suite P, Q, R : l'argument est L. Pour le premier et le second ordre, on prend les logarithmes de P et R à 7 décimales et celui de Q à 5. Pour le troisième ordre, on calcule le premier terme de latitude à 5, le second à 3 et la longitude à 5.

Les azimuts ne se calculent que pour les points du premier et du deuxième ordre ; ils n'auraient aucun but pour les points conclus. Ils se comptent de 0^g à 400^g, l'origine au sud, remontant au nord par l'ouest et revenant au sud par l'est.

La vérification des azimuts des deux côtés AC, BC (*fig.* 329) pris avec le méridien du point C, consiste à retrancher l'angle C du triangle, de l'azimut du côté droit BC : le résultat doit être l'azimut de AC.

Les latitudes et longitudes se calculent sur deux points de départ, afin d'éviter les erreurs.

On inscrit toujours ce double calcul en commençant par l'objet de droite, parce qu'alors, pour former les azimuts des côtés qui aboutissent au point cherché C pris avec les méridiens de B et de A, la règle des signes devenant constante, on n'a pas besoin d'avoir recours au canevas. On reconnaît, en effet, à l'inspection de la figure 329, et en se rappelant dans quel sens on compte les azimuts, que pour former d'abord celui de BC pris en B, il faut, de celui de A, augmenté de 400ˢ, pour le cas particulier que présente cette figure, retrancher l'angle B du triangle, tandis que l'azimut de AC, compté avec le méridien du point de gauche A, est égal à celui de B, auquel il faut ajouter l'angle A du triangle ABC.

L'erreur dans les latitudes du deuxième ordre ne doit pas excéder 0″, 2 ou 2ᵐ, et 0″, 3, c'est-à-dire 3 mètres pour celles du troisième ordre.

On place ici dessous, pour faciliter la recherche des logarithmes de sinus et cosinus des azimuts, un tableau qui rappelle ce que sont ces lignes trigonométriques, suivant le quart de circonférence dans lequel aboutit l'azimut.

sin. 100 + A = + cosin. A	sin. 200 + A = — sin. A	sin. 300 + A = — cosin. A
cosin. 100 + A = — sin. A	cosin. 200 + A = — cosin. A	cosin. 300 + A = + sin. A

Extrait de la table des facteurs P, Q, R.

Latitud.	Log. P.	Log. Q.	Log. R.	Latitud.	Log. P.	Log. Q	Log. R.
49.0	8.99996	1	8 998	52 6	8.99979	1.929	8.99850
1				7	79	30	50
2				8	78	32	50
3				9	77	33	50
4				53.0	77	34	49
5				1	76	36	49
6				2	75	37	49
7				3	75	38	49
8				4	74	40	49
9				5	73	41	48
50.0	96	1.894	56	6	73	43	48
1	96	95	56	7	72	44	48
2	95	96	56	8	71	45	48
3	94	98	55	9	71	47	48
4	94	99	55	54.0	70	48	47
5	93	1.900	55	1	69	49	47
6	92	02	55	2	69	51	47
7	92	03	55	3	68	52	47
8	91	04	54	4	67	53	46
9	90	06	54	5	67	55	46
51.0	90	07	54	6	66	56	46
1	89	09	54	7	65	58	46
2	88	10	53	8	65	59	46
3	88	11	53	9	64	60	45
4	87	13	53	55.0	63	62	45
5	86	14	53	1	63	63	45
6	86	15	53	2	62	64	45
7	85	17	52	3	61	66	44
8	84	18	52	4	61	67	44
9	84	19	52	5	60	69	44
52.0	83	21	52	6	60	70	44
1	83	22	51	7	59	71	44
2	82	23	51	8	58	73	43
3	81	25	51	9	58	74	43
4	81	26	51	56.0	57	75	43
5	80	28	51	1			

Table donnant la valeur du second terme dans la formule
de latitude.

Le second terme de la formule au moyen de laquelle on calcule
les latitudes, peut, sans employer les logarithmes, se trouver immédiatement dans la table ci-dessous.

Elle a pour entrée, l'azimut de 10 en 10 grades, et le côté K,
depuis 3,000 jusqu'à 10,000 mètres.

Au-dessous de 3,000ᵐ de côté ou de 20ᵍ d'azimut, le terme
est nul. On retranche 200ᵍ de l'azimut, lorsque l'expression de
son amplitude est plus grande que ce nombre.

Côté K	3	4	5	6	7	8	9	10	Kilomet.
Z = 20ᵍ	0.0	0 0	0.0	0.0	0.0	0.0	0.1	0.1	Z = 180ᵍ
30	0.0	0.0	0.0	0.1	0.1	0.1	0 1	0.2	170
40	0 0	0.0	0.1	0.1	0.1	0.2	0.2	0.3	160
50	0.0	0.1	0.1	0.1	0.2	0 3	0 3	0.4	150
60	0 0	0.1	0.1	0.2	0 3	0.3	0.4	0 5	140
70	0.1	0.1	0.2	0.2	0.3	0 4	0.5	0.6	130
80	0.1	0.1	0.2	0 3	0.3	0.5	0.6	0 7	120
90	0.1	0.1	0.2	0.3	0.4	0.5	0 6	0.8	110
100	0.1	0.1	0.2	0.3	0.4	0 5	0.6	0.8	100

NOMS DES POINTS.	LATITUDES. $L' = L - P.K.\cos in.z - Q.K^2.\sin.^2z.$	LONGITUDES. $M' = M + R.K.\sin.z.\sec.L'.$	AZIMUTS. $Z' = 200 + z - d.M.\sin.\frac{1}{2}(L+L')$
Point dont la latitude est connue.	Lat. L = g, ",	Long. M = — g, ",	Az. Z = g, ",
	Log. P = ,	Log. Q = ,	+
	Log. K = ,	2.Log. K = ,	z = g,
	Log. cos. z = ,	2.Log. sin.z = ,	
	Log. 1er ¼me ,	Log. 2e ¼me ,	L sin. $\frac{L+L'}{2}$ = 0,
Point dont on cherche la latitude.	d L = g, ",	Log. R = ,	L d M =
	L = g, ",	Log. K = ,	Log. d. z =
	L' = ,	Log. sin. z = ,	
		Log. sec. L' = ,	L sin. $\frac{L+L'}{2}$ =
Point connu.	Lat. L = g,	Log. M = — g,	Az. Z = g,
	Log. P = ,	Log. R = ,	z = +
	Log. K = ,	Log. K = ,	Log. d M =
	Log. cos. z = ,	2 Log. sin.z = ,	Log. d. z =
		Log. sec. L' = ,	L sin. $\frac{L+L'}{2}$ =
	Log. 1er ¼me ,	Log. 2e ¼me ,	
	[1er ¼me ,		Log. d. z =
	2e ¼me ,		—
Point dont on calcule la latitude.	d L = — ",	L+L' = g, ",	d z = —
	L = g,	L+L' = g, ",	200 + Z =
	L' = ,	½(L+L') = ,	Az. Z' =

Tableau des coordonnées géographiques.

DÉSIGNATION DES POINTS.	LATITUDES.	LONGITUDES.	CROQUIS des signaux.		LATITUDES	
				des points de mire.		des sols.

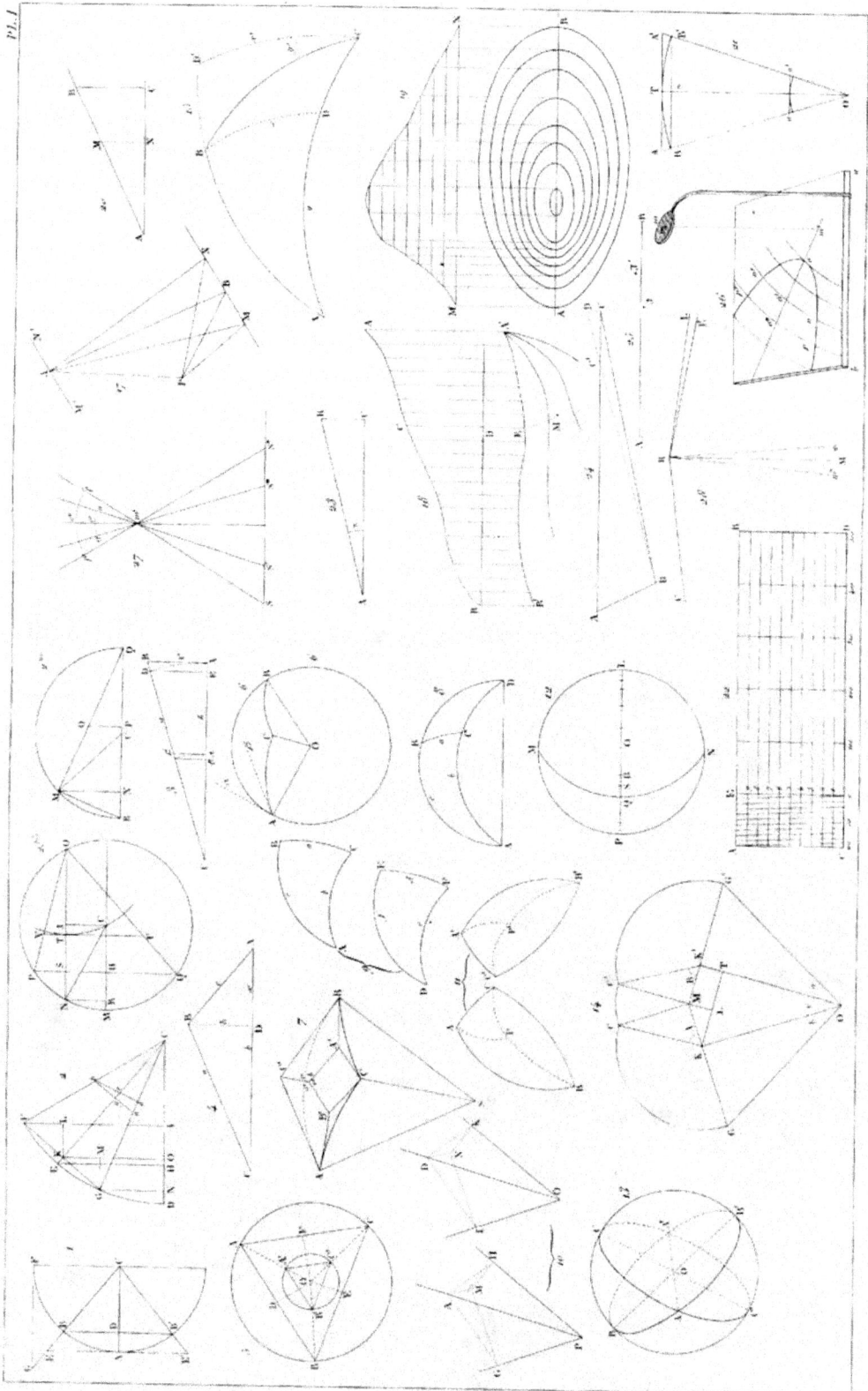

Pl. 1

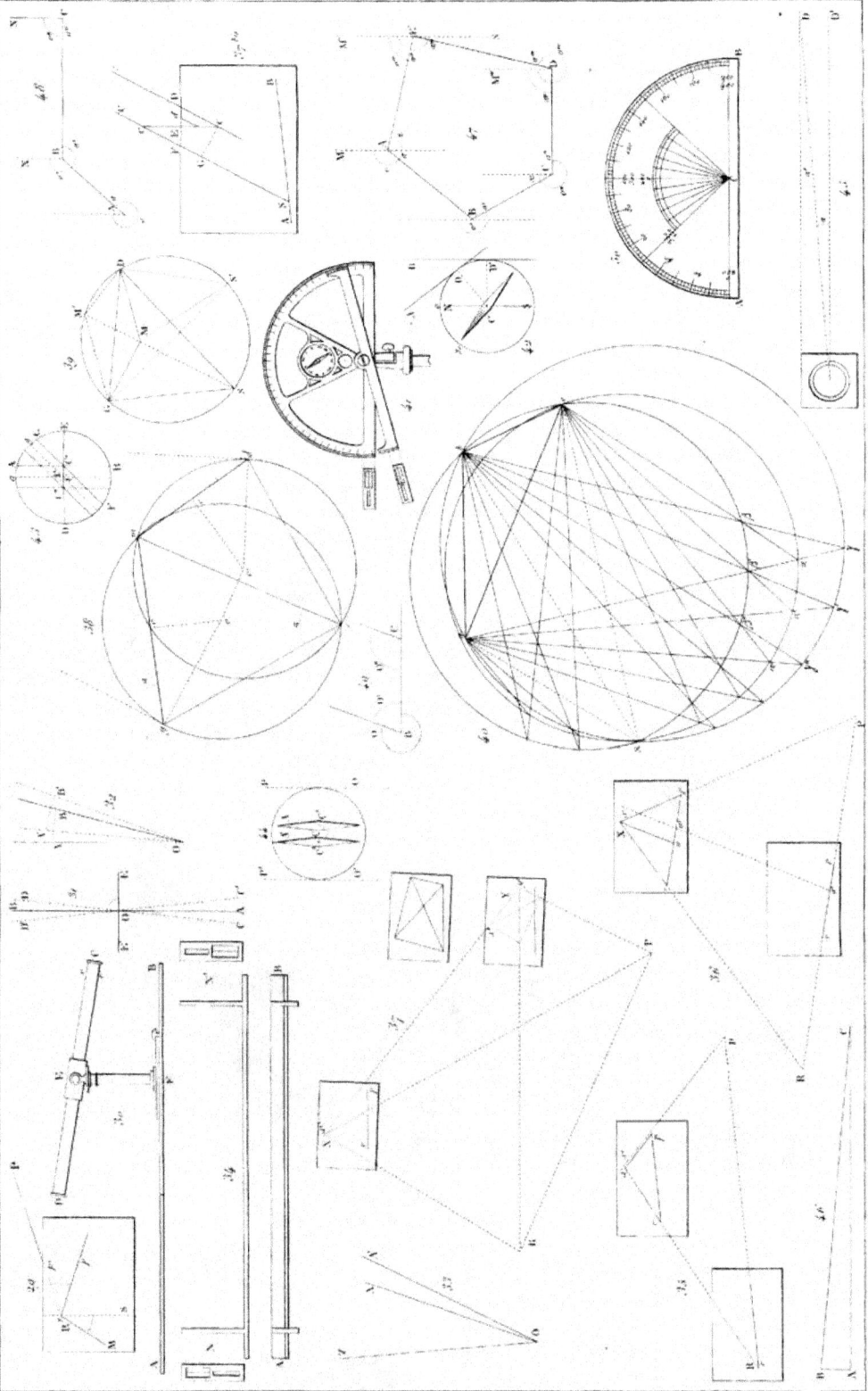

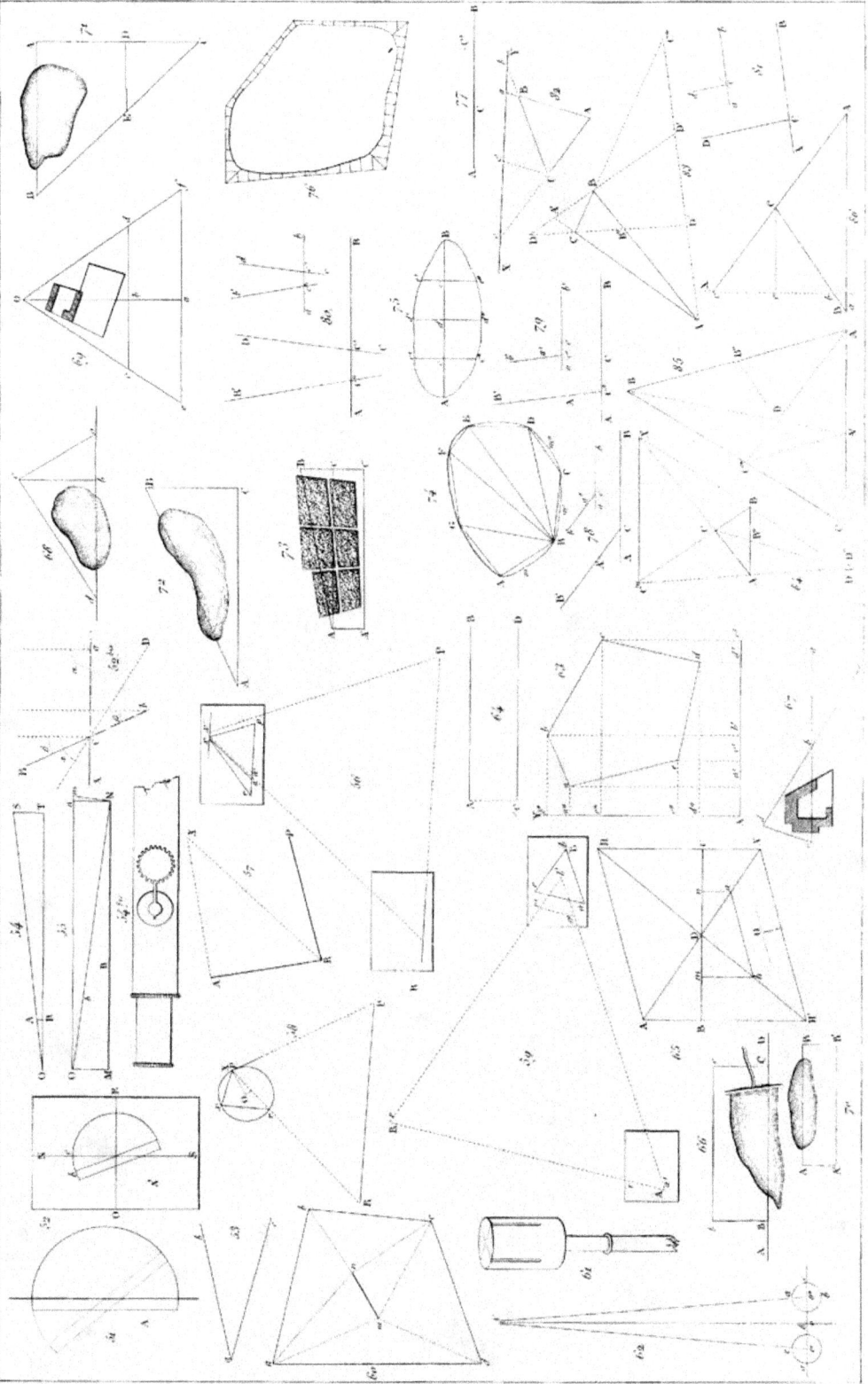

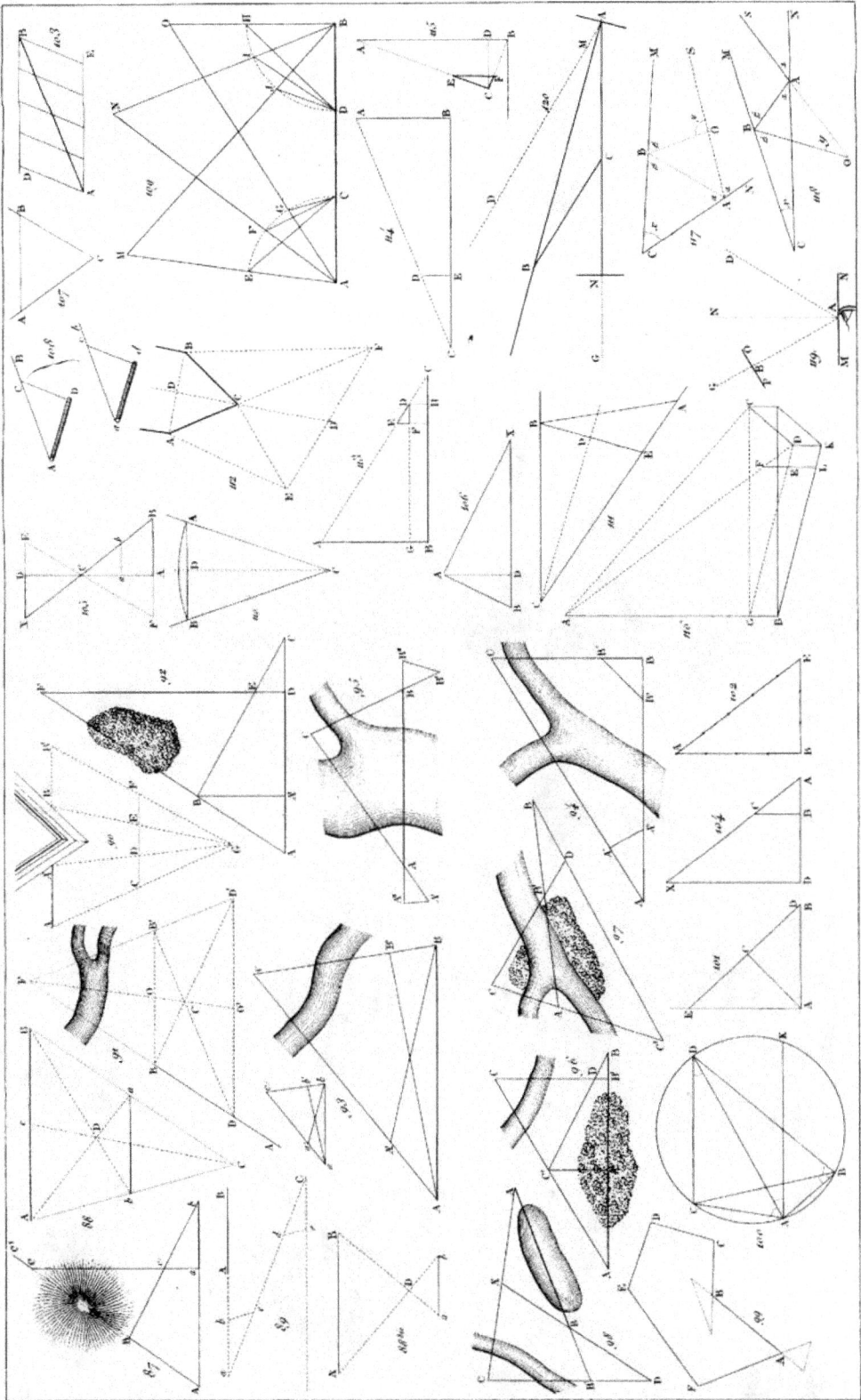

Pl. IV.

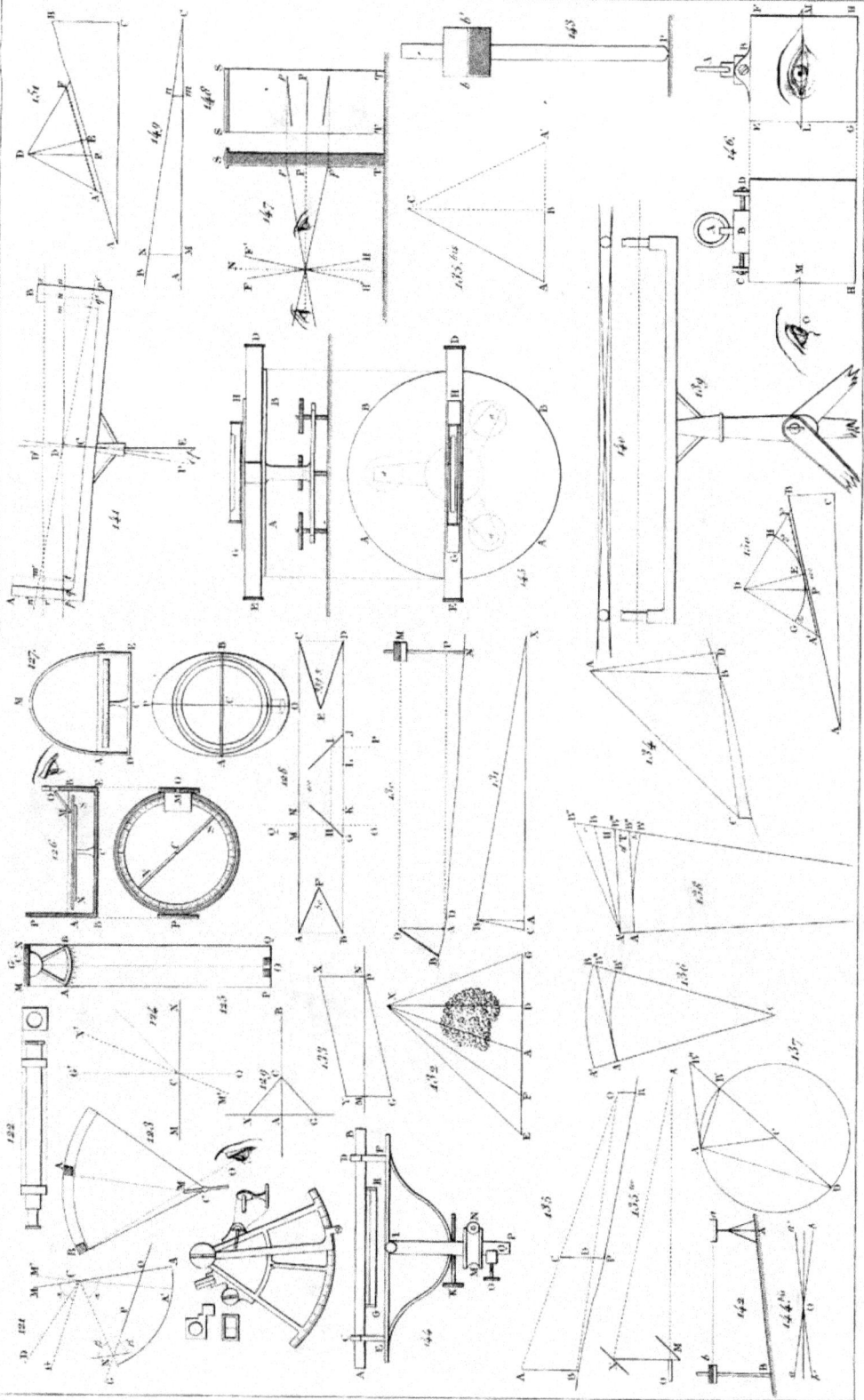

Pl. V.

PL. VI.

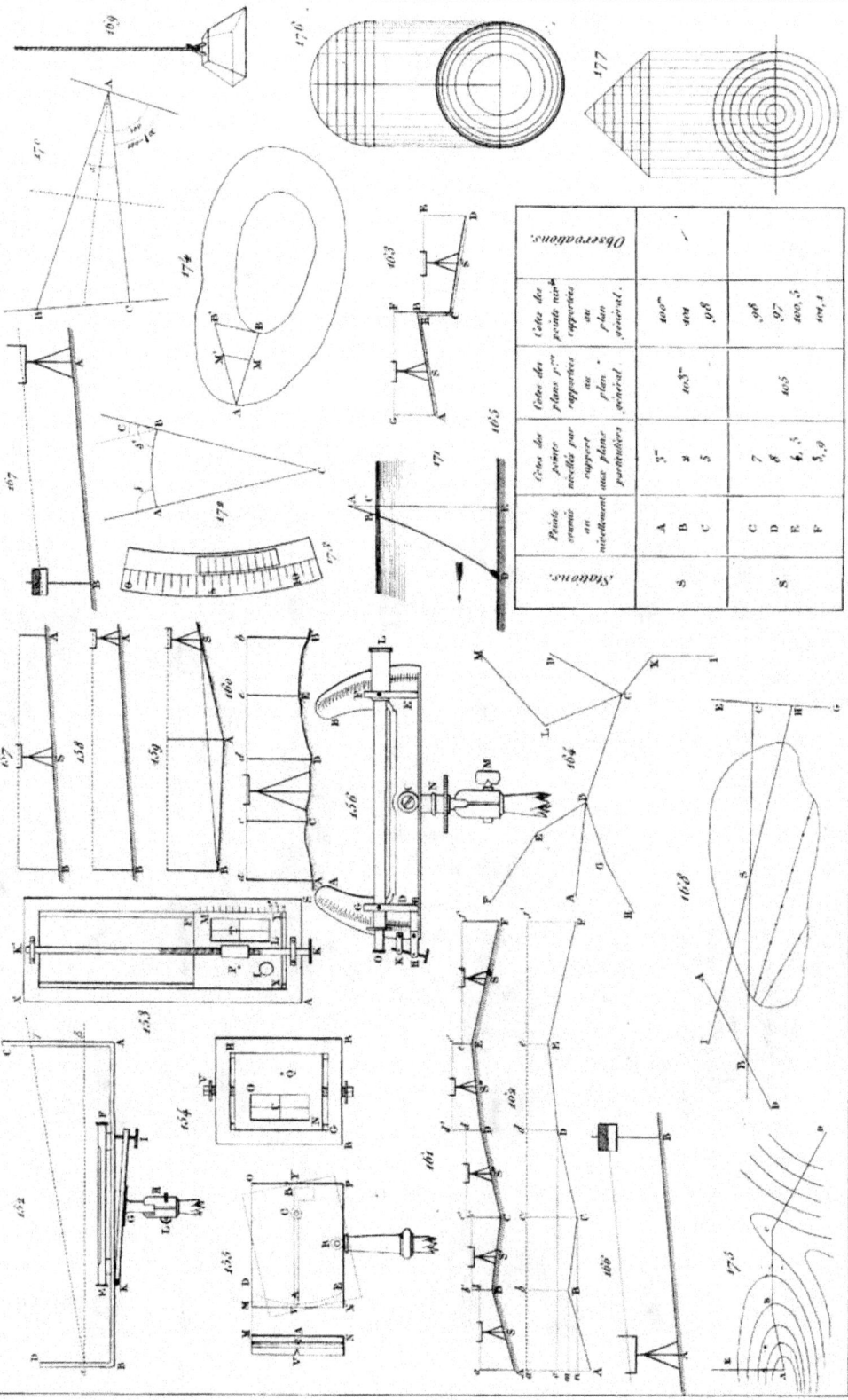

Stations.	Points soumis au nivellement par rapport aux plans particuliers	Cotes des points nivelés par rapport aux plans particuliers	Cotes des plans p.ers rapportés au plan général	Cotes des points nivés rapportés au plan général	Observations.
S	A	3	103	100	
	B	2		101	
	C	5		98	
S'	C	7	105	98	
	D	8		97	
	E	6,5		100,5	
	F	3,9		101,1	

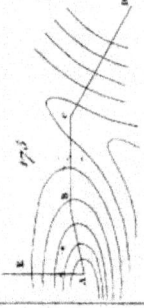

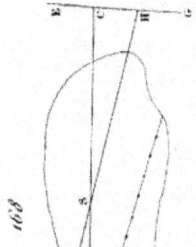

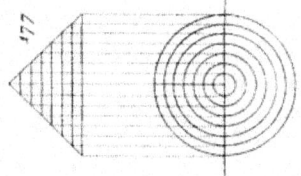

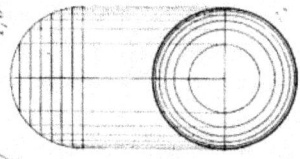

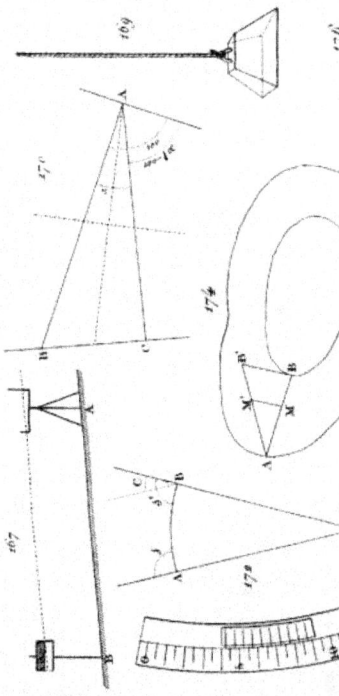

152 153 154 155 156 157 158 159 160 161 162 163 164 165 166 167 168 169 170 171 172 173 174 175 176 177 178

Pl. VII.

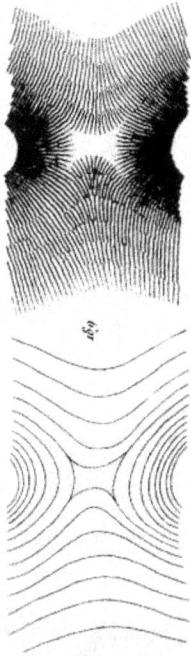

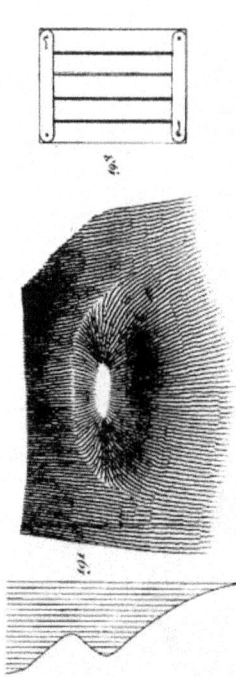

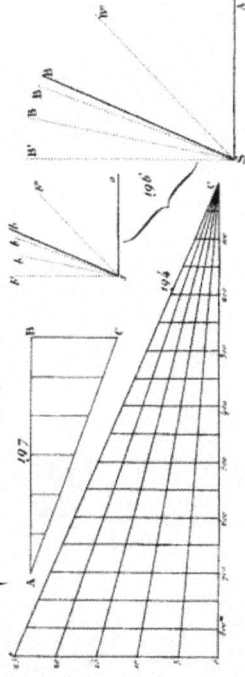

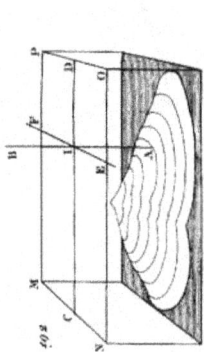

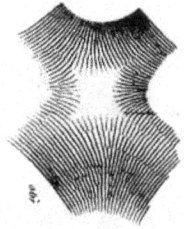

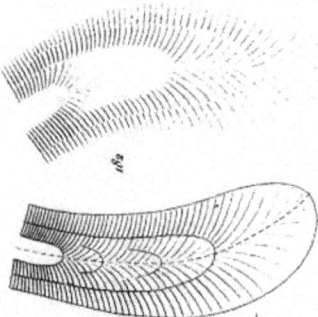

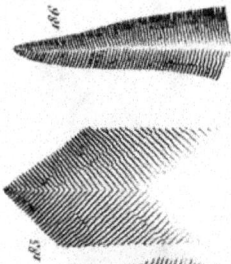

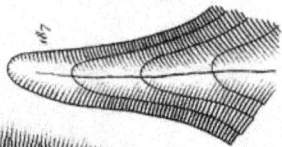

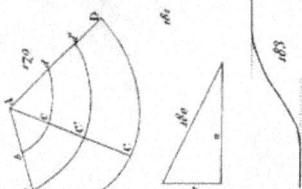

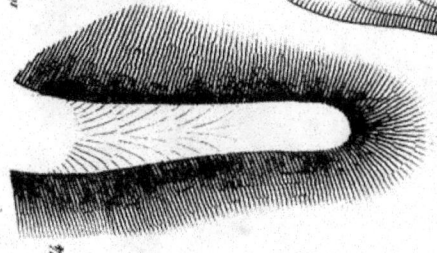

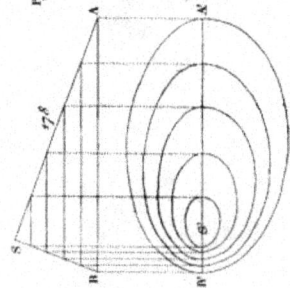

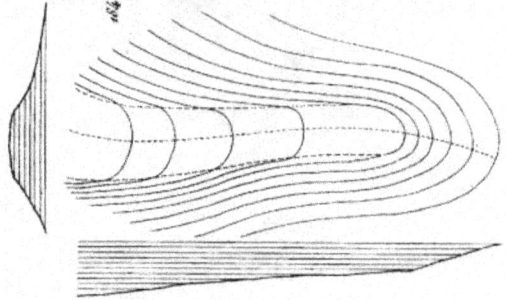

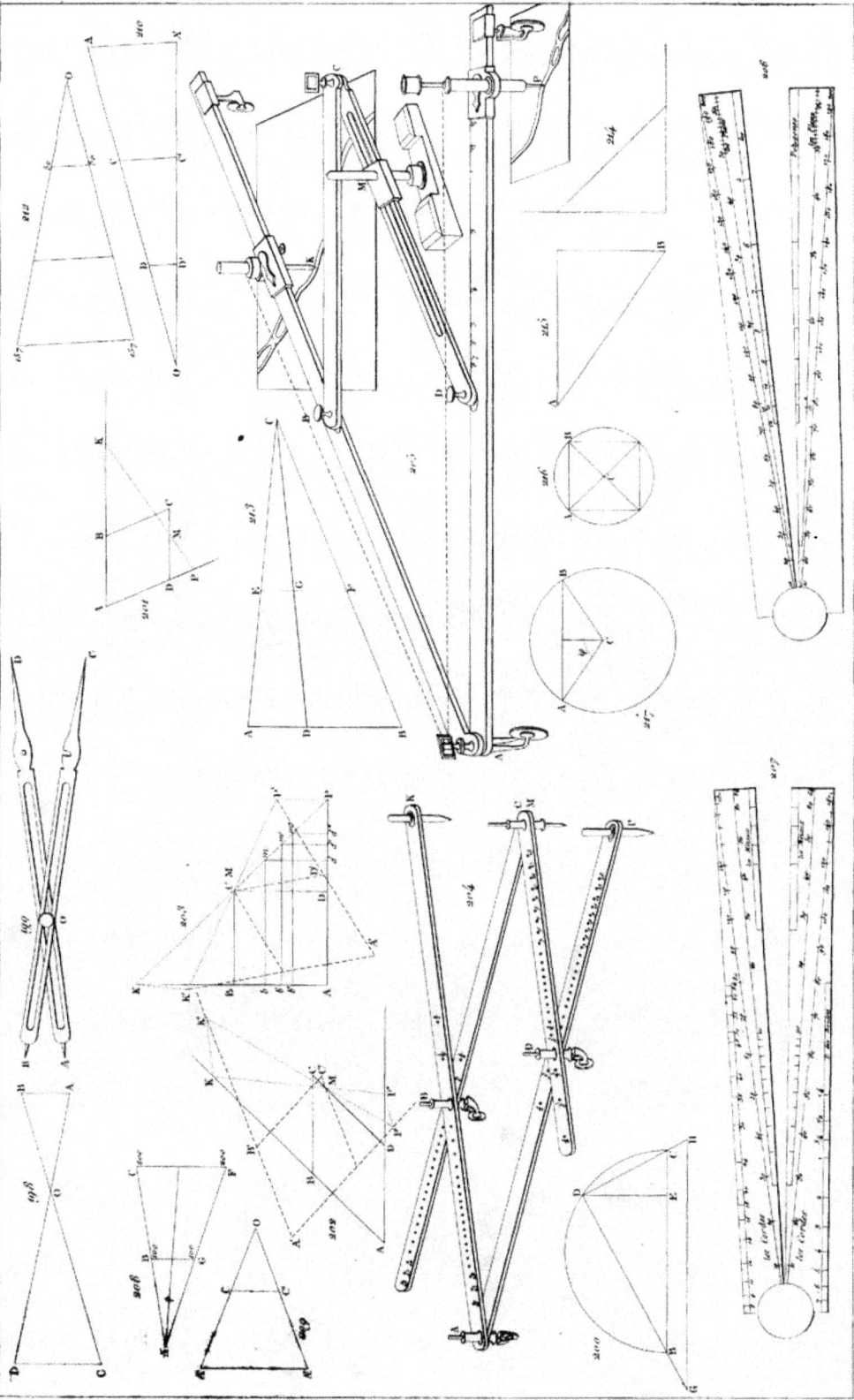

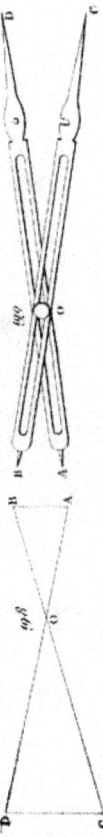

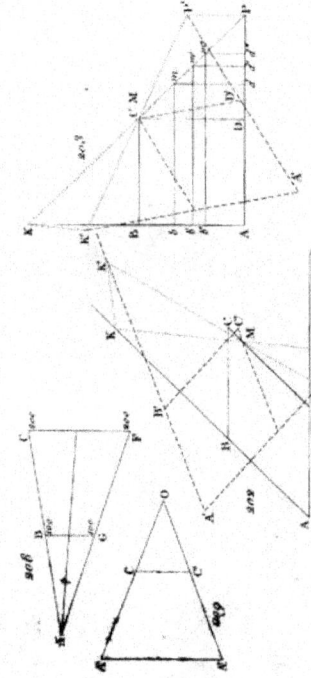

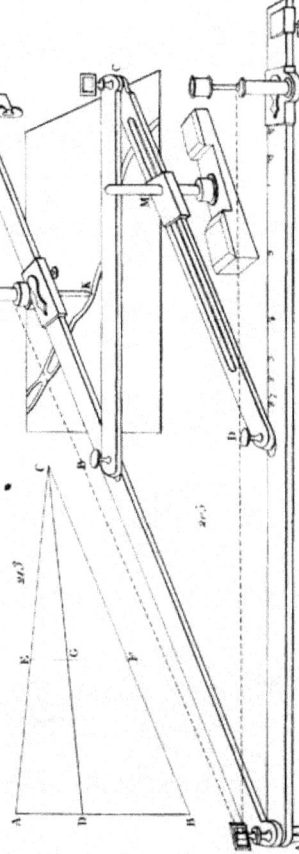

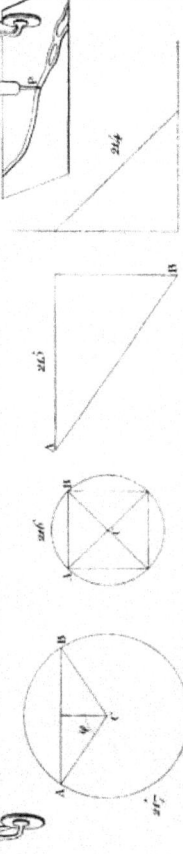

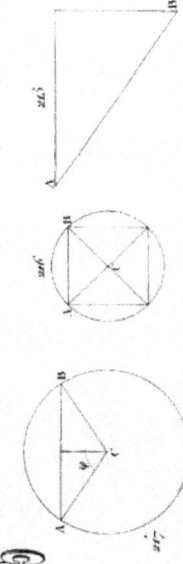

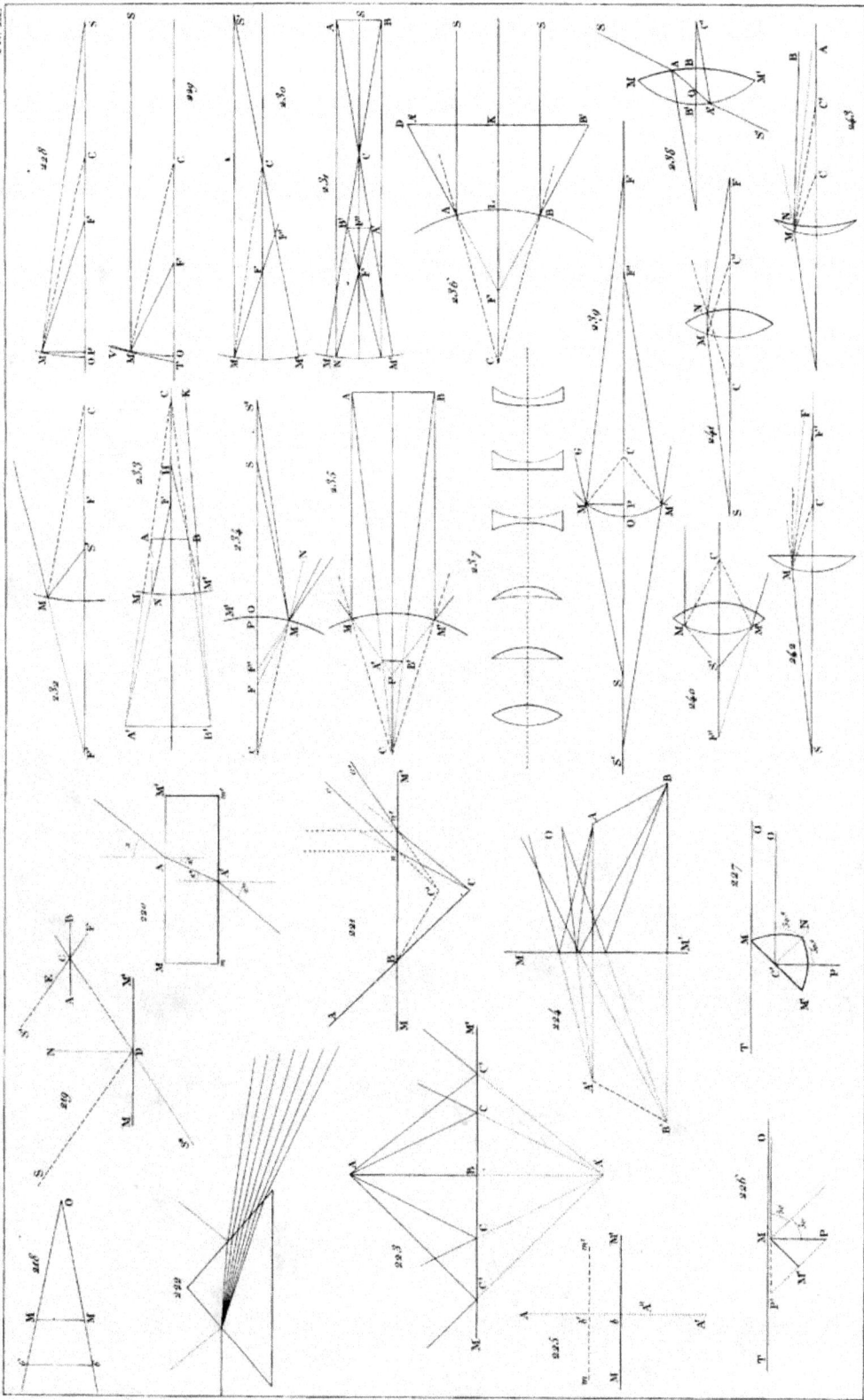

Pl. IX.

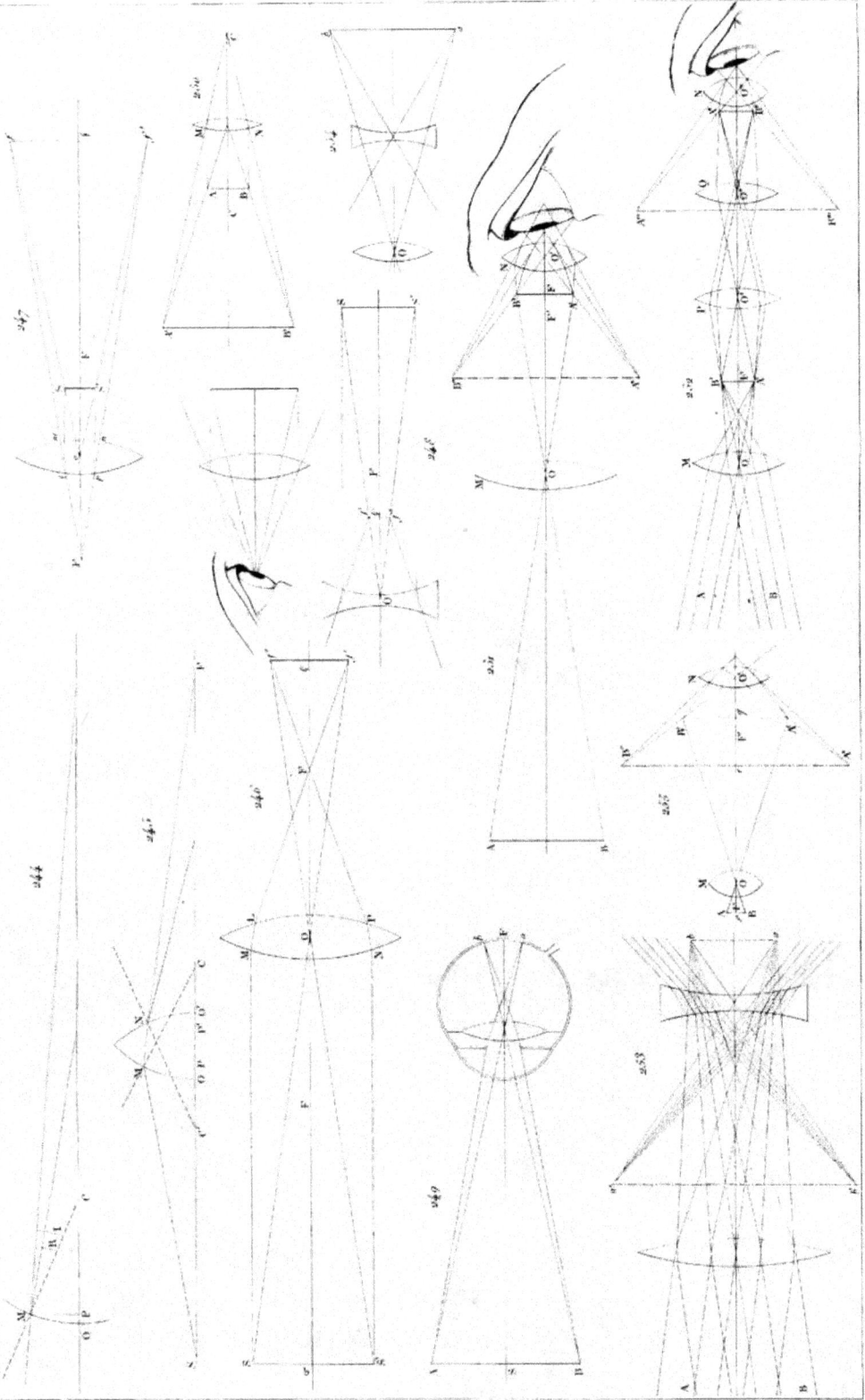

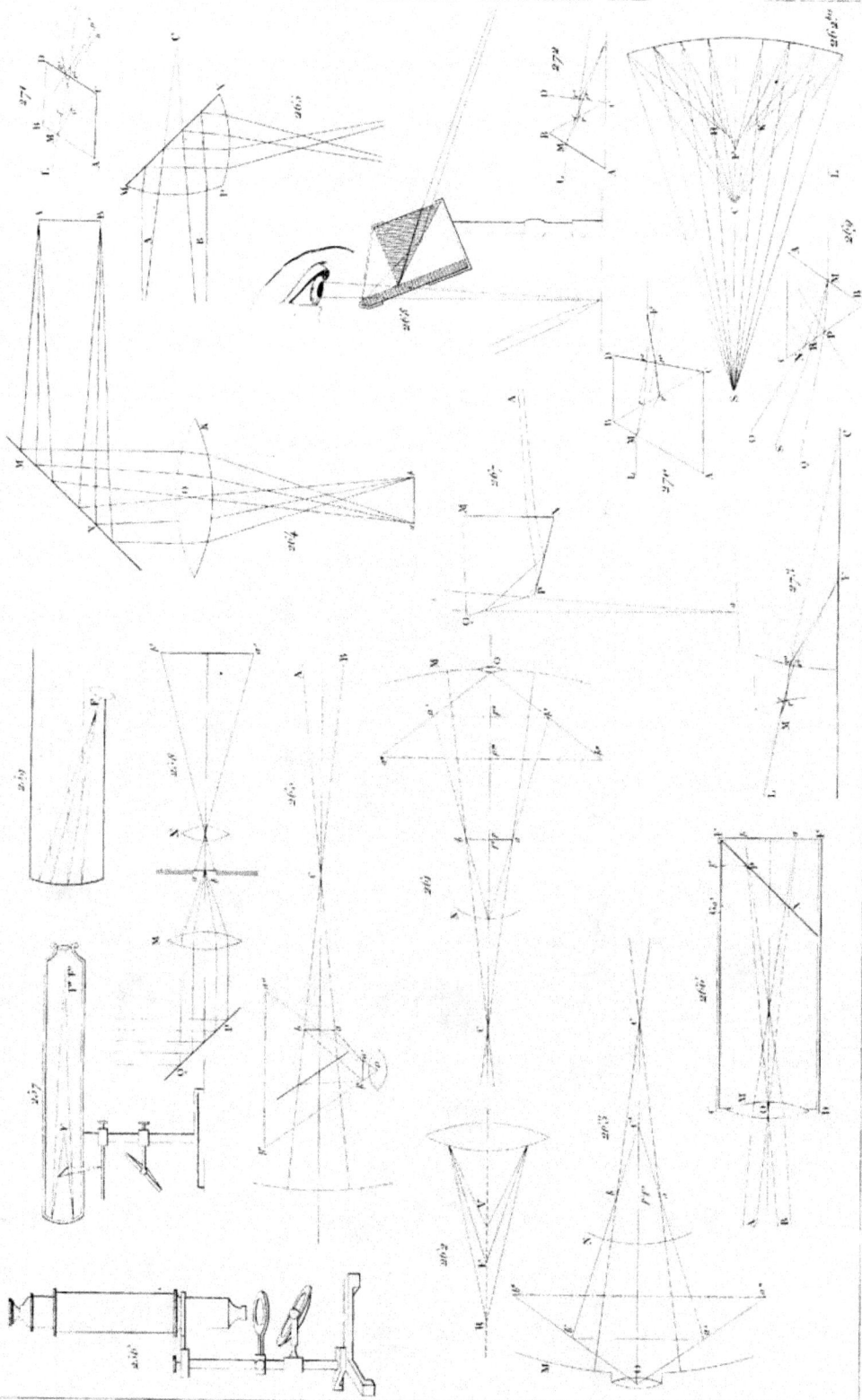

Pl. XI.

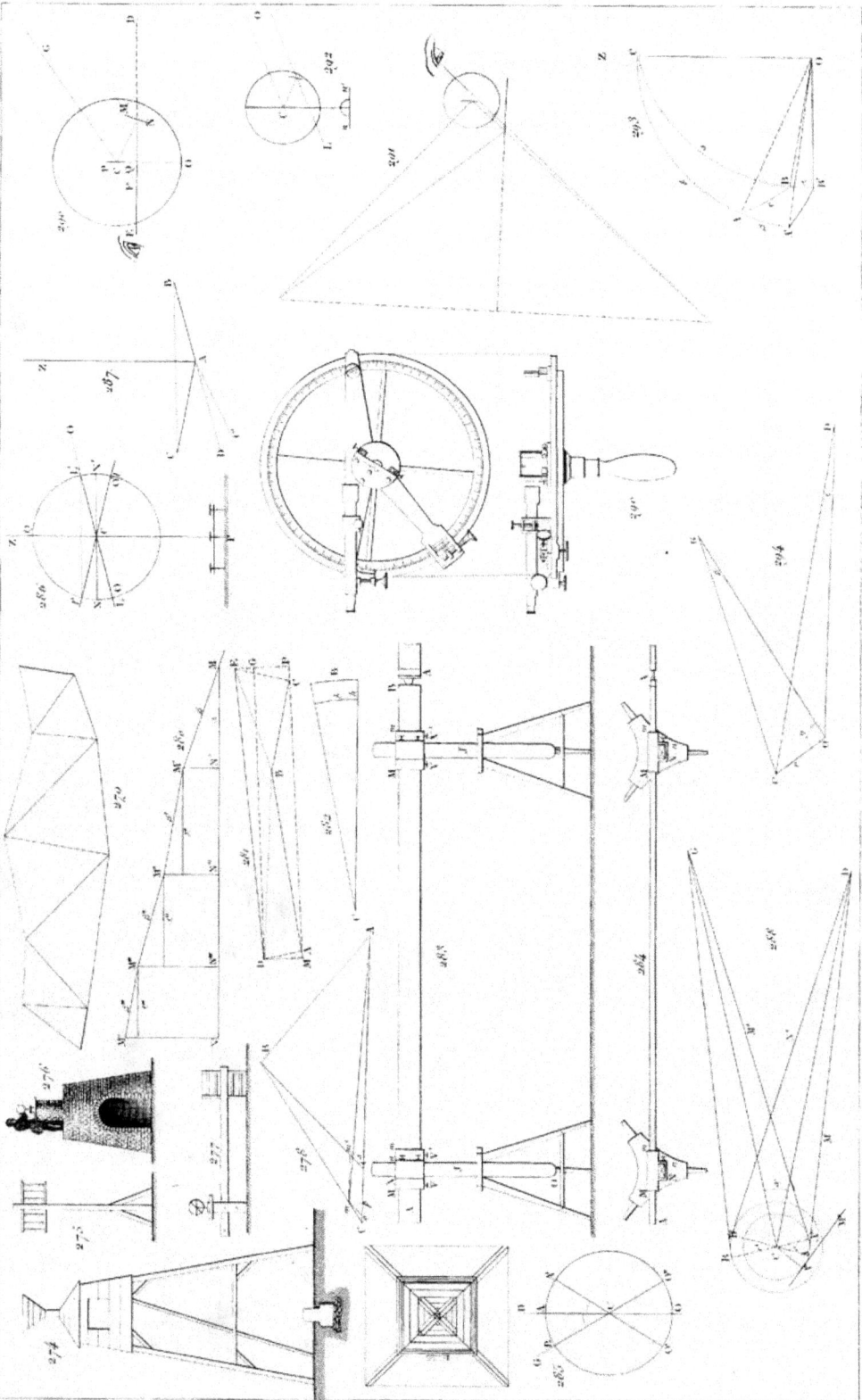

Pl. XII.

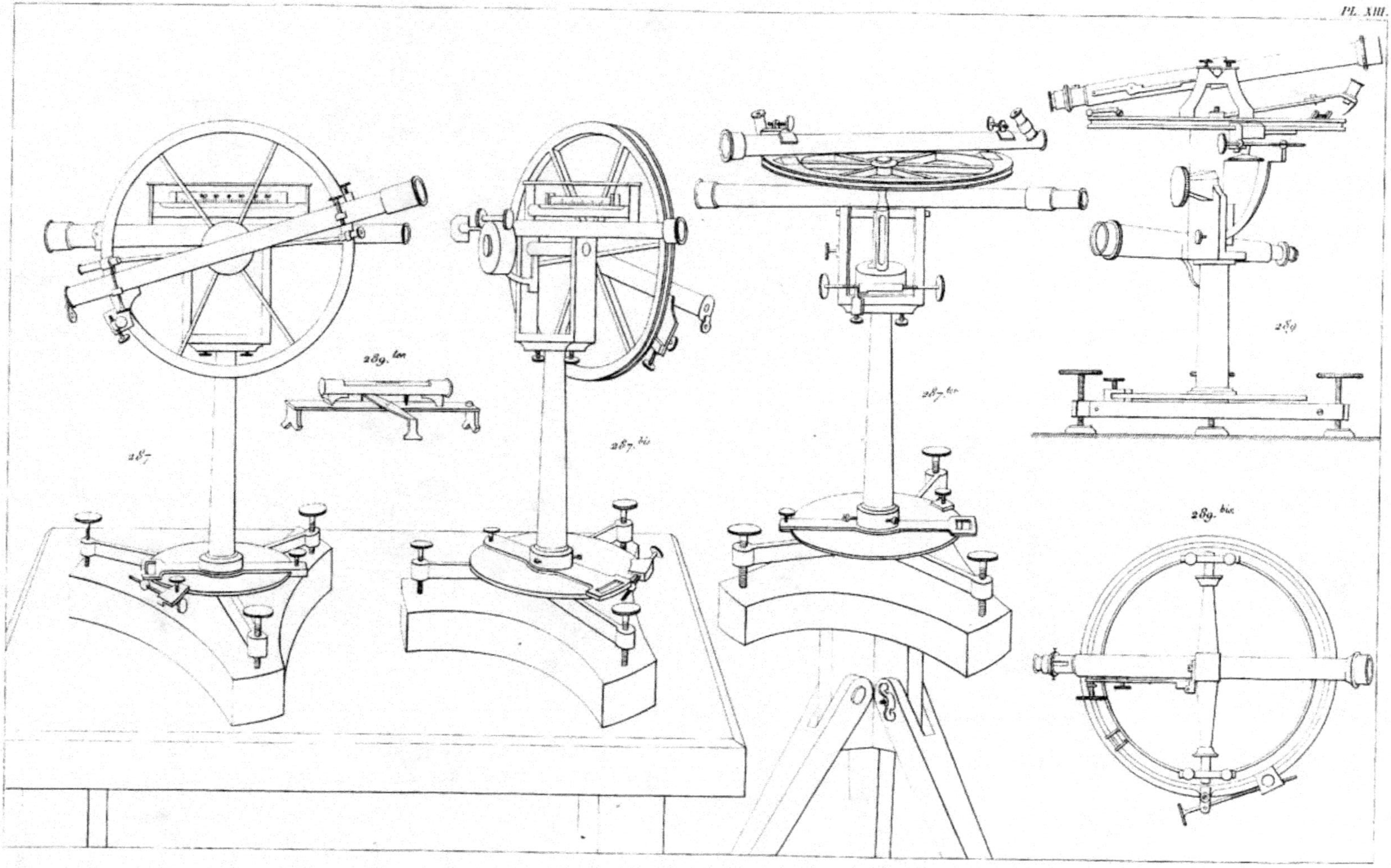
287
289. ter
287. bis
287. ter
289
289. bis

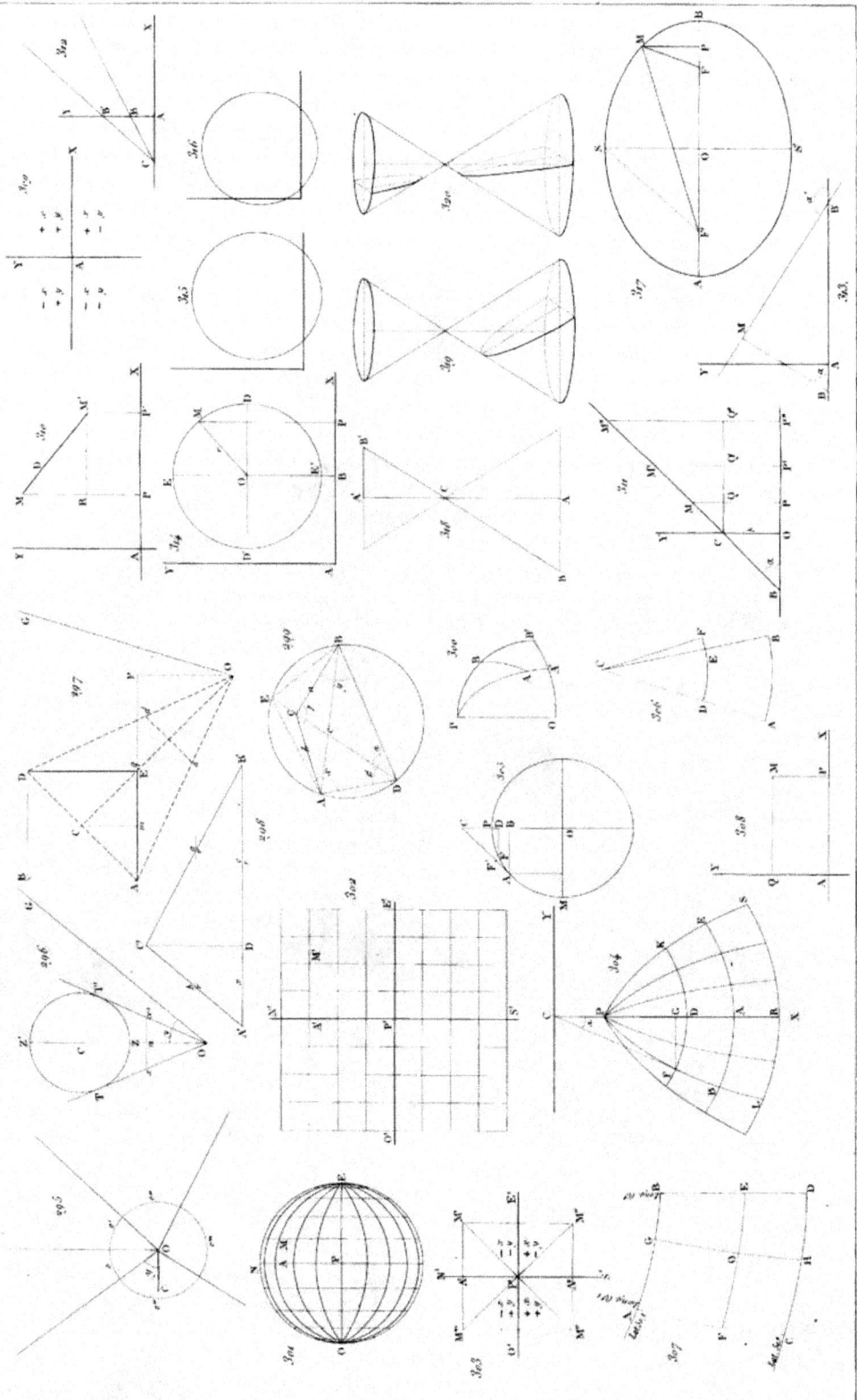

Pl. XVI.

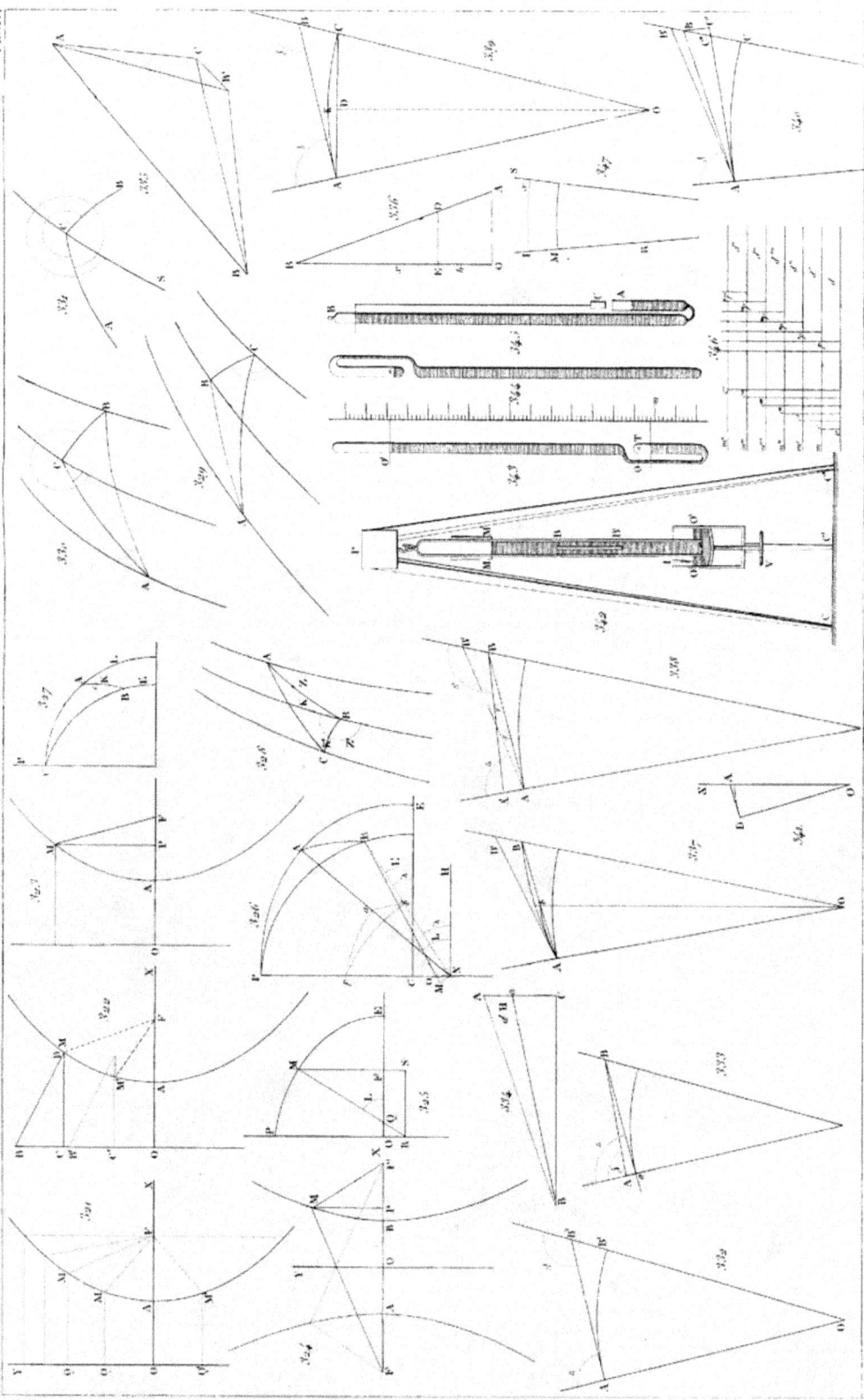

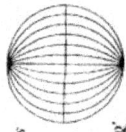

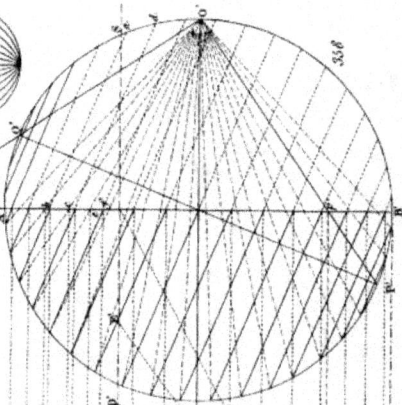

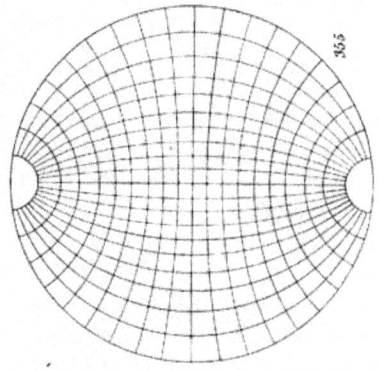

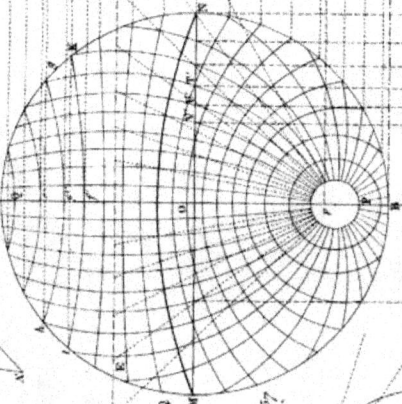

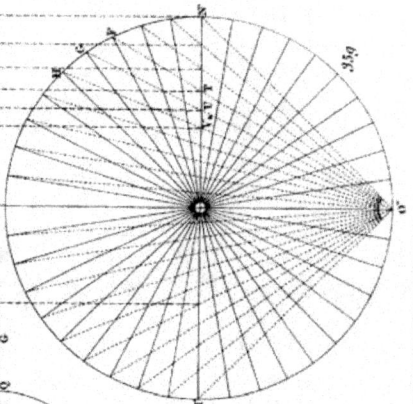

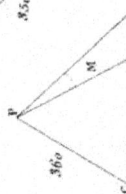

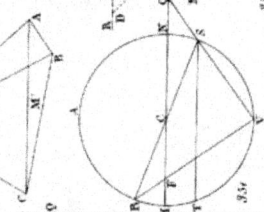

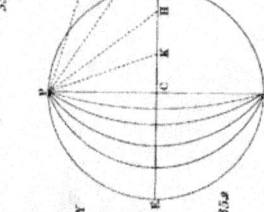

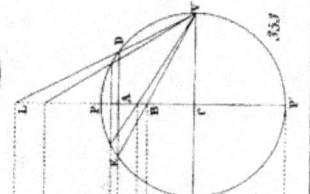

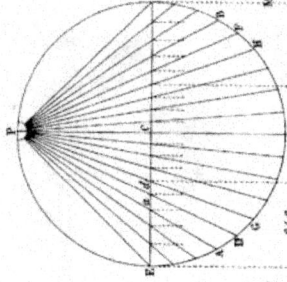

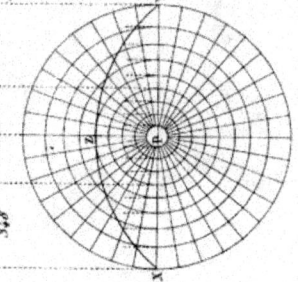

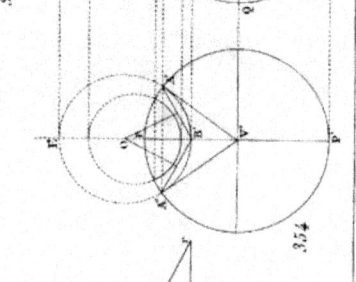

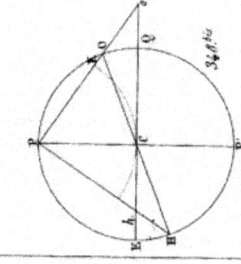

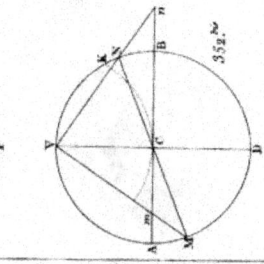

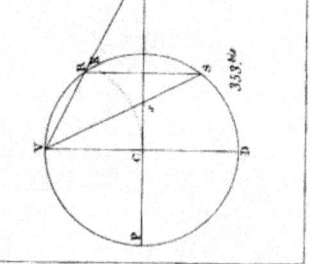

365

364

367

366

363

361

369

371

368

369

370

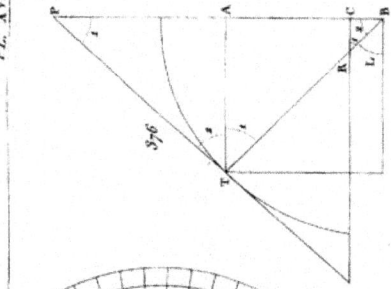

376.

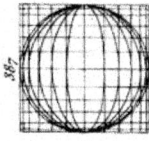

387.

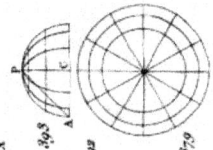

363.

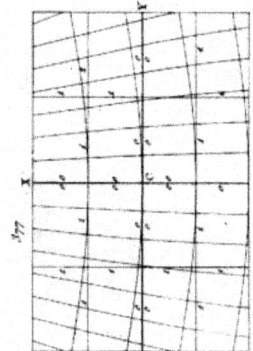

378.

379.

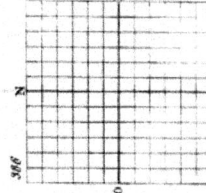

382.

383.

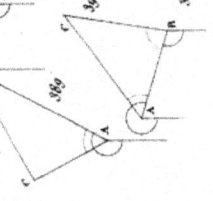

380.

384.

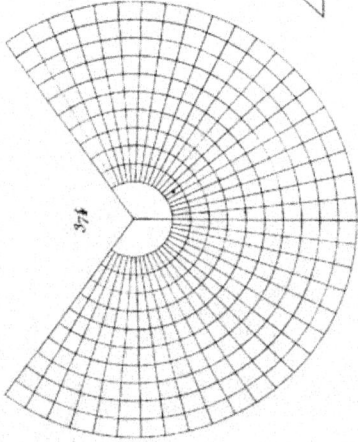

374.

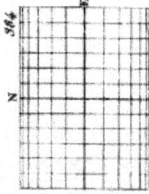

386.

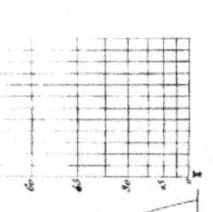

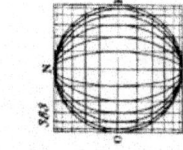

385.

388.

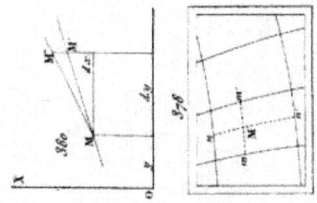

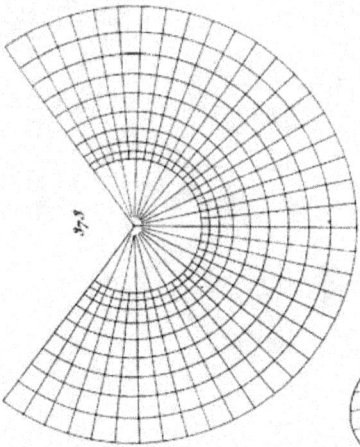

378.

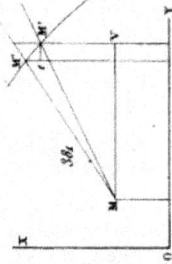

381.

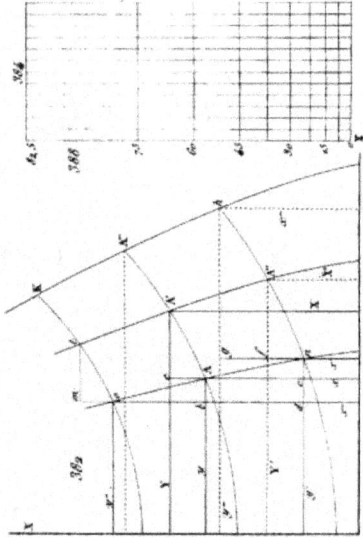

382.

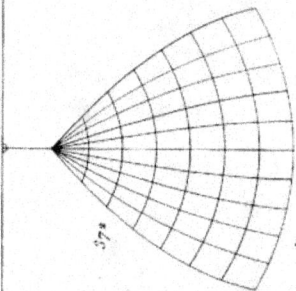

372.

373.

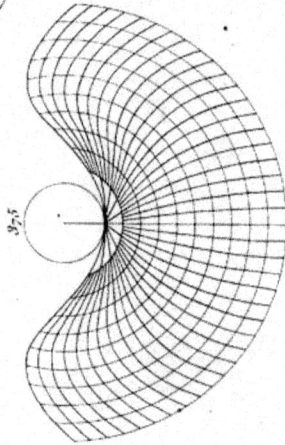

375.

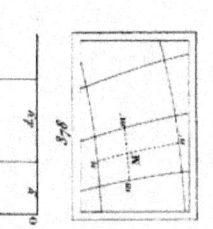

380.

376.

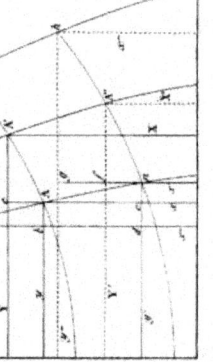

377.

www.ingramcontent.com/pod-product-compliance
Lightning Source LLC
Chambersburg PA
CBHW061958220326
41599CB00021BA/3305